航空航天知识与技术

（第2版）

闻　新　成奕东　秦钰琦　张婉怡
张兴旺　张业伟　李有光　周一凡　编著

国防工业出版社
·北京·

内 容 简 介

随着科学技术和经济的飞速发展,航空航天技术开始走进人们日常生活之中,并极大地影响着人们的思维和观念。特别是近几年来我国航天事业取得了世界瞩目的辉煌成就,更加的引起了人们的关注,为了适应时代发展的需要,部分普通高校也将"航空与航天"(也称为"航空航天技术概论"或"航空航天技术博览")作为通识教育课程。本书是结合作者近年来在多所高校讲授"航空与航天"课程的授课材料基础上整理出版的。

本书以人类航空航天探索活动及其发展为主线,结合高校科学与文化素质教育的需要,介绍了航空航天领域的基础知识和重要里程碑事件,其中包括飞机飞行原理、飞机性能、航天器飞行原理、航天器轨道知识、人类飞天梦想、卫星与地面测控知识、探月与登月、太空望远镜、航天飞机以及新概念航天器等。

本书兼顾文理科爱好者,突出科普特色,配有大量的图片资料,通过一些历史事件,帮助读者了解航空航天领域的过去、现在和未来,以浅显易懂的方式介绍神秘的人类航空航天活动和深奥的飞行理论。

本书可作为高中生报考航空航天专业的入门参考读物,也可作为当代大学生的通识课程教材,还可供广大航空航天科技爱好者、相关领域的干部和技术人员阅读,尤其是对于希望未来从事航空航天事业工作的青年学生具有指导作用;本书还适合作为大学毕业生报考航空航天院校的研究生复试资料。

图书在版编目(CIP)数据

航空航天知识与技术/闻新等编著.—2版.—北京:
国防工业出版社,2015.9
ISBN 978-7-118-10427-1

Ⅰ.①航... Ⅱ.①闻... Ⅲ.①航空学-基本知识
②航天学-基本知识 Ⅳ.①V2 ②V4

中国版本图书馆 CIP 数据核字(2015)第 208198 号

※

国防工业出版社出版发行
(北京市海淀区紫竹院南路23号 邮政编码100048)
天利华印刷装订有限公司印刷
新华书店经售

*

开本 787×1092 1/16 插页 8 印张 22¾ 字数 556 千字
2015 年 9 月第 2 版第 1 次印刷 印数 1—4000 册 定价 49.90 元

(本书如有印装错误,我社负责调换)

国防书店:(010)88540777 发行邮购:(010)88540776
发行传真:(010)88540755 发行业务:(010)88540717

前　言

随着我国高校课程改革的不断深入,通识教育在高等教育中的地位和作用越来越受到重视。与此同时,由于科学技术和经济的飞速发展,航空航天技术开始走进人们的日常生活之中,并极大地影响着人们的思维和观念。特别是近几年来我国航天事业取得了世界瞩目的辉煌成就,更加引起人们的关注。为了适应时代发展的需要,目前国内很多知名高校先后成立了航空航天专业;与此同时,一些普通高校也将"航空与航天"(也称为"航空航天技术概论"或"航空航天技术博览")作为通识教育课程,本书的部分内容曾多次作为全国中学生的高端科普讲座内容。

本书编写的目的旨在拓宽大学生的知识面、优化学生的知识结构和提高学生的综合素质,所以本书内容没有过多地描述航天技术的材料性能、机构设计、维修及仪表等技术细节方面的知识;相反,本书的重点放在航天任务、飞行过程及总体设计的知识方面,并且让学生通过学习人类航天活动,了解航天先驱们在攀登科技高峰的伟大征程中,以特有的崇高境界、顽强意志和杰出智慧,铸就了辉煌的世界航空航天的历史。

本书在第1版的基础上,扩展了关于航天之父的事迹的介绍,增加了东方红一号卫星及我国航天发展历史、航空航天与文化艺术的关系、阿波罗登月和哈勃望远镜等内容。考虑到四旋翼飞机在高校大学生科技创新活动中的广泛应用,又增加了直升飞机一章;另外,为了配合MOOC活动,每章还增加了相关的思考题。

在新版的编写过程中,兼顾到高中生选择航空航天专业的需要,同时也兼顾大学本科毕业报考航空航天研究生复试中的笔试和面试的需要,所以新版本不仅系统性地介绍航空航天技术,还增加了很多航空航天的最新研究成果。

本书在编写过程中,参阅了国内很多工科航空航天导论方面的教材,本书的出版得到了国防出版社的大力支持,再此表示深深的感谢。

本书结合作者的经历和体会,跟踪美洲高校开设通识课的教学模式,探索性地组织编写了这本教材。由于在编写过程中时间紧张,没有比较成熟的模式可以借鉴,书中不妥之处恳请读者批评指正,欢迎提出宝贵意见。

编著者
2015年9月

目 录

第1章 绪论 ··· 1
  1.1 航空与航天的基本概念 ··· 1
    1.1.1 航空 ··· 1
    1.1.2 航天 ··· 2
    1.1.3 航空与航天的联系 ··· 3
  1.2 航空飞行器的过去与现在 ·· 3
    1.2.1 人类早期的飞行梦 ··· 4
    1.2.2 人类早期的飞行活动 ·· 4
    1.2.3 早期的飞机 ·· 6
    1.2.4 从飞机雏形到现代飞机 ··· 8
    1.2.5 喷气式飞机的出现 ·· 11
  1.3 飞行器的分类 ·· 14
    1.3.1 航空器 ·· 15
    1.3.2 航天器 ·· 18
  1.4 航天系统 ·· 22
  1.5 空间资源 ·· 22
  思考题 ··· 23

第2章 飞机飞行原理 ·· 24
  2.1 气体流动规律 ·· 24
    2.1.1 相对运动原理 ·· 24
    2.1.2 连续性方程 ··· 25
    2.1.3 伯努利定理 ··· 26
    2.1.4 气流的高、低速流动特性 ··· 27
  2.2 飞机飞行中的空气动力 ··· 29
    2.2.1 平板上的升力和阻力 ··· 29
    2.2.2 机翼升力及增升措施 ··· 31
    2.2.3 飞机所受阻力及减阻方法 ··· 34
  2.3 飞机高速飞行特性 ·· 38
    2.3.1 激波及其阻力 ·· 38
    2.3.2 局部激波 ·· 42
    2.3.3 超声速飞机外形及其特点 ··· 43
    2.3.4 超声速飞行的"音爆"与"热障"现象 ······························· 52

思考题 · 53

第3章　飞机的飞行性能 · 54

3.1　飞机的主要性能指标 · 54
　　3.1.1　飞行速度 · 54
　　3.1.2　飞行距离 · 54
　　3.1.3　飞行高度 · 55
　　3.1.4　起飞着陆 · 55
3.2　飞机的机动性 · 57
　　3.2.1　盘旋 · 57
　　3.2.2　筋斗 · 58
　　3.2.3　俯冲 · 58
　　3.2.4　跃升 · 59
　　3.2.5　战斗转弯 · 59
3.3　飞机的操纵性和稳定性 · 59
　　3.3.1　飞机操纵特性 · 59
　　3.3.2　飞机的稳定性 · 61
思考题 · 64

第4章　直升机 · 66

4.1　概述 · 66
　　4.1.1　直升机的起源 · 66
　　4.1.2　直升机的发展 · 66
4.2　直升机旋翼工作原理 · 68
4.3　直升机的布局形式和分类 · 68
　　4.3.1　单旋翼直升机 · 69
　　4.3.2　双旋翼直升机 · 69
4.4　直升机操纵机构及操稳特性 · 71
　　4.4.1　直升机的操纵机构 · 71
　　4.4.2　直升机的操纵性和稳定性 · 73
4.5　直升机的飞行性能和特点 · 73
　　4.5.1　直升机的飞行性能 · 73
　　4.5.2　直升机飞行特点 · 74
4.6　直升机的应用和现状 · 75
　　4.6.1　军用直升机的应用和现状 · 75
　　4.6.2　民用直升机的应用和现状 · 79
　　4.6.3　新型直升机 · 81
思考题 · 83

第5章　航天之路 · 84

5.1　文化艺术与人类航天 · 84
　　5.1.1　文化艺术对早期航天的影响 · 84

v

  5.1.2 艺术和科学的联合 90
 5.2 进入航天时代 93
 5.3 航天早期试图探索的问题 98
 5.4 第一批航天员 101
  5.4.1 美国的第一批宇航员 102
  5.4.2 苏联的第一批宇航员 103
  5.4.3 第一个进入太空的宇航员 104
  5.4.4 美国的第一个太空人 109
 5.5 中国的航天之路 111
  5.5.1 我们也要搞人造卫星 111
  5.5.2 前所未有的科技攻关 112
  5.5.3 卫星上天 117
 思考题 118

第6章 航天之父 120
 6.1 世界航天之父 120
  6.1.1 康斯坦丁·齐奥尔科夫斯基(1857—1935) 120
  6.1.2 罗伯特·戈达德(1882—1945) 123
  6.1.3 埃斯诺·贝尔特利(1881—1957) 125
  6.1.4 赫尔曼·奥伯特(1894—1989) 127
  6.1.5 西奥多·冯·卡门(1881—1963) 128
  6.1.6 谢尔盖·科罗廖夫(1907—1966) 130
  6.1.7 韦纳·冯·布劳恩(1912—1977) 131
 6.2 中国航天之父——钱学森 134
 思考题 136

第7章 登月三部曲 137
 7.1 "水星"计划 137
  7.1.1 航天员谢泼德、格里森和格伦 139
  7.1.2 航天员卡彭特、施艾拉和库勃 140
  7.1.3 "水星"计划结束 142
 7.2 "双子星"计划 142
  7.2.1 "双子星"第一次载人飞行 144
  7.2.2 美国第一次太空行走 144
  7.2.3 长时间太空飞行试验 145
  7.2.4 "轨道双子" 145
  7.2.5 在轨遇到的问题 147
  7.2.6 最后的任务 148
 7.3 "阿波罗"计划 149
  7.3.1 着陆演习 150
  7.3.2 "雄鹰"着陆 152

7.3.3 "休斯顿,我们出问题了" ·········· 153
7.3.4 后续四次登月任务 ·········· 153
思考题 ·········· 156

第8章 火箭与导弹 ·········· 157

8.1 火箭与导弹的区别 ·········· 157
8.2 火箭的组成及各部分的功能 ·········· 158
 8.2.1 有效载荷 ·········· 158
 8.2.2 箭体结构 ·········· 158
 8.2.3 推进系统 ·········· 160
 8.2.4 控制系统 ·········· 160
 8.2.5 初始对准系统 ·········· 161
 8.2.6 安全系统 ·········· 162
 8.2.7 遥测系统 ·········· 163
 8.2.8 外弹道测量系统 ·········· 163
8.3 导弹的分类 ·········· 164
8.4 导弹的组成及功用 ·········· 164
 8.4.1 推进系统 ·········· 164
 8.4.2 制导系统 ·········· 171
 8.4.3 战斗部 ·········· 184
 8.4.4 弹体 ·········· 191
 8.4.5 弹上电源 ·········· 193
思考题 ·········· 194

第9章 航天器飞行原理 ·········· 195

9.1 太空飞行与大气层内飞行的区别 ·········· 195
9.2 开普勒定律和宇宙速度 ·········· 195
 9.2.1 开普勒三大定律 ·········· 195
 9.2.2 三大宇宙速度 ·········· 196
9.3 轨道基础 ·········· 196
 9.3.1 航天器圆周轨道 ·········· 197
 9.3.2 卫星轨道周期 ·········· 198
 9.3.3 轨道平面倾角 ·········· 199
9.4 椭圆轨道 ·········· 200
9.5 卫星轨道的数学模型 ·········· 200
 9.5.1 卫星圆轨道的数学模型 ·········· 200
 9.5.2 椭圆轨道 ·········· 201
思考题 ·········· 202

第10章 航天器轨道和太空机动 ·········· 204

10.1 空间几何学的限制 ·········· 204
 10.1.1 卫星相对地球表面的运动 ·········· 204

VII

    10.1.2 卫星的仰角 ……………………………………………………… 205
    10.1.3 地面覆盖区域(可见区域) ……………………………………… 207
    10.1.4 通信卫星信号传输时间 ………………………………………… 209
  10.2 一般轨道 …………………………………………………………………… 209
    10.2.1 低轨道 …………………………………………………………… 209
    10.2.2 中高度圆形地球轨道 …………………………………………… 210
    10.2.3 Molniya 轨道 …………………………………………………… 211
    10.2.4 Tundra 轨道/冻土带轨道 ……………………………………… 211
    10.2.5 地球同步轨道 …………………………………………………… 211
    10.2.6 太阳同步轨道 …………………………………………………… 212
    10.2.7 拉格朗日点 ……………………………………………………… 213
  10.3 卫星仰角与地面覆盖范围的关系 ………………………………………… 214
    10.3.1 卫星仰角 ………………………………………………………… 214
    10.3.2 卫星的覆盖区 …………………………………………………… 214
  10.4 卫星的机动 ………………………………………………………………… 215
    10.4.1 在同一轨道面内的机动 ………………………………………… 216
    10.4.2 改变轨道形状 …………………………………………………… 216
    10.4.3 改变圆形轨道的高度 …………………………………………… 217
    10.4.4 改变轨道周期 …………………………………………………… 218
    10.4.5 在同一轨道面内改变卫星的相对位置 ………………………… 218
    10.4.6 改变轨道面的机动 ……………………………………………… 219
    10.4.7 改变轨道倾角的机动 …………………………………………… 219
    10.4.8 匀速旋转轨道面 ………………………………………………… 221
    10.4.9 卫星脱离轨道的机动 …………………………………………… 221
    10.4.10 再入加热效应 ………………………………………………… 223
    10.4.11 轨道保持 ……………………………………………………… 223
  10.5 太空机动技术细节 ………………………………………………………… 224
    10.5.1 改变轨道形状的机动 …………………………………………… 224
    10.5.2 圆形轨道之间的机动 …………………………………………… 225
    10.5.3 改变卫星的轨道周期 …………………………………………… 225
    10.5.4 改变轨道倾角 …………………………………………………… 226
    10.5.5 保持轨道倾角转动轨道面 ……………………………………… 226
    10.5.6 基本的旋转 ……………………………………………………… 226
    10.5.7 脱轨机动 ………………………………………………………… 226
    10.5.8 轨道保持 ………………………………………………………… 227
  思考题 ………………………………………………………………………………… 227
第 11 章 航天器系统 …………………………………………………………………… 228
  11.1 航天器基本设计方法 ……………………………………………………… 228
  11.2 航天器的设计过程 ………………………………………………………… 230

目录

- 11.3 航天器工程：最终设计极限 …………………………………………… 231
- 11.4 航天器总体实例 …………………………………………………………… 232
  - 11.4.1 通信卫星 ………………………………………………………… 232
  - 11.4.2 遥感卫星 ………………………………………………………… 233
  - 11.4.3 天文观测 ………………………………………………………… 234
  - 11.4.4 行星探索 ………………………………………………………… 235
- 11.5 推进系统 …………………………………………………………………… 235
  - 11.5.1 轨道转移 ………………………………………………………… 235
  - 11.5.2 轨道和姿态控制 ………………………………………………… 236
  - 11.5.3 航天器推进技术 ………………………………………………… 237
- 11.6 电源子系统 ………………………………………………………………… 239
- 11.7 通信子系统 ………………………………………………………………… 243
- 11.8 星上数据管理系统 ………………………………………………………… 246
- 11.9 热控系统 …………………………………………………………………… 247
- 11.10 结构子系统 ……………………………………………………………… 251
- 思考题 …………………………………………………………………………… 253

第12章 航天器姿态控制 …………………………………………………… 255
- 12.1 ACS 的主要任务及功能 ………………………………………………… 255
- 12.2 ACS 的工作原理 ………………………………………………………… 256
- 12.3 姿态控制的技术手段 …………………………………………………… 258
  - 12.3.1 被动式 …………………………………………………………… 258
  - 12.3.2 主动式 …………………………………………………………… 259
  - 12.3.3 混合式 …………………………………………………………… 259
  - 12.3.4 三轴稳定 ………………………………………………………… 260
- 12.4 姿态控制系统的部件 …………………………………………………… 260
  - 12.4.1 力矩控制闭环回路 ……………………………………………… 260
  - 12.4.2 推进器 …………………………………………………………… 260
  - 12.4.3 磁力矩器 ………………………………………………………… 261
  - 12.4.4 反作用轮 ………………………………………………………… 262
- 12.5 小结 ………………………………………………………………………… 263
- 思考题 …………………………………………………………………………… 263

第13章 航天测控网 ………………………………………………………… 264
- 13.1 概述 ………………………………………………………………………… 264
- 13.2 航天测控网的组成 ………………………………………………………… 265
- 13.3 航天测控网的分类及系统特点 …………………………………………… 265
  - 13.3.1 航天测控网的分类 ……………………………………………… 265
  - 13.3.2 航天测控网的特点 ……………………………………………… 266
- 13.4 工作原理 …………………………………………………………………… 266
- 13.5 测控网的节点 ……………………………………………………………… 266

IX

13.5.1　陆地测控 ·············· 267
　　　13.5.2　海洋测控 ·············· 268
　　　13.5.3　飞机测控 ·············· 269
　　　13.5.4　天基测控 ·············· 270
　13.6　中国航天测控能力已经延伸至月球 ·············· 271
　思考题 ·············· 272

第14章　航天飞机 ·············· 273
　14.1　美国航天飞机简介 ·············· 273
　　　14.1.1　美国航天飞机机队 ·············· 273
　　　14.1.2　"企业"号（Enterprise）航天飞机 ·············· 273
　　　14.1.3　"哥伦比亚"号（Columbia）航天飞机 ·············· 273
　　　14.1.4　"挑战者"号（Challenger）航天飞机 ·············· 274
　　　14.1.5　"发现"号（Discovery）航天飞机 ·············· 274
　　　14.1.6　"亚特兰蒂斯"号（Atlantis）航天飞机 ·············· 274
　　　14.1.7　"奋进"号（Endeavour）航天飞机 ·············· 275
　　　14.1.8　美国航天飞机和俄罗斯的"暴风雪"号航天飞机的比较 ·············· 275
　14.2　航天飞行概述 ·············· 277
　14.3　航天飞机的组成 ·············· 279
　14.4　在太空飞行的航天飞机 ·············· 281
　14.5　在太空中生活 ·············· 282
　14.6　外挂燃料箱 ·············· 283
　14.7　固体火箭推进器 ·············· 284
　14.8　装配与运输过程 ·············· 286
　14.9　倒计时起飞 ·············· 288
　14.10　航天飞机的用途 ·············· 289
　14.11　航天飞机上的机器臂 ·············· 290
　14.12　航天飞机的飞行过程 ·············· 293
　　　14.12.1　航天飞机上升阶段 ·············· 294
　　　14.12.2　航天飞机入轨阶段 ·············· 295
　　　14.12.3　轨道运行阶段 ·············· 296
　　　14.12.4　离轨阶段 ·············· 296
　　　14.12.5　再入与着陆阶段 ·············· 297
　14.13　航天飞机与载人飞船的区别 ·············· 298
　思考题 ·············· 300

第15章　空间碎片 ·············· 302
　15.1　空间碎片的来源 ·············· 302
　15.2　空间碎片的分布 ·············· 304
　15.3　空间碎片的危害 ·············· 306

　　　　15.3.1　空间碎片的分类 ·· 306
　　　　15.3.2　空间碎片对航天器的危害 ·· 306
　15.4　空间碎片的观测 ·· 307
　15.5　空间碎片的清理 ·· 307
　　　　15.5.1　清理现有空间碎片的原则和要求 ····································· 307
　　　　15.5.2　对将来发射卫星的碎片清理原则和要求 ························ 308
　　　　15.5.3　清理空间碎片的方法 ··· 309
　15.6　各国空间碎片清理方案实例 ··· 313
　　　　15.6.1　瑞士："清洁太空"一号 ·· 314
　　　　15.6.2　日本：太空渔网 ·· 315
　　　　15.6.3　美国：五花八门的手段 ·· 316
　思考题 ··· 317

第16章　空间望远镜 ·· 318
　16.1　望远镜的历史 ·· 318
　　　　16.1.1　折射式望远镜 ·· 318
　　　　16.1.2　反射式望远镜 ·· 319
　　　　16.1.3　射电望远镜 ··· 321
　　　　16.1.4　空间望远镜 ··· 322
　16.2　"哈勃"空间望远镜简介 ··· 323
　16.3　"哈勃"空间望远镜的组成 ··· 325
　　　　16.3.1　光学部件 ·· 325
　　　　16.3.2　保障系统 ·· 326
　　　　16.3.3　科学仪器 ·· 327
　16.4　"哈勃"空间望远镜的成就 ··· 327
　　　　16.4.1　黑洞的存在 ·· 328
　　　　16.4.2　星系的演化 ·· 328
　　　　16.4.3　暗能量的存在 ·· 329
　　　　16.4.4　精确测定宇宙的膨胀速度 ·· 330
　　　　16.4.5　太阳系外行星采样 ·· 331
　　　　16.4.6　其他各项成就 ·· 332
　16.5　"哈勃"空间望远镜的五次太空维修 ··· 334
　　　　16.5.1　第一次维修：矫正近视 ·· 334
　　　　16.5.2　第二次维修：更新设备 ·· 335
　　　　16.5.3　第三次维修：休眠复苏 ·· 337
　　　　16.5.4　第四次维修：心脏手术 ·· 337
　　　　16.5.5　第五次维修：最后一次 ·· 338
　思考题 ··· 340

第17章　新概念航天器 ·· 342
　17.1　机器航天员 ·· 342

17.1.1　简介 ………………………………………………………………… 342
　　　17.1.2　机器航天员的先进性 ………………………………………………… 343
　　　17.1.3　机器航天员的初期试验 ……………………………………………… 346
　　　17.1.4　R2 的应用模式与未来 ……………………………………………… 348
　17.2　小卫星及其编队飞行 ………………………………………………………… 350
　　　17.2.1　现代小卫星的分类及发展模式 ……………………………………… 350
　　　17.2.2　现代小卫星发展的若干问题分析 …………………………………… 351
　　　17.2.3　星群飞行的技术特征与模式 ………………………………………… 353
　　　17.2.4　未来展望 ……………………………………………………………… 355
　17.3　捕获小行星的航天器 ………………………………………………………… 355
　　　17.3.1　项目背景概述 ………………………………………………………… 355
　　　17.3.2　捕获小行星的任务规划 ……………………………………………… 356
　　　17.3.3　目标小行星 …………………………………………………………… 356
　　　17.3.4　航天器总体设计方案 ………………………………………………… 357
　　　17.3.5　小结 …………………………………………………………………… 359
　17.4　模块化分离卫星 ……………………………………………………………… 359
　　　17.4.1　模块化分离卫星的产生和目的 ……………………………………… 359
　　　17.4.2　模块化分离卫星的研制计划和技术特征分析 ……………………… 360
　17.5　未来 NASA 的群卫星系统分析与展望 ……………………………………… 362
　　　17.5.1　群智能技术 …………………………………………………………… 362
　　　17.5.2　群卫星系统 …………………………………………………………… 363
　　　17.5.3　ANTS 系统的载荷配置及体系结构 ………………………………… 365
　　　17.5.4　小结 …………………………………………………………………… 365
思考题 ……………………………………………………………………………………… 366
参考文献 …………………………………………………………………………………… 367

第1章 绪 论

1.1 航空与航天的基本概念

钱学森先生定义人类的飞行活动可以分为三个阶段,即航空、航天、航宇。那么,什么是航空、航天和航宇呢?

航空是指人类在大气层内从事的飞行活动;

航天是指人类在大气层外从事的飞行活动;

航宇是指人类在太阳系外从事的飞行活动。

钱学森先生曾经说,"'航天'一词是我首创。我把人类在大气层之外的飞行活动称为'航天',是从航海、航空'推理'而成的。"他说,最初是从毛泽东的诗句"巡天遥看一千河"中得到启示。他提出了"航宇"一词,即"星际航行",他在《星际航行概论》一书中详尽地论述了行星之间以至恒星之间的飞行。

今天,如果说"航宇"一词对于中国人而言,还不是所有人都晓得,但"航天"一词已经是家喻户晓了。

"航空与航天"一词,即蕴含了人类进行航空航天的活动,又包含了航空航天飞行活动所涉及到的各种技术。但通常人们习惯于将航空和航天理解为技术,甚至与高科技连带在一起。事实上,航空、航天、航宇同时还包含着人类思维的进步,因为人类思维活动驱动着航空与航天活动的发展,它们标志着人类文明程度的高度发展。

"航空与航天"是人类利用载人或不载人的飞行器,在地球大气层内和大气层外的航行活动的总称。经过人类近百年来的努力,目前"航空与航天"已经成为最活跃和最有影响的科学技术领域,同时也代表着一个国家科学技术的发展水平,它也是科学技术和意识形态结合的产物。

1.1.1 航空

航空活动通常是指载人或不载人的飞行器在大气层内飞行,所以,航空器必须置身于空气介质之中,同时还要克服航空器自身的重力才能飞行。航空器一般会受到4个作用力,即推力、阻力、重力和升力,如图1.1所示。

因为航空器置身于空气之中,所以,空气动力学是航空技术的理论基础,航空技术的每一项成就都离不开人类对空气动力的探索与实践。那么,什么是空气动力呢?在我们生活中,空气动力的现象很多,如飓风将房盖掀起的现象就是空气动力的表现(图1.2)。空气动力是怎样产生的呢?只要物体和空气之间有相对运动,就会在物体上产生空气动力。

航空按其应用领域划分,包括军用航空和民用航空。

(1)军用航空泛指用于军事目的的一切航空活动,主要包括作战、侦查、运输、警戒、

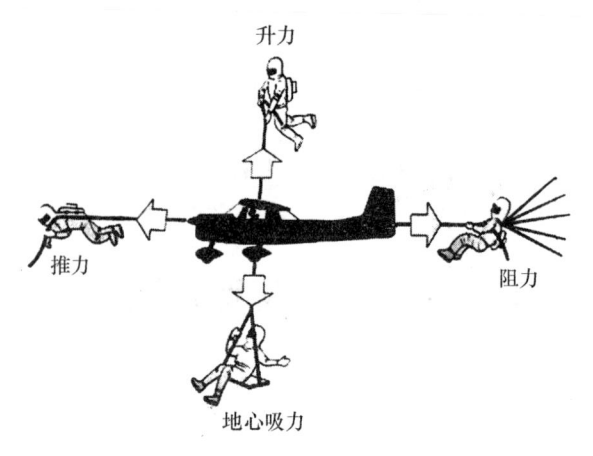

图1.1 航空器受到的4个作用力

图1.2 飓风将房盖掀起

训练和联络救生等。在20世纪的战争中,夺取制空权是战争胜利的重要手段,也是军用航空的主要活动。军用飞机可分为作战飞机和作战支援飞机两大类。典型的作战飞机有战斗机(又称歼击机)、攻击机(又称强击机)、战斗轰炸机、反潜机、战术和战略轰炸机等。作战支援飞机包括军用运输机、预警指挥机、空中加油机、侦察机和军用教练机等,除固定翼飞机外,军用直升机在对地攻击、侦查、运输、通信联络、搜索救援以及反潜等方面发挥着巨大作用,已成为现代军队,特别是陆军的重要武器装备。

(2)民用航空是指利用各类航空器为国民经济服务的非军事性飞机活动。根据不同的飞行目的,民用航空分为商业航空和通用航空两大类。

① 商业航空是指只在国内和国际航线上的商业性客、货(邮)运输;这类运输服务主要由国内和国际干线客机、货机或客货两用机以及国内支线运输机承担。

② 通用航空只用于公务、工业、农林牧副渔业、地质勘探、遥感遥测、公安、气象、环保、救护、通勤、体育和观光游览等方面的飞行活动。

通用飞机主要有公务机、农业机、林业机、轻型多用途飞机、巡航救护机、体育运动机和私人飞机等。

1.1.2 航天

航天又称空间飞行、太空飞行、宇宙航行或航天飞行,是指航天器在太空的航行活动。从广义上理解,航天活动包括空间技术(也称航天技术)、空间应用和空间科学三个部分。航天活动的目的是探索、开发和利用太空资源,从而更好地为人类服务。

航天飞行的基本条件是航天器必须达到足够的速度,摆脱地球或太阳的引力。第一、第二、第三宇宙速度是航天所需的特征速度。

航天实际上包括军事航天和民用航天之分,但世界各国在宣传自己的航天工业时都主要强调其科学探索或民用市场的潜力。

(1) 军事航天。现在,占领和控制近地空间已经成为西方大国争取军事优势的新焦点。在美国、俄罗斯等国已发射的航天器中,具有军事用途的超过80%。用于军事目的的航天器可分为三类:卫星系统、反卫星系统和载人航天系统。

① 卫星主要分军用通信卫星、导航卫星、气象卫星和侦察(间谍)卫星等。

② 反卫星系统包括反卫星卫星、定向能武器和动能武器。其中,激光武器、粒子束武器和射频武器等属于定向能武器;动能导弹、电磁炮和电热弹等属于动能武器。

③ 载人航天系统分为空间站、飞船和航天飞机、空天飞机等,空间站可用做空间侦察与监视平台、空间武器试验基地、天基国家指挥所、未来天军作战基地等。

(2) 民用航天。民用航天的潜力是非常巨大的,它包括空间物理探测、空间天文探测、卫星气象观测、卫星海洋观测、卫星广播通信、卫星导航、遥感考古、太空旅游以及地外生命探索等都是航天的重要应用领域;微重力环境下完成的各种化学、物理和生物试验成果是航天为人类文明与进步所做的直接贡献。

1.1.3 航空与航天的联系

航天不同于航空,航天器是在极高的真空宇宙空间以类似于自然天体运动规律的飞行。但航天器的发射和回收都要经过大气层,这就使航空航天之间产生了必然联系。尤其是水平降落的航天飞机和水平起降的空天飞机,兼有航空与航天的特点。

从科学技术的角度看,航空与航天之间是紧密联系的。航空航天技术是高度综合的现代科学技术。力学、热力学和材料学等是航空航天的科学基础;电子技术、自动控制技术、计算机技术、喷气推进技术和制造工艺技术等对航空航天的进步发挥了重要作用;医学、真空技术和低温技术的发展促进了航空和航天的发展。这些科学技术在航空和航天的应用中相互交叉和渗透,产生了一些新的学科,促使了航空和航天科学技术形成了完整的体系。

航空和航天的发展都与其军事应用密切相关,人类在该领域取得的巨大进展也对国民经济和社会生活产生了重大影响,甚至改变了世界的面貌。航空和航天科学技术已成为牵动其他高新技术发展的动力之一,航空和航天工业不仅是国民经济建设和发展中的朝阳产业,还是附加值很高的高新技术产品。

1.2 航空飞行器的过去与现在

翱翔天空是人类很久以来的梦想,但直到18世纪后期热气球在欧洲成功升空,这一愿望才得以实现。20世纪初期飞机的出现,开创了现代航空的新篇章。

在很多人的认识当中航空器就是飞机,飞机也就是航空器。但实际上这样的认识不完全正确。

简单来说,航空器包括人造的各种能在空气中飞翔的物体,飞机仅仅是航空器中的一种,还有气球、飞艇和滑翔机等。其实我们日常放的风筝、儿童玩的竹蜻蜓等也都是航空器。

1.2.1 人类早期的飞行梦

古人向往飞行,认为只有长了翅膀的东西才能飞行。人要想飞,就应该学习鸟的样子,长出两只翅膀。也正因为有了这种想法,世界各国才产生了许多人长翅膀会飞的童话和传说。而人身上是长不出翅膀来的。那么要学习鸟类飞行,只有在人身上安装一对人造的翅膀,或者是人为地造出一只会飞的鸟来。古代的张衡制造木鸟和王莽时代装上大翅膀的飞行都是为实现这一理想而向鸟类学习飞行的例子。

意大利著名画家达·芬奇,是航空科学的先驱。1487年,达·芬奇通过长期观察分析鸟类翅膀的运动,推论出是空气流过鸟的翅膀才产生升力,而且他发现气流流过翅膀的速度越快,产生的升力也就越大。达·芬奇绘制了大量有关飞行研究的草图(图1.3),且许多图符合空气动力学原理,这反映出他认识到空气密度和重心位置对飞行器的重要影响。但他的研究成果并未公诸于世,直到19世纪后期才被发现,这对航空的发展未能起到应有的推动作用。

图1.3 达·芬奇构想的飞机

1503年,意大利学者丹蒂在佩鲁贾试图用自制的翼飞行,他雄心勃勃地计划飞往法国,结果不幸坠地。

17世纪,土耳其赫扎芬塞莱也做了一对翅膀,从博斯普鲁斯海岸加拉塔的一座塔上跳下来,据说飞了好几千米,最后安全地降落。这是有记载的最好飞行成绩。

1673年,法国的一个锁匠贝尼埃,很巧妙地制造了一个"体力扑翼机"的飞行器,进行了飞行试验,他的设想比过去的"插翅而飞"又前进了一步。

1860年,意大利人博雷利在《运动的动物》一书中阐述了人体的局限性,指出人离开机器的帮助是不可能飞行起来的,此后人力扑翼的飞行尝试逐渐减少。

1.2.2 人类早期的飞行活动

由于扑翼飞行的失败,人们又开始转向轻于空气的飞行器的研究。因此,出现了气球和飞艇等飞行器。

历史上出现过各种轻于空气飞行器的其他设想和尝试，但蒙哥尔费兄弟发明的气球是世界公认的首次制造成功的轻于空气的航空器。1783年9月19日，蒙哥尔费兄弟在巴黎做表演，气球载着鸡、鸭、羊各一只，在空中飘行8min，被公认为世界上第一个热气球（图1.4）。

图1.4 法国蒙特尔费兄弟热气球试验

1783年10月25日，法国的罗齐尔乘蒙哥尔费兄弟所发明的热气球上升到26m的高度，飞行4.5min，是公认的人类第一次升空，但这一次是系留气球升空。

1783年11月21日，罗齐尔和达尔朗德又在巴黎的上空做了一次自由飞行，上升到300m的高度，并平安地降落，共飞行了25min。这是人类乘航空器进行的第一次空中自由航行。同年12月1日，法国物理学家查尔斯和助手罗伯特首次乘自制的氢气球升空，飘行50km，在空中时间超过2h，实现了氢气球载人飞行。1785年1月7日，法国人布朗夏尔和美国人杰弗里斯乘氢气球首次飞越英吉利海峡。1785年6月15日，法国的罗齐尔和罗曼乘使用氢气和热气的混合气体的气球在飞跃英吉利海峡时，气球着火发生爆炸，二人不幸遇难。

由于气球只能在空中随风漂浮，而不能控制前进的方向，于是出现了带有动力并可操纵的气球——飞艇。飞艇上装有蒸汽机和螺旋桨、操纵面以及装载人或物的吊舱，飞行路线可以人为控制。

1852年9月24日，法国的亨利·吉法尔驾驶着自己研制的第一架可操纵动力软式飞艇试飞成功，从巴黎飞到特拉普，航程28km。1900年7月2日，第一架硬式飞艇，长128m、容积111300m³的德国齐柏林LZ-1号首次在博登湖上空试飞成功（图1.5）。

1909年，齐柏林创办了第一个民用航空公司——德国航空运输有限公司，1910年6月22日开始用LZ-1号飞艇在法兰克福——巴登——杜塞尔多夫之间作载客定期飞行，能载客20人，这是历史上最早的航线。1915年5月31日，德国齐柏林LZ-38号飞艇首次夜袭伦敦。第一次世界大战后，人们对利用飞艇进行空中运输的兴趣更加大了。因此，齐柏林又建造了两艘巨型飞艇，用作欧洲到南美和美国的商业航线飞行。这种飞艇长

图1.5　齐柏林LZ-1号飞艇

245m,容积200000m³,速度130km/h,载客75名。

1929年8月8日—29日,德国的"齐柏林伯爵"号飞艇载着16名乘客和37名机组人员从美国新泽西州出发环球飞行成功(图1.6),航程35200km,历时21天。

然而,1937年5月6日,德国的"兴登堡"号在新泽西州着陆时尾部起火(图1.7),飞艇上97人中共36人罹难,从而导致了飞艇的衰败。

图1.6　"齐柏林伯爵"号飞艇　　　　图1.7　"兴登堡"号飞艇

今天人们仍在使用充满不可燃性气体(如氦气)的飞艇和气球,氦气是密度非常小的气体,非常安全可靠,由于是惰性气体,不会燃烧。然而正因为是惰性气体,氦气在19世纪末之前一直不被人们所了解,也不能大量获取。到20世纪初,出现了被认为是世界上第一艘氦气的飞艇,美国的ZR-1号硬式飞艇。但是早期的氦气飞艇不稳定,多次在飞行中发生故障。这些事故结束了像齐柏林这样的发明家的梦想,他们曾经幻想着巨型飞艇满载乘客飞遍世界。但幸运的是,不久后飞机的迅速发展使这些梦想被取代。今天大型飞机可以载着数百名乘客,跨越上千里,飞遍世界各地。

1.2.3　早期的飞机

气球和飞艇是利用它们所充气体密度比空气轻的原理,所以才能够升起来,但并不是所有的飞行器都能利用这一原理。18世纪欧洲的产业革命推动了科学技术的迅猛发展,从而为人类实现飞行提供了条件。

英国乔治·凯利爵士被称为航空之父。中国的风筝在14世纪传入欧洲后，他通过研究风筝的飞行能力，发现了风筝翅膀与风的角度的关系，利用这个发现，1809年他研制了第一架滑翔机。1849年，凯利设计的滑翔机将一个小男孩带上天空。凯利对于航空最重要的贡献在于理论方面的研究，他发表了重要的著作《关于航空航行》，加上他的滑翔机载人试飞成功，确立了现代飞机的基本飞行原理和基本组成部分，并给重于空气飞行器的机械飞行下了明确定义。他剖析了飞机稳定性和操纵性的重要性；首次提出上反角的概念，指出其适用于侧向稳定；提出在飞机尾部安装水平尾翼（简称平尾），可保证纵向稳定；提出在尾翼上安装可转动的垂直尾翼（简称垂尾），可保证飞机良好的操纵性；并提出多翼机构想，并兼顾较大机翼面积和质量轻、强度高的要求。

1843年，英国人亨森在朋友斯特林费洛的协助下，设计完成了"空中蒸汽车"，如图1.8所示。亨森是沿着凯利确定的固定翼面的思路，设计了一架单翼飞行器，用一台30马力(22371W)的蒸汽机作为动力装置。"空中蒸汽车"的机翼具有双弯度，平尾和垂尾翼面可操纵。机翼的构造包括翼梁、翼肋，外覆一蒙布，起落架为三点式，这些都和现代飞机很接近，但由于没有质量轻而功率大的内燃机作为动力装置，蒸汽机很笨重，不能使飞行器飞起来，所以亨森的设计只能停留在图样阶段，未能制造出来。

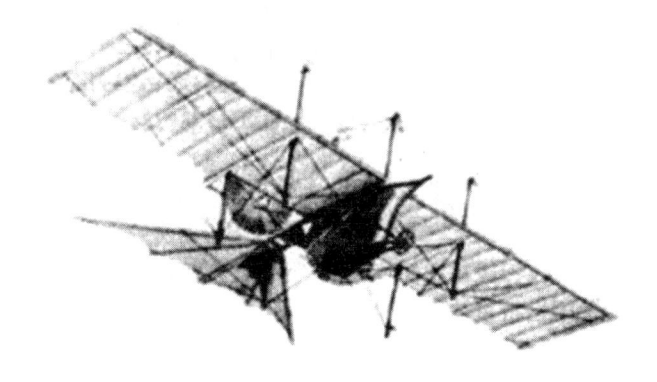

图1.8 亨森的"空中蒸汽车"

1884年，俄国海军军官莫扎伊斯基设计制造了一架单翼机，如图1.9所示。早年的莫扎伊斯基曾对鸟类做过仔细研究，萌发了发明载人飞行器的念头。他设计的单翼机具

图1.9 莫扎伊斯基的单翼机

有机身、尾翼、四轮起落架,2台蒸汽机和3副螺旋桨,载一名驾驶员的同时还可以载几名旅客。莫扎伊斯基的单翼机获得专利,并在彼得堡附近做过试飞,但只能飞跃20~30m的距离,不能持续飞行。

1890年,法国电器工程师阿代尔设计制造了一架蝙蝠式飞机——"风神",如图1.10所示,当年10月9日在阿美韦里斯从平地起飞高度约20cm,飞跃距离50m,然后摔下。1897年阿代尔又设计制造了"飞机"号飞机,与"风神"号外形相似,"飞机"号也做了几次短暂的跳跃飞行,未能持续飞行。阿代尔的飞机机翼上没有操作面,未解决操作稳定性问题,并且发动机质量太大,采用蝙蝠翼扑动的形式"飞行"。

图1.10 阿代尔的蝙蝠式飞机

1.2.4 从飞机雏形到现代飞机

想象是人类智慧的萌芽,而幻想却是创造的母亲。一代又一代先哲用知识和智慧去寻找打开人类飞行奥妙的金钥匙,一批又一批勇士,用汗水和鲜血去连接通往蓝天的桥梁。尽管他们中间的绝大多数都以失败告终,但无数次的试验、无数次血的代价,使得人类在通往飞行之梦的道路上摸索前进,终于从无数错综复杂的岔道中,找到了正确的方向,实现了飞上蓝天、飞向太空的理想。

1903年12月17日,北卡罗来纳州的基地霍克海滩寒风凛冽,但这一天的天气对人们来说并不重要,这一天将成为人类航空史上最伟大的一天,这一天开创了现代航空的新纪元。因为,美国的莱特兄弟(威尔伯·莱特和奥维尔·莱特,如图1.11所示)设计制造的"飞行者"号试飞成功(图1.12),这是世界公认的最早的可操纵动力的持续飞行。这一天,他们俩共飞行了4次。第一次飞行距离36m,留空12s。最后一次飞行距离260m,留空29s。"飞行者"号也被公认为世界上第一架动力飞机。两年后,这对兄弟制造出了能飞行40km的飞机。

莱特兄弟的第一次载人飞行是一个了不起的成就,尽管他们的飞机飞行时间不长,距离很短;但不久,飞机制造技术就取得了迅速的发展。战争的需求推动了飞机的发展,制造商之间的竞争也带动了飞机制造技术逐年的显著进步。双翼飞机的时代到来,事实上"飞行者"号是一架典型的双翼飞机,它有两只平行的翅膀,一个在上一个在下,这种设计在早期得到推崇。双翼飞机用支柱、吊索和金属丝把两个翅膀连在一起,为了飞行的需要,飞机要设计得非常轻巧坚固。双翼飞机因为有两个翅膀,会得到比单翼飞机大1倍的

图1.11 莱特兄弟

图1.12 莱特兄弟设计的"飞行者"号

升力,因而更容易飞离地面。早期飞机设计者遇到的最主要的挑战之一就是如何使机翼更加坚固。美国滑翔机先驱奥克塔夫·查努特是一位建筑工程师,他发起试用在房屋和桥梁建筑中使用过的十字交叉的构架,这使得他的双翼滑翔机更加坚固。早期的双翼飞机的进步得益于两类战争,一类是第一次世界大战(1914年—1918年)中控制战场制空权的战争;另一类是不那么残酷的战争:是莱特兄弟的追随者们在飞机设计上的竞争。

双翼飞机为受力和可控性付出了一定的代价,它们的两对机翼加上用于连接众多压杆和支柱质量,使得飞机受到了更多的空气阻力。这造成了飞机的飞行速度减慢,并增加了燃料的耗费,这造成了双翼飞机无法飞得更快,距离更长。这类问题在军用飞机方面更为显著:因为战场需要尽快到达,而且高机动性也可以避免遭受炮火的打击。第一架单翼飞机其实是和双翼飞机差不多同时诞生。尽管单翼飞机可以飞得更快,但是它那单薄的机翼使它起飞更加显得困难,在空中也更难以控制。一项类似建筑的梁柱结构的改革使得单翼飞机机翼更加坚固,翼梁就是沿着机翼长度方向的支柱,而弯曲的翼柱则形成了机翼的整体形状,它们的质量都由翼梁来支撑。

在莱特兄弟的双翼飞机成功上天后不久,单翼飞机的设计就被提了出来。法国工程师圣路易·布勒利奥在1909年制作了一架单翼飞机并成功地驾驶着它飞跃了英吉利海峡。但是，在20世纪30年代之前，一直都是双翼飞机占据着统治地位，直到1927年，查布斯·林德伯格驾驶着他的单翼飞机"圣路易斯精神"号（图1.13），完成了著名的从纽约到巴黎的单独飞越大西洋的飞行，这种状况才被打破。

图1.13 "圣路易斯精神"号

第二次世界大战（1939年—1945年）中，空战显得比一战更为重要，如何轰炸已被研究的很透彻。20世纪30年代战争开始迫近时，各国空军都在迅速地发展军用飞机，类似莱特兄弟设计的那种木制双翼飞机被用金属制成更结实、更成熟、更快的单翼飞机所取代。但是，希望飞机能够飞得更快更远，并能承载更大质量的需要一直对飞机的设计提出更高的要求，特别是发动机。这一点非常明显：飞机想要继续发展，就必须要有新型的、功率强劲的发动机。飞机的下一项重大改革浮出了水面。

一个不幸的事实是：航空史的发展对战争做出了很大的贡献。1909年，莱特兄弟为美国军队制作了世界上第一架军用飞机，一年以后，当时的世界军事大国都拥有了自己的飞机，尽管那时的飞机仅仅是用来侦察。作战飞机几乎是起源于第一次世界大战前3年的一次意外，1911年10月30日，一位意大利飞行员正在利比亚上空飞行，观察敌军的力量，飞机上的四枚手榴弹掉落到了敌人的阵地上。此后，轰炸机很快问世了。在第一次世界大战期间，飞机主要用在了军事上。美籍荷兰裔飞机设计师安东尼·福克进一步提出将发动机与机关枪连接起来的设计，这样可以通过发动机的旋转来转送子弹。福克成为当时最成功的作战飞机设计者之一。他设计制造了三翼飞机，还发起利用焊接钢管结构技术，使飞机机身既轻又结实。

这一时期其他著名的作战飞机包括英国的"索普维兹骆驼"号，还有德国制造的早期的轰炸机"容克"号，这是第一架全金属单翼飞机。20世纪30年代，一些国家认识到在未来的战争中，飞机将是非常重要的作战武器。因此，他们研制了更有威力的轰炸机，可以攻击地面。他们也设计制造了更先进的战斗机，用于在空中击毁敌机。飞机在第二次世界大战中成为至关重要的作战工具，历史上第一次大规模空战——不列颠空战，发生在1940年夏天。德国军队准备入侵英国，纳粹德国空军开始轰炸英格兰，但是，侵略计划被英国皇家空军粉碎了。英国皇家空军驾驶员和来自其他国家的志愿者一起，驾驶着"猎鹰者飓风"、"超级舰队喷火"等型号的飞机同德国的"福克——沃尔夫"190、"梅塞施密特"109等型号的战机进行了空中激战。另一次主要的空战是日本飞机轰炸位于夏威夷珍珠港的美国舰队，这次事件促使美国政府下定决心制造大量的现代战机。著名的战机包括"洛克希德闪电"、"北美野马"和"格拉曼巫婆"，而波音公司的"飞行堡垒"B-17轰炸机也投入使用。可称为战争终结者的飞机毫无疑问是波音公司的"超级空中堡垒"B-29飞(图1.14)，它于1945年在日本的广岛和长崎分别投下一枚原子弹。

图1.14 "超级空中堡垒"B-29飞机

随着飞机的不断发展，飞机飞行的速度逐渐得到提升。1903年莱特兄弟的"飞行者"号的最高时速为50km/h，当11年后第一次世界大战爆发时，飞机的飞行速度大约是这个速度的2倍，到1918年世界第一次大战结束，飞机的速度达到大约209km/h。再到第二次世界大战爆发的1939年，战斗机的速度达到了563km/h。每一次速度的提升都使得飞机的发动机、机翼、机身承受了比以前大得多的压力。此时，飞机设计者们面对着一个必须思考的问题：飞机正常飞行而不会被撕碎的最高时速是多少？

飞机设计的先行者们学习了大量的关于物体在空气中运动的知识，他们又开始研究当飞行器高速穿过空气时空气怎样运动。他们不久就发现，每一种飞机自身都存在一个极限时速，飞机无论怎样加大推进力，都无法超越。在低速飞行时，空气平滑地绕着机身流动，当空气流经机翼时，它给机翼一个升力使飞机能够升空。但是，当飞机的速度提高后，这一切都变了，空气分子相互挤压，使阻力迅速增大。当飞机的速度加大后，环绕机身的空气由平滑的流动变成激烈的碰撞。飞机受到空气分子大的撞击，失去升力，变得无法控制。因此，对飞机进行了限速飞行。

20世纪30年代间的飞机设计师认识到：如果想要自己设计的飞行器任意提高速度，他们就需要使用完全不同类型的发动机。火箭发动机是一个可以实现的设想，这一设想首先是由美国和德国的工程师们提出来的。虽然在理论上，火箭发动机能够把飞行速度提高到以前做梦也想不到的速度，但是实际上，它也给设计者带来了新问题。火箭飞机的运行成本很高，而且不易于发射。还有很重要的一点就是，没有驾驶员愿意坐进那个看起来像焰火一样的驾驶舱。火箭发动机最终没能应用到飞机的驱动上。

1.2.5 喷气式飞机的出现

1910年，法籍罗马尼亚科学家亨·利玛·利柯安达设计出了第一架喷气式动力飞机，但这架飞机在起飞时起火燃烧掉了。又过了20年，喷气式发动机被发明，再过了10年，喷气式飞机终于飞上了天空。

喷气式飞机早期的发展中有两个标志性事件,英国工程师弗兰克·惠特尔在1928年发明了喷气式发动机;然而制造出第一架喷气式飞机的人却是德国工程师汉斯·帕斯特·冯·奥海因。他设计的"亨克尔"HE-178(图1.15)于1939年8月27日飞上蓝天。喷气式战斗机出现得太晚了,没能在二战中发挥太大的作用。然而,英国的喷气式飞机"不列颠格罗斯特流星"号和德国的"梅塞施密特"ME-262号都赶上了战争的尾巴。英国和德国是当时仅有的两个战争时期拥有喷气式飞机的国家,但是其他国家,包括美国和苏联,都是在战后才生产出了喷气式飞机。

图1.15 喷气发动机的HE-178飞机

喷气式发动机打破了螺旋桨飞机速度的限制,与以前相比,能以快得多的速度飞行。当飞机速度大大提高以后,驾驶员们发现他们面临着一个限制速度——声音的速度,没有人认为他们能够超过声速(1062km/h)。一些人认为如果超过声速,飞机就会发生严重的紊乱,导致机毁人亡的结果;另一些人则不这么认为,而答案只有一个。

20世纪40年代后期,美国贝尔飞机公司的工程师们接受了这次挑战。他们知道,子弹的速度快于声速,于是,他们设计的X-1型飞机类似于0.50口径子弹的形状。他们放弃了使用新型喷气式发动机,而是决定利用波音的B-29轰炸机将X-1携带升空,然后使之脱钩单飞,这样做是在维持较长时间的高速飞行时可以节省燃料。

很多驾驶员中在冲击声音屏障的飞行中丧生,在当时要寻找到一位甘愿冒生命危险进行试验的驾驶员还是个问题。但有一位驾驶员主动迎接这一挑战,他就是查尔斯·E·查克·耶格尔少校,他是第二次世界大战中的王牌飞行员。1947年,他爬进了X-1的座舱,又一次开始了历史性的起飞,如图1.16所示,然后他飞出了1066km/h的速度。

图1.16 X-1

进入到和平年代,空中客机得到了发展,大型空中客机的出现宣布人类进入了一个新的时代,人们可以进行全球旅行。最早的、真正意义上的空中客机应该是波音247。早期客机中最成功的是1936年投入服务的"道格拉斯"DC-3的"达科塔"号,它是那个年代能力最强和最成功的飞机。20世纪50年代之前,客机得到一定程度的发展,在被喷气式发动机取代前,所有的飞机均由螺旋桨发动机驱动。最大的客机拥有四个螺旋桨发动机,可以载100人,最高时速480km/h。此后,强力、安全、高效的喷气式客机"彗星"号由英国的哈维兰公司制造,于1952年投入飞行。

图1.17　DC-3

很快,其他飞机制造商也都制造出了他们的喷气式客机,1958年,波音公司的波音707投产,该型号喷气式飞机花费了数年时间的研制,具有四个喷气式发动机。这种飞机一出现,立刻在美国投入空中运输服务。到了20世纪60年代,新型喷气客机用来进行国际性的和其他长距离的飞行。小型飞机则飞短途,因而更经济。如波音727、波音737和"道格拉斯"DC-9。

进入20世纪70年代,飞机比以前的任何时期都变得更大,如波音747大型喷气式客机"空中巨无霸",如图1.18所示。以前的客机载客不会超过200人,而波音747可以载客400人左右。与此同时,喷气式客机也突破了声障,英国和法国进行了国际合作,生产出了世界上第一架超声速客机——协和号。但是,当协和式还在试验阶段,苏联的一架类似超声速飞机投入了使用,命名为图-144,于1975年进行了载货飞行,但协和号则在1976年实现了第一次载客飞行。1983年,图-144因为不够安全而停止生产,协和号则作

图1.18　波音747飞机

为世界上飞的最快的客机,直到2003年才结束了它的服务。

绝大多数现代飞机是由两家公司生产的。波音公司战胜了其他的美国竞争者,成为全世界最大的飞机制造商,以数字"7"字开头的系列飞机有波音747、波音757和波音777(图1.19和图1.20)。波音公司最大的竞争对手是空中客车公司,这是欧洲的一家合作集团,生产它自己的系列飞机。与波音飞机类似,空中客车序列从1972年首飞的空客A300发展起来,如图1.21所示。

图1.19　波音757飞机　　　　图1.20　波音777飞机

图1.21　空客A300飞机

今天,飞机已成为现代社会不可缺少的工具,作为运输设备,它使得地球变得越来越小;作为军事装备,它是现代战争不可缺少的获胜法宝。我们相信,随着航空技术的不断创新,飞机必将推动人类社会的进步。

1.3　飞行器的分类

按照飞行器的飞行环境和工作方式的不同,可以把飞行器分为航空器、航天器、火箭和导弹三类。在地球大气层内、外飞行的器械称为飞行器。在大气层内飞行的飞行器称为航空器,在大气层外飞行的飞行器称为航天器。

航空器靠空气的静浮力或靠与空气相对运动产生的空气动力升空飞行,而航天器在运载火箭的推动下获得必要的速度从而进入大气层外,然后在引力作用下完成类似于天体的轨道运动。

火箭是以火箭发动机为动力而升空,是一种可以在大气层内或大气层外飞行的飞行器;导弹是一种带有战斗部、依靠制导系统控制其飞行轨迹的飞行器。从动力装置和飞行范围看,火箭和大部分导弹更接近于航天器,所以本章后面的部分把火箭和导弹归属于航天的范畴(国际上将导弹称为小航天、火箭和卫星称为大航天)。

1.3.1 航空器

任何航空器要升到空中,都必须产生一个能克服自身重力的向上的力,这个力称为升力。航空器要在空中长时间自由地飞行,还必须具备动力装置产生推力,进而克服前进的阻力。根据产生升力的基本原理不同,航空器分为轻于同体积空气的航空器和重于同体积空气的航空器两大类。前者依靠空气的净浮力升空,又称浮空器;后者依靠与空气相对运动产生升力升空。按照不同的构造特点,航空器还可进一步细分。

1. 轻于空气的航空器

1) 气球

气球一般无推进装置,主体为气囊,气囊下面通常为吊篮或吊舱。按照气囊内所充气体的种类,气球可分为热气球、氢气球和氦气球等,如图1.22所示为进行科学考察的热气球。按气球升空后有无系留装置可分为自由气球和系留气球两类。气囊一般用浸胶织物或塑料薄膜等柔性材料制造而成,必须具有足够的强度和气密性。气囊的功能是装载密度比空气小的气体,使气球在空气中产生浮力而升空。气囊下面的吊篮或吊舱一般由轻质材料制成,用于放置仪器设备或乘坐人员。气球可用于气象、空间和地面探测、通信中继、体育或休闲运动等领域,也可用于军事侦察和监视。

图1.22 热气球(浮空器)

2) 飞艇

飞艇又名可操纵气球,既可在垂直方向作升降操纵,还可在水平方向操纵。操纵方法是靠发动机和螺旋桨推动前进,并靠方向舵来控制方向。根据结构形式不同,飞艇可分为软式、硬式和半硬式三种。飞艇一般有艇体、尾面、吊舱和推进装置等部分组成。艇体的外形呈流线型以减小航行时的阻力,内部充以密度比空气小的氦气或氢气,以产生浮力使飞艇升空。软式和半硬式飞艇的艇体形状靠气囊内的气体压力维持。飞艇的尾面包括稳定面和操纵面,用来控制和保持飞艇的航向、俯仰和稳定。吊舱位于艇体内的下方,通常采用骨架蒙皮式结构,用于人员乘坐、装载货物或压舱物、安装仪表设备和发动机等。飞艇的推进装置一般由发动机、减速器和螺旋桨构成。通过改变艇体内的气体量、抛掉压舱物、利用艇体、尾面的升力或者改变推力或拉力的方向均可控制飞艇上升或下降。飞艇曾经广泛用于海上巡逻、反潜、远程轰炸和兵力空运。随着飞机的出现,飞艇的用途转变为商业运输,在现代广告业中也发挥着重要作用。图1.23所示为我国"浮空"四号充氦飞艇。

图1.23 "浮空"四号充氦飞艇

2. 重于空气的航空器

重于空气的航空器靠自身与空气相对运动产生的空气动力升空飞行。常见的这类航空器主要包括固定翼和旋转翼两类,另外还有像鸟一样飞行的扑翼航空器和最近出现的倾转旋翼航空器。

1)固定翼航空器

(1)飞机。飞机是应用范围最广的航空器,由动力装置产生推力或拉力,由固定机翼产生升力的重于空气的航空器。飞机由机体结构和功能系统组成。按飞机的发动机不同,又有喷气飞机和螺旋桨飞机之分。

飞机机体结构通常包括机翼、机身、尾翼和起落架,如果发动机不安装在机身内,那么发动机短舱也属于机体结构的一部分。机翼是飞机产生升力的部件,机翼后面有可操纵的活动面,外面的称为副翼,用于控制飞机的横向运动;靠近机身的称为襟翼,用于增加起飞着陆时的升力。机翼内部通常装有油箱,机翼下面可外挂副油箱或各种武器,部分飞机的起落架和发动机也安装在机翼下。机身用来装载人员、货物、设备、燃料和武器等,也是飞机其他结构部件的安装基础。尾翼是平衡、稳定和操纵飞机飞行姿态的部件,通常包括垂直尾翼和水平尾翼两部分,方向舵位于垂直尾翼后部,用于控制飞机的航向运动;升降舵位于水平尾翼后部,用于控制飞机的俯仰运动。起落架由支柱、缓冲器、刹车装置、机轮和收放机构组成,用于飞机停放、滑行、起飞和着陆滑跑。

飞机的功能系统一般包括动力装置、燃油系统、操纵系统、液压冷气系统、人际环境工程系统、电气系统、通信导航与敌我识别系统、军械和火力控制系统等。飞机动力装置的核心是发动机,用于产生飞机前进的动力,以此克服飞机与空气相对运动时产生的阻力,它是飞机获得速度和产生升力的根本保证。现代飞机一般采用喷气发动机或活塞发动机。

(2)滑翔机。滑翔机是指没有动力装置的重于空气的固定翼航空器。滑翔机可由飞机拖曳起飞,也可用汽车等其他装置牵引起飞。动力滑翔机装有小型辅助发动机,不需外力牵引就可以自行起飞,但滑翔时不许关闭动力装置。滑翔和翱翔是滑翔机的基本飞行方式。无风情况下,滑翔机在下滑飞行中依靠自身重力的分量获得前进动力,这种损失高度的无动力下滑飞行称为滑翔;如存在上升气流,滑翔机就可以实现平飞或升高,称为翱翔。现代滑翔机主要用于体育运动。滑翔机一般由机翼、光滑细长的机身及尾翼组成。

2)旋翼航空器

(1)直升机。直升机是一种以动力装置驱动的旋翼作为主要升力和推进力来源,能垂直起落及前后、左右飞行的旋翼航空器。直升机主要由机体和升力(含旋翼和尾桨)、动力、传动三大系统以及机载飞行设备等组成。旋翼一般由涡轮轴发动机或活塞式发动机通过由转动轴及减速器等组成的机械传动系统来驱动,也可由桨尖喷气产生的反作用力来驱动。直升机发动机驱动旋翼提供升力,把直升机举托在空中,单旋翼直升机的主发动机同时也输出动力至尾部的小螺旋桨,机载陀螺仪能侦测直升机回转角度并反馈至尾桨,通过调整小螺旋桨的桨距可以抵消大螺旋桨产生的不同转速下的反作用力。双旋翼直升机通常采用旋翼相对反转的方式来抵消旋翼产生的反转力矩。按照旋翼反作用扭矩的平衡方式,直升机可分为四种形式:单旋翼带尾桨式直升机、双旋翼共轴式直升机、双旋翼纵列式直升机和双旋翼横列式直升机。我国制造的单旋翼带尾桨式直升机直9应用于军用和民用各个领域,武装直升机已经成为现代战场上的"坦克杀手"。在民用方面,直升机可用于海上石油勘探平台、短途运输、医疗救护、救灾救生、紧急营救、吊装设备、地质勘探、护林灭火、空中摄影等。目前直升机相对飞机而言,振动和噪声水平较高、维护检修工作量较大、使用成本较高、速度较低、航程较短。直升机今后的发展方向应该是在这些方面加以改进。

(2)旋翼机。一种利用前飞时的相对气流吹动旋翼自转以产生升力的旋翼航空器。它的前进力由发动机带动螺旋桨直接提供。旋翼机必须滑跑加速才能起飞。旋翼机实际上是一种介于直升机和飞机之间的飞行器(图1.24),它除去旋翼外,还带有一副垂直放置的螺旋桨以提供前进的动力,一般也装有较小的机翼在飞行中提供部分升力。由于旋翼机没有尾梁、没有尾传动系统及减速器自动倾斜器,绝大部分旋翼机也没有主旋翼传动

图1.24 旋翼机

系统、主减速器等，结构简单，所以不仅价格低，而且故障率也低。此外使用维护简单方便。所需费用也低。

（3）扑翼机。扑翼机（ornithopter）机翼能像鸟和昆虫翅膀那样上下扑动的重于空气的航空器，又称为振翼机。扑动的机翼不仅产生升力，还产生向前的推动力。随着现代材料、动力、加工技术，特别是微机电技术（MEMS）的进步，已经能够制造出接近实用的扑翼飞行器。这些飞行器从原理上可以分为仿鸟式扑翼和仿昆虫式扑翼，以微小型无人扑翼机为主，也有大型载人扑翼机试飞。仿鸟式扑翼的扑动频率低，机翼面积大，类似鸟类飞行，制造相对容易；仿昆虫扑翼扑动频率高，机翼面积小，制造难度高，但可以方便地实现悬停。现代扑翼虽然已经能够实现较好的飞行与控制，但距实用仍有一定差距，在近期内仍无法广泛应用，只能用在一些有特殊要求的任务中，例如城市反恐中的狭小空间侦查。现代扑翼的需要解决的主要问题是气动效率低、动力及机构要求高、材料要求高、有效载荷小。以气动问题为例，微小型扑翼属于低雷诺数、非正常过程，目前仍无法完全了解扑翼扑动过程中的流动模型和准确气动力变化，也没有完善的分析方法可以用于扑翼气动力计算，相关研究主要依赖试验。

（4）倾转旋翼机。倾转旋翼机是一种将固定翼飞机和直升机特点融为一体的新型飞行器，是一种同时具有旋翼和固定翼，并在机翼两侧装有一套可在水平与垂直位置之间转动的旋翼倾转系统组件的飞机。旋翼倾转系统处于垂直位置时，倾转旋翼机相当于横列式直升机，可垂直起降，并能完成直升机的其他飞行动作；旋翼倾转系统处于水平位置时，则相当于固定翼螺旋桨飞机。所以有人把这种飞机称为"直升飞机"。现在世界上唯一有实用价值的倾转旋翼机为美国贝尔公司研制的 V-22，如图 1-25 所示。倾转旋翼机不需要跑道就可以起飞，已经受到广泛关注，相信它将成为一种重要的军民用运输工具。

图 1.25 倾转旋翼机

1.3.2 航天器

航天器是指在地球大气层以外的宇宙空间，基本按照天体力学的规律运动的各类飞行器，又称空间飞行器。与自然天体不同的是，航天器可以通过控制改变其运行轨道或回收。航天器为了完成航天任务，还需要有发射场、运载器、航天测控和数据采集系统、用户台站以及回收设施的配合。航天器分为无人航天器和载人航天器。根据是否环绕地球运行，无人航天器又分为人造地球卫星和空间探测器。

1. 无人航天器

无人航天器包括人造地球卫星和空间探测器。

1）人造地球卫星

人造地球卫星是指环绕地球飞行并在空间轨道运行的无人航天器，简称人造卫星。人造卫星是发射数量最多、用途最广、发展最快的航天器。卫星系统中，各种设备按其功能的不同，分为有效载荷及卫星平台两大部分。有效载荷，对于不同类型的卫星均不相同；卫星平台，为有效载荷的操作提供环境及技术条件。人造卫星领域是个朝阳领域，按用途分，它可分为科学卫星、技术试验卫星和应用卫星三大类。

科学卫星是用于科学探测和研究的卫星，主要包括空间物理探测卫星和天文卫星，用来研究高层大气、地球辐射带、地球磁层、宇宙线、太阳辐射等，并可以观测其他星体。

技术试验卫星是进行新技术试验或为应用卫星进行试验的卫星。航天技术中有很多新原理、新材料、新仪器，必须在太空中检验其能否使用；判断一种新型卫星能否投入使用，需要将它发射到太空中进行性能试验；人类进入太空之前必须先用动物进行试验，而这些都是技术试验卫星的使命。

应用卫星是直接为人类服务的卫星，它的种类最多，数量最大，其中包括：通信卫星、气象卫星、侦察卫星、导航卫星、测地卫星、地球资源卫星和截击卫星等。多数情况下，科学卫星也兼有技术试验功能，如我国于1981年9月20日用"一箭三星"技术发射成功的"实践"系列卫星，就是空间物理探测与新技术试验卫星，如图1.26所示。

图1.26 新技术试验卫星

2）空间探测器

空间探测器，也称深空探测器（图1.27），是用于探测地球以外天体和星际空间的无人航天器。空间探测器的基本构造多与人造地球卫星相近，但探测器通常用于执行某一特定探测或调查的任务，因而会携带相应的特殊设备。

一般而言空间探测器的主要目的是了解太阳的起源、演变和现状；了解太阳系的变化历史；通过观察比较太阳系内各主要行星，从而进一步认识地球环境的形成和演变以及探索生命的起源等。专门用于对月球进行探测的空间探测器称为月球探测器，对其他行星进行探测的称为行星探测器和行星际探测器。

月球与人类关系密切，也是离地球距离最近的较大天体，因此它是人类进行空间探测的首选目标。世界上已有多个国家向月球发射了探测器并进行了月球实地考察。"月球"16号是人类第一个实现在月球上自动取样并送回地球的探测器,它于1970年9月12日降落在月球表面,并于24日离月返回地球。中国的探月工程起始于2003年3月1日,并于2007年和2010年先后发射了"嫦娥"一号探测器和"嫦娥"二号探测器,"嫦娥"三号探测器于2013年12月2日发射,至同月14日实现了月球表面的软着陆。

在行星和行星际探测方面,欧美、苏联和日本等国发射了多个探测器对太阳系内不同天体及其星际之间进行了探测。其中"旅行者"1号和"旅行者"2号已经离开太阳系成为恒星际探测器。

图1.27 空间探测器

2. 载人航天器

载人航天是指人类驾驶和乘坐载人航天器在太空中从事各种探测、研究、试验、生产和军事应用的往返飞行活动。其目的在于突破地球大气的屏障和克服地球引力,把人类的活动范围从陆地、海洋、大气层扩展到太空,更广泛和更深入地认识整个宇宙,并充分利用太空和载人航天器的特殊环境进行各种研究和试验活动,开发太空极其丰富的资源。根据飞行和工作方式的不同,载人航天器可分为载人飞船、载人空间站和航天飞机三类。

(1) 载人飞船。载人飞船是指能够保障航天员在外层空间生活和工作以执行航天任务并返回地面的航天器,又称宇宙飞船。按照运行方式的不同,现在已成功发射的载人飞船可被分为卫星式载人飞船和登月载人飞船两大类。卫星式载人飞船绕低地球轨道运行,登月载人飞船用于载运登月航天员。目前尚在研究阶段的还有行星际载人飞船。人类成功发射的第一艘载人飞船是由苏联在1961年4月12日发射升空的"东方"一号,而它搭载的宇航员加加林也成为人类史上的第一位宇航员。1961年到1972年间美国实行了"阿波罗"计划,1969年7月20日"阿波罗"11号成功将人类送上月球,乘员之一的阿姆斯特朗也成为首位踏上月球的人。中国于2003年10月15日成功发射了第一艘载人飞船"神舟"五号,杨利伟成为首位进入太空的中国航天员,图1.28所示为中国的"神舟"系列载人飞船。

(2) 空间站。空间站又称航天站、太空站、轨道站。是一种在近地轨道长时间运行,可供多名航天员巡访、长期工作和生活的载人航天器。人类并不满足于在太空作短暂的

图 1.28 载人飞船

旅游,为了开发太空,需要建立长期生活和工作的基地。于是,随着航天技术的进步,在太空建立新居所的条件成熟了。空间站分为单一式和组合式两种。单一式空间站可由航天运载器一次发射入轨,组合式空间站则由航天运载器分批将组件送入轨道,在太空组装而成。图 1.29 所示为苏联的"礼炮"6 号空间站的结构示意图。

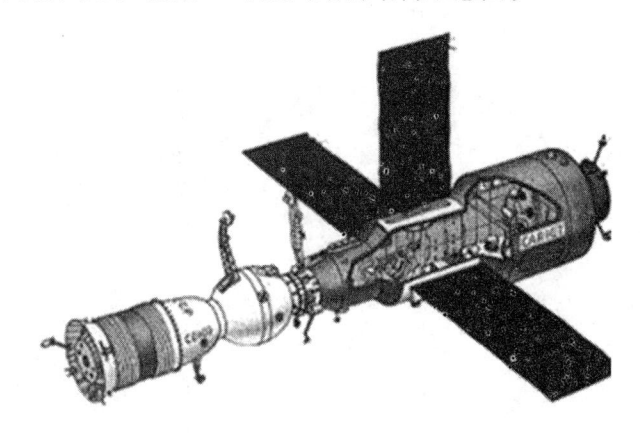

图 1.29 "礼炮"6 号空间站

(3) 航天飞机。如图 1.30 所示,航天飞机又称为太空梭或太空穿梭机,是可重复使用的、往返于太空和地面之间的航天器,它结合了飞机与航天器的性质。它既能代替运载火箭把人造卫星等航天器送入太空,也能像载人飞船那样在轨道上运行,还能像飞机那样在大气层中滑翔着陆。航天飞机为人类自由进出太空提供了很好的工具,它大大降低航天活动的费用,是航天史上的一个重要里程碑。

航天飞机是一种垂直起飞、水平降落的载人航天器,它以火箭发动机为动力发射到太空,能在轨道上运行,且可以往返于地球表面和近地轨道之间,是可部分重复使用的航天器。它由轨道器、固体燃料助推火箭和外贮箱三大部分组成。20 世纪 70 年代至 80 年代,美国、苏联、法国和日本等国先后开展了航天飞机研制计划,但只有美国的航天飞机最终投入使用。

图 1.30 航天飞机

1.4 航天系统

航天系统是由航天器、运载火箭、航天发射场、航天测控网、应用系统组成的完成特定航天任务的工程系统(图 1.31)。其中应用系统指航天器的用户系统,一般是地面应用系统,如全球定位系统(GPS)接收机、气象预报等。

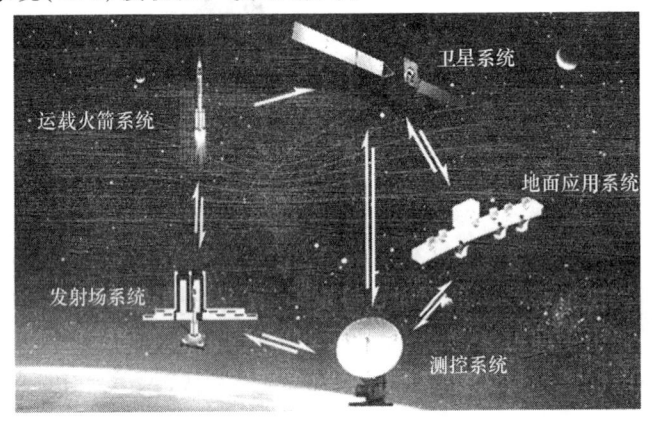

图 1.31 航天系统组成

航天系统是现代典型的复杂工程大系统,具有规模庞大、系统复杂、技术密集、综合性强,以及投资大、周期长、风险大、应用广泛和社会经济效益可观等特点,是国家级大型工程系统。组织管理航天系统的设计、制造、试验、发射、运行和应用,要采用系统工程方法。完善的航天系统是一个国家科技水平和经济实力的重要标志,目前世界上只有为数不多的国家拥有这种实力,而我国就是其中之一。

1.5 空间资源

空间资源泛指在太空中,而且人类可以开发利用的环境和物质。主要包括:相对于地面的高度资源、真空和微重力环境资源、太阳辐射物质与能量资源、月球矿物资源以及行星资源等。

太空上可利用的资源比地球上可利用的资源要丰富得多。就我们的太阳系内部而言,在月球、行星和小行星等天体上,有丰富的矿产资源;在类木行星和彗星上,有丰富的有机化合物资源;在行星际空间,有真空和辐射资源。高真空和失重的空间特征,是生产电子产品和高级药品的理想环境。人类在太空中进行了许多科学实验,获得了相当大的实用效果和经济价值。

思 考 题

1. 什么是航空?什么是航天?航空与航天有何联系和区别?
2. 什么是航天系统?
3. 航天活动,也即空间活动,包括哪些方面?
4. 航天飞行的基本条件是什么?
5. 航空器与航天器的本质区别是什么?
6. 航空器和航天器是怎样分类的?常见的有哪些?
7. 为什么各国都注重航天器的投入与发展?
8. 图1.32所示的中国航天标志代表什么含义?

图1.32 中国航天标志

9. 论述航天发展给你生活带来什么影响?
10. 加拿大中学课本的一个思考题目:"发展航天事业的投入很大,不如把这些资金投到国家教育和医疗健康方面"。试述你的看法。

第2章 飞机飞行原理

2.1 气体流动规律

气球、飞艇等轻于空气的飞行器是靠空气浮力而升空;飞机、导弹等重于空气的飞行器则是依靠于空气相对运动所产生的空气动力在空中飞行。

流体在流动过程中其物理参数,如速度、压强、密度和温度等都会发生变化,它们在变化过程中必须遵循能量守恒、质量守恒以及牛顿第二和第三定律等基本的物理定律。气流流过物体时其物理量的变化与其所受的空气动力有密切的关系。因此,本节将介绍气体流动的基本规律,以解释空气动力产生的机理,进而说明飞机上空气动力产生的原因。

2.1.1 相对运动原理

众所周知,飞机密度比空气密度大得多,要想使飞机升空,就必须有克服其自身重力的升力,即飞机与空气相对运动产生的空气动力。若没有相对速度,飞机上就没有空气动力。空气动力的产生是空气和飞机间存在相对运动的结果。因此,要了解飞机的飞行原理,首先应该了解飞机与空气之间的相对运动规律。

空气流过物体时,会对物体产生作用力,这个力就是"空气动力"。只要物体和空气之间有相对运动,就会在物体上产生空气动力。例如,有风的时候,即使我们不动,也会感觉有空气的力量作用在身上;而在没风的时候,如果我们坐在敞篷的车上,同样也会感觉到有空气的力量作用在身上。以上两种情况虽然运动对象不同,但所产生的空气动力效果是一样的。前一种是空气运动,物体静止;后一种是空气静止,物体运动,其本质都是物体与空气之间产生了相对运动。

飞机在飞行时也是一样,例如,飞机以 $v_1 = 500$ km/h 的速度在静止的空气中飞行,如图 2.1(a)所示;或者气流以 $v_2 = 500$ km/h 的速度从相反的方向流过静止的飞机,如图 2.1(b)所示;二者的相对速度都是 500 km/h。这两种情况在飞机上产生的空气动力完全相等。因此,可以把上述两种运动情况看成是等效的。

飞机上的空气动力与飞机和空气间的相对运动速度有很大关系,只要有了相对运动,飞机上就会产生空气动力。在实际飞行中,飞机上产生的空气动力是飞机在空气中以一定速度运动的结果,但在试验研究和理论分析中,往往采用让飞机静止不动,而空气以相同速度沿相反方向流过飞机表面的方法。此时作用在飞机上的空气动力效果与飞机以同样速度在空气中飞行所产生的空气动力效果完全相同,这就是相对运动原理。本书的理论分析部分,都采用相对运动原理来分析飞机上的空气动力及气流的变化规律。例如,后面要介绍的风洞试验就是基于这个原理而进行的。

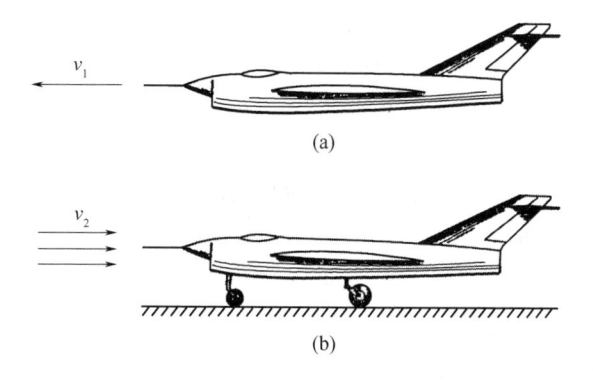

图 2.1 相对运动原理

2.1.2 连续性方程

连续性方程是表达流体流动时质量守恒的数学关系式。由于它不涉及流体在运动中所受的各种作用力,仅表述流体的运动学性质,因此对理想流体和粘性流体均适用。连续性方程规定了流体速度各个分量之间必须满足的条件,它与运动方程构成动量传递的基本方程组。当气体稳定地、连续不断地流过一个变截面管道时,由于管道中任意部分的气体不能断裂,也不能堆积,因此,由质量守恒定律可得:同一时间,流过管道任一截面的气体质量都相等。

如图 2.2 所示,气体在管道内流动时,在单位时间内,流过管道 $A_1 - A_2$ 截面的气体质量应和流过管道 $B_1 - B_2$ 截面的气体质量相等,即

$$\rho_1 v_1 A_1 = \rho_2 v_2 A_2 \tag{2-1}$$

式中:ρ 为大气密度(kg/m^3);v 为气体流动速度(m/s);A 为所取截面的面积(m^2)。

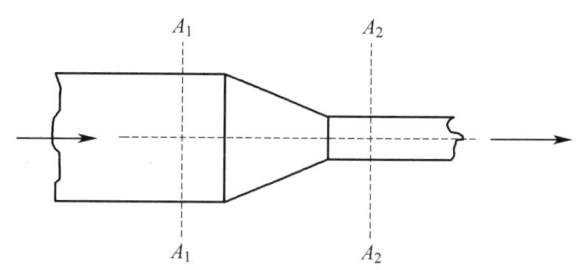

图 2.2 气流在变截面管道内的流动情况

同理,气体流过变截面管道任意截面处的 $\rho v A$ 都应相等,即

$$\rho_1 v_1 A_1 = \rho_2 v_2 A_2 = \rho_3 v_3 A_3 = \cdots\cdots = 常数 \tag{2-2}$$

式(2-2)称为可压流体沿管道流动的连续性方程。

当气体低速流动时,可认为气体是不可压缩的,即密度 ρ 保持不变,此时式(2-2)可以写为

$$v_1 A_1 = v_2 A_2 = v_3 A_3 = \cdots\cdots = 常数 \tag{2-3}$$

式(2-3)称为不可压流体沿管道流动的连续性方程。

由式(2-3)可知,对于不可压流体,当流体流过管道时,流体的流速与截面面积成反比,即,截面积大的地方流速低,截面积小的地方流速高。

2.1.3 伯努利定理

在一个流体系统,如气流、水流中,流速越快,流体产生的压力就越小,这就是被称为"流体力学之父"的丹尼尔·伯努利在1738年发现的"伯努利定理"。伯努利定理的内容是:当不可压、理想流体沿流管作定常流动时,流动速度增加,流体的静压将减小;反之,流动速度减小,流体的静压将增加。但是流体的静压和动压之和,即称为总压,则始终保持不变。伯努利定理是飞机起飞原理的根据,是能量守恒定律在流体流动中的应用,描述了流体在流动过程中流体压强和速度之间的关系。流体的压强和速度之间的关系,可以用如图2.3所示的试验来说明。

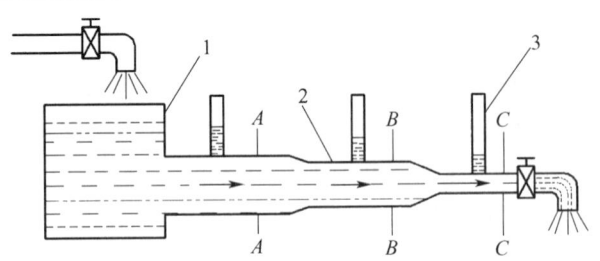

图 2.3 流体在管道中的流动情况
1—容器;2—管道;3—玻璃管。

在图2.3所示的粗细不均的管道中,在不同截面处安装3根一样粗细的玻璃管,它们相当于"压力表"。首先把容器和管道的进、出口开关都关闭,此时管道中的流体没有流动,不同截面处($A-A$、$B-B$、$C-C$截面)的流体流速均为0,3根玻璃管中的液面高度同容器中的液面高度一样。这表明,不同截面处的流体压强都是相等的。现在把进、出口处的开关同时打开,使管道中的流体稳定地流动,并保持容器中的流体液面高度不变。此时3根玻璃管中的液面高度都降低了,且不同截面处的液面高度各不相同,这说明流体在流动过程中,不同截面处的流体压强也不相同。从试验可以看出,在 $A-A$ 截面,管道的截面积较大,流体流动速度较小,玻璃管中的液面较高,压强较大;在 $C-C$ 截面,管道的截面积较小,流体流动速度较大,玻璃管中的液面较低,压强较小。也就是说,流体在变截面管道中稳定流动时,流速大的地方压强小,流速小的地方压强大,这种压强和流速之间的变化关系就是伯努利定理的基本内容。在低速流动空气中,参与转换的能量有两种:动能和压力能。气流一流动,就有动能产生,流动速度越大,动能越大。一定质量的空气,具有一定压力即静压,静压越大,压力能越大。根据能量守恒定律,气流稳定流过一条流管时,如果没有外界能量的加入,也就没有能量的损失,气流流动过程中的总能量始终是不变的。即

$$总压 = 静压 + 动压 = 常数$$

如果用 p 代表静压(静压是指运动流体的当地压力。对于飞机来说,静压是指在该飞行高度上飞机远前方未受飞机扰动时的大气压力),用 $1/2\rho v^2$ 代表动压(流体以速度 v 流动时由流速产生的附加压力),则上式可表示为

$$p + \frac{1}{2}\rho v^2 = 常数 \tag{2-4}$$

于是,在管道的不同截面 $A-A$、$B-B$、$C-C$、……处便有

$$p_1 + \frac{1}{2}\rho v_1^2 = p_2 + \frac{1}{2}\rho v_2^2 = p_3 + \frac{1}{2}\rho v_3^2 = \cdots\cdots = 常数 \tag{2-5}$$

式中:ρ 为流体密度;v 为流体速度。

式(2-4)及式(2-5)就是不可压理想流体的伯努利方程。

由连续性定理和伯努利方程可知,流体在变截面管道中流动时,凡是截面积小的地方,流速就大,压强就小;凡是截面积大的地方,流速就小,压强就大。

在生活中,房屋的屋顶被掀翻就是伯努利定理的具体体现:如图2.4所示,当大风经过房顶前面一侧时,由于通道突然变窄,风速加快,屋顶外压强降低,而屋内压强较高,当风速达到一定值时,压力差会大于屋顶自身重力,从而掀翻屋顶。

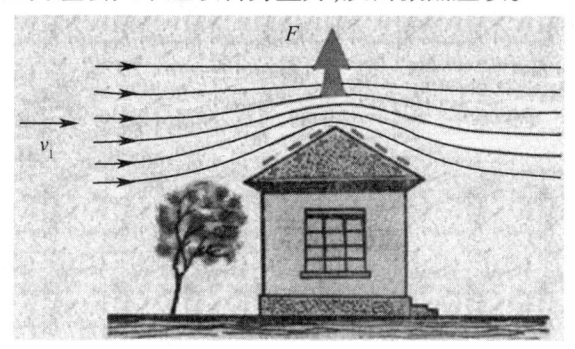

图2.4 两船并肩行驶自动靠拢

2.1.4 气流的高、低速流动特性

1. 低速特性

气流在低速流动过程中,其密度变化不大,可以近似认为是不可压缩的,即密度 ρ 为常数。低速气流在变截面管道中的流动情况如图2.5所示。当管道收缩($A_2 < A_1$)时,气流的流速将增加($v_2 > v_1$),静压将减小($p_2 < p_1$),如图2.5(a)所示。反之,当管道扩张($A_2 > A_1$)时,气流的流速将减小($v_2 < v_1$),而静压将增加($p_2 > p_1$),如图2.5(b)所示。

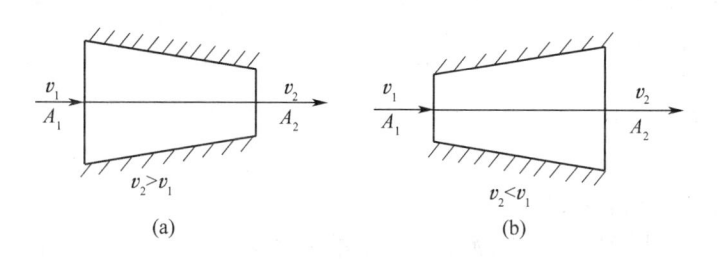

图2.5 低速气流在收缩和扩张管道中的流动
(a) 收缩管道;(b) 扩张管道。

2. 高速特性

在低速飞行中,压力变化所引起的空气密度变化量很小,可以略去不计;而在高速飞行中,压力变化所引起的空气密度变化会很大,这会引起空气动力发生很大的变化,甚至使空气流动规律发生改变,因此它的影响就不能忽略了。这就是气流高速流动特性与低速流动特性不同的根本所在。

当气流速度接近和大于声速时,气流受到强烈的压缩,压力、密度和温度都会发生显著的变化,气流流动特性会出现一些与低速气流不同的质的差别。图 2.6 所示为超声速气流在变截面管道中的流动情况。与低速气流相反,收缩管道将使超声速气流减速、增压;而扩张形管道将使超声速气流增速、减压。这是因为横截面积的变化引起的密度变化,比横截面积变化引起的速度变化快得多,密度的变化占了主导地位。对于超声速气流,由于密度不再是常数,因此应遵循可压缩流体的连续性方程。管道横截面积的减小或增加,要求密度和速度的乘积也相应地增加或减小,而此值的增加或减小又是通过密度的迅速增大和流速的缓慢减小或者密度的迅速减小和流速的缓慢增加来实现的。对于超声速气流,在图 2.6 所示的变截面管道中,若 $A_2 < A_1$,则有 $\rho_2 > \rho_1, v_2 < v_1, p_2 > p_1$;反之,若 $A_2 > A_1$,则有 $\rho_2 < \rho_1, v_2 > v_1, p_2 < p_1$。

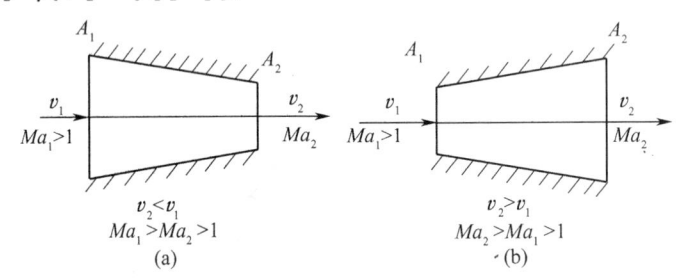

图 2.6 超声速气流在收缩和扩张管道中的流动
(a) 收缩管道;(b) 扩张管道。

表 2.1 列出了气流在不同的马赫数 Ma 下,速度增大 1%,所引起的密度的变化。表中正值表示增大,负值表示减小。

表 2.1 气流速度与密度的变化情况

气流速度/Ma	0.2	0.4	0.6	0.8	1.0	1.2	1.4	1.6
流速增加的百分比 $\Delta v/v$/%				1				
空气密度变化百分比 $\Delta \rho/\rho$/%	-0.04	-0.16	-0.36	-0.64	-1	-1.44	-1.96	-2.56
流管截面变化百分比 $\Delta A/A$/%	-0.96	-0.84	-0.64	-0.36	0	0.44	0.96	1.56

可以看出,在亚声速气流($Ma < 1$)中,速度增加得较快,密度减小得较慢,即速度增大 1%,而密度减小不到 1%,在这种情况下,速度变化的影响占主导地位,为了保持空气流量一定,流管截面面积必然减小。

而在超声速气流($Ma > 1$)中,流速增加得慢而密度减小得快,即流速增加 1%,密度减小超过 1%,因此,空气密度变化的影响占了主导地位。为了保持流量一定,流管截面面积必然增大。

总之,在亚声速气流中,随着流速增大,流管截面面积必然减小;而在超声速气流中,随着流速增大，流管截面面积必然增大。所以，要使气流由亚声速加速到超声速，除了沿气流流动方向有一定的压力差外，还应具有一定的管道形状，这就是先收缩后扩张的拉瓦尔喷管形状，如图 2.7 所示。此喷管中直径最小的地方称为喉道，当 $Ma<1$ 的亚声速气流流进管道时，在喉道的左半部随管道面积的减小而使流速加快，Ma 也不断增大。在喉道处流速达到 $Ma=1$。气流经过喉道后，按超声速气流的流动特点继续流动，随着管道截面的增大气流速度也不断增加，变为 $Ma>1$ 的超声速气流。

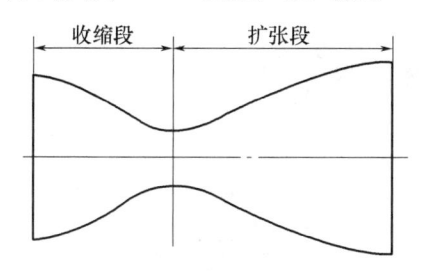

图 2.7　拉瓦尔喷管示意图

超声速气流减速和亚声速气流减速的规律有所不同。对于亚声速气流来说，流速是逐渐减慢的，流管是逐渐变粗的。对于超声速气流来说，流速往往是通过激波而突然减慢的，流管可能变细，也可能保持不变。有关激波的概念将在后续章节介绍。

2.2　飞机飞行中的空气动力

飞机能在空气中飞行的最基本条件是：当它在空中飞行时必须能产生一种克服自身重力并将其托在空中的力，即升力。其实，作用在飞机上的空气动力包括升力和阻力两部分。升力主要靠机翼来产生，用来克服飞机自身的重力，而阻力要靠发动机产生的推力来平衡，这样才能保证飞机在空中水平等速直线飞行。为了便于理解，首先研究一下风筝和平板上的空气动力问题。

2.2.1　平板上的升力和阻力

很多人都在空旷的地方放过风筝，当你拉着风筝迎风奔跑时，风筝就会在风的作用下上升，此时风就对风筝产生了一定的空气动力。这个空气动力即包含了一个克服风筝重力使风筝向上升起的升力 F_1（其方向垂直于风向），又包含了一个阻止风筝前进的阻力 F_2（其方向与物体运动方向相反），如图 2.8 所示。升力和阻力的合力 F 就是作用在风筝上的空气动力。

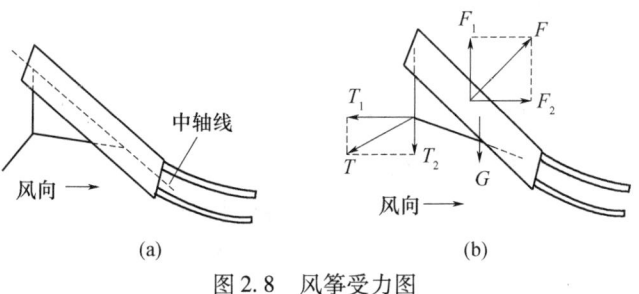

图 2.8　风筝受力图

为了对其作进一步分析,我们选取风筝的一个剖面加以研究。风筝的剖切面与平板剖面相似,因此,可以通过对平板剖面的研究来说明在风筝上产生空气动力的机理。我们来研究当它和风速成不同的夹角时,作用在它上面的空气动力情况。

1. 平板剖面与相对速度夹角为零

当平板剖面与相对速度夹角为零时,气流绕剖面的流动情况如图2.9所示。当气流流到平板前端时,气流分成两股,分别沿剖面上下对称、平滑地向后流去。由于气流对称地流过平板上下剖面,所以不会产生垂直于气流方向的力,即不会产生升力。气流在流动过程中所受的阻滞很小,平板剖面所受的空气动力R主要是空气沿平板流动时空气与平板之间的摩擦阻力。但总的来说,当平板剖面与气流方向平行时,剖面上产生的空气动力很小。

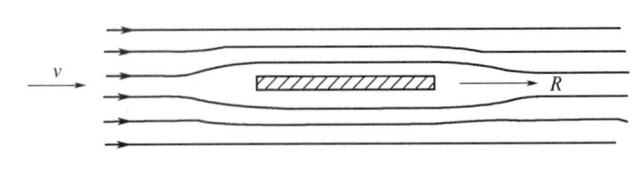

图2.9 平板剖面与相对速度夹角为零

2. 平板剖面与相对速度成90°角

当平板剖面与相对速度成90°角时,气流绕剖面的流动情况如图2.10所示。当气流流到平板剖面前面时,由于受到剖面的阻拦,速度降低,压强增大,在平板的前面形成高压区(用"＋"号表示)。在压力作用下,迫使气流绕过平板剖面的上下两端对称的向后流去。在流动过程中,由于惯性作用,上下两股气流还没有来得及汇合就继续向后冲去,因此,在平板的后面形成低压区(用"－"号表示)。由于平板前面压强大,而后面压强小,于是在平板前后就产生了一个压强差,形成了一个很强的"压差阻力",在加上空气与平板之间产生的摩擦力,就产生了一个作用在平板剖面的总的向后的空气动力R。这个空气动力阻止平板向前运动,因此全都是阻力。

如图2.10所示,由于低压区的空气受向前冲的气流的带动,产生了许多旋涡,这种气流脱离物体的现象叫"气流分离"。

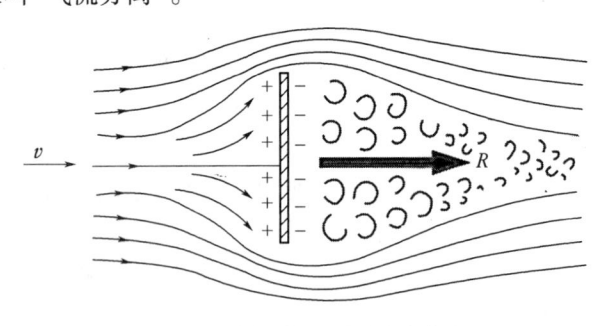

图2.10 平板剖面与相对速度夹角为90°

3. 平板剖面与相对速度成一定角度

当平板剖面与相对速度成一定夹角时,气流绕剖面的流动情况如图2.11所示。此时沿平板流动的气流变得上下不对称了。气流流到平板剖面的前面时,受到剖面的阻拦,速度降低，压强增大，气流分成上下两股绕剖面向后流动，并在平板后面形成低压区，产生气流分离，平板前后形成压强差，再考虑到空气与平板之间产生的摩擦力 F，就形成了总的空气动力 R。

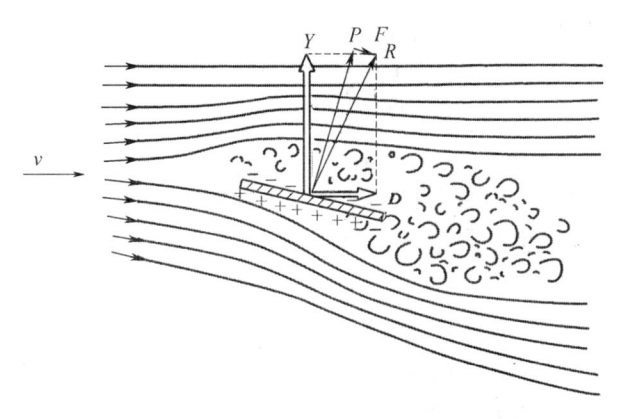

图 2.11 平板剖面与相对速度成一定角度

由于平板剖面与气流流速有一定夹角，使流经平板剖面的气流上下不再对称，因此产生的空气动力 R 的方向也就不再垂直于平板剖面，而是与平板剖面有一定的角度。由于压强差总是从高压指向低压，因此平板上压强差的作用方向应垂直于平板剖面，并从剖面前方指向剖面后方，在加上向后的摩擦阻力，所以作用在平板上的总的空气动力 R 应指向剖面的后上方。如果把 R 分解成垂直于气流方向的力 Y 和平行于气流方向的力 D，则 Y 就是用来克服平板重力的升力，风筝(或平板)就是靠这个力支持在空中的。而 D 的方向与平板的运动方向相反，因此是平板运动的阻力。

2.2.2 机翼升力及增升措施

1. 升力产生原理

飞机机翼上产生空气动力的情况与平板相似，所不同的是机翼"翼剖面"的形状一般为流线形。"翼剖面"通常也称为"翼型"，是指沿平行于飞机对称平面的切平面切割机翼所得到的剖面，如图 2.12 所示。翼型最前端的一点称为"前缘"，最后端的一点称为"后缘"，前缘和后缘之间的连线称为"翼弦"。翼弦与相对气流速度 v 之间的夹角 α 称为"迎角"。

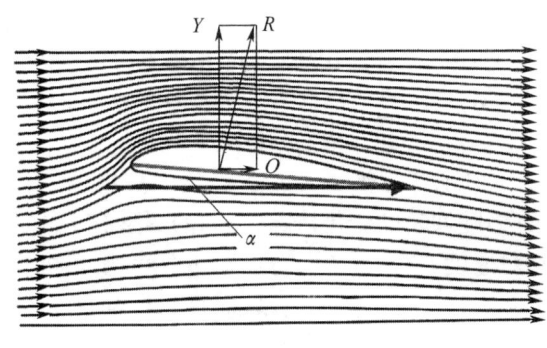

图 2.12 翼型及其所受的空气动力

如果要想在翼型上产生空气动力,必须让它与空气有相对运动,或者说必须有具有一定速度的气流流过剖面。现在将一个翼型放在流速为 v 的气流中,如图 2.12 所示。假设翼型有一个不大的迎角 α,当气流流到翼型的前缘时,气流分成上下两股分别流经翼型的上下翼面。由于翼型的作用,当气流流过上翼面时流动通道变窄,气流速度增大,压强降低,并低于前方气流的大气压;而气流流过下翼面时,由于翼型前端上仰,气流受到阻拦,且流动通道扩大,气流速度减小,压强增大,并高于前方气流的大气压。因此,在上下翼面之间就形成了一个压强差,从而产生了一个向上的升力 Y。

机翼上产生升力的大小与翼型的形状和迎角有很大关系,迎角不同产生的升力也不同。一般来讲,不对称的流线翼型在迎角为零时仍可产生升力,而对称翼型和平板翼型这时产生的升力却为零。

随着迎角的增大,升力也会随之增大,但当迎角增大到一定程度时,气流就会从机翼前缘开始分离,尾部会出现很大的涡流区,这时,升力会突然下降,而阻力却迅速增大,这种现象称为"失速",如图 2.13 所示。失速刚刚出现时的迎角称为"临界迎角"。飞机不应以接近或大于临界迎角的状态飞行,否则会使飞机产生失速,甚至造成飞行事故。

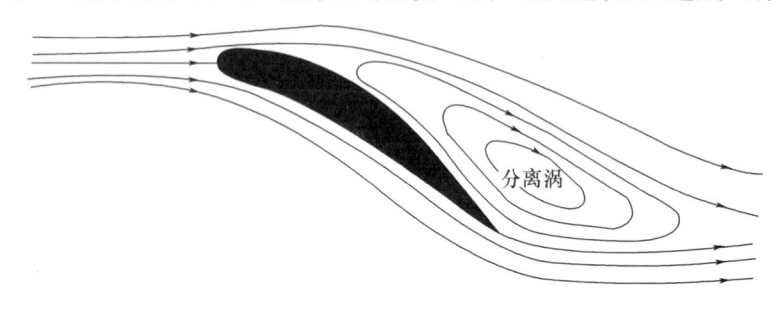

图 2.13 失速

2. 机翼升力的影响因素

在设计飞机时,应尽量使飞机的升力大而阻力小,这样才能获得比较好的飞行性能。要想提高飞机升力,首先要了解影响升力的因素。

(1)机翼面积。飞机的升力主要由机翼产生,而机翼的升力又是由于机翼上下翼面的压强差产生的,因此,如果压强差所作用的机翼面积越大,则产生的升力也就越大。机翼面积通常用"S"来表示。需要注意的是,机翼面积应包括同机翼相连的那部分机身的面积。机翼所产生的升力与机翼面积成正比。

(2)机翼剖面形状与迎角。机翼的剖面形状与迎角不同,则产生的升力也不同。因为不同的剖面和不同的迎角,会使机翼周围气流的流动状态(包括流速和压强等)发生变化,从而导致升力改变。

翼型和迎角对升力的影响,可以通过升力系数 C_y 表现出来。升力系数的变化反映为在一定翼型的情况下,升力随迎角的变化情况,不同的翼型有不同的升力特性。

(3)相对速度。相对速度 v 越大,产生的空气动力就越大,机翼上产生的升力也就越大。但升力与相对速度并不是简单的正比关系,而是与相对速度的平方成正比。

(4)空气密度。升力的大小和空气密度 ρ 成正比,密度越大,则升力也越大。当空气很稀薄时,机翼上产生的升力也就很小了。

结合前面的各项影响因素,通过理论和试验证明,升力的公式可以写为

$$Y = 1/2C_y\rho v^2 S \qquad (2-6)$$

式中:Y 为升力(N);C_y 升力系数;ρ 为密度(kg/m³);v 为速度(m/s);S 为机翼面积(m²)。

3. 增升措施

在设计飞机时,主要从飞机作高速飞行或巡航飞行的角度来确定飞机的布局参数,当飞机高速飞行或巡航飞行时,即使迎角很小,由于速度较大,其仍能保证有足够的升力来维持水平飞行。但在低速飞行时,尤其是在起飞或着陆时,由于速度较低,即使有较大的迎角,升力依然很小,使飞机不能正常飞行。况且,迎角的增大是有限度的,超过临界迎角以后就会产生失速现象,给飞行造成危险。因此,需要采用增升装置,使飞机在尽可能小的速度下产生足够的升力,提高飞机的起飞和着陆性能。

前面已经提到飞机的升力与机翼面积、翼剖面形状、迎角和气流相对流动速度等因素有关,因此,可以通过以下几项增升原则来提高飞机的升力。

(1)改变机翼剖面形状,增大机翼弯度;

(2)增大机翼面积;

(3)改变气流的流动状态,控制机翼上的附面层,延缓气流分离。

飞机的增升装置通常安装在机翼的前缘和后缘部位,安装在机翼后缘的增升装置叫"后缘襟翼",其应用最为广泛。如图 2.14 所示是三种典型的后缘襟翼的例子。如图 2.14(a)所示是一种最简单的襟翼,它是机翼后缘的一部分,类似于副翼,使用时只向下

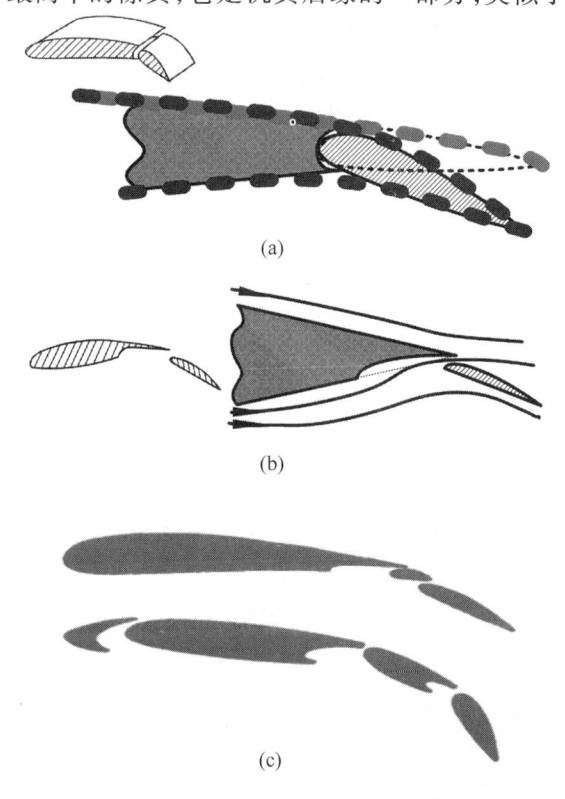

图 2.14 典型后缘式襟翼

(a)简单襟翼;(b)富勒襟翼;(c)多缝襟翼。

偏转一定的角度,起增加机翼弯度和迎角的作用,使升力增加。但同时阻力也随之增大,而且比升力增大得还要多。它的增升效率低,但构造简单,多用在轻型飞机上。

另一种是后退开缝式襟翼,当襟翼打开时,其襟翼向后退的同时,它的前缘又和机翼后缘之间形成一条缝隙,如图2.14(b)所示为富勒襟翼,它有三重增升效果:一是增加了机翼弯度;二是增大了机翼面积;三是由于开缝的作用,使下翼面的高压气流高速流向上翼面,使上翼面附面层中的气流速度增大,延缓了气流分离,起到了增升作用。后退开缝式襟翼的增升效果很好,在现代高速飞机和重型运输机上得到了广泛的应用。

如图2.14(c)所示的多缝襟翼是现代民用客机上广泛采用的一种增升装置。襟翼打开时,两个子翼一边向后偏转,一边向后延伸,同时,两个子翼还形成两道缝隙,它同样具有后退开缝式襟翼的三重增升效果。另外,如图2.14(c)所示还采用了前缘缝翼增升装置,打开前缘缝翼后,下翼面的高压气流吹动主翼面上的附面层,防止气流产生分离。因此,实际上此双缝式襟翼共有四重增升效果,增升效果比较好。

机翼的升力系数主要因气流分离而降低,因此延缓机翼气流分离是增加升力的一个重要途径。对于前缘钝圆的厚机翼,分离一般是从后缘开始,随迎角增大分离区向前缘发展扩大。在后缘襟翼下偏的情况下,气流更易于从襟翼前缘处分离。对于尖前缘的薄机翼,气流分离从前缘处开始,这时在前缘沿上表面吹气可获得较好的增升效果。图2.15(a)是附面层吹除装置,它可把高压空气从机翼上表面的缝隙中吹出,以高速流入附面层,增加气流的动能,提高气流的流动速度,从而推迟气流的分离,达到增升的目的。图2.15(b)是附面层吸取装置,它是利用吸气泵,通过机翼上表面的缝隙,吸取附面层,使其气流的速度和能量增大,同样可以延缓翼面上的气流分离。吹除装置的高压气一般由喷气发动机的压气机提供,而吸气泵的工作一般也通过喷气发动机的涡轮来带动。

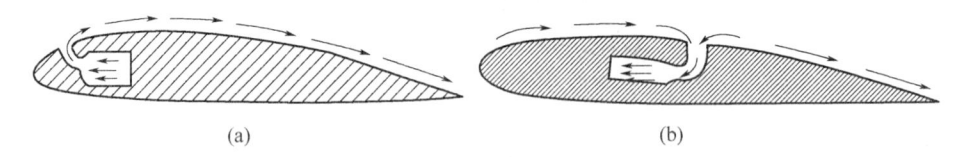

图2.15 附面层控制装置示意图
(a)附面层吹除装置;(b)附面层吸取装置。

2.2.3 飞机所受阻力及减阻方法

如图2.12所示,翼型上产生的空气动力除了有一个垂直于气流速度的升力 Y 以外,还有一个阻碍飞机前进的分量 D,即机翼上产生的气动阻力。

飞机在飞行时,机翼、机身、尾翼及起落架等都会产生阻力,低速飞机上的阻力按其产生的原因不同可分为摩擦阻力、压差阻力、诱导阻力和干扰阻力等。

1. 摩擦阻力

摩擦阻力是由于空气的粘性而产生的。当气流以一定速度 v 流过飞机表面时,由于空气的粘性作用,空气微团与飞机表面发生摩擦,阻滞了气流的流动,产生摩擦阻力。当气流流过飞机表面时,由于大气的粘性使它与机翼接触的那层空气微团粘附在机翼表面,因此,紧贴飞机表面的那一层气体速度为零,从飞机表面向外,气流速度才一层比一层加大,直到最外层的气流速度与外界气流速度 v 相当为止,如图2.16所示。我们称紧贴飞机表面,流速由外界气流速度 v 逐渐降低到零的这层薄薄的空气层称为"附面层"。飞机的摩擦阻力就是在附面层中产生的。

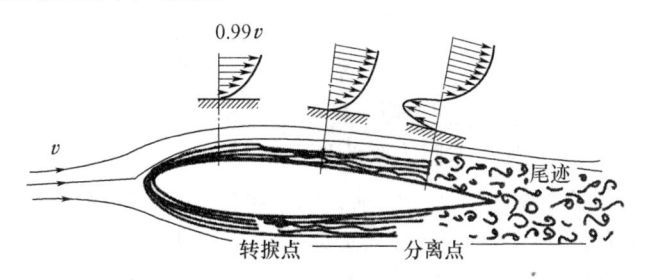

图 2.16 附面层示意图

一般来说,在到达机翼最大厚度之前,附面层的气流微团保持平行的层状运动,没有流体微团的横向运动,我们把这一层称为层流附面层。在这之后,气流运动轨迹变得越来越不规则,并出现旋涡和横向运动,我们把这一层称为紊流附面层。层流转变为紊流的那一点称为转捩点,附面层与翼面分离的点称为分离点。在机翼的后缘部分气流产生大量的旋涡,形成尾迹区。实践证明,层流层的摩擦阻力小,而紊流层的摩擦阻力大。

总之,摩擦阻力的大小取决于空气的粘性,飞机表面的特性,附面层中气流的流动情况和与空气接触的飞机表面积的大小。空气黏性越大,飞机表面越粗糙,飞机的表面积越大,则摩擦阻力越大。为了减小摩擦阻力,应在这些方面采取必要的措施。另外,使用层流翼型,可使紊流层尽量后移,有利于减小摩擦阻力。

2. 压差阻力

压差阻力的产生是由于运动着的物体前后所形成的压强差所形成的。压强差所产生的阻力就是压差阻力。如图 2.17 所示,当空气以某一速度流过翼型时,在机翼前缘由于受到翼型的阻拦,流速减慢,压强升高。在气流流到翼型最高点的过程中,速度不断增大,压力不断减小。但在最高点之后,气流不断减速,压力不断增加,不断增大的压力起到阻碍气流向后流动的作用,因此速度下降很快,使附面层厚度急剧增加。靠近翼型尾部的附面层相对起到了修改翼面外形的作用,使翼面向外"移动",因此在翼型尾部形成一个低压区。这样在翼型前后就形成了一个压强差,阻碍飞机的向前飞行,这个由前后压强差形成的阻力就是"压差阻力"。

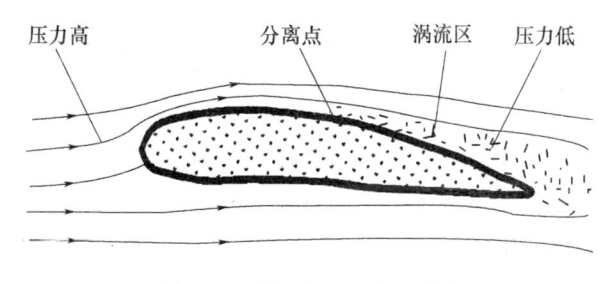

图 2.17 翼型压差阻力示意图

压差阻力同物体的迎风面积、形状和在气流中的位置都有很大的关系。
(1) 物体的迎风面积越大,压差阻力也越大。

（2）如果把一个圆形平板垂直地放在气流中,由于气流受到平板前面的阻挡,平板前面压强迅速升高,而在平板后面形成了低压区,因此,会产生很大的压差阻力,如图2.18（a）所示。

（3）如果在圆形平板前加一个圆锥体,平板前面的高压区被圆锥体填满了,如图2.18(b)所示,气流可以平滑地流过,压强不会急剧升高,虽然平板后面的低压区仍存在,但前后压强差却大大减小,其压差阻力降为原平板压差阻力的1/5左右。

（4）如果在圆形平板后面再加一个细长的圆锥体,如图2.18(c)所示,整个流线体后面只出现很少的旋涡,此时的压差阻力只是原平板压差阻力的1/20左右。因此,为了减小飞机的压差阻力,应尽量减小飞机的最大迎风面积,并对飞机的各部件进行整流,做成流线形,一些部件应安装整流罩。

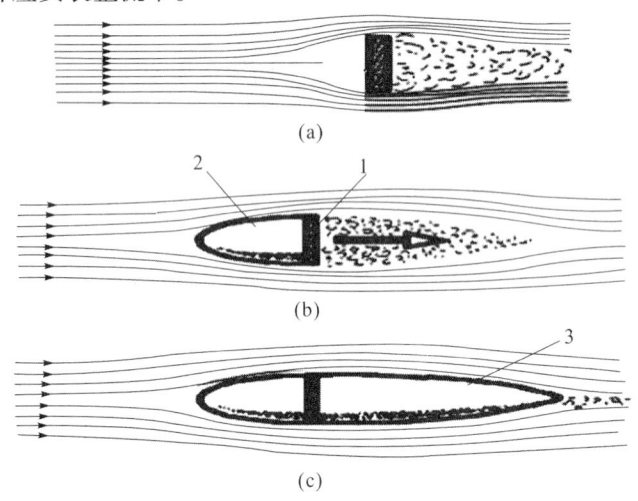

图 2.18　物体形状对压差阻力的影响
1—圆形平板剖面；2—前部圆锥体；3—后部圆锥体。

3. 诱导阻力

对于机翼而言,摩擦阻力和压差阻力统称为翼型阻力。机翼上除翼型阻力外,还有"诱导阻力"（又称为感应阻力、升致阻力）。这是机翼所独有的一种阻力。因为这种阻力是伴随着机翼上升力的产生而产生的。

飞机的诱导阻力主要来自翼面,当飞机飞行时,下翼面压强大、上翼面压强小。由于翼展的长度是有限的,所以上下翼面的压强差使得气流从下翼面绕过两端翼尖,向上翼面流动,如图2.19所示。当气流绕流过翼尖时,在翼尖那儿不断形成旋涡。旋涡就是旋转的空气团。随着飞机向前方飞行,旋涡就从翼尖向后方流动,并产生了向下的下洗速度W。下洗速度在两个翼尖处最大,向中心逐渐减小,在中心处减到最小。这是因为旋涡可以诱导四周的空气随之旋转,而这是空气粘性所起的作用。空气在旋转时,越靠内圈,旋转得越快,越靠外圈,旋转得越慢。因此,离翼尖越远,气流垂直向下的下洗速度就越小。在下洗速度的作用下,原来的气流速度由V变为V_1,如图2.20所示,由V_1所产生的升力L',是垂直于V_1的。而L'又可分解为垂直于V的分量L和平行于V的分量D_y。其中L起着升力的作用,而D_y则起着阻碍飞机飞行的作用,因此,由于下洗速度的影响产生的这个附加的阻力就是诱导阻力。

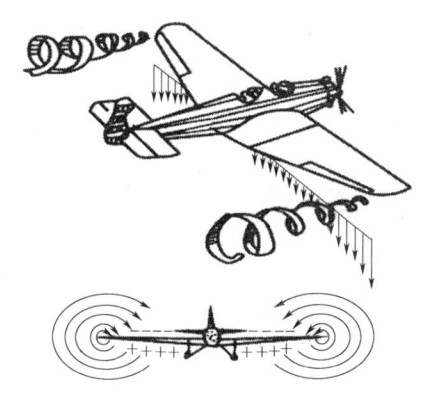

图 2.19 气流绕翼尖的流动情况　　　　　图 2.20 诱导阻力的产生

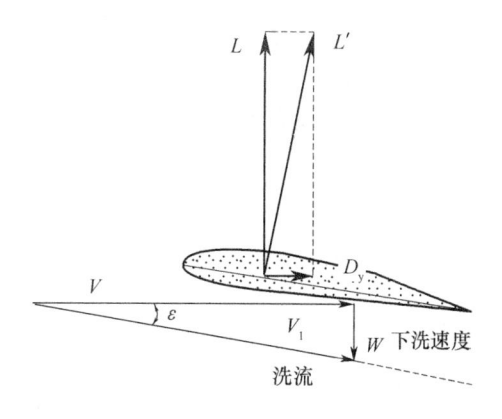

诱导阻力与机翼的平面形状,翼剖面形状及展弦比等有关。可以通过增大展弦比,选择适当的平面形状(如椭圆形的机翼平面形状),增加"翼梢小翼"等来减小诱导阻力。

4. 干扰阻力

飞机上除了摩擦阻力,压差阻力和诱导阻力以外,还有一种干扰阻力值得我们注意,实践表明,飞机的各个部件,如机翼、机身、尾翼等,单独放在气流中所产生的阻力的总和并不等于而是往往小于把它们组成一个整体时所产生的阻力。所谓"干扰阻力"就是飞机各部分之间由于气流相互干扰而产生的一种额外阻力。

如图 2.21 所示,气流流过机翼和机身的连接处,由于机翼和机身二者形状的关系,在这里形成了一个气流的通道。在 A 处气流通道的截面积比较大,到 C 点翼面最圆拱的地方,气流通道收缩到最小,随后到 B 处又逐渐扩大。根据流体的连续性定理和伯努利定理,C 处的速度大而压强小,B 处的速度小而压强大,所以在 CB 一段通道中,气流有从高压区 B 回流到低压区 C 的趋势。这就形成了一股逆流。但飞机前进不断有气流沿通道向后流,遇到了后面的这股逆流就形成了气流的阻塞现象,使得气流开始分离,而产生了很多旋涡。这些旋涡表明气流的动能有了消耗,因而产生了一种额外的阻力,这一阻力是气流互相干扰而产生的,所以称为干扰阻力。

图 2.21 干扰阻力示意图

不但在机翼和机身之间可能产生干扰阻力,而且在机身和尾翼连接处,机翼和发动机短舱连接处,也都可能产生。干扰阻力和飞机部件之间的相对位置有关,因此,在设计时要妥善地考虑和安排各部件的相对位置,必要时在这些部件之间加装流线形的整流片,使连接处圆滑过渡,尽量减小旋涡的产生。

以上是低速飞机所产生的四种阻力。至于高速飞机飞行时所产生的阻力,除了以上四种阻力之外,还有激波阻力。

2.3 飞机高速飞行特性

前面所讨论的飞机阻力,主要是低速飞机飞行时所产生的几种阻力,即摩擦阻力、压差阻力、诱导阻力和干扰阻力等。在高速飞机上,除了这几种阻力外,还会产生另外一种阻力——激波阻力(简称波阻)。

在飞机发展历程上,波阻的出现,曾经成为巨大的障碍,这就是所谓的"音障"。在20世纪40年代,活塞发动机飞机的平飞速度达到七百多千米每小时,当飞机俯冲时其速度接近声速。此时飞机会发生剧烈的抖振,变得很不稳定,而且几乎失去操纵。有时抖振太剧烈会使飞机结构发生破坏,造成飞机失事。这种现象就是"音障"。后来经过研究发现,"音障"现象的产生是由于飞机在飞行过程中产生的激波和波阻造成的。

2.3.1 激波及其阻力

1. 弱扰动波在气流中的传播

要了解激波的产生,可以从弱扰动波在气流中的传播谈起。

假设有一个扰动源 O(如铃铛)对空气产生扰动(声波),并以声速 c 向四面八方传播。根据扰动源的运动状态,它对空气的扰动可以有以下四种情况。

(1) 图 2.22(a)所示为扰动源静止,即 $v=0$ 的情况。图上的 O 点为扰动源,代表球体的圆 I,II,III 分别表示从扰动开始 1s、2s 和 3s 后弱扰动波的位置。静止气体中,如果不考虑气体黏性的影响(它使扰动波逐渐衰退),一旦在某点受到扰动后,扰动将向整个空间传播,使整个空间的气体均将受扰动的影响。由于 $v=0$,因此每个弱扰动波面都以扰源 O 为球心向四周传播。球面波内的空气都已受到扰动,而球面波外的空气尚未受到扰动。如果扰动源不断产生扰动,在扰动源的周围便充满了弱扰动波。

(2) 图 2.22(b)所示的是扰动源以亚声速($v<c$)运动时对空气的扰动情况。O 点为扰动源,第 1s,弱扰动波的中心被气流带动离开扰动源的距离等于 C,达到 O_1 点,而在这段时间内,由于弱扰动被以声速向四周传播,弱扰动波应到达以 O_1 为中心以 a 为半径的球面 I,第 2s,弱扰动波的中心到达距扰动源 O 为 $2C$ 的 O_2 点,而弱扰动波则到达以 O_2 为中心以 $2a$ 为半径的球面 II;依此类推,第 3s 时,弱扰动波的中心到达 O_3 点,弱扰动波到达圆 III 所表示的球面。在气流 $Ma<1$ 的气流中,弱扰动波沿顺流方向以速度 $C+a$ 传播;沿逆流方向以速度 $C-a$ 传播,即比沿顺流方向传播得慢些。此时,弱扰动波的传播对扰动源 O 来讲已不再是球对称的了,而是向扰动源运动的方向偏。但只要时间足够,弱扰动波仍然会波及到整个空间。

(3) 图 2.22(c)所示的是扰动源以声速运动时对空气的扰动情况。因为 $v=c$,在运动方向上,弱扰动波的相对运动速度等于零。由于气流速度等于声速,弱扰动被气流带动向顺流方向移动的速度和其沿半径方向传播的速度相等,所以弱扰动波顺流传播的速度为 $2a$,逆流传播的速度等于零,即弱扰动波不能逆流传播出去。代表弱扰动波的位置的

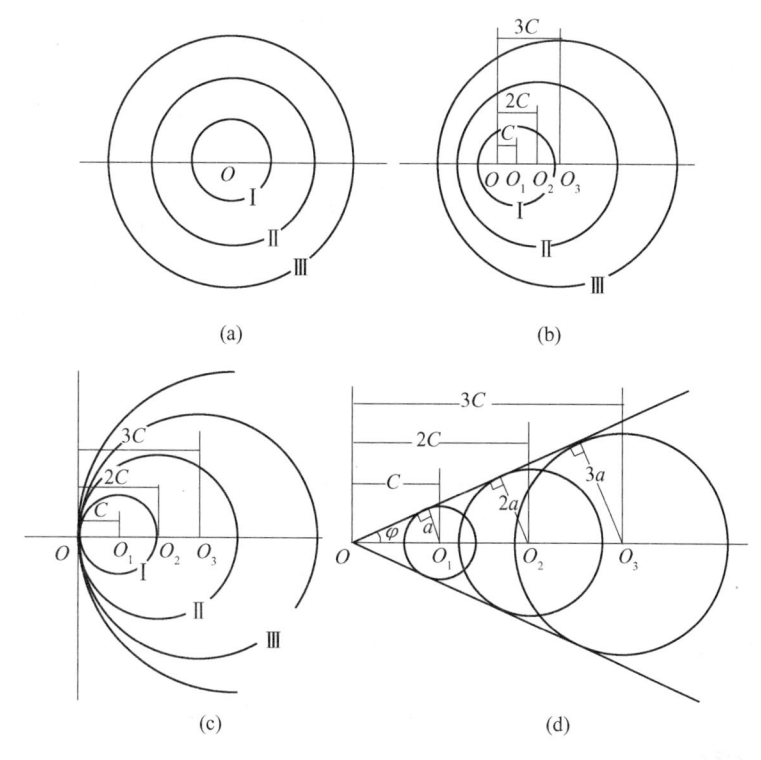

图 2.22 弱扰动波的传播
(a) $v=0$；(b) $v<c$；(c) $v=c$；(d) $v>c$。

诸球面都在扰动源处相切。气流速度等于声速时，弱扰动只能从扰动源向顺方向传播，在逆流方向的区域内，气流不受扰动的影响。因此，扰动源以亚声速运动和以声速运动时对空气的干扰是有本质区别的。

(4) 图 2.22(d)所示的是扰动源以超声速运动时对空气的扰动情况。由于气流速度大于声速，即弱扰动波被气流带动向顺流方向移动的速度大于其沿半径方向传播的速度，所以弱扰动波不能逆传播，反而被气流带动以 $C-a$ 的速度向顺流方向移动。这样，弱扰动波的传播就仅限于图上所示的以扰动源为顶点的圆锥范围内，圆锥以外的区域不受扰动的影响。这个圆锥称为弱扰动锥或马赫锥。马赫锥的曲线 OB 与气流速度的方向线之间的夹角 φ 称为弱扰动角或马赫角。马赫锥的表面称为弱扰动边界波，气流通过弱扰动边界波后，由于扰动的影响，其压力、温度和密度发生极微小的变化。随着扰动源运动速度的增大，马赫锥将减小，扰动影响区也将缩小。

因此，弱扰动在亚声速和超声速运动时的传播情形是不同的。扰动源以亚声速运动时，整个空间都会逐渐成为被扰动区；而在超声速运动时，被扰动的范围只限于马赫锥内，马赫锥以外的气流不受扰动的影响。运动速度比声速大得越多，扰动波向前传播越困难，扰动范围也就越小。

2. 激波

当飞机以亚声速飞行时，它的机翼是以亚声速前进的。机翼前缘的空气便只受到机翼扰动的微弱压缩，故空气的压力、温度和密度增加很小，不会产生气体参数突变的分界面，因而也就不可能产生激波。当机翼的速度等于或大于声速时，机翼的运动是以声速或

39

超声速的速度推挤空气,这会产生一系列弱压缩波聚合在一起而形成一道强压缩波。于是机翼前沿的空气受到强烈的压缩,使这道强压缩波后面空气的压力、温度和密度陡升,气流微团受到很强的阻滞,速度锐减,这道强压缩波就是激波,如图2.23所示。

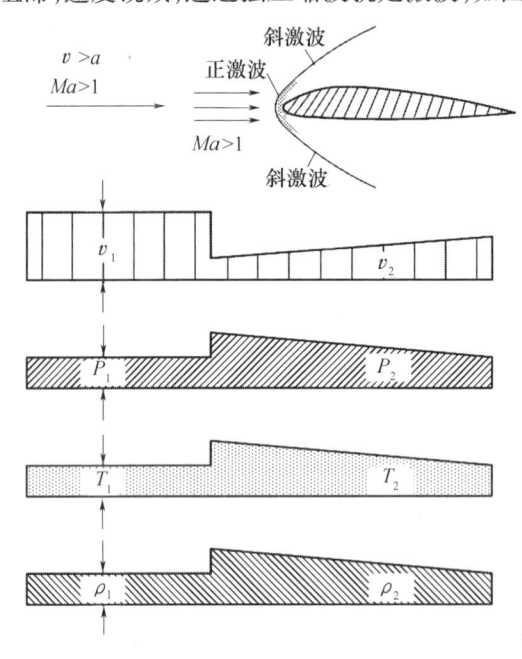

图2.23 激波前后气流物理参数的变化

激波实际上是受到强烈压缩的一层薄薄的空气,其厚度很小,其厚度只有10^{-5}~10^{-4}mm。值应注意的是,激波并不是由固定的空气微团组成的,其不断地进行着新陈代谢。它在随飞机向前运动的过程中,不断有旧的空气微团被排出,同时又有新的空气微团不断补充进去。因此,激波始终是随着飞机的飞行以同样的速度向前运动的。

图2.24所示为高速飞行中机翼前缘产生激波的情形。在机翼正前方,激波与气流方向垂直,此处空气压缩最为严重,激波前后的压力差最大,激波强度最强;随后激波逐渐向后倾斜,激波强度减弱。离机翼很远的地方,激波逐渐减弱为弱扰动波。

根据激波面与气流方向夹角的不同,可把激波分为正激波和斜激波。

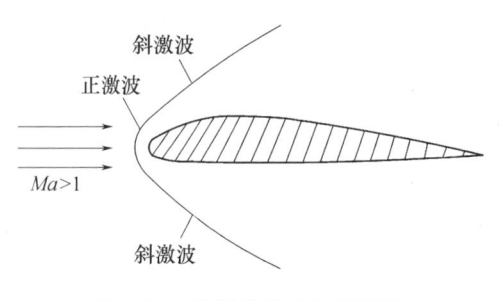

图2.24 机翼前缘产生的激波

正激波是指波阵面与来流方向接近于垂直的激波。超声速气流经正激波后,其压力、密度和温度都突然升高,速度突跃式地变为亚声速(图2.25(a)所示的亚声速区),经过激波的流速指向不变。弓形激波的中间一段可近似为正激波。此外,在超声速的管道流动中也可以出现正激波。在同一马赫数下,正激波是最强的激波。

斜激波是指波面沿气流方向倾斜的激波,如图 2.25(b)所示。曲线激波中除中间一小段是正激波外,其余部分都是斜激波,与正激波相比,气流经过斜激波时变化较小,或者说斜激波比正激波弱。此外,气流经过斜激波时指向必然突然折转。因而有两个角度,一个是波阵面与来流指向之间的夹角,称为激波斜角,另一个是波后气流折离原指向的折转角。激波斜角越大,激波越强。激波斜角小到等于马赫角时,激波就减弱到微弱扰动波或马赫波了。

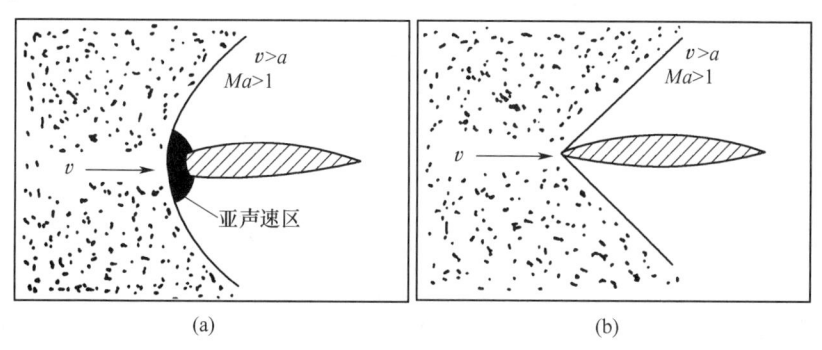

图 2.25　$Ma > 1$ 时的正激波和斜激波
(a)翼型圆钝头部形成的正激波;(b)翼型尖锐头部形成的斜激波。

Ma 的大小对激波的产生也有影响。当 Ma 等于 1 或稍大于 1 时,在尖头物体的前面形成的是正激波;但如果 Ma 超过 1 很多,形成的则是斜激波。

3. 激波阻力

空气在通过激波时,受到薄薄一层稠密空气的阻滞,使得气流速度急骤降低,由阻滞产生的热量来不及散布,于是加热了空气,加热所需的能量由消耗的动能而来。在这里,能量发生了转化——由动能变为热能。动能的消耗表示产生了一种特别的阻力。这一阻力由于随激波的形成而来,所以就称为激波阻力,简称波阻。从能量的观点来看,波阻就是这样产生的。激波是一种强压缩波,因此,当气流通过激波时产生的波阻也特别大,波阻的大小与激波的强度有关。

在任何情况下,气流通过正激波时产生的波阻都要比通过斜激波时产生的波阻大。

另外,激波的强弱与飞机外形有关,尤其是飞机和机翼等部件的头部形状。物体的形状对气流的阻滞作用越强,产生的激波越强,波阻就越大。

钝头形状或前缘曲率半径较大的翼剖面产生的是与飞机脱开的与飞行方向垂直的脱体正激波(在距前端一定距离处产生强烈的正激波),这种激波的强度大,波阻也大,如图 2.26(a)所示。

而尖头形状的物体或翼剖面,在其尖头前端,常产生附体斜激波,此激波对气流的阻滞作用比较弱,如图 2.26(b)所示。物体前缘越尖,气流受阻滞越小;激波越倾斜,产生的波阻越小。因此某些超声速飞机的机身、机翼等部分的前缘设计成尖锐的形状,就是为了减小激波强度,进而减小激波阻力。

(a)   (b)

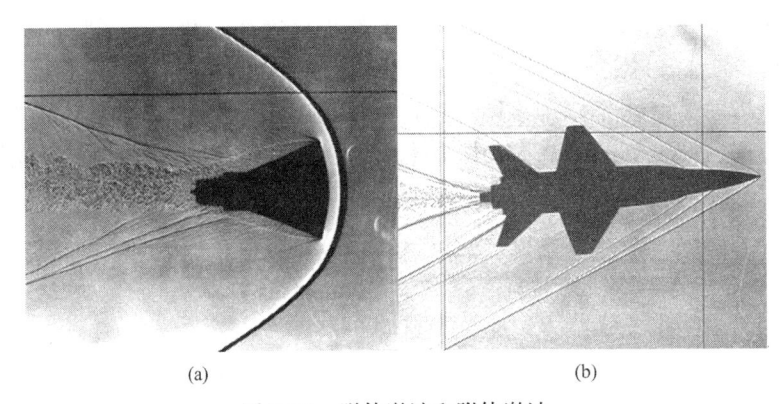

图 2.26 脱体激波和附体激波

(a) 钝头形状产生的激波；(b) 尖头形状产生的激波。

2.3.2 局部激波

当飞机以 $Ma \geq 1$ 飞行时，飞机上就会产生激波。其实在飞机上，激波往往在 Ma 接近 1 但还不到 1 的时候就会产生。这是由于飞行速度接近声速时，飞机机体的某些部位，例如，机翼上表面的气流速度大于飞机的飞行速度，可能达到或超过声速。于是在局部超声速区首先开始形成激波，这种在飞行速度尚未达到音超而在部体表面局部地区产生的激波称为局部激波。飞机开始产生局部激波的 Ma，称为临界马赫数。

如图 2.27 所示，气流以接近于声速的速度流过机翼，根据流体的连续性定理，当气流从 A 点流过机翼时，由于机翼上表面凸起，使流管收缩，气流在这里速度增加；当气流流到机翼最高点 B 的地方时，流速增加到最大。若此时 A 点的气流速度进一步提高，当速度增大到一定程度时，机翼表面最高点 B 点的气流速度将等于该点的声速，此时飞机在 A 点的飞行速度就称为"临界速度"，用 $v_{临界}$ 表示。而与该临界速度相对应的 Ma 称为临界马赫数，用 $Ma_{临界}$ 表示，即

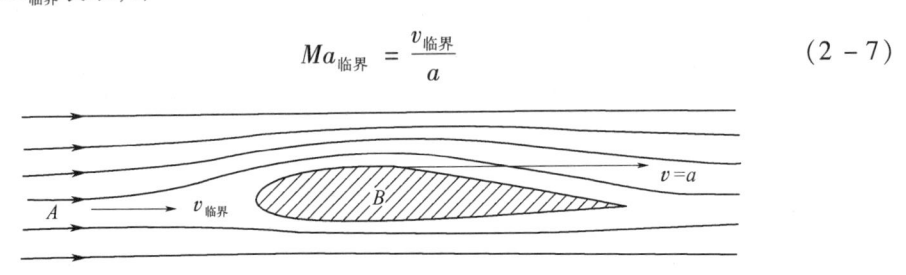

$$Ma_{临界} = \frac{v_{临界}}{a} \tag{2-7}$$

图 2.27 临界马赫数

当飞机的飞行速度超过 $Ma_{临界}$ 时，机翼上就会出现一个局部超声速区，并在那里产生一个正激波（图 2.28）。这个正激波由于是局部产生的，所以称为局部激波。

在 Ma 由小变大的过程中，气流特性也将发生变化。当 Ma 小于 $Ma_{临界}$ 时，则机翼表面各点的气流速度都低于声速，气流特性没有质的变化；但 Ma 超过 $Ma_{临界}$ 以后，机翼表面则有可能出现局部超声速气流和局部激波，气流特性出现质的变化。所以，$Ma_{临界}$ 的高低，可以用来说明机翼上出现局部超声速气流的早晚。$Ma_{临界}$ 越高，说明飞机要到较高的 Ma 时，机翼上才会出现局部超声速气流和局部激波。

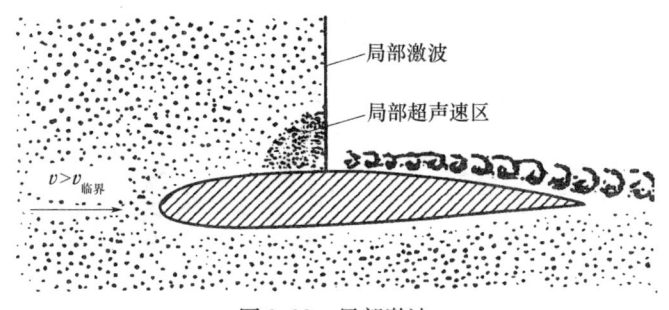

图 2.28 局部激波

现代喷气式客机为了提高 $Ma_{临界}$，降低机翼上表面的局部流速，采用一种称为超临界翼型的机翼，如图 2.29 所示。它的特点是上表面比较平坦且前缘半径较大，其目的是为了减小上表面气流的加速作用，延缓局部激波的产生。

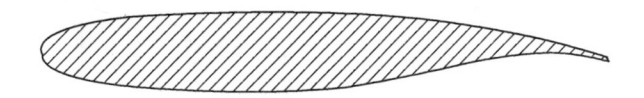

图 2.29 超临界翼型示意图

气流通过局部激波后，由超声速急剧地降为亚声速，激波后的压强也迅速增大，导致机翼表面上附面层内的气流由高压(翼剖面后部)向低压(前部)流动，使附面层内的气流由后向前倒流，并发生气流分离，形成许多旋涡，如图 2.28 所示。这种现象称为激波分离。

通常机翼上表面的气流速度比下表面的气流速度大，因此首先达到局部声速，并产生局部激波。随着飞行速度的增加，下表面也会出现局部激波，而且当速度进一步增加时，机翼上下表面的局部激波还将向后缘移动，使激波的强度增大，波阻也随之增大。

局部激波和波阻的产生，是出现"音障"问题的根本原因。当人们认识到这一问题后，通过采取相应的措施，提高飞机的 $Ma_{临界}$，才使飞机的速度突破音障，并大大超过声速。

2.3.3 超声速飞机外形及其特点

1. 飞机气动布局

气动布局同飞机外形构造和大部件的布局与飞机的动态特性及所受到的空气动力密切相关，关系到飞机的飞行特征及性能。故将飞机外部总体形态布局与位置安排称作气动布局。简单地说，气动布局就是指飞机的各翼面，如主翼、尾翼等是如何放置的。不同类型、不同速度的飞机有不同的气动布局。飞机的气动布局类型如图 2.30 所示。如果按机翼和机身连接的上下位置来分，可分为上单翼、中单翼和下单翼，如图 2.30(a)所示；如果按机翼弦平面有无上反角来分，可分为上反翼、无上反翼与下反翼三种类型，如图 2.30(b)所示；如果按立尾的数量来分，可分为单立尾、双立尾和无立尾式(无立尾时平尾变成 V 形)等，如图 2.30(c)所示。而我们通常所说的气动布局一般是指平尾相对于机翼在纵向位置上的安排，即飞机的纵向气动布局形式。一般有正常式、鸭式和无平尾式，如图 2.30(d)所示。不同的布局格式，将对飞机的飞行性能、稳定性和操纵性有重大影响。

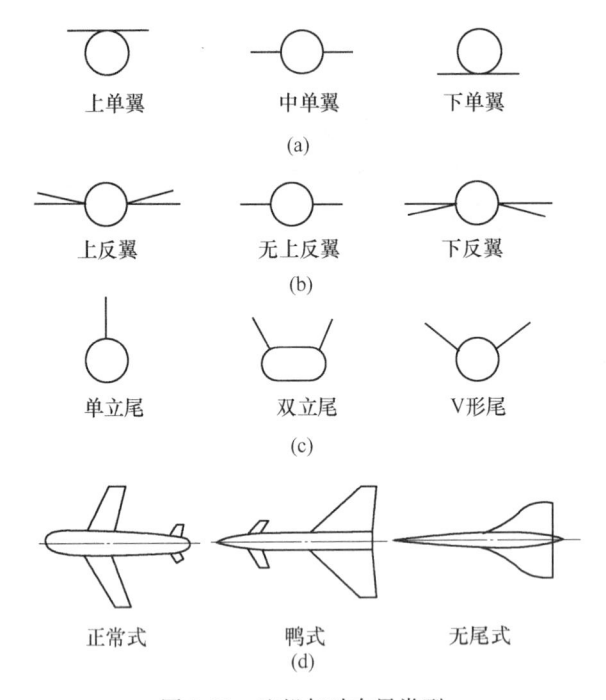

图 2.30 飞机气动布局类型

(a) 按机翼和机身的连接位置分;(b) 按机翼弦平面有无上反角分;
(c) 按立尾的数量分;(d) 按纵向气动布局分。

2. 飞机几何外形和参数

飞机的几何外形,由机身、机翼和尾翼(分为水平尾翼即平尾、垂直尾翼即垂尾)等主要部件的几何外形共同构成。现代飞机的几何外形,必须保证满足空气动力特性和隐身特性等方面的要求。飞机的几何外形也称为气动外形。而其中最能代表气动外形特征的是机翼。

机翼是产生升力和阻力的主要部件,其几何外形可从机翼平面形状和翼剖面形状两方面来描述。典型的机翼平面形状主要包括翼展 l、翼弦 b 及前缘后掠角 χ_0 等,如图 2.31 所示。

翼展(l)为机翼左右翼稍之间的最大横向距离;

翼弦(b)为翼型前缘点和后缘点之间的连线;

前缘后掠角(χ_0)为机翼前缘线和垂直于翼根对称平面的直线之间的夹角。

影响飞机气动特性的主要参数有:前缘后掠角 χ_0、展弦比 λ、梢根比 η 和翼型的相对厚度 $\bar{c}$。其中,展弦比是指机翼展长与平均几何弦长之比,即

$$\lambda = \frac{l}{b_{av}} = \frac{l^2}{b_{av}l} = \frac{l^2}{S} \qquad (2-8)$$

对于图 2-31 中所示直边形机翼,平均几何弦长 $b_{av} = (b_0 + b_1)/2$;S 为整个机翼平面形状的面积。

梢根比是指翼梢弦长与翼根弦长之比,即

$$\eta = \frac{b_1}{b_0} \qquad (2-9)$$

翼型的相对厚度是指翼型最大厚度与弦长之比,即

$$\bar{c} = \frac{c_{max}}{b} \qquad (2-10)$$

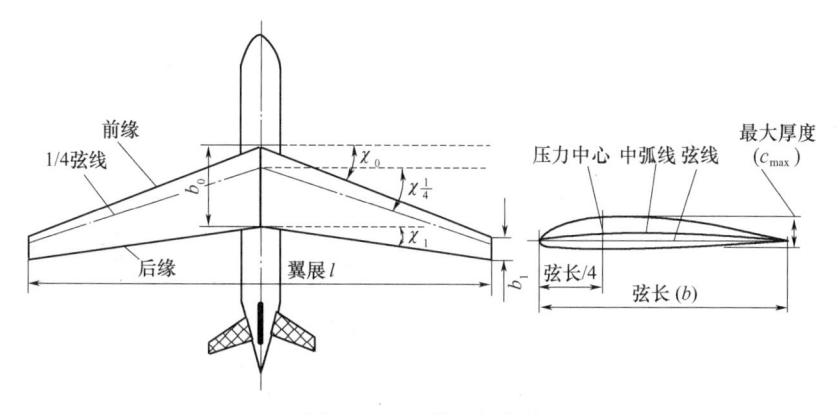

图 2.31　机翼几何参数

由空气动力学理论和试验可知,在低速情况下,大展弦比平直机翼的升力系数较大,诱导阻力小;而在亚声速飞行时,后掠机翼可延缓激波的产生并减弱激波的强度,从而减小波阻;在超声速飞行时,激波已不可避免,但采用小展弦比机翼、三角机翼、边条机翼等对减小波阻比较有利。

翼型的几何形状可分为多种,如图 2.32 所示,不同的飞机可采用不同的翼剖面形状。

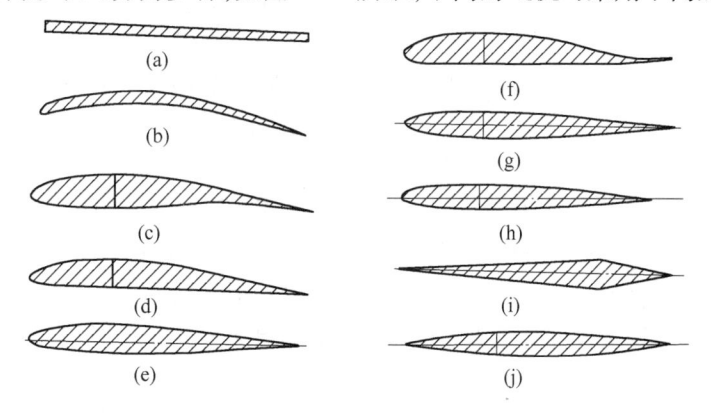

图 2.32　翼剖面形状

（a）平板剖面；（b）薄的单凸翼剖面；（c）凹凸形翼剖面；（d）平凸形翼剖面；（e）双凸形翼剖面；
（f）S形翼剖面；（g）对称的双凸形翼剖面；（h）层流翼剖面；（i）菱形翼剖面；（j）双弧形翼剖面。

3. 超声速飞机外形特点

无论是跨声速飞机还是超声速飞机,其在外形上与低速飞机相比,有许多不同的特点。超声速飞机的空气动力外形应着重考虑减少波阻和提高飞行速度之间的矛盾,为此应尽量提高 $Ma_{临界}$,推迟局部激波的产生。

1）超声速飞机的翼型特点

现代超声速飞机的翼型,大都采用相对厚度小的对称翼型或接近对称的翼型,其最大厚度位置靠近翼弦中间,翼剖面外形轮廓变化比较平缓,为减小波阻,翼型应具有尖前缘,使产生斜激波以代替离体的正激波。这种翼型有利于提高 $Ma_{临界}$,延缓局部激波的产生;即使在超过 $Ma_{临界}$ 之后,翼剖面在较大的超声速情况下,机翼前缘所形成的也是斜激波,利于减小波阻,使阻力系数的增长较为平缓。

翼型的相对厚度与波阻有密切的关系。波阻大致与相对厚度的平方成正比,厚度增加两倍,则波阻增加4倍。现代超声速飞机翼型的相对厚度都比较小,其值约为5%~9%,并有继续减小的趋势。

试验研究表明,在超声速飞行中,波阻较小的翼型有双弧形、楔形和菱形等,如图2.33所示。

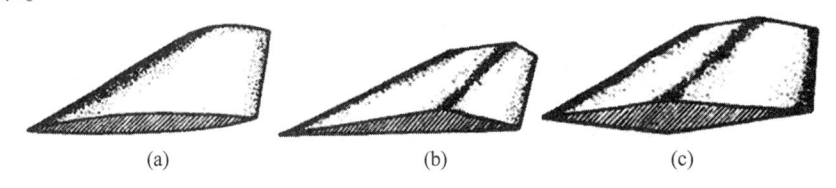

图 2.33 超声速翼型
(a) 双弧形;(b) 楔形;(c) 菱形。

2) 超声速飞机的机翼平面形状和布局形式

为了减小超声速飞行时产生的激波阻力,现代飞机常采用的机翼平面形状有后掠翼、小展弦比机翼、三角翼、变后掠翼、边条翼,常采用的布局形式除正常式布局外,还有鸭式布局和无平尾式布局。

(1) 后掠翼。这种机翼的外形特点是,其前缘和后缘均向后掠。机翼后掠的程度用后掠角的大小来表示。与平直机翼相比,后掠翼的气动特点是可增大机翼的临界马赫数,并减小超声速飞行时的阻力。飞机在飞行中,当垂直于机翼前缘的气流流速接近声速时,机翼上表面局部地区的气流受凸起的翼面的影响,其速度将会超过声速,出现局部激波,从而使飞行阻力急剧增加。后掠翼由于可使垂直于机翼前缘的气流速度分量低于飞行速度,因而与平直机翼相比,只有在更高的飞行速度情况下才会出现激波(提高了$Ma_{临界}$),从而推迟了机翼面上激波的产生,即使出现激波,也有助于减弱激波强度,降低飞行阻力,其原理如图2.34所示。但后掠角的缺点是扭转刚度差、升力线斜率较低、气流容易从翼梢处分离、亚声速飞行时诱导阻力较大等。现代超声速飞机的机翼后掠角一般为30°~60°。

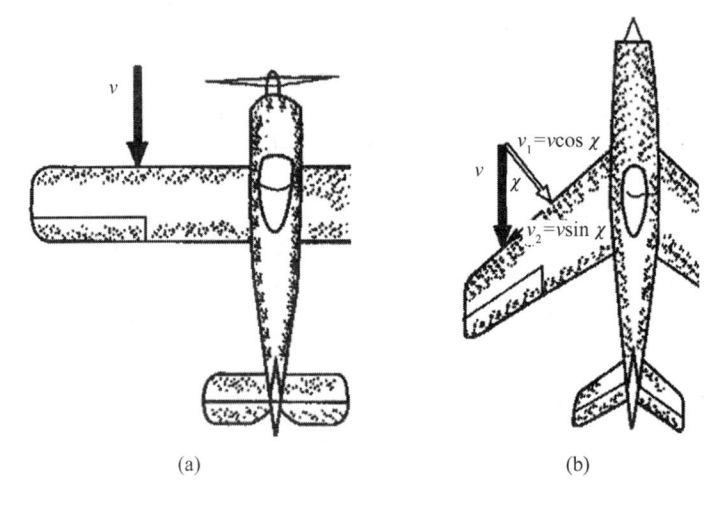

图 2.34 流过平直翼和后掠翼的气流速度
(a) 平直机翼;(b) 后掠机翼。

机翼的后掠角越大,相同飞行速度下作用在机翼上的有效速度就越小,$Ma_{临界}$也就越大,表2.2所列为后掠角与$Ma_{临界}$之间的关系。

表2.2 机翼后掠角与$Ma_{临界}$之间的关系

后掠角/(°)	15	30	45	60
$Ma_{临界}$增加百分比/%	2	8	20	41

当飞行速度超过$Ma_{临界}$以后,后掠机翼上产生的阻力随着Ma的增大,其变化也比较平缓。这是因为后掠翼的空气动力主要是由有效速度v的大小决定的。有效速度所引起的阻力D_n的方向应和v_n的方向一致,如图2.35所示,即垂直于机翼前缘方向,而飞行时阻碍飞机前进的阻力方向应与飞行速度方向平行。因此有效速度v_n所引起的阻力D_n分解到平行于飞行速度方向的分力D才是后掠翼的主要阻力。可见在相同的飞行速度下,后掠翼的阻力要比平直翼的阻力小。后掠角对阻力系数的影响如图2.36所示。

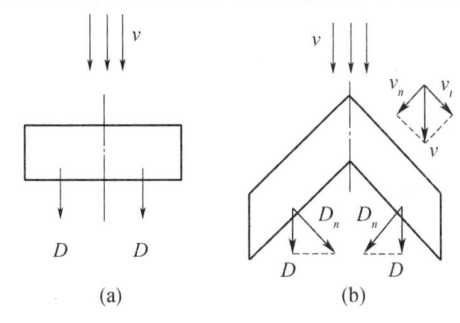

图2.35 平直翼与后掠翼的阻力

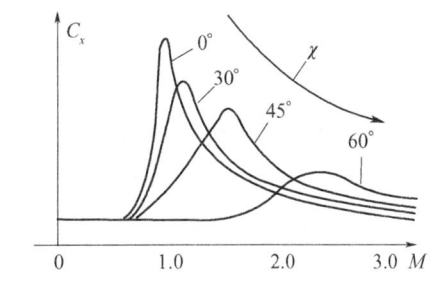

图2.36 后掠角与阻力系数关系曲线

当速度为v的气流吹过后掠翼时,有一部分气流v_t将沿着机翼方向流动,使得附面层从翼根到翼尖逐渐变厚,在翼尖处形成气流分离。当迎角增加到一定程度时,会产生翼尖失速。翼尖失速以后,又不断从翼尖向机翼中部和根部扩展,造成大面积失速。这个过程发展很快,以至于驾驶员得不到警告,飞行就出现困境。同时还会使飞机突然抬头,变得不稳定。为防止这种现象产生,常常采取在机翼上表面加装翼刀和在机翼前缘制作锯齿或缺口的方法使气流形成漩涡或气动翼刀,如图2.37所示,来阻止气流沿机翼方向的流动。

图2.37 后掠翼上的翼刀

47

(2) 三角翼。根据前面的分析,当飞行 $Ma=2.0$ 时,要使机翼上的有效速度小于 $Ma=1.0$,就必须使前缘后掠角大于60°。但随着前缘后掠角的增大,后掠机翼根部结构的受力情况就会恶化,结构质量也会增加。同时低速时的空气动力特性也将恶化,使飞机的升力下降,阻力增加,因此采用大后掠翼很不利。在这种情况下,采用三角形机翼比较合适,如图2.38所示的J-8Ⅱ超声速飞机。

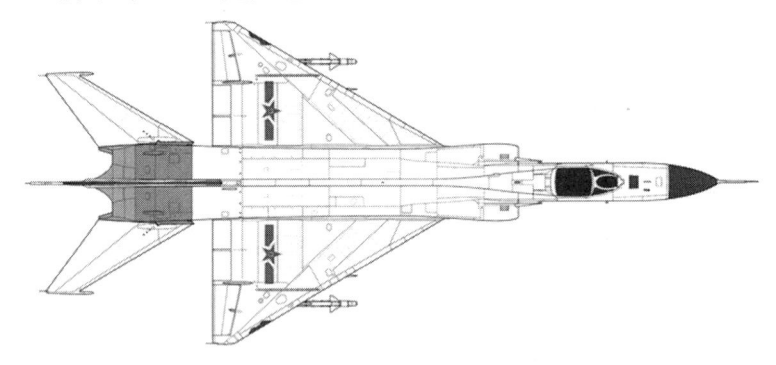

图2.38 J-8Ⅱ超声速飞机

三角翼指平面形状呈三角形的机翼。三角翼的减阻效果和大后掠翼大体相似,它具有前缘后掠角大、展弦比小和相对厚度较小的特点。由于翼根部分比较长,因此在相对厚度不变的情况下,有助于增加翼根处的绝对厚度,从而改善根部结构受力状况和减轻结构质量;如果保持机翼结构高度不变,则可降低机翼的相对厚度,降低波阻。三角形机翼的空气动力性能很好,机翼的焦点位置从跨声速到超声速的变化,比其他平面形状机翼的变化都小,因此更有助于保证飞机的纵向飞行稳定性。

三角翼飞机在亚声速飞行时的升阻比较低,巡航特性也不太好。另外,小展弦比的三角翼在大迎角飞行时才有足够的升力。而在飞机着陆时,为了不妨碍驾驶员向下的视角,机头不能抬得过高,飞机迎角也不能太大,所以三角翼飞机的着陆性能较差。

(3) 小展弦比机翼。对于低速飞机来说,为了减小诱导阻力,常常采用大展弦比机翼。但对于超声速飞机来说,为了减小波阻,通常会采用小展弦比机翼,图2.38所示的J-8Ⅱ飞机,其展弦比为2.1。小展弦比机翼在翼弦方向较长,在翼展方向较短,因此可以减小波阻。因为超声速飞行的激波是沿着机翼的前缘和后缘产生的,翼展的长度缩短了,激波面的长度也就缩短了,因此机翼上产生的激波阻力也就减小了。另外,由于小展弦比机翼翼弦比较长,因此机翼相对厚度一般都比较小,有利于减小激波阻力。目前,超声速飞机的展弦比一般小于2.5。

小展弦比机翼的缺点是襟翼面积小,起落性能差。另外,由于翼尖面积大,所产生的诱导阻力也较大,可采用翼尖挂导弹或副油箱的方法来削弱翼尖涡流的强度,减小诱导阻力。

(4) 变后掠翼。在飞机的设计工作中,有一个不易克服的矛盾:要想提高飞行马赫数,必须选择大后掠角、小展弦比的机翼,以降低飞机的激波阻力,但此类机翼在亚声速状态时升力较小,飞机的起飞和着陆滑跑距离都较长,诱导阻力较大,效率不高。从空气动力学的角度讲,要同时满足飞机对超声速飞行、亚声速巡航和短矩起降的要求,最好是让机翼变后掠,用不同的后掠角去适应不同的飞行状态。

如图 2.39 所示,飞机在起飞着陆和低速飞行时,采用较小的后掠角,这时机翼展弦比较大,因而有较高的低速巡航性能和较大的起飞着陆升力。而在超声速飞行时,采用较大的后掠角,机翼展弦比和相对厚度随之减小,对于减小超声速飞行阻力很有利。变后掠机翼的飞机,在整个 Ma 范围内都有较好的空气动力性能,可以较好地满足各个设计飞行状态的要求。现代变后掠翼飞机常用于多用途战斗机、歼击轰炸机和轰炸机,如苏联的米格 – 23、欧洲的"狂风"和美国的 F – 14 战斗机、B – 1 轰炸机等。

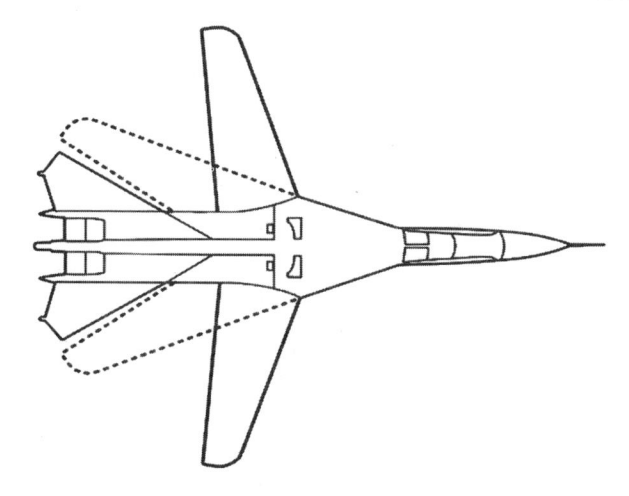

图 2.39 变后掠翼飞机

变后掠翼飞机的主要缺点是机翼变后掠转动机构复杂,结构质量重,而且气动中心变化大,平衡较为困难。

(5) 边条翼。在中等后掠角的机翼根部前缘处,加装一后掠角很大的细长翼所形成的复合机翼,称为边条翼。它是解决超声速飞机高速飞行和低速飞行矛盾的另一条途径,如图 2.40(a) 所示。边条翼是一种混合平面形状的机翼,它由边条(又称前翼)和后翼(又称基本翼)两部分组成。边条为大后掠角($\chi_0 \geq 70°$)的细长翼,后翼为中等展弦比($\lambda = 3 \sim 4$)、中等后掠角($\chi_0 = 30° \sim 50°$)的三角翼。

边条翼的气动特点:在亚声速、跨声速范围内,当迎角不大时,气流就从边条前缘分离,形成一个稳定的前缘脱体涡(边条涡),如图 2.40(b) 所示,在前缘脱体涡的诱导作用下,不但可使基本翼内翼段的升力有较大幅度地增加,还使外翼段的气流受到控制,在一定的迎角范围内不发生无规则的分离,从而提高了机翼的临界迎角和抖振边界,保证飞机具有良好的亚声速、跨声速气动特性。此外,边条翼上产生的边条涡还可以给上翼面的附面层补充动能,延缓和减轻基本翼上气流的分离,从而可产生相当大的附加升力(又称涡升力)。在超声速状态下,由于加装边条后,使内翼段部分的相对厚度变小,机翼的等效后掠角增大,可明显降低激波阻力。另外,边条的存在,还可使飞机在跨声速和超声速飞行时的全机焦点后移量减小,导致飞机的配平阻力降低。因此,这种机翼也具有良好的超声速气动特性。

理论和试验表明,边条机翼可以产生较大的升阻比。现代很多战斗机,既要求能作超声速飞行,又要求能在高亚声速或跨声速作高机动飞行,因此常采用边条翼,如 F – 16,F – 18,米格 – 29 战斗机等都是边条翼飞机。

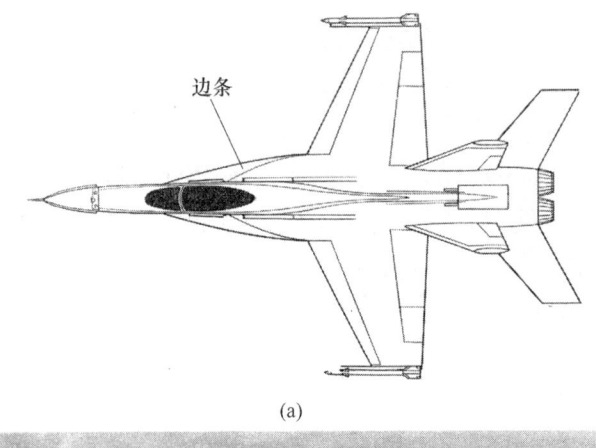

图 2.40 边条翼飞机及边条涡
(a) F-16 战机;(b) 边条涡。

边条翼的缺点是:在小迎角范围内,其升阻特性不如无边条的基本翼好;它的力矩特性也不理想,力矩曲线随迎角的变化呈非线性。由于涡升力的存在,导致飞机焦点前移,造成俯仰力矩的非线性变化,甚至可能造成无法抑制的上仰失速。要想利用传统的机械－液压操纵系统进行控制是个不小的难题。并且边条面积越大,俯仰力矩的非线性变化也越剧烈。

(6)"鸭"式布局。鸭式布局是飞机制造的一种形态或者气动布局,因早期设计看起来像鸭子所以称为鸭式布局。大多数飞机均采用正常式气动布局,即飞机的水平尾翼位于机翼之后,而"鸭"式飞机是将水平尾翼移到机翼之前。它将水平尾翼移到主翼之前的机头两侧,可以用较小的翼面来达到同样的操纵效能,而且前翼和机翼可以同时产生升力。不像常规式的水平尾翼那样,平衡俯仰力矩多数情况下会产生负升力。因为水平尾翼位于飞机重心的前面,因此在正迎角飞行时,鸭翼将产生正的升力,以保持飞机平衡,故鸭翼对全机升力的贡献是有积极作用的。

"鸭"式飞机在超声速飞机中应用较多,在大迎角飞行时,鸭翼前缘产生的脱体旋涡,在沿着机翼上表面向后流动时,会产生类似于边条翼飞机的有利干扰,使机翼升力增大,这对改善飞机的起降性能非常有利。我国的歼－10战斗机就是采用的"鸭"式布局,提高了它的起降性能,如图 2.41 所示。

图 2.41　歼－10 战斗机

（7）无尾式布局。无尾式布局通常用于超声速飞机。例如,英法合作研制的协和号超声速客机,采用的就是无平尾式布局。它可以以 $Ma = 2.04$ 左右的速度巡航飞行。其机翼是细长尖拱形,前端起到边条翼的作用。机翼平均相对厚度很小,只有 0.025 左右,如图 2.42 所示。这类飞机的机身和机翼都比较细长,机翼面积较大,飞机重心也比较靠后,即使采用水平尾翼,由于其距离飞机重心较近,平尾的稳定和操纵作用也比较小。因此,宜采用无平尾式布局,这样还可以减少平尾部件所产生的阻力。由于没有平尾,也就没有了升降舵,这种飞机的俯仰操纵可以由机翼后缘的升降副翼来完成,即当左右机翼上的升降副翼同时向上或向下偏转时产生俯仰操纵力矩,起到升降舵的作用;当左右机翼上的升降副翼向相反方向偏转时,产生横侧向操纵力矩,此时起到副翼的作用。

图 2.42　协和号客机

51

近年来出现的隐身飞机,为了增加隐身能力,通常采用 V 形尾翼,即常采用无立尾式的气动布局。

3) 超声速飞机机身外形特点

机身的主要功用是装载乘员、货物、发动机和各种仪表设备等,同时把飞机的其他部件有效地连接在一起。机身产生的空气动力主要是阻力,但对飞机的升力也有一定的影响。

对于超声速飞机,不但机翼的形状对其空气动力特性有重要影响,而且机身的形状也很重要。为了减小超声速飞机的波阻,机身一般采用头部很尖、又细又长的圆柱形机身,机身长细比(机身长度与机身剖面最大直径之比)一般可达到十几甚至更高。另外采用"跨声速面积律",也有助于降低波阻和提高速度。

跨声速面积律是指在机翼和机身的连接部位,把机身适当地收缩,使沿机身纵轴的横截面面积的分布规律,与某一个阻力最小的旋转体的剖面分布规律相当。这样可以将不利的相互干扰减小,使飞机的跨声速激波阻力大大降低。如图 2.43 所示,把机身和机翼连接处做成蜂腰形,使机身横截面积分布曲线接近理想曲线,激波阻力会大大降低。

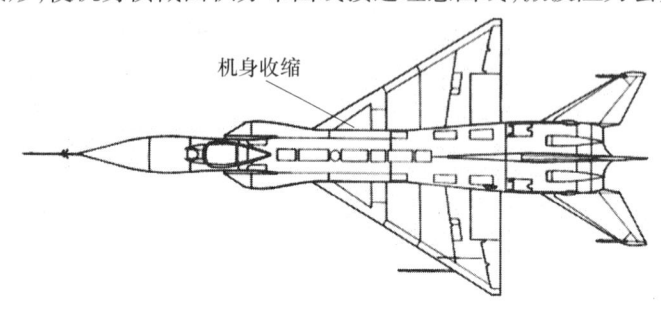

图 2.43 跨声速面积率

有些超声速飞机为了减小阻力,往往尽量把驾驶舱埋藏在机身外形轮廓之内,因此使飞机着陆时驾驶员的视线大大恶化。为了改善这种状况,可以将机头做成活动的,着陆时使机头下垂,以增大驾驶员的视野。如协和号超声速客机机头就可以下垂 17.5°。

2.3.4 超声速飞行的"音爆"与"热障"现象

1. 超声速飞行的"音爆"

飞机在超声速飞行时,在飞机上形成的激波,传到地面上形成如同雷鸣般的爆炸声,这就是所谓"音爆"现象。"音爆"过大可能会对地面的居民和建筑物造成损害。

飞机在超声速飞行时会产生头部激波和尾部激波,当飞机的头部激波和尾部激波传到地面上时,使那里的空气压强急剧变化,产生的压力脉冲变化有如 N 形。对于地面上的观察者来讲,头部激波扫过时先是增压(大于大气压力),然后紧接着是减压(低于大气压力),最后等到尾部激波扫过后,再增压恢复到大气压力,这个过程大约发生在 0.1s 内。观察者常常能听到先后的两声"蓬,蓬"巨响。如果飞机的飞行高度比较低,激波在地面上的压强变化得就可能太猛太快,从而造成房屋玻璃甚至结构的损坏。

"音爆"强度同飞机的飞行高度(强度随着离开飞机的距离增加而减小)、飞行速度、飞机质量、飞行姿态以及大气状态等都有关系。为防止噪声扰民和"音爆"现象,一般规定在城市上空 10 km 的高度之下不得作超声速飞行。对于将来的超声速旅客机,除了要解决经济性较差的问题外,超声速"音爆"的噪声扰民问题和对环境的破坏也是影响超声速运输机的主要问题。

2. 超声速飞行的"热障"

在飞机速度不断提高的过程中,遇到的第一个关口是"音障"。飞机突破"音障"以后,随着速度的进一步提高,又遇到了一个新的关口,这就是"热障"。

当飞机作超声速飞行时,飞机表面附面层中的空气受到了强烈的摩擦阻滞和压缩,速度大大降低,动能转化为内能,使飞机表面温度急剧增高。例如,飞机以 $Ma=2.0$ 在同温层飞行时,飞机头部的温度可达到120℃,当飞行速度提高到 $Ma=3.0$ 时,飞机头部的温度可达到370℃。此时,作为飞机主要结构材料的铝合金,其材料性能急剧下降,已不能在如此高温环境下长期工作,否则会造成飞机结构的破坏。气动加热可使结构强度和刚度降低,飞机的气动外形受到破坏,危及飞行安全,这种由气动加热引起的危险障碍就称为"热障",所以"热障"实际上是空气动力加热造成的结果。

当然,在飞机其他表面处,温度一般要比驻点处(如机头)的温度低一些,但由于空气粘性的作用,附面层内气流流速受到阻滞,表面上的温度也是相当高的。因此,机内设备、人员也需要隔热、防热。由于人所能承受的温度最高大约是40℃,而飞机上的设备如无线电、航空仪表、雷达、橡胶、有机玻璃、塑料等其工作温度一般也不超过80℃。因此如何保护机内的人员、设备不受伤害,也是"热障"需要解决的重要问题之一。

思 考 题

1. 什么是飞机相对运动原理?
2. 什么是流体的连续性原理和伯努利方程?它们代表的物理意义是什么?
3. 低速气流和超声速气流的流动特点有什么不同?
4. 拉瓦尔喷管中的气流流动特点是什么?
5. 平板上的空气动力是如何产生的?
6. 什么是翼型?什么是迎角?升力是怎样产生的?它和迎角有什么关系?
7. 影响升力的因素有哪些?
8. 简述飞机增升装置的种类和增升原理。
9. 飞机在飞行过程中会产生哪些阻力?试说明各种阻力的影响因素和减阻措施。
10. 什么是激波?什么是正激波和斜激波?
11. 什么是超声速飞行的音爆和热障?如何消除热障?
12. 飞机的气动布局形式有哪些?简述它们的特点。
13. 飞机主要由哪几部分组成?它们的作用是什么?
14. 简述超声速飞机的外形特点。它与低速飞机在外型上有什么区别?

第3章 飞机的飞行性能

3.1 飞机的主要性能指标

飞机的飞行性能是衡量一架飞机性能好坏的重要指标。其包括飞机的速度、高度、航程、升限、起飞着陆性能和机动飞行性能等。飞机作定常(加速度为零)直线运动时的性能称为基本飞行性能,包括最大平飞速度、最小平飞速度、爬升率、升限和上升时间等。

3.1.1 飞行速度

在飞机的飞行性能中,飞行速度是最重要的性能之一。飞行速度,对军用飞机来说一般指的是最大平飞速度,而对民用飞机来说一般指的是巡航速度。

(1)最大平飞速度 v_{max}。最大平飞速度是指飞机水平直线平衡飞行时,在一定的飞行距离内(一般应不小于3km),发动机推力在最大状态下,飞机所能达到的最大飞行速度。它是一架飞机能飞多快的指标。对于军用飞机来说,低空飞行能力具有重要的意义。低空最大平飞速度是衡量多用途战斗机、攻击机和轰炸机的重要性能指标。要提高飞机的最大飞行速度,一是要减小飞机的飞行阻力,另外还要增加发动机的推力,但应注意随着发动机推力的增加,发动机本身质量和尺寸也随之增加,燃油消耗也增加,并导致飞机质量和空气阻力增大。而且,随着飞行速度的增加,当速度接近于声速或超过声速时,飞机上将产生"激波",此时,飞机阻力将急剧增加。因此,不改变飞机的外形,想提高飞行速度是不可能的。

(2)最小平飞速度 v_{min}。最小平飞速度是指在一定高度上飞机能维持水平直线飞行的最小速度。最小平飞速度取决于飞机的最大升力系数 C_{ymax},其值应略大于下式所表达的飞行速度(此时飞机的升力等于重力),这个速度对飞机的起降性能及飞机作低速飞行时的安全性有重要影响。最小平飞速度为

$$v_{min} = \sqrt{\frac{2G}{\rho C_{ymax} S}} \qquad (3-1)$$

式中:G 为飞机质量;ρ 为当地的空气密度;S 为机翼面积。

随着高度的增加,ρ 将减小,故最小平飞速度将增加。

(3)巡航速度 $v_{巡航}$。巡航速度是指发动机在每千米消耗燃油最少的情况下飞机的速度。这个速度一般为飞机最大平飞速度的70%~80%,巡航速度状态下飞机的飞行最经济而且飞机的航程最大。这是衡量远程轰炸机和运输机性能的一个重要指标。

3.1.2 飞行距离

(1)航程。航程是指在载油量一定的情况下,飞机以巡航速度(不进行空中加油)所

能飞越的最远距离。它是一架飞机能飞多远的指标,发动机的耗油率是决定飞机航程的主要因素。轰炸机和运输机的航程是设计中最主要的性能要求。提高航程的主要办法是减小发动机的燃油消耗率,增加飞机的最大升阻比。在飞机总重一定的情况下,减小结构质量,增加飞机载油量也可以增大航程。另外,还可以通过安装可投掉的副油箱,来增加飞机的航程。在一定的装载条件下,飞机的航程越大,经济性就越好(对民用飞机),作战性能就更优越(对军用飞机)。

(2) 活动半径。活动半径对于军用飞机也称作战半径,是指飞机由机场起飞,到达某一空中位置,并完成一定任务(如投弹、空袭等)后返回原机场所能达到的最远单程距离。这一性能指标直接决定了歼击机的战斗性能。

(3) 续航时间。续航时间是指飞机耗尽其携带燃料所能持续飞行的时间。这一性能指标对于海上巡逻机和反潜机非常重要,因为飞得越久就能更好地完成巡逻和搜寻任务。

3.1.3 飞行高度

(1) 最大爬升率。爬升率又称爬升速度或者上升率,是各型飞机,尤其是战斗机的重要性能指标之一。它是指稳定爬升(飞机在爬升过程中速度的大小和方向均不变)时,飞行器在单位时间内增加的高度,其计量单位为 m/s。飞机在某一高度,以最大油门状态,按不同爬升角爬升,所能获得的爬升率的最大值称为该高度上的"最大爬升率"。

(2) 升限。升限是一架飞机能飞多高的指标,分为静升限和动升限。飞机的静升限是指飞机能作水平直线飞行的最大高度。飞机上升时,随着高度的增加,发动机推力将逐渐下降,当飞机上升到某一极限高度时,发动机已没有剩余的能力使飞机高度进一步增加,此时飞机仅能以这一速度作水平直线飞行,这时飞机的极限高度即为静升限。但在此飞行高度上,飞机稍受干扰或操纵不慎就可能降低高度,因此,又称此极限高度为理论静升限。

由于上述原因,飞机实际飞行中不得不在稍低于理论静升限的高度上飞行,以便飞机具有一定的推力储备和良好的操纵性。一般规定,对应于垂直上升速度为 5m/s 时的最大平飞高度为实际飞行的最大高度,此高度称为飞机的实用静升限。

3.1.4 起飞着陆

飞机的起飞和着陆是两个重要的飞行状态,起飞着陆性能的好坏有时甚至会影响飞机能否顺利完成正常飞行任务。飞机的起飞着陆性能指标可以概括为两部分:一是起飞和着陆距离;二是起飞离地和着陆接地速度。后者除影响起飞和着陆距离外,还牵扯到起降安全问题。

1. 飞机的起飞性能

飞机的起飞过程是一种加速飞行的过程,它包括地面加速滑跑阶段和加速上升到安全高度两个阶段,如图 3.1 所示,其描述了飞机的起飞过程。

飞机起飞时,驾驶员踩住刹车,加大油门到最大转速状态后,松开刹车使飞机加速滑跑。当加速到一定速度时,驾驶员拉起驾驶杆,使飞机抬头增加迎角,当升力等于重力时飞机开始离开地面,此时所对应的速度为离地速度。随着升力进一步增加,飞机加速上升,当飞机上升到安全高度 h 时,起飞过程结束,此时飞机所飞越(包括滑跑)的地面距离

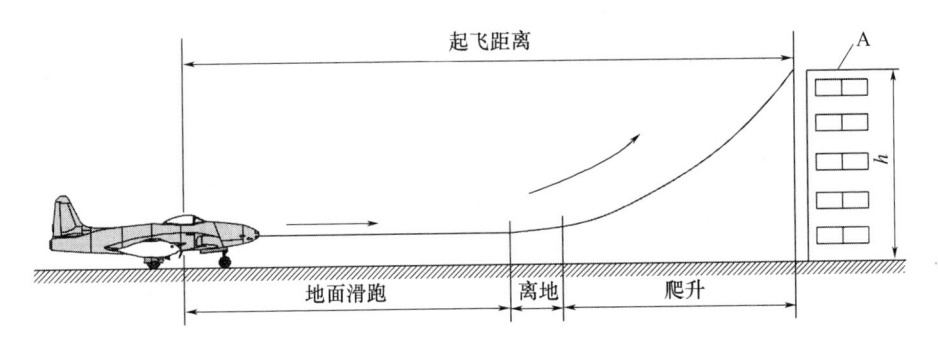

图 3.1　飞机起飞过程

即为飞机的起飞距离。

飞机的起飞距离越短越好,为了减小飞机的起飞距离,可以采用增升装置来增大升力;也可以增加推力来加速,如可以采用助推火箭增大推力,减少加速所需时间。另外对于舰载飞机还可以采用弹射起飞的方法减小起飞距离。

2. 飞机的着陆性能

飞机的着陆过程是一种减速飞行的过程,它包括下滑、拉平、平飞减速、飘落触地和着陆滑跑五个阶段,如图 3.2 所示。

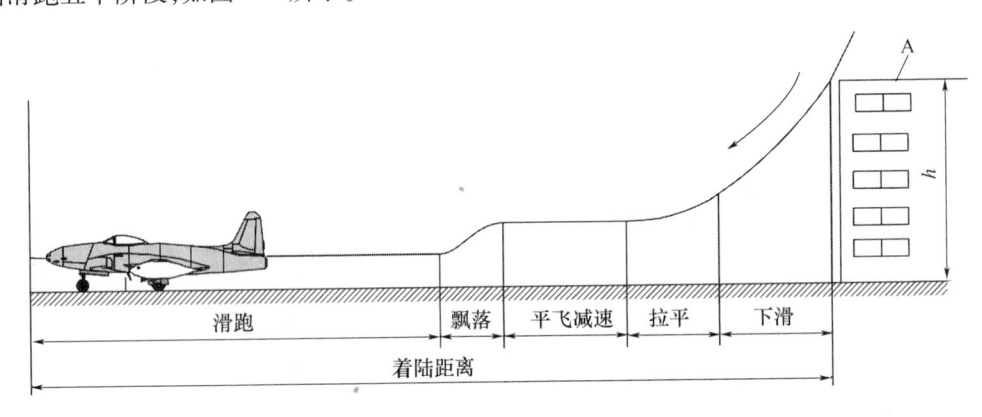

图 3.2　飞机着陆过程

飞机从安全高度 h 下滑时,发动机处于慢车工作状态,襟翼打开到最大角度,飞机接近于等速直线下滑。当接近地面时,驾驶员应将飞机拉平,然后保持离地 1m 左右进行平飞减速。随着飞行速度的减小,驾驶员应不断拉杆使迎角增大,以使飞机缓慢地降低高度。当升力不足以平衡飞机重力时,飞机开始飘落,并以主轮接地,此时对应的速度就是着陆接地速度。飞机接地后,速度进一步降低,并进入滑跑阶段,此时驾驶员可以使用刹车等使飞机继续减速,直到飞机完全停止。飞机在着陆过程所飞越(包括滑跑)的地面距离为着陆距离。

飞机的着陆速度越小,着陆距离越短,着陆性能就越好,飞行安全性也越高。为了提高飞机的着陆性能,可以打开机翼上的扰流片来减小升力;还可以采用反向推力装置产生负推力;可以打开阻力伞或阻力板和采用刹车来增加阻力。对于舰载飞机还可以采用甲板上的拦阻索钩住飞机下部的拦阻钩来减速。

3.2 飞机的机动性

飞机的机动性是飞机的重要战术、技术指标,是指飞机在一定时间内改变飞行速度、飞行高度和飞行方向的能力,相应地称为速度机动性、高度机动性和方向机动性。显然飞机改变一定速度、高度或方向所需的时间越短,飞机的机动性就越好。在空战中,优良的机动性有利于获得空战的优势。

飞机在作机动飞行时所受的载荷要比水平直线稳定飞行时大好几倍。因此,在设计飞机时,必须考虑到飞机在各种飞行情况下,都要有足够的强度和刚度,以保证飞行安全。

在飞机设计中,一般常用过载来评定飞机的机动性。飞机的过载(或过载系数)是指飞机所受除重力之外的外力总和与飞机重力之比。除特殊情况外,一般只考虑垂直方向上的过载。垂直方向上的过载可以表示为飞机升力 Y 与飞机重力 G 的比值,即

$$n_y = \frac{Y}{G} \tag{3-2}$$

飞机机动性设计要求越高,过载 n_y 就要求越大。高机动性要求的飞机,过载可高达 $9g$ 左右,因此要求飞机结构应能够承受相应的载荷。

飞机为在短时间内尽快改变运动状态所实施的飞行动作称为飞机的机动动作。飞机的机动动作包括盘旋、滚转、俯冲、筋斗、战斗转弯、急跃升等。为获得尽量大的升力,飞机在机动过程中应该尽量增加迎角。然而正常飞机的极限迎角是有限的,飞机不能超过极限迎角飞行,否则就会失速。

3.2.1 盘旋

飞机在水平面内作等速圆周飞行,称为盘旋飞行,如图 3.3 所示。通常坡度(坡度即指飞机倾斜的程度)小于 45°时,称为小坡度盘旋;大于 45°时,称为大坡度盘旋。盘旋和转弯的操纵动作完全相同,只是转弯的角度不到 360°而已。

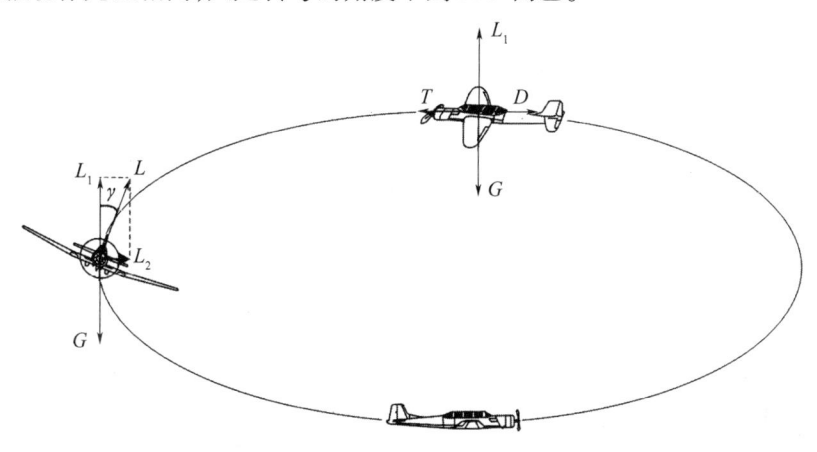

图 3.3 飞机盘旋

盘旋一周所需的时间越短,盘旋半径越小,方向机动性就越好。在作战时,希望盘旋半径越小越好,这时就要尽量使飞机倾斜坡度加大,以增大使飞机作曲线运动的向心力。

在盘旋中,为了保持在垂直方向上升力与重力的平衡,维持高度不变,当改变坡度时,需要相应地改变升力的大小,坡度越大,则所需的升力也就越大,因此飞机的过载也就越大。如表3.1所列,不同坡度盘旋时飞机对应于不同的过载系数。

表3.1　不同坡度盘旋时飞机所需的过载系数

$\gamma/(°)$	0	15	30	45	60	75	80
n_y	1	1.04	1.16	1.41	2	3.84	3.76

从表中可以看出,当飞机以80°的坡度盘旋时,升力增大到飞机重力的3.76倍,此时飞机结构和飞行员所受的力也相应增大。由于过载系数的限制,飞机速度越大,盘旋半径也将越大。例如,美国的SR-71侦察机,当飞行速度为3529km/h时,其盘旋半径可达193km。

3.2.2　筋斗

飞机在铅垂平面内作轨迹近似椭圆,航迹方向改变360°的机动飞行为筋斗飞行,如图3.4所示。筋斗飞行由爬升、倒飞、俯冲、平飞等动作组成,它是衡量飞机机动性能的指标之一。完成一个筋斗所需的时间越短,机动性越好。要实现筋斗飞行,飞行员应先加油门,增加速度,然后拉杆使飞机曲线上升;飞过顶点后,减小油门,继续保持拉杆位置,飞机开始曲线下降,最后改为平飞。翻筋斗时,过载系数可达到6。

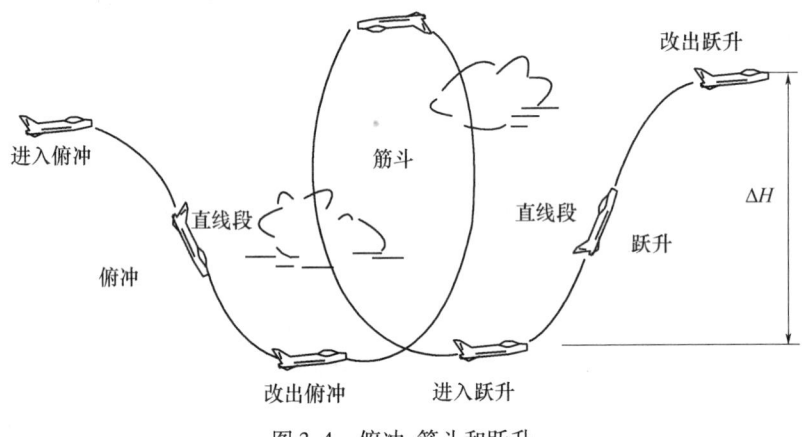

图3.4　俯冲、筋斗和跃升

3.2.3　俯冲

俯冲是飞机将位能转化为动能、迅速降低高度、增大速度的机动飞行,作战飞机常借此来提高轰炸和射击的准确度。俯冲过程分为进入、直线和改出俯冲三个阶段,如图3.4所示。在急剧俯冲时,为了防止速度增加过多和超过相应高度的最大允许速度,必须减小发动机推力,有时需放下减速板。改出俯冲后的高度不应低于规定的安全高度。从俯冲中改出时飞行员应柔和并有力地拉杆,增大迎角,使升力大于重力第一分力,构成向心力,迫使飞机向上作曲线运动。这时的过载系数n_y,甚至会达到9~10,对飞机结构和飞行员造成极大的过载。所以,俯冲速度不应过大,改出不应过猛,以免造成飞机结构损坏或飞行员晕厥的事故。使用中的 n_y 值一般不允许大于 8。

3.2.4 跃升

跃升是将飞机的动能转变成势能,迅速取得高度优势的一种机动飞行。跃升性能的好坏由跃升增加的高度 ΔH 及所需的时间来衡量,如图 3.4 所示。飞机在作跃升机动后的高度可大大超过飞机的静升限。例如,某歼击机的实用升限为 19500m,当在 13500m 高度上以 $Ma=2.05$ 的速度进行跃升后,飞机可达到 23000m 的高度。通过跃升可达到的最大高度为飞机的动升限。

3.2.5 战斗转弯

同时改变飞行方向和增加飞行高度的机动飞行称为战斗转弯,如图 3.5 所示。空战中为了夺取高度优势和占据有利方位,常用这种机动飞行动作。除了采用典型的操纵滚转角的方法外,为了缩短机动时间还可采用斜筋斗方法进行战斗转弯。战斗转弯时,过载系数可达 3~4。

图 3.5 战斗转弯

3.3 飞机的操纵性和稳定性

3.3.1 飞机操纵特性

飞机的操纵性又可以称为飞机的操纵品质,是指飞机对操纵的反应特性。飞机的操纵性是指驾驶员通过操纵设备(如驾驶杆、脚蹬和气动舵面等)来改变飞机飞行状态的能力。

飞机在空中的操纵是通过操纵气动舵面——升降舵、方向舵和副翼来进行的。通过偏转这三个操纵面,就会对飞机产生操纵力矩,使其绕横轴、立轴和纵轴转动,以改变飞行姿态。

(1)纵向操纵。改变飞机纵向运动(如俯仰)的操纵称为纵向操纵,主要通过推、拉驾驶杆,使飞机的升降舵或全动平尾向下或向上偏转,产生俯仰力矩,使飞机作俯仰运动。飞行员向后拉驾驶杆,经传动机构传动,升降舵便向上偏转,这时,水平尾翼上的向下附加升力就产生使飞机抬头的力矩,使机头上仰,如图 3.6(a)所示;向前推驾驶杆,则升降舵向下偏转,使机头下俯,如图3.6(b)所示。

现代的超声速飞机,多以全动式水平尾翼代替了只有升降舵可以活动的水平尾翼。因为全动式水平尾翼的操纵效能比升降舵的操纵效能高得多,可以大大改善超声速飞机的纵向操纵性。

(2)横向操纵。使飞机绕机体纵轴旋转的操纵称为横向操纵,主要由偏转飞机的副翼来实现。当驾驶员向右压驾驶杆时右副翼上偏、左副翼下偏,使右翼升力减小、左翼升力增大,从而产生向右滚转的力矩,飞机向右滚;向左压杆时,情况完全相反,飞机向左滚转,如图3.6(c)所示。如果是用驾驶盘操纵的飞机,则左转动或右转动驾驶盘,与左右压杆的操纵效果是一样的。

(3)航向操纵。改变航向运动的操纵称为航向操纵,由驾驶员踩脚蹬,使方向舵偏转来实现。踩右脚蹬时,方向舵向右摆动,产生向右的偏航力矩,飞机机头向右偏转;踩左脚蹬时正好相反,机头向左偏转,如图3.6(d)所示。实际飞行中,横向操纵和航向操纵是不可分的,经常是相互配合、协调进行,因此横向和航向操纵常合称为横航向操纵。

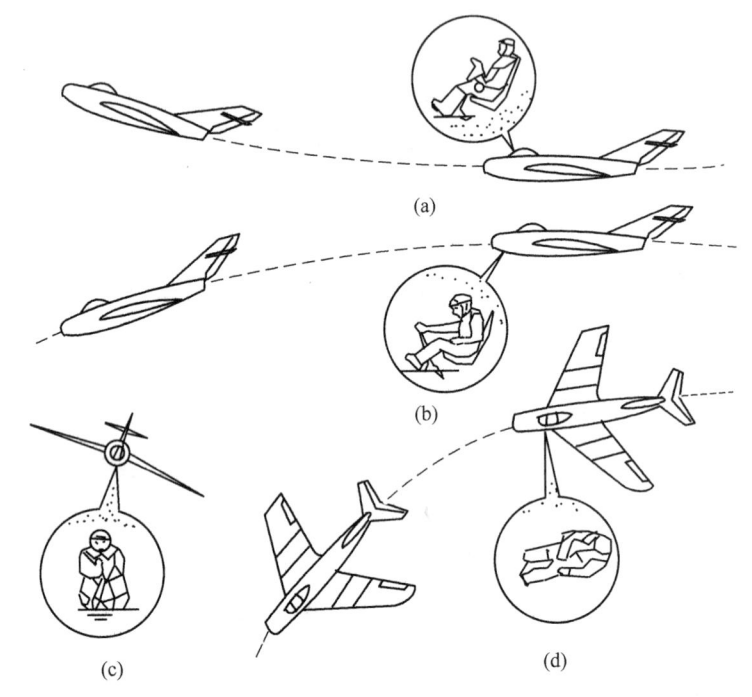

图3.6 飞机操纵动作与飞行姿态示意图
(a)飞机上仰;(b)飞机下俯;(c)飞机滚转;(d)飞机偏航。

随着飞行马赫数的提高,飞机飞行时的动压也迅速增大,于是偏转操纵面所需要施加的力也变得越来越大,以至于驾驶员难以操纵或造成体力不支。为了解决这一问题,现代飞机的操纵系统,不仅有助力器,力臂调节器,还有人工载荷机构来模拟驾驶杆上的气动载荷,使驾驶员在减小操纵力的同时,还能够感受到操纵力矩的变化。总之,驾驶员操纵舵面改变飞机姿态要和人体的自然动作协调一致(如往左压驾驶杆时,飞机应向左滚转,往右压驾驶杆时,飞机应向右滚转),而且手上所感受到的力的大小和方向也应正常和适中,否则很容易产生操纵失误。

3.3.2 飞机的稳定性

飞机的稳定性是飞机设计中衡量飞行品质的重要参数,它表示飞机在受到扰动之后是否具有回到原始状态的能力。

所谓飞机的稳定性,是指在飞行过程中,如果飞机受到某种扰动而偏离原来的平衡状态,在扰动消失以后,不经飞行员操纵,飞机能自动恢复到原来平衡状态的特性。如果能恢复,则说明飞机是稳定的;如果不能恢复或者更加偏离原来的平衡状态,则说明飞机是不稳定的。

飞机在空中飞行,可以产生俯仰运动、偏航运动和滚转运动。飞机绕横轴 z 的运动为俯仰运动;绕立轴 y 的转动为偏航运动;绕纵轴 x 的转动为滚转运动,如图 3.7 所示。飞机的稳定性包括纵向稳定性,反映飞机在俯仰方向的稳定特性;航向稳定性,反映飞机的方向稳定特性;以及横向稳定性,反映飞机的滚转稳定特性。

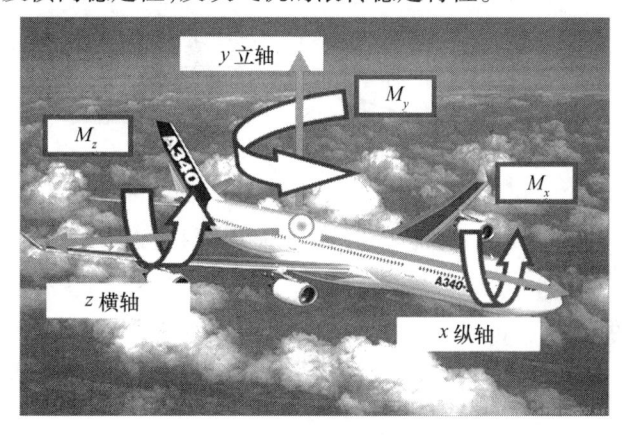

图 3.7 飞机机体轴及其运动

1. 纵向稳定性

飞机的俯仰稳定性,指的是飞行中,飞机受微小扰动以致俯仰平衡遭到破坏,在扰动消失后,飞机自动趋向恢复原平衡状态的特性。

在飞行过程中,作用于飞机的俯仰力矩主要是机翼力矩和水平尾翼力矩。当飞机的迎角发生变化时,在机翼和尾翼上都会产生一定的附加升力,这个附加升力的合力作用点称为飞机的焦点,如图 3.8 所示。当飞机受到扰动而机头上仰时,机翼和水平尾翼的迎角增大,产生一个向上附加升力,如果飞机重心位于焦点位置的前面,则此向上的附加升力

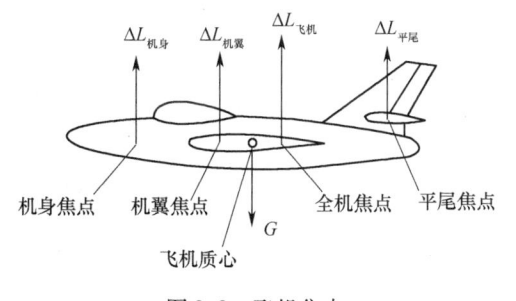

图 3.8 飞机焦点

会对飞机产生一个下俯的稳定力矩,如图3.9(a)所示,使飞机趋向于恢复原来的飞行状态。反之,当飞机受扰动而机头下俯时,机翼和水平尾翼的迎角减小,会产生向下的附加升力,此附加升力对重心形成一个上仰的稳定力矩,也使飞机趋向于恢复原来的稳定状态。

因此,飞机的纵向稳定性主要取决于飞机重心的位置,只有当飞机的重心位于焦点前面时,飞机才是纵向稳定的;如果飞机的重心位于焦点之后,飞机则是纵向不稳定的,如图3.9(b)所示。重心前移可以增加飞机的纵向静稳定性,但并不是静稳定性越大越好。例如,静稳定性过大,升降舵的操纵力矩就难以使飞机抬头。因此,由于重心前移使稳定性过大,会导致飞机的操纵性变差。

飞机重心位置会随飞机载重的分布情况不同发生变化。当重心位置后移时,将削弱飞机的纵向稳定性,所以在配置飞机载重时,应当注意妥善安排各项载重的位置,不使飞机重心后移过多,以保证重心位于所要求的范围以内。

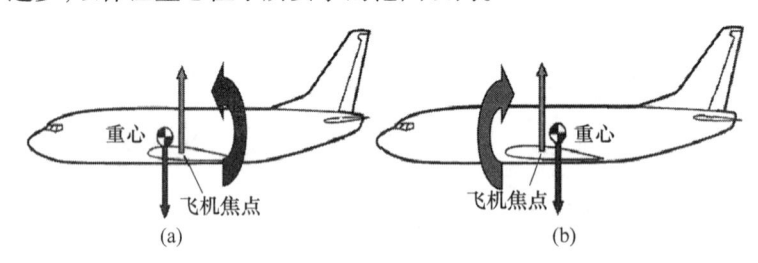

图3.9 飞机重心位置与纵向稳定性间的关系
(a)飞机纵向稳定;(b)飞机纵向不稳定。

2. 方向稳定性

飞机的方向稳定性,指的是飞行中,飞机受微小扰动以至方向平衡遭到破坏,在扰动消失后,飞机自动趋向恢复原平衡状态的特性。

飞机主要靠垂直尾翼的作用来保证方向稳定性。方向稳定力矩是在侧滑中产生的。飞机的侧滑飞行是一种既向前、又向侧方的运动,此时,飞机的对称面和相对气流方向不一致,如图3.10(b)所示。飞机产生侧滑时,空气从飞机侧方吹来,这时,相对气流方向和飞机对称面之间就有一个侧滑角β。相对气流从左前方吹来叫左侧滑;相对气流从右前方吹来叫右侧滑。

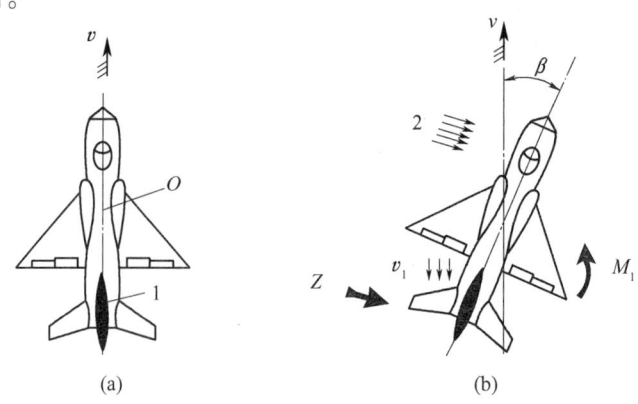

图3.10 垂直尾翼与方向稳定性
(a)正常飞行;(b)侧滑。

飞机在飞行过程中受微小扰动,机头右偏,出现左侧滑,空气从飞机的左前方吹来作用在垂直尾翼上,产生向右的侧力 Z,如图 3.10 所示。此力对飞机重心形成一个方向稳定力矩,力图使机头左偏,消除侧滑,使飞机趋向于恢复方向平衡状态,因此飞机具有方向稳定性。相反,飞机出现右侧滑时,就形成使飞机向右偏转的方向稳定力矩。由此可见,只要有侧滑,飞机就会产生方向稳定力矩,并使飞机消除侧滑恢复到原来的平衡状态。

随着飞行马赫数的增大,特别是在超过声速以后,立尾的侧力系数迅速减小,产生侧力的能力急速下降,使得飞机的方向静稳定性降低。因此在设计超声速战斗机时,为了保证在平飞最大马赫数下仍具有足够的方向静稳定性,往往必须把立尾的面积做得很大,有时还需要选用腹鳍以及采用双立尾来增大方向稳定性。

3. 横侧向稳定性

飞机的横侧向稳定性,指的是飞行中,飞机受微小扰动以致横侧向平衡遭到破坏,在扰动消失后,飞机自动趋向恢复原平衡状态的特性。

在飞行过程中,使飞机自动恢复原来横侧向平衡状态的滚转力矩,主要是由机翼上反角、机翼后掠角和垂直尾翼的作用产生的。

如图 3.11 所示,当一阵风吹到飞机的右翼上,使飞机的右翼抬起,左翼下沉,飞机受扰动而产生向左的倾斜,使飞机沿着合力的方向沿左下方产生侧滑。此时,因上反角的作用,左翼迎角增大,升力也增大;右翼则相反,迎角和升力都减小。左右机翼升力之差形成的滚转力矩,力图减小或消除倾斜,进而消除侧滑,使飞机具有自动恢复横侧向平衡状态的趋势,也就是说,飞机具有横侧向稳定性。

图 3.11 机翼上反角与横侧向稳定性

机翼后掠角也使飞机具有横侧向稳定性。如图 3.12(a)所示,一旦因外界干扰使飞机产生了向右的倾斜,飞机的升力也跟着倾斜,飞机将沿着合力 R 的方向产生侧滑。由于后掠角的作用,飞机右翼的有效速度大于左翼有效速度,如图 3.12(b)所示。所以,在右边机翼上产生的升力将大于左边机翼上产生的升力,两边机翼升力之差,形成滚转力矩,力图减小或消除倾斜,使飞机具有横侧向稳定性。

跨声速或超声速飞机,为了减小激波阻力,大都采用了后掠角比较大的机翼。因此,后掠角的横侧向静稳定作用可能过大,以至于当飞机倾斜到左边后,在滚转力矩的作用下,又会倾斜到右边来。于是,飞机左右往复摆动,形成飘摆现象。为了克服这种不正常现象,可以通过采用下反角的外形来削弱后掠机翼的横侧向静稳定性。

低速、亚声速飞机大都为梯形直机翼,为了保证飞机的横侧向静稳定性要求,其基本都有几度的上反角。此外,如果机翼和机身组合采用上单翼布局形式,也会起到横侧向静

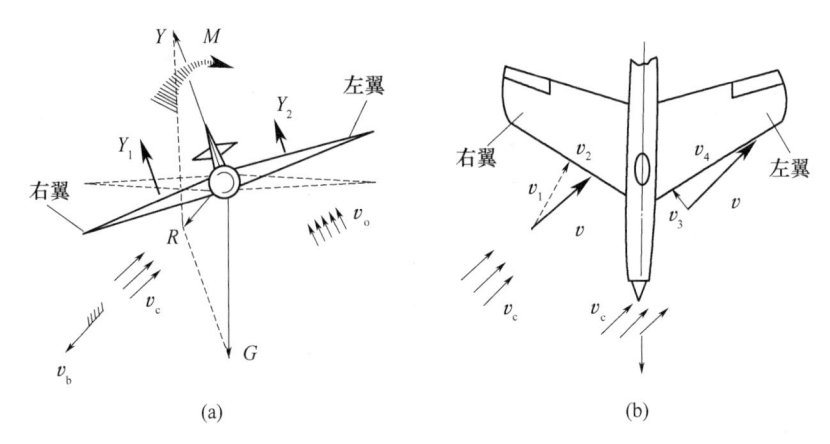

图 3.12 机翼后掠角与横侧向稳定性
(a) 飞机右倾；(b) 后掠角对有效速度的影响。

稳定作用；相反，采用下单翼布局形式，则会起到横侧向静不稳定作用。

垂直尾翼也能产生横侧向稳定力矩，这是因为出现倾侧以后，垂直尾翼上产生附加侧力的作用点高于飞机重心一段距离（侧力力臂），此力对飞机重心形成横侧向稳定力矩，如图 3.13 所示，力图消除倾侧和侧滑，使飞机恢复横侧向平衡状态。

飞机在不稳定气流中飞行时，经常会遇到各种干扰的作用。飞机具有静稳定性，表明该飞机在平衡飞行状态具有抗外界干扰的能力。但为了保证飞机的稳定飞行，决不能单纯依靠飞机自身的稳定性，飞行员也必须积极地实施操纵，并做及时修正。

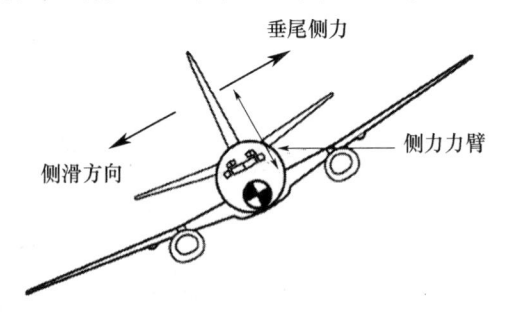

图 3.13 垂尾与横侧向稳定性

应当指出，飞机的稳定性是飞机本身的一种特性，它与飞机的操纵性有密切的关系，二者需要协调统一。很稳定的飞机，操纵往往不灵敏；操纵很灵敏的飞机，则往往不太稳定。一般来说，对于军用歼击机，操纵应当很灵敏，现代先进战斗机为了获得优良的操纵性和机动性，都将飞机设计称为气动不稳定的，而采用主动控制技术来控制飞机的稳定，从而实现好的操纵性；而对于民用旅行客机，则应有较高的稳定性。稳定性与操纵性应综合考虑，以获得最佳的飞行性能。

思 考 题

1. 飞机的飞行性能包括哪些指标？
2. 什么是最小平飞速度、最大平飞速度、巡航速度？

3. 什么是静升限？

4. 衡量飞机起飞着陆等性能的指标有哪些？如何提高飞机起飞着陆的性能？

5. 简述飞机从起飞到着陆的过程。

6. 什么是飞机的机动性？

7. 什么是飞机的过载？

8. 什么是尾旋？

9. 什么是飞机的稳定性？稳定性又分为哪几个方向上的稳定性？并简述影响各方向稳定性的因素有哪些？

10. 什么是飞机的操纵性？驾驶员如何操纵飞机的俯仰、偏航和滚转运动？

第4章 直升机

一般认为,直升机技术要比固定翼飞机复杂,其发展也比固定翼飞机慢。但随着对直升机空气动力学、直升机动力学等学科认识的不断深化和先进航空电子技术、新工艺等的应用,直升机在近年来也有了很大的发展。与固定翼飞机相比,直升机存在速度慢、航程短、飞行高度低、振动和噪声较大,以及由此引起的可靠性较差等缺点。

当前,直升机在民用和军用的各个领域都得到了广泛的应用。特别是在军用方面,武装直升机在现代战争中发挥的作用越来越大。此外,吊运大型装备的起重直升机以及侦察、救护、森林防火、空中摄影、地质勘探等多用途直升机应用也非常广泛。

4.1 概　述

4.1.1 直升机的起源

虽然直升机近代才出现,但直升机的思想却至少已经存在了好几百年,其中最有价值、最有代表性的是中国古代的玩具"竹蜻蜓"(图4.1)和意大利人达·芬奇(1452－1519年)的直升机草图(图4.2)。它们被公认为直升机发展的起点。

图4.1 竹蜻蜓　　　　图4.2 达芬奇纪念馆里的直升机模型

4.1.2 直升机的发展

随着生产力的发展和人类文明的进步,直升机的发展史由幻想时期进入了探索时期。欧洲工业革命之后,机械工业迅速崛起,尤其是本世纪初汽车和轮船的发展,为飞行器准备了发动机和可借鉴的螺旋桨。经过航空先驱者们勇敢而艰苦的创造和试验,1903年莱特兄弟创造的固定翼飞机试飞成功。在此期间,尽管在发展直升机方面也付出了很多的艰辛和努力,但由于直升机技术的复杂性和发动机性能不佳,它的成功飞行比飞机迟了30多年。

20世纪初为直升机发展的探索期,多种试验机型相继问世。早期的直升机大多是多旋翼式,靠旋翼彼此反转来解决配平问题,其中纵列式和共轴双旋翼式至今仍在应用。旋翼技术的第一次突破,应归功于西班牙人席尔瓦,他为了创造"不失速"的飞机以解决固定翼飞机的安全问题,采用自转旋翼代替机翼,发明了旋翼机。他在旋翼上采用挥舞铰和周期变距,从而使旋翼能在垂直飞行和前进飞行中即能产生稳定的升力,又能产生俯仰和滚转操纵力矩。

第二项重要的技术进展是采用复合材料的旋翼桨叶。复合材料桨叶的应用,不仅显著改善了气动性能,而且使直升机的适用性更佳,维护大为简化,而最大的优势是其疲劳性能特别好,桨叶的寿命从早期的几百小时增加到上万小时或无限寿命。

还有一项重要的技术进展是桨毂的结构形式。在试用期的几十年中,桨毂结构不断改进,出现了许多种型式,创新点主要集中在用弹性铰或其他柔性元件取代金属轴承,直到近期出现了全复合材料的无轴承旋翼,达到了简化、长寿、无维护的要求,是直升机发展阶段的又一里程碑。

在以往的大约半个世纪中,直升机在技术上经历了几项重大的突破性进展,从技术特征来看,大体上可以分为四代:

(1) 第一代直升机。第一架可以正式飞行的直升机在20世纪30年代末问世至60年代初期,是第一代直升机的发展阶段。主要技术特征是:安装活塞式发动机;金属、木质混合式旋翼桨叶;机体为由钢管焊接成的桁架式或铝合金半硬壳式结构;装有简易的仪表和电子设备。最大平飞速度约200km/h,全机振动水平(约$0.20g$)、噪声水平(约110dB)均较高。典型的机型如米-4,Bell47等直升机。

(2) 第二代直升机。20世纪60年代初期至70年代中期,发展了第二代直升机。主要技术特征是:安装了第一代涡轮轴式发动机;全金属桨叶与金属铰接式桨毂构成的旋翼;机体主要仍为铝合金半硬壳式结构;开始采用最初的集成微电子设备。最大平飞速度约达250km/h。振动水平(约$0.15g$)、噪声水平(约100dB)有所降低。典型的机型有米-8、"超黄蜂"等直升机。

(3) 第三代直升机。20世纪70年代中期至80年代末,属于第三代直升机发展时期。主要技术特征是:安装第二代涡轴发动机;全复合材料桨叶及带有弹性元件的桨毂构成的旋翼;机体结构部分使用复合材料;采用大规模集成电路的电子设备和较先进的飞行控制系统。最大飞行速度约达300km/h。振动水平(约$0.10g$)、噪声水平(约90dB)又进一步得到控制。典型的机型有"海豚"、"山猫"、"黑鹰"、"阿帕奇"等直升机。

(4) 第四代直升机。20世纪90年代以来,直升机技术发展进入第四代,也是当今最先进的一代。主要技术特征包括:安装第三代涡轴发动机;装有进一步优化设计的翼型、桨尖和先进的复合材料旋翼桨叶,无轴承或弹性铰式等新型桨毂;机体结构大部分或全部使用复合材料;操纵系统改为电传操纵;机载电子设备采用数据总线、综合显示和任务管理;先进的飞行控制、通信导航等系统。最大平飞速度已约达315km/h。振动水平(约$0.05g$)、噪声水平(约80dB)已得到良好控制。典型的机型有"科曼奇"、NH-90

等直升机。

当代在世界各地已有数万架直升机在众多领域应用,表明直升机的发展不久将从实用期进入技术上的成熟期,随后将是应用上的普及期。预计经过几十年的发展,直升机将会像今日的汽车那样,以技术上的成熟来提供安全、高效、方便的服务,达到应用上的普及。

4.2 直升机旋翼工作原理

旋翼是直升机的关键部件。它由数片(至少两片)桨叶和桨毂构成,形状像细长机翼的桨叶连接在桨毂上。桨毂安装在旋翼轴上,旋翼轴方向接近于铅垂方向,一般由发动机带动旋转。旋转时,桨叶与周围空气相互作用,产生气动力。

直升机旋翼绕转轴旋转时,每个叶片的工作都与一个机翼类似。翼型弦线与垂直于桨毂旋转轴的桨毂旋转平面之间的夹角称为桨叶的安装角(或桨距),以 φ 表示。相对气流 v 与翼弦之间的夹角为该剖面的迎角 α。因此,沿半径方向每段叶片上产生的空气动力 R 可分解为沿桨轴方向上的分量 F_1 和在旋转平面上的分量 D_1。F_1 将提供悬停时需要的拉力;D_1 产生的阻力力矩将由发动机所提供的功率来克服,如图 4.3 所示。

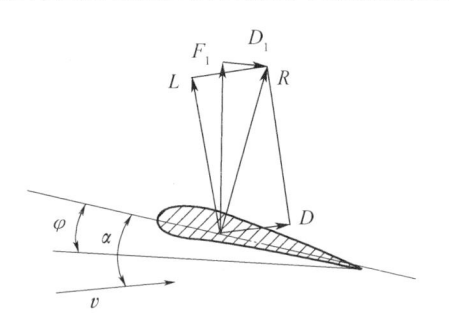

图 4.3 直升机旋翼受力示意图

旋翼旋转所产生的拉力和阻力的大小,不仅取决于旋翼的转速,还取决于桨叶的桨距。调节旋翼的转速和桨距都可以达到调节拉力大小的目的。但是旋翼转速取决于发动机的主轴转速,而发动机转速有一个最佳的工作范围,因此,拉力的改变主要靠调节桨叶桨距来实现。桨距变化将引起阻力力矩变化,所以,在调节桨距的同时还要调节发动机油门,保持转速尽量靠近最有利的工作转速。

4.3 直升机的布局形式和分类

直升机是一种由一个或多个水平旋转的旋翼提供向上升力和推进力以及操纵力而进行飞行的航空器。旋翼在空气中旋转,对周围空气产生一个作用力矩,根据牛顿第三定律,空气必定以大小相等、方向相反的力矩作用于旋翼,然后传到机体上。此时如果不采取平衡措施,这个反作用力矩会使机体向旋翼旋转的相反方向旋转。为了平衡这个反作用力矩,需要采用不同的直升机布局形式。

按照旋翼数量的不同,直升机可分为单旋翼直升机和双旋翼直升机。按照布局形式的不同,单旋翼直升机还可分为:单旋翼带尾桨式、单旋翼带翼式直升机;双旋翼直升机可分为共轴式、纵列式、横列式、交叉式。

4.3.1 单旋翼直升机

单旋翼直升机具有结构简单,维护工程难度低,可做高机动飞行等优点。但其反扭系统复杂,同时需要挥舞铰来消除反扭剩余所产生的倾侧力。挥舞铰是旋翼桨叶与桨毂之间的铰接,这个铰接允许桨叶垂直于旋翼平面上下挥舞,为了使之不会产生颤振及在停机时不会触及地面,通常都有阻尼及限位装置相配合。其功能主要为在前飞时用以平衡桨叶产生的滚转力矩,在悬停阶段消除尾桨产生的侧向推力。

1. 单旋翼带尾桨直升机

如图 4.4(a)所示,它是由副旋翼产生升力,旋翼反作用扭矩靠尾桨推力平衡。为了实现方向操纵及改善稳定性,在机身尾部还安装了水平尾翼和垂直尾翼。这种直升机优点是:构造简单,操纵系统简单,成本较低,应用最为广泛。但缺点是:尾部螺旋桨造成功率损失,要消耗 7% ~10% 的功率,重心定位范围窄,尾部长,尺寸大。

图 4.4 单旋翼直升机布局形式
(a) 单旋翼带尾桨直升机;(b) 单旋翼带翼式直升机。

2. 单旋翼带翼直升机

如图 4.4(b)所示,这种直升机安装有辅助翼,前飞时辅助翼提供部分升力使旋翼卸载,从而提高了飞行速度,增加了航程,飞行性能也得到了改善。苏联重型直升机米-6即为这种直升机,巡航飞行时旋翼卸载约为总升力的 20%,最大飞行速度接近 300 km/h。

4.3.2 双旋翼直升机

双旋翼直升机由于其多旋翼的特性,可以产生较大的升力。也可以做成无挥舞铰的桨叶,提高飞行速度。同时,也不需要利用反扭尾桨来消除旋翼产生的侧倾力。但其发动机的输出变速系统复杂,不同旋翼之间可能出现相互干扰的情况,也无法完成高机动的飞行。

1. 共轴式双旋翼直升机

如图 4.5(a)所示,它是两个旋转方向相反的旋翼安装在一根轴上,旋翼的反作用扭矩相互平衡的直升机,简称共轴式直升机。共轴式直升机结构紧凑,机身短外形好,正面阻力小,外廓尺寸小;但升力系统较重,操纵系统及传动系统复杂,旋翼有相互干扰,方向稳定性不够。共轴式双旋翼已成功地用于中、小型直升机上。

图4.5 双旋翼直升机布局形式
(a) 共轴式双旋翼直升机;(b) 纵列式双旋翼直升机;(c) 横列式双旋翼直升机;(d) 交叉式双旋翼直升机。

2. 纵列式双旋翼直升机

如图4.5(b)所示,它是由两副旋翼沿机体纵轴方向前后排列,反向旋转,使两副旋翼反作用力矩相互抵消的直升机,简称纵列式直升机。为了减少两旋翼间相互干扰,后面的旋翼通常高于前面旋翼的旋转平面。纵列式直升机纵向稳定性好,重心定位范围广,质量效率高,机身有效容积大,但其传动系统复杂,平飞时诱导损失大,前飞时后旋翼气动效率较低,利用旋翼自转进行滑翔降落困难。

3. 横列式双旋翼直升机

如图4.5(c)所示,它是由两副旋翼沿机体横轴方向左右排列,反向旋转,使两副旋翼的反作用力矩相互抵消的直升机,简称横列式直升机。一般横列式直升机带机翼,左、右旋翼对称地布置在机翼构架上。横列式直升机前飞性能、操纵性、稳定性较好,平飞诱导损失小,经济性较好。但其构造复杂,结构尺寸大,质量效率低。

4. 交叉式双旋直升机翼机

双旋翼交叉式直升机除与其他双旋翼直升机一样装有两副完全一样,但旋转方向相反的旋翼以外,其明显特点是两旋翼轴不平行,是分别向外侧倾斜的,且横向轴距很小,所以两副旋翼在机体上方呈交叉状。这种直升机的最大优点是稳定性比较好,适宜执行起重、吊挂作业。最大缺点是因双旋翼横向布置,气动阻力较大。但由于它的两旋翼轴间距较小,所以其气动阻力又要比双旋翼横列式直升机小一些。

4.4 直升机操纵机构及操稳特性

4.4.1 直升机的操纵机构

直升机的操纵系统是指传递操纵指令,进行总距操纵、变距操纵和脚操纵(或航向操纵)的操纵机构和操纵线路。通过总距操纵来实现直升机的升降运动;通过变距操纵来实现直升机的前后左右运动;通过航向操纵来改变直升机的飞行方向。图4.6和图4.7所示为直升机的旋翼操纵机构和尾桨操纵机构。

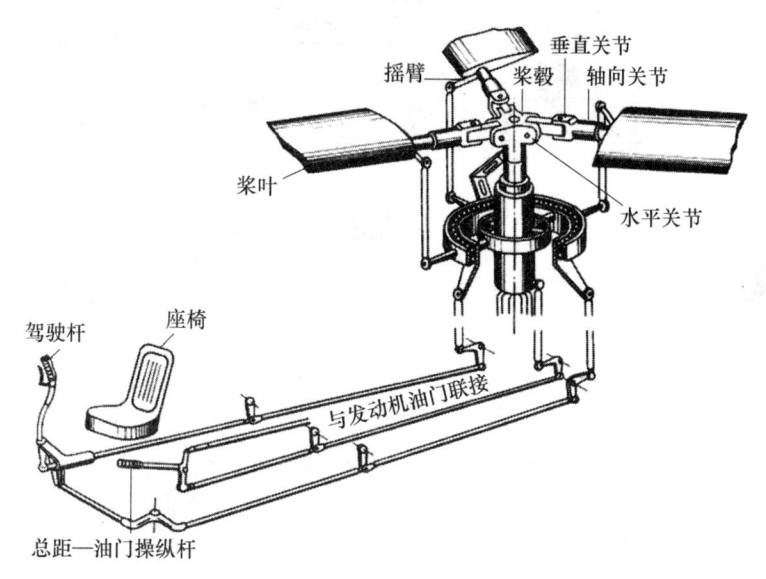

图4.6 旋翼操纵机构

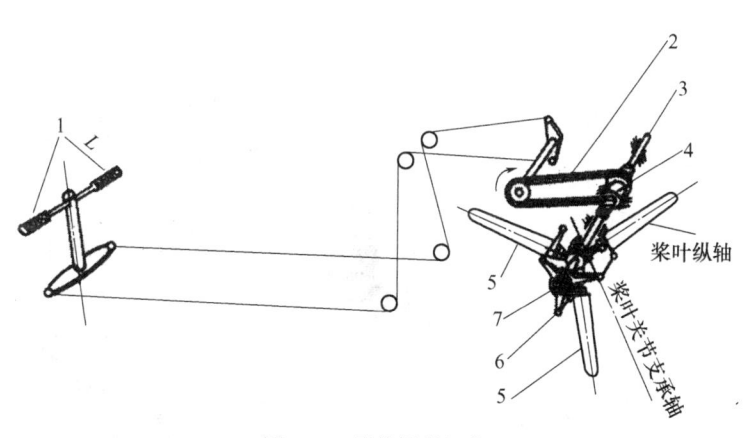

图4.7 尾桨操纵机构

1—脚蹬;2—传动链条;3—滑动操纵杆;4—蜗杆套筒;5—尾桨桨叶;6—操纵变距环;7—轴承。

1. 总距操纵

总距操纵是用来操纵旋翼的总桨距,使每个桨叶的安装角同时增大或减小,从而改变旋翼拉力的大小。当拉力大于直升机重力时,直升机就上升,反之,直升机将下降,如图

71

4.8 所示。旋翼总桨距改变时,旋翼的需用功率也随着改变。因此,必须相应地改变发动机的油门,使发动机的输出功率与旋翼的需用功率相匹配以保持旋翼速度不变。为减轻驾驶员负担,发动机油门操纵和总距操纵通常是交联的。改变总距时,油门开度也相应地改变。因此,总距操纵一般又称为总桨距——油门操纵。

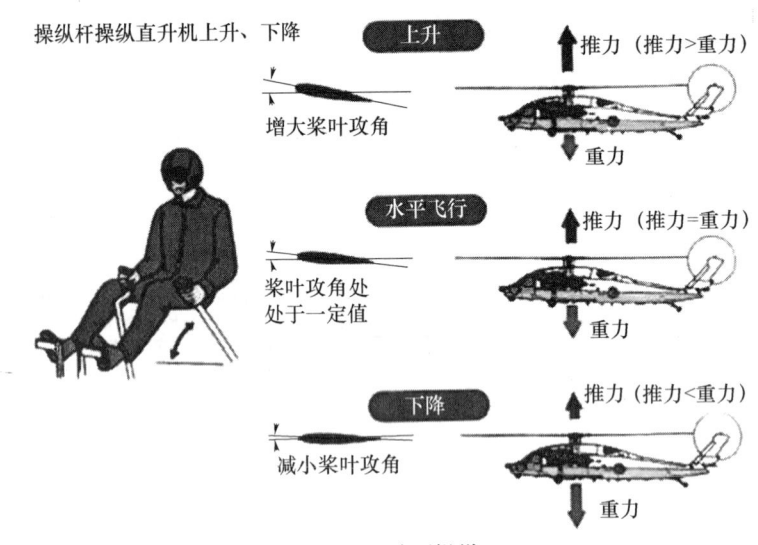

图 4.8 总距操纵

2. 变距操纵

变距操纵即为周期变距操纵,它是通过自动倾斜器使桨叶的安装角周期改变,从而使桨叶升力周期改变,并由此引起桨叶周期挥舞,最终导致旋翼锥体相对于机体向着驾驶杆运动的方向倾斜。由于拉力基本上垂直于桨盘平面,所以拉力也向驾驶杆运动方向倾斜,从而实现纵向(包括俯仰)及横向(包括滚转)运动。例如,当拉力前倾时,产生向前的分力,直升机向前运动,当拉力后倾时,产生向后的分力,直升机向后运动,如图 4.9 所示。

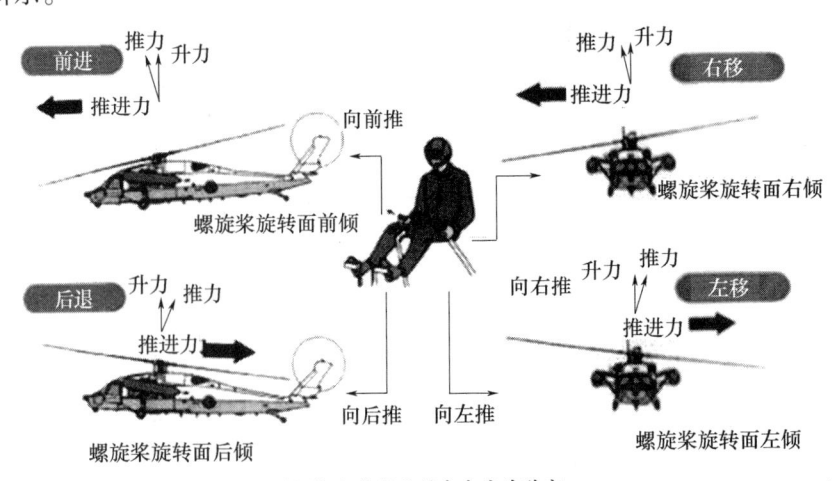

图 4.9 变距操纵

3. 脚操纵

脚操纵是用脚蹬操纵尾桨的总桨距,从而改变尾桨的推力(或拉力)的大小,实现航向操纵。当尾桨的推力(或拉力)改变时,此力对直升机重心的力矩与旋翼的反作用力矩不再平衡,直升机绕立轴转动,使航向发生改变,如图 4.10 所示。

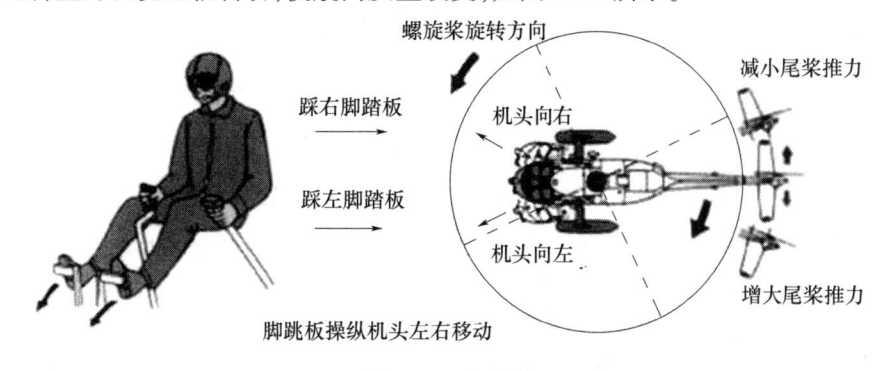

图 4.10　脚操纵

4.4.2　直升机的操纵性和稳定性

直升机的操纵性是指直升机的运动状态对驾驶员操纵动作的反应能力。驾驶员通过操纵驾驶杆的纵向或横向位移,来改变自动倾斜器的倾斜角,以实现纵向和横向力矩操纵;通过操纵脚蹬的位移,来改变尾桨桨距以实现航向力矩操纵。

直升机的稳定性是指直升机受到扰动后能够自己恢复其原来状态的能力。通常分为静稳定性和动稳定性。一般情况下,直升机受到扰动后偏离原来的平衡状态,当扰动消失后,直升机的运动状态可能会出现以下四种情况:非周期衰减运动——动稳定;非周期发散运动——动不稳定;周期减幅运动——动稳定;以及周期增幅运动——动不稳定。此外,还可能有非周期中性运动和周期等幅运动。直升机的动稳定性通常不能令人满意,受到扰动后,其纵向运动和横向运动一般表现为周期增幅运动。

4.5　直升机的飞行性能和特点

4.5.1　直升机的飞行性能

直升机的飞行性能分为垂直飞行性能和前飞性能两类。

1. 垂直飞行性能

垂直飞行性能包括:在定常状态(作用在直升机上的力和力矩都处于平衡的、无加速度运动的状态)下,不同高度的垂直上升速度不同;垂直上升速度为零所对应的极限高度,为理论静升限,也称为悬停高度,是直升机最重要的性能参数之一。这个高度是个理论值,是达不到的。因此,通常把垂直上升速度为 0.5 m/s 所对应的高度称为实用静升限,或称为实用悬停高度。

2. 前飞性能

直升机前飞性能与固定翼飞机的飞行性能相似,包括以下几项。

（1）平飞速度：指在不同高度的巡航速度、有利速度和最大速度。

（2）爬升性能：指在不同高度上具有前进速度时的最大爬升率、达到不同高度所需的爬升时间及可能爬升到的最大高度（平飞升限或动升限）。

（3）续航性能：包括在不同高度的最大续航时间和最大航程。

（4）自转下滑性能：指在不同高度的最小下滑率和最小下滑角。

4.5.2 直升机飞行特点

直升机的飞行原理同样可以用伯努利方程来解释，只不过相对于固定翼飞机来说，直升机采用的是旋翼，这个差别使得直升机具有大多数固定翼航空器所不具备的特点：能垂直起降，对起降场地没有太多的特殊要求；能在空中悬停；能沿任意方向飞行。但同时其飞行速度比较低，航程相对来说也比较短。

旋翼升力不需要前飞速度就可以获得，所以直升机的飞行就自由许多，可以垂直起飞、低速前飞、悬停、侧飞、后飞等。正是这些特点，直升机弥补了固定翼飞机因飞行速度大而存在的许多不足之处。可以完成许多特殊的任务，例如军事方面在树梢高度精确打击敌人、坦克和战略工事等，以及民用方面紧急救援、空中摄像等。

但是，旋翼也有不可避免的缺点。旋翼周期性运动带来的振动等负面影响使得它对强度要求较高较大。设计时只能通过牺牲旋翼的其他有利参数来弥补强度。最后导致的结果就是直升机飞行速度较低，升限较低，航程较短。

以下详细介绍直升机的几个飞行状态。

1. 悬停

悬停是直升机独有的飞行状态，是指直升机在一定高度上保持航向和对地标位置不变的状态。直升机的这一飞行特性不但能适应多种作业的需要，更能扩大其使用范围。无论是高大建筑物的屋顶平台，还是高山峡谷的狭小平地，它均能起降自如，实施多种作业。一般来说，悬停状态的需用功率在直升机的各种飞行状态中是较高的。

一般来说，直升机在超过其静升限的高度以后就不能作悬停飞行了，直升机的使用范围会受到一定的制约。然而在某些特定条件下直升机仍可悬停。下面将从影响旋翼悬停需用功率的几个主要方面来介绍提高直升机实际悬停高度的途径。

（1）地面效应对悬停的影响。直升机悬停时，旋翼将其周围的空气吸入桨盘，然后使其增速并通过桨盘向下排出，一直排向旋翼的远下方。但如果在旋翼下方不远处有一障碍物，那么就会改变旋翼周围的流场，影响到旋翼的空气动力特性。旋翼下排的气流受到地面的阻挡时，旋翼下方的静压增大，桨盘平面内的诱导速度因受到地面的阻滞作用而比无阻滞时要小。这就说明，在旋翼的需用功率相同的情况下，地面对诱导气流的阻滞作用会使旋翼的拉力增加。

这种受地面阻挡使旋翼拉力增加或需用功率减小的现象称为旋翼的地面效应。显然悬停时地面效应作用的大小与旋翼到地面的距离有关；旋翼离地面越近气流受到地面的阻挡作用愈强，地面效用也就越显著。

（2）风对悬停的影响。对于旋翼而言，水平风与直升机在无风条件下平飞是等效的。水平风对旋翼的作用就等于直升机以相同风速平飞时，旋翼所处的飞行状态。因此直升机在有风情况下悬停与无风情况下相比，因诱导功率变化，悬停需用功率就有有所不同。然而自然风的方向和大小是随机变化的,因此要在自然风中保持悬停飞行,操作上有一定难度。

(3)其他参数对悬停特性的影响。除了地面效应外,还有温度和飞行质量两个参数对直升机悬停高度也有较为明显的影响。

空气在其他条件不变的情况下,温度愈高,密度愈小。因此一定飞行质量的直升机在正常温度条件下可在某一高度作悬停飞行,在炎热的夏季或高温的环境就无法进行悬停,相反在寒冷的北方或者严寒冬季,悬停高度则会有所增加。

飞行质量对悬停特性的影响则是显而易见的。有时为了能在超过静升限的高度上实现悬停飞行的相关作业,就不得不利用减小飞行质量的办法(减小有效载荷或少带燃油)来实现悬停飞行。

2. 垂直上升

直升机在四周有较高障碍物的狭小场地悬停起飞后,无法以爬升飞行的方式超越障碍物,只能通过垂直上升飞行获得飞行高度来翻越障碍物。在上述情况下一些特定空间和区域作业,直升机的垂直上升性能具有非常重要的实用价值。

3. 垂直下降及涡环状态

直升机的垂直下降与垂直上升相反,利用它可以使直升机在被高大障碍物所包围的狭小场地着陆。由于这时旋翼的诱导速度与其运动的相对来流相反,流经桨盘的两股方向相反的气流使旋翼流场变得更加复杂。随着下降率的增加,当两股气流的速度数值十分接近时,直升机会进入不稳定的涡环状态。

直升机一旦进入涡环状态不仅会明显感到旋翼的拉力不足,操纵性变差,而且呈现强烈的垂直下降率且不稳定。这是因为旋翼周围的涡环忽强忽弱,引起旋翼拉力忽大忽小,直升机强烈抖动和摇晃。处于该状态下的直升机操纵困难,对操纵的反应也很迟钝,处理不好将危及飞行安全。

4. 直升机的后退飞行

后退飞行是直升机区别于一般固定翼飞机另一个特有的飞行方式。直升机在实施某些作业(如吊动设备安装就位,海上救生等)时,要求直升机反复定位,才能完成其任务。直升机的后退飞行是实施这类作业的最基本的性能。

直升机后飞与前飞相比在操纵驾驶上有很大不同,前飞时起稳定作用的水平尾面,后飞时反而增加了不稳定性。而且,后退飞行产生巨大的低头力矩,大大减小了直升机纵向操纵的操纵余量。出于飞行安全的考虑,直升机不允许做大速度后飞和在大风条件做顺风悬停。

4.6 直升机的应用和现状

直升机由于其具有长时间空中悬停、垂直起降、低空低速飞行、机动灵活等不同于固定翼飞行器的特点,而被广泛应用于军事与民用等众多领域中。下面我们将具体对其进行介绍。

4.6.1 军用直升机的应用和现状

自第一架直升机试飞成功后,直升机便在军事上得到广泛的应用。在当今世界的直升机中,直接服务于军事领域的直升机占直升机种类总数的一半以上。第一架用于军事上的直升机是在1942年。德国人在Fa-223运输直升机上加装了一挺机枪。20世纪50年代,美、苏、法等国都分别在直升机加装武器,开始主要用于自卫,后来也用来执行轰炸、扫射等任务。

直升机在军事上具有广泛的用途,担负着现代战争中的多种使命。概括地分为三类任务:一是直接对敌作战,执行武装攻击任务;二是实施空中机动,执行战场运输使命;三是担负多种战斗勤务和保障任务。这些任务相应地由武装直升机、运输直升机及各种战勤直升机分别承担。在实际使用中,这三类直升机是密切协同、相互支援共同完成任务的。

1. 武装直升机

在军用直升机中,武装直升机是一种名副其实的攻击性武器装备,担负着直接对敌作战,执行武装攻击的任务,也称为攻击直升机。目前,武装直升机可分为专用型和多用型两大类。专用型机身窄长,作战能力较强,如意大利阿古斯塔公司的A-129武装直升机(图4.11(a)),是一种轻型专用武装直升机,绰号"猫鼬";多用型除可用来执行攻击任务外,另外也可用于运输、机降等任务,美国的黑鹰武装直升机(图4.11(b))即为多用型。

图4.11 武装直升机
(a) A-129武装直升机;(b) 黑鹰直升机。

武装直升机从发展初期至今大致经历了以下三代。

第一代:服役年代为20世纪60年代前,通过在普通军用直升机上加挂武器,攻击能力和生存能力都较差。

第二代:服役年代为20世纪70年代以后,专用武装直升机出现,具备机动性、威慑力和生存力三个特征。在机动性方面,采用旋翼新技术和大功重比发动机;在武器系统方面,发展了适合直升机使用的导弹系统,杀伤力大、射程远和精度高;在生存力方面,重点发展抗坠毁和隐身能力。典型的机种有AH-64"阿帕奇"武装直升机,图4.12所示。在20世纪后期的局部战争中,第二代武装直升机发挥了巨大的作用。

第三代:服役年代为20世纪90年代以后,主要提升了直升机的生存力、人机功效并采用高度智能化的航空电子系统。在生存力方面全面采用隐身技术。典型的机种为RAH"科曼奇"武装直升机,图4.13所示。

图 4.12　AH-64"阿帕奇"武装直升机 　　　　图 4.13　RAH"科曼奇"武装直升机

武装直升机有很许多非常优秀的特性,例如可携带多种武器,攻击多种目标;装弹量大,攻击火力强;不受地形限制,机动性好;隐蔽性好,突袭性强;视野开阔,具有良好的侦查能力;便于与各兵种协同作战等。

现代武装直升机所具有的上述特点,使得其经受了多次规模不等的局部战争考验,在战争中显示出其巨大优势,发挥了重要作用,被人们称为"超低空的空中杀手"、"树梢高度的威慑力量"。其用途主要包括以下几方面:反坦克及装甲目标;近距离火力支援;为运输和战勤直升机实施看全护卫;争夺超低空制空权;攻击海上目标等。

2. 运输直升机

现代战争中,运输直升机承担战术运输任务,特别是搭载作战部、分队,实施战场机动和机降作战任务。直升机最初在战场上是以辅助的运输和救护角色出现的。经过几十年来直升机技术的发展和战争的考验,运输直升机的运载能力、航程都有了很大的发展。例如,当今世界上最大的运输直升机——俄罗斯的米-26(图4.14),最大起飞质量56t,有效载重20t,货舱长12m、宽3.2m、高3.15m,容积达120m³。可内装或外挂大型武器装备,或者装载80名全副武装士兵。最大航程800km。目前,军用运输直升机约占军用直升机总数的40%。

(a)　　　　(b)

图 4.14　俄罗斯米-26 运输直升机
(a)米-26直升机运输士兵;(b)米-26直升机运输装甲车。

军用运输直升机在现代战争中能发挥许多重要的作用,例如可以不受地面条件限制,准确地将作战人员、物资输送到预定地点;能快速有效的完成运输任务;可与地面部队密切协同,有利于战斗任务的完成;战斗行动隐蔽,便于发起突袭和保存自己。

军用运输直升机的用途主要有以下几方面:机降部队;运送武器、弹药等军用物资;后勤物资支援运输;海上垂直补给运输等。

3. 战勤直升机

战勤直升机主要用于各种战斗勤务,包括侦察、通信联络、指挥控制、目标指示和校射、巡逻警戒、布雷扫雷、中继制导、电子对抗、战场救护、搜索营救及教练等。这类直升机可以是一机多用,例如同时承担侦察与通信联络,甚至侦察与攻击任务同机兼任;也可以是专门用途,如专用于电子对抗。图4.15为日本川崎、三菱和富士三家公司联合制造的OH-1"忍者"侦察/攻击直升机,它主要用于侦察,也能承担一定的对地攻击和空战任务。图4.16为俄罗斯的米-24"雄鹿"直升机,苏联经常为其装载火箭和机炮,为其地面车队实施空中巡逻保护。

图4.15　OH-1"忍者"直升机　　　图4.16　米-24"雄鹿"直升机

但是无论属于上述哪种情况,战勤直升机都具有下述特点:装备执行任务的特种设备,使之具有完成所负任务的良好功能;利用直升机的飞行特点,充分发挥所装设备的效能,快速、准确和有效地完成使命;在武装直升机的保护下作业;与地面和空中友邻部队密切协同。

军用直升机作为一种具有特殊机动能力的空中作战平台,其特殊的战斗性能从根本上决定了直升机在现代战争中的地位:作为空中火力平台,它可以安装各种武器系统,对广阔战场空间内地面、海上和空中的各种目标实施有效的攻击和摧毁,成为现代军队中重要的火力支柱之一;作为运载平台,它可以搭载作战部队迅速实施空中机动,迅速克服远距离和地面障碍的限制,不失时机地完成兵力兵器的集中或分散,极大地提高军队特别是陆军地面作战部队的机动能力,成为地面部队飞行化的翅膀;作为作战和勤务平台,它可以安装各种特种设备,及时有效地实施侦察、预警、指挥、通信、电子对抗、引导、制导、校射、布雷、排障、运输和救护等多种作战和勤务保障行动,成为战场上的多面手;作为战场上的多面手;作为空中作战平台的一种,由于其主要在低空、超低空活动,且往往受地面或者海上合成军作战部队指挥控制并且与之密切协调配合行动,因此,它又成为连接陆、海战场的重要枢纽。

美国和俄罗斯是世界上军用直升机拥有量最多的两个国家,而许多中小国家虽然技术力量和经济实力并不强大,但基于国防需求纷纷谋求获得军用直升机,这导致了世界军用直升机分布极其广泛,也证明军用直升机比民用直升机更受世界各国的重视。

在军用直升机市场方面,2006—2015年期间,全球总共将交付5724架军用直升机,市场总价值881亿美元。在这些军用直升机中,主要用于运输和海岸巡逻的大型直升机约占44%,用于轻型攻击和战术运输的中型直升机占19%,用于武装侦察等的单发涡轴直升机和无人直升机占18%。

针对未来的军用领域对直升机的需求。我国直升机产业要积极开展旋翼、传动和发动机等关键技术的预先研究,同时针对倾转旋翼机、无人直升机等新构型直升机进行探索。最终的目的是打造有中国自主知识产权的、有中国特色,可与世界先进水平相竞争的各类国产军用直升机。

4.6.2 民用直升机的应用和现状

近年来随着经济的发展,直升机的应用已渗透到了国民经济的众多领域,并逐渐发挥出越来越大的作用。在一些发达国家,直升机已被广泛用于商务运输、观光游览、缉私缉毒、治安消防、医疗救护、通信联络以及森林灭火、喷洒农药、探测鱼群、石油勘探等国民经济的各个部门。下面举例介绍民用直升机的几个常见用途。

1. 石油天然气勘探开发

为探明新石油蕴藏,石油的勘探开采正逐步向海上、沙漠等人类难以到达的地区发展,这就使得具有特殊性能和多种用途的直升机在运送人员、物资、设备等方面成为勘探开采石油天然气必不可少的重要工具,如图4.17所示。如今,石油天然气勘探开发已成为除军事领域外最大的直升机应用领域。

图4.17 执行海上油田人员运输的直升机

直升机在海上油田开采中主要担负着钻井平台、采油平台、后勤供应船平台与陆上基地间的运输飞行;运送换班职工、伤病员和急需的器材、设备;在台风来临前紧急撤离、海上搜救、空中巡逻等。

2. 抢险救援

民用直升机在抢险救援方面起着重要的作用。大量的直升机救援任务用于发生较大的自然灾害时,如洪涝灾害、地震等,如图4.18所示。在道路交通完全切断,救援任务紧急的境况下,直升机对抢险救援起到了至关重要的作用。我国的军民用直升机多次完成了抢险救援工作,如1998年夏长江流域的抗洪救灾和2008年的汶川大地震救灾。

3. 公安执法

首先将直升机用于公安执法的是1947年的美国纽约。警用直升机最主要的任务是针对犯罪活动实施空中巡逻、监视、指挥、跟踪和追捕(图4.19),还可担负贵重物品押运和护送贵宾等任务。事实证明,使用直升机实施公安执法,可以明显提高执勤效率,有效

图4.18 参与抗震救灾任务的直升机

降低案发率。在国内,武汉市率先组建了公安直升机飞行队,北京、上海、重庆和南京等城市也相继装备了警用直升机。

4. 消防灭火

直升机消防灭火在森林、草原等宽阔地区应用广泛,一方面,森林或者草原火灾扩展迅速,着火路线难以控制,另一方面,一些着火地区地面车辆难以到达。通常直升机扑灭林火的方法,一是巡逻观察,灭火于萌芽状态,不致酿成大火;而是当火势已大时,利用其反应速度快的特点,在火势扩展方向上设置灭火道或隔离带(图4.20)。城市高楼失火后用直升机救援也能展示其优越的性能,当云梯和水龙带发挥不了作用时,直升机可以将消防员、医生、消防装备送往楼顶直升机平台。

图4.19 直升机空中巡逻　　　　图4.20 执行森林灭火任务的直升机

5. 空中摄影、摄像

用直升机进行电视新闻摄像并实时转播是目前新闻媒体普遍采用的手段。它反应快、视角广,特别在一些特殊情况发生时,如飞机或船舶失事、雪崩、火灾、地震和火山喷发等灾难行性事故,以及在一些需要现场拍摄并实时转播的大型活动中,通过直升机航拍可以取得特殊的效果。国内一些大型新闻机构都有自己的专用直升机(图4.21),以及在新闻机构楼顶上的直升机起降平台,以求在新闻报导中最好地发挥直升机的作用。

6. 商务运输

直升机可以运输旅客,而且能实现垂直起落,快速飞行,并直接抵达最终目的地,实现门到门的服务,可以最大地节省时间,具有其他交通工具难以比拟的优点。目前,世界上直升机载客飞行服务主要分为以下三个项目。

(1)短途航行。直升机由于受到飞行速度和航程的影响,所以开通的航班主要为短途。第1个直升机航班创始于1950年,是英国BEA直升机公司开通的利物浦、韦克斯汉和卡迪夫之间的航线。经济性、载客量、全天候能力和航班正点率是影响直升机航班发展的重要因素。

（2）观光旅游。随着旅游业的发展，直升机观光业一直长盛不衰。美国海岛直升机公司每年有35000人乘直升机在空中鸟瞰城市美景。旧金山的船长直升机公司每年有75000名游客空中观光，从渔港码头开始沿风光绮丽的海湾飞一圈。我国在1994年2月，中美合资的山东泰山航空游乐公司用米－8T直升机开展泰山空中逍遥游等业务。图4.22为我国庐山旅游风景区开通的直升机旅游项目，乘坐俄罗斯的米－171直升机，10min即可到达山顶。

（3）私人直升机。许多设计师在探索研制私人的直升机，但由于价格问题而未能取得实质性进展。市区直升机机场、商业应用等的限制也阻碍私人直升机的进一步发展扩大。另外适航申请过程长、费用高及维护麻烦等也制约了私人直升机的发展。

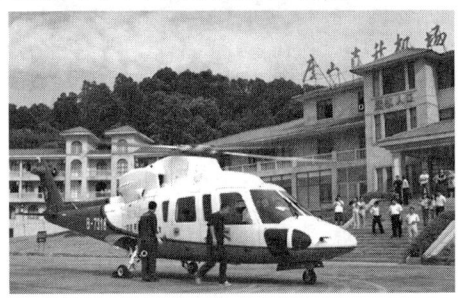

图 4.21　中央电视台航拍直升机　　图 4.22　庐山风景区米－171 直升机

目前，我国直升机产业还属于幼稚产业，与国外民用直升机相比，我国民用直升机的使用水平非常低，不仅已大大落后于发达国家，甚至远落后于巴西、南非等一些发展中国家。从国外直升机产业发展的历程来看，发展初期都离不开国家的大力支持，即使是现在，各国也通过不同途径来扶持本国直升机产业的发展。对比分析和市场调查研究表明：到2018年我国民用直升机的需求量将达到2300架左右，是我国现有直升机拥有量的约13倍。

4.6.3　新型直升机

现在，常规直升机的发展已接近它的性能极限，改进的重点已转移到提高常规直升机的效率和减少环境对其的影响上。人们对提高直升机有效载荷、速度和航程的要求，进一步促进了人们对上述新概念直升机方案的兴趣。随着科学技术的发展，加上人们不断努力地探索，对这些新概念直升机方案的研究也取得了不同程度的进展，甚至取得了突破性的成就。直升机在型式上也有许多发展方向。

1. 复合式直升机

复合式直升机方案是新概念直升机中最简单的，只需在直升机上加装固定的升力机翼和辅助推进装置即可（图4.23）。这种直升机在前飞时，由于机翼和辅助推进装置产生的升力和推进力可减小旋翼上的载荷，从而可以降低旋翼转速，于是推迟了后行桨叶的时速和减轻了前行桨叶上的压缩性效应。另外，还能降低旋翼振动和疲劳载荷，大大减少直升机使用费用。

2. 组合式直升机

组合式直升机在起飞、着陆及悬停时,以直升机飞行方式飞行,即靠旋翼升力飞行。而在前飞时则完全以固定翼飞机的飞行方式飞行,这时旋翼被固定在某一位置,或收藏到机身内部。有的旋翼则可转向,以便作为产生拉力的螺旋桨,在推进装置的驱动下依靠机翼以固定翼飞机的飞行方式飞行(图4.24)。组合式直升机的前飞速度一般为600～800km/h,甚至可以实现超声速飞行。组合式直升机形式很多,大致可以分为三类:旋翼收藏组合式、旋翼停转组合式和旋翼转向组合式。

图4.23　X-2直升机　　　　　图4.24　H-60直升机

其中旋翼转向组合式直升机有两种形式:一种是倾转机翼机;另一种是倾转旋翼机。

(1) 倾转机翼机。倾转机翼机外形与固定翼飞机相似。它在水平飞行时与固定翼飞机没有差别,旋翼就像螺旋桨一样驱动飞机飞行;在悬停与垂直飞行时,整个机翼,包括安装在它上面的发动机和旋翼会一起向上倾转90°,处于垂直位置,此时,旋翼升力垂直向上,直升机即可作悬停和垂直起降飞行(图4.25)。这种倾转机翼速度可达到600km/h,航程达600～1000km。

(2) 倾转旋翼机。倾转旋翼机在类似于固定翼飞机机翼的两翼尖处,各装有一幅可在水平位置与垂直位置之间来回转动的旋翼(图4.26)。当旋翼处于垂直位置时,倾转翼机就相当于双旋翼横列式直升机;当旋翼处于水平位置时,倾转旋翼机就相当于固定翼飞机。倾转旋翼机能作高速远距飞行,巡航速度可达600km/h。

图4.25　VZ-2倾转机翼机　　　　　图4.26　V-22倾转旋翼机

4. 无人驾驶直升机

自20世纪80年代以来,航空航天技术领域广泛采用了微电子技术、复合材料、隐身技术及先进的传感技术等,使航空航天领域发生了划时代的巨大变化。随着高新技术移植到无人机领域,无人驾驶直升机技术发展也上了一个新的台阶,它向着多功能、小型化、军民两用、使用简便、可靠性高的方向发展。无人驾驶直升机具有质量轻、体积小、成本低、携带方便、使用维护工作量小、可垂直升降、机动灵活、不受场地环境限制、不存在人员上天作业的风险等优点,如图4.27所示。

图4.27 无人驾驶直升机
(a) 美国 a-160t 无人直升机;(b) 中国 V750 无人直升机。

思 考 题

1. 从直升机的发展来说可分为几代?各有何特点?
2. 直升机有何特点?
3. 简述直升机旋翼的工作原理。
4. 直升机有哪些布局形式?各有何特点?
5. 简述直升机的操纵机构如何工作。
6. 直升机是如何实现前飞、后飞、上飞和下飞的?
7. 军用直升机可分为哪几类?
8. 民用直升机的用途一般有哪些?
9. 新型直升机有哪些?各有何特点?

第5章 航天之路

5.1 文化艺术与人类航天

在文学作品中,太空旅行除了娱乐功能,还起到了两点非常重要的作用。首先,人类主流观点认为太空旅行或到达其他星球是遥不可及的梦想,但太空旅行之梦却一直鼓舞着人们的斗志,并且几个世纪以来就像一把永不熄灭的火炬,一直照亮着人们探索太空奥秘的道路。其次,它还像一面镜子,不仅反映公众对太空旅行的兴趣度,还反映各个时期航天科技发展的现状。譬如法国科幻小说家儒勒·凡尔纳(图5.1)在他的小说中将虚构的炮弹通过巨型大炮发射到太空,只是因为他的读者不相信当时的火箭可以完成这一重任。然而50年后,阿蒂尔·特雷恩(Arthur Train)和罗伯特·威廉斯·伍德(Robert Williams Wood)在他们的名著"The Moon–Maker"(1917)中,却能够描述一束由铀核裂变产生的α粒子束将宇宙飞船推向太空的过程。

图5.1 法国著名小说家、剧作家及诗人儒勒·凡尔纳(1828.2.8 – 1905.3.24)

直到1957年,苏联将第一个人造卫星送入太空的时候,工程师们所面临的大部分问题都是由太空科幻作家们处理过的。但这并不是因为科幻小说家们有预知未来的能力,而是因为他们在工程师们面对这些问题之前不得不"科幻"地解决它们,所以文学家们给出了许多似是而非的答案。曾记得钱学森说过:"我的成功来自与科学与艺术的结合。"的确,文化艺术让工程师们不断地努力和探索,才有了航天科技的飞速发展。

5.1.1 文化艺术对早期航天的影响

人们曾无数次地幻想登上月球,但是直到发生了两件大事之后,人们才相信太空旅行是真实可行的,而这两件事情的发生相隔长达250年。首先,人们发现除了地球之外,宇宙中还存在其他星球；接着，科学家证明这个世界上真的存在通向那里的技术。第一件发生在1610年，当伽利略（图5.2）将他的望远镜转向天空时，他发现行星不仅是一类特殊的会移动的星星，而且都是在自己所属的轨道上移动。金星的相位变化与月球相同，火星则是铁锈色，而木星有四个属于自己的小"月球"，就像一个微型的太阳系一样。

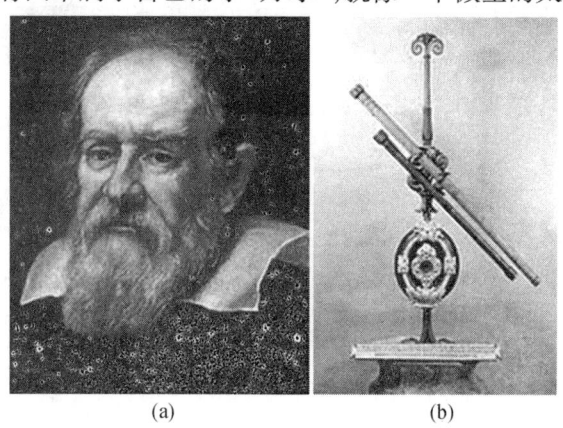

图 5.2　伽利略（1564.2.15 – 1642.1.8）和最原始的伽利略望远镜

当伽利略同追随他的天文学家一起，在太阳系中发现新世界的同时，其他探索者也在大西洋的另一边发现了新大陆。当时的人们已经意识到地球之外还存在着一个未知的世界，所以当时在不少书籍中月球被归结到地理学领域中，如1682年出版的彼得·黑林（Peter Heylyn）所著的《宇宙学（Cosmographie）》将月球如同北美洲和南美洲一样和其他新世界并列描述。

当伽利略发现月球上的环形山和木星的卫星时，成百上千的船只正载着无数的探险家、殖民者和战士们，进行着他们通向神奇富饶的新大陆的旅程。当时人们已经意识到不仅在我们的地球上有未知之地，地球之外也存在着未知世界。因此当天文学家的探索被迅速应用到空间旅行的故事中时，人们并没有感到意外，尽管不能真正到达那些地方，人们也会充分发挥想象力，来畅想太空旅行。虽然大多数作者并不了解真实的宇宙科学，但他们创作的书籍却能反映人们对太空探索日渐增长的兴趣。

继伽利略的发现之后的几十年里，许多作家创作了关于月球旅行的故事。1622年，查尔斯·索雷尔（Charles Sorel）在他的书中描写了一个名叫Engins的巨人用各式各样的工具带领人们去月球的故事；1638年，弗朗西斯·戈德温（Francis Godwin）出版了"The Man in the Moone"，书中的主人公在一群天鹅的带领下，在地球和月球之间定期迁移（图5.3）。

1634年，发现行星运动三大定律的伟大科学家约翰尼斯·开普勒写了一篇长篇小说，名叫"Somnium"，其内容大意为：通过月食时的黑暗之桥，恶魔把主人公带到了我们的月亮上（图5.4）。尽管这种去月球的方式非常不科学，在当时的条件下，开普勒还是准确描写了月球的状况——他认为大部分的太空旅行必须在真空状态下才能完成，此外月球是个冰火两重天的世界，表面十分荒凉。

在"Comic History"（1657）一书中，西拉诺·德贝热拉克（Cyrano de Bergerac）创作了各种怪诞的太空旅行故事。讽刺的是他能想到最搞笑的方式竟然是搭乘火箭。虽然他认为这是一个愚蠢的想法，但他却成为（可能是）历史上第一个建议用火箭发射宇宙飞船的人。

图5.3 弗朗西斯·戈德温的小说中描写用天鹅来带着主人公在地球与月亮之间往返

图5.4 恶魔通过月食时的黑暗之桥在地球与月亮之间穿梭

历史上第二件关于太空旅行的大事发生在1783年,法国蒙特尔费兄弟发明了气球,使得人类第一次到达了比他们跳起来更高的地方。这两件事在研究地外旅行以及宇宙新发现等方面的思辨文学领域引起了轩然大波,并给予那些带着渴望仰望星空的人们一个答案。如果人类发明出一种能升到距地表近千米的方法,登上月球便指日可待,从此征服太空只是时间问题。

1783年9月19日,在法国凡尔赛宫的公园中,蒙特尔费兄弟在国王路易十六面前进行了气球搭载动物的升空试验(图5.5),乘气球的是一只羊、一只鸭子和一只公鸡。气球被释放后升到500m左右的高度,在空中持续了8min并飞行了3500m左右。气球降落时,三只动物安然无恙:这次试验证明了升空不会导致动物死亡。同年10月10日,蒙特戈菲尔兄弟双双被推荐为科学院院士。在法语当中,"气球"这个词以他们的名字命名。1783年11月21日,他们又用热气球进行了第一次载人飞行试验。这次飞行比莱特兄弟的飞机载人升空飞行整整早了120年。

图5.5 蒙特尔费兄弟进行气球升空试验

在18世纪末,科技的风靡使读者们对航天知识逐渐有所了解,致使作家们摒弃了关于天鹅和梦中恶魔这类没有科技含量的想法,转而创作各种通过气球登上月球甚至整个太阳系的故事。而读者们航天知识的扩充,知道飞向月球的方式也不局限于气球这一种,导致作家们不得不想出更多的现实可行的太空旅行方式来满足读者需求。

美国作家乔治·塔克(George Tucker)在1827年出版了长篇小说"A Voyage to the Moon",后来改写为电影(图5.6)。书中作者虚构了一种反引力的太空航行方式,他精心设计了地球大气层外的诸多困难,并且他还在书中讲述了他的飞船是如何解决这些问题的。在全书结尾的部分,塔克描写了有关宇宙飞船的情况。在那个时代,对于人们现有的知识来讲,详细描述外太空的状况尚属首次。例如,这本书中提到的飞船长6英尺,是以铜包裹的立方体结构。经过严密的测试以确保宇宙飞船是完全密闭的,同时舱内必须配备提供呼吸的压缩空气,绝热的舱壁用以保护航天员免受太空寒冷空气的伤害。

图5.6 "A Voyage to the Moon"的电影剧本

在弗吉尼亚大学,塔克是艾伦·坡(Edgar Allan Poe)的导师之一,他的小说鼓舞了坡创作自己的月球旅行小说"The Unparalleled Adventures of One Hans Pfaall"(1835),如图5-7所示。尽管他写的是用气球飞行,但是比前人更加关注科技方面的描写。他书中的主人公使用的密闭球形吊舱跟平流层气球所使用的非常相似,关于高海拔飞行和从太空看到地球的描写如同出自现代航天员之手。

图5.7 艾伦·坡撰写的"The Unparalleled Adventures of One Hans Pfaal"

坡假设地球大气平缓变薄且能延伸至月球,并对气球的合理使用进行理论说明。为了升到这个极稀薄的大气层中,坡的气球内充满了一种"比氢气轻1/37.4的新气体"(图5.8),并且让他的主人公利用重力递减产生的推力远离地球。

几乎这一切都是伪科学的荒谬之语,而坡的读者并不了解,因为此前并没有人用如此

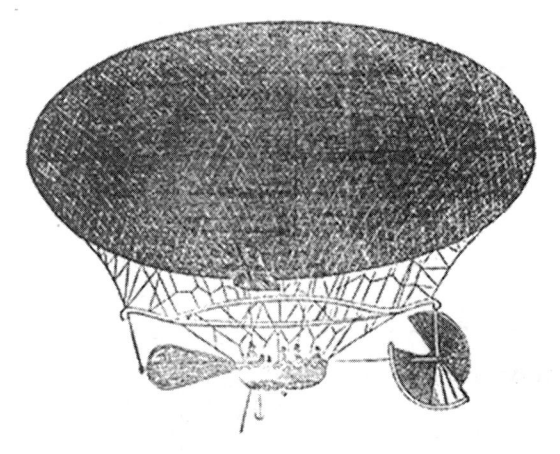

图5.8 气球内充满了一种"比氢气轻1/37.4的新气体"

详细的、听起来似乎很科学的术语描述过月球旅行。重要的是,这是历史上第一次给读者提供一个真正科学的行星旅行故事。为什么坡的作品如此重要,因为他意识到,简单地使主人公到达各星球已经不再具有说服力了。当坡再次创作的时候,人们已经了解高海拔地区的状况,并且天文学家们也能确定外太空的性质,所以当作家将作品背景设定在这些地方时,便不能忽略相关的科学常识。

坡也十分了解他所做事情的特殊之处,在他所撰写的"The Unparalleled Adventures of One Hans Pfaall"中,提醒读者说:早期月球旅行的目的已经变得讽刺,其主题主要是描述"月球居民的习俗与我们的习俗相比较",但对于旅行本身细节的合理性却没有探究。在多数情况下,作者们似乎对作品相关的天文学知识完全无知。"The Unparalleled Adventures of One Hans Pfaall"中的设计新颖独特,尝试了尽可能多的方法,能够促使科技进步,从理论研究到实际应用,最终真正实现地月往返。

在坡的小说中描绘了许多能带领人类飞天的形式,这些设计新颖独特,促进了科技的进步,开阔了人们的思维,为真正实现地月往返打下基础。

事实上,当坡在撰写这些作品时,世界已经经历了一场工业、技术和科学的革命。当蒙哥尔费兄弟放飞他们第一个热气球的时候,人们已经发明了蒸汽发动机,同时还有多轴纺织机械、圆盘锯机械和发电机。仅仅两年之后,天王星又被发现了,这让人们明白其实自远古时期就知道的经典太阳系并不是宇宙边界的尽头。在热气球之后的半个世纪里,人类又迎来了铁犁、动力纺织机、跨越大西洋蒸汽船、铁路、电力蓄电池、电报、照相机和左轮手枪。

然而,在1865年法国作家儒勒·凡尔纳写了他的经典小说《月界旅行》(续集《环绕月球》在1870年出版)之前,并没有人真正认识到宇宙飞行的实际存在的技术问题。在此之前,所有宇宙旅行故事都不切实际。但是凡尔纳却变成了坡的狂热崇拜者,并且以坡的科学发明为灵感——将实用科学发展到了坡也从未想象的程度。

在凡尔纳的故事中,一群美国武器制造商在内战结束后无所事事,为了释放他们的想象力和旺盛的精力,他们计划建造一个巨型大炮(图5.9)——一个275m深、放置在铁质内衬的井里,其底部带有181000kg的爆炸物——可以把一个物体发射到月球上去。后来他意识到,如果发射一个可以载人的物体则会更加有趣。当然,那时是不可能实现的,在

275m的距离里,把物体从静止加速到11km/s的速度所带来的震动会使得英雄们丧命。但凡尔纳却意识到这样一个值得关注的问题,并立即用科学、数学以及工程学来填充自己的作品,使得在19世纪时让他的读者毫不质疑地接受了他的故事。当他的作品最初在法国连载时,甚至有许多读者都写信向他表示自愿成为那个巨型大炮的乘客。

图5.9 凡尔纳书中描述的飞向月球的巨型大炮

凡尔纳的小说中的每一章节都包含了宇宙探索者所面临的不同问题:离开地球的途径、巨型发射炮的设计和结构、它的燃料的组成成分是什么、发射塔应该建造在哪里、发射物的材质应该是什么、发射物的速度和轨道应该是什么样的、发射的最佳时间日期、安全预警、试验性的测试、生活必需品、追踪发射物的方式以及建造这些将如何投入。所有问题以及凡尔纳给出的答案都有精确计算,甚至在计算中还运用了实际的数学理论(事实上是他表哥演算的)。

维多利亚时期,随着凡尔纳的小说的出版,宇宙飞行的可能一下子从荒唐的范畴转变成了一个工程学的试验。宇宙旅行的问题首次被置于数学和科技的应用基础上,但对于凡尔纳的纸上谈兵也存在一些反驳的声音。凡尔纳所写的航天员进入太空的方式虽不现实,但是他阐述了一个十分重要的观点,即依靠当时已知的材料和技术实现太空旅行。他笔下的航天员从不依靠不切实际的热气球或是臆想的反重力材料来完成太空旅行,这向他的读者证明了一个里程碑般的重要事实:征服宇宙只有依靠数学和工程学。

尽管凡尔纳运用了巨型大炮,代替火箭将小说的主人公送入宇宙,充分意识到了火箭的潜力。但他同时也意识到,19世纪中叶的火箭工艺并不可靠,低效低能,他的读者不相信这样的火箭建造后能将宇宙飞船推上月球。但凡尔纳确实让他的航天员搭载火箭,最终着陆月球。在凡尔纳的书中,我们发现他是第一个意识到火箭是可以在真空中运行的,并能成为空间推进器的理想资源。事实上直到20世纪早期,大部分的作家和科学家都回避了这一观点。

凡尔纳的小说获得了巨大的成功,并且在世界范围内翻译和出版。几乎每个国家都有凡尔纳的读者和仰慕者,而且许多读者不仅仅是仰慕,他们受到小说的启发,根据凡尔纳所写的去实践。如康斯坦丁·齐奥尔科夫斯基(Konstantin Tsiolkovskiy)、赫尔曼·奥伯特(Hermann Oberth)、罗伯特·戈达德(Robert Goddard)以及其他火箭学和航空学的先驱者们都是直接受儒勒·凡尔纳以及其他太空小说影响和启迪的。

纵观历史,航天工程师们因其以艺术形式的起源,得以在所有的科学门类中具有独一无二地位。然而,早在航天科学家和工程师们严肃看待太空旅行的可能性之前,关于航天技术的各方面的探索已经出现在文学艺术领域里。

5.1.2 艺术和科学的联合

航天的黄金时代出现在真正实行航天之前,即第二次世界大战末期到 1961 年,类似于 20 世纪 20~30 年代,是个全社会都在为航天事业癫狂的年代。

战后乐观主义人群的高涨情绪加之人们对科技工程的热忱与向往,使得宇宙飞行的可行性在公众的印象中慢慢地根深蒂固起来。从电视电影到周末连环画,再到最新型的旧式火箭的引擎盖,随处可见火箭和航天器的预见和设想。火箭与太航天器也被厂商运用到了玩具、太空游戏、儿童纸牌、汽车顶灯、打火机、床头灯、早餐谷物和棒冰等各式各样的日常生活中去(图 5.10)。最近有一个调研报告显示,超过 300 种玩具的诞生受到了 20 世纪 50 年代最受欢迎的儿童太空秀电视节目的启发,这些节目包括"Space Patrol"、"Captain Video"、"Tom Corbett"和"Rocky Jones"。

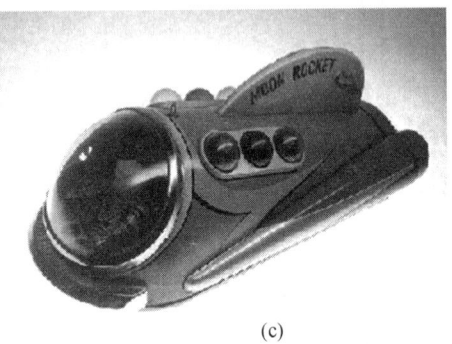

图 5.10 在二战以后的 20 年中,无论是街机游戏、图书还是玩具,火箭与航天器随处可见

几乎每个星期都有至少一个全球性的杂志会报道即将到来的航天时代,这些都有助于缓解航天在流行文化领域所产生的一些负面影响,提升公众认知度和认可度。

伴随着人们对航天的极度狂热,航天变成了现实,而这也是早期航空黄金时代的终结,从此迎来了航天的黄金时代。当所有人都有机会可以坐上飞机之后,大西洋彼岸航线的报道便不再成为头条。

一直被认为是连环漫画情节的航天,为什么战后人们突然对其产生强烈的热情?这些都与战争时期科技的进步有关。美国的轰炸机机组和战斗机飞行员带回了难以置信的德国飞行器,如梅塞施米特式 Me–109 Komet、Me–262 火箭和喷气式战斗机;还有曾经坠落在英国的巨大的 V–2 导弹(图 5.11)科学家和航天爱好者一看便知,即使 V–2 不是真正的航天器,它也很接近真正的航天器了。

鉴于航天与艺术在历史上有着密切地关系,黄金时代的引领者极有可能是一位火箭科学家和一位艺术家。沃纳·冯·布劳恩(Wernher Von Braun)和切斯利·博尼斯的团队和其他人一样都要对这个几乎全球狂热的航天热情负起责任。20 世纪 50 年代至 60 年代,沃纳·冯·布劳恩的设计思想影响着公众对航天器的认知。而博尼斯的第一本书《征服太空》(1949)刺激了他的读者,这本书的反响和 300 多年前伽利略的宇宙揭秘一样

图 5.11　V-2 导弹试飞

热烈。很多人都认为行星是一种抽象的感觉，很少有人认为它们和地球一样是真实存在的，甚至拥有和地球一样的美丽的风景。博尼斯对火星、木星、土星的描述并没有使用艺术夸张的手法，描述中没有哗众取宠，没有夸张的手法，只是客观地阐述它们的存在。

博尼斯被邀请去阐释冯·布劳恩（图 5.12）的关于未来航天的一系列杂志文章。这些由冯·布劳恩和大量航天专家撰写的系列文章，证明了航天是可以用当时的科技来实现的，他们获得了和儒勒·凡尔纳一样的成就。尽管冯·布劳恩的巨大渡轮火箭（一级火箭有 51 个相互独立的火箭引擎）、登月飞行器和太空站也许并不是最可行的设计，但这不是重点，重点是去推测未来的发展。他认为航天可能在 1952 年就能实现，而不是在 2002 年。

图 5.12　太空探索的先驱者——冯·布劳恩

难以想象随后的《科利尔》杂志（图 5.13）以及当时的美国空间计划雏形对大众的印象产生了多大的影响。也许查看一下当时流行的商品便可以判断，科利尔风格的飞船几乎无处不在。当博尼斯的绘画没有正式被翻印出来时，就已经出现了很多盗版和抄袭。好在他们只是抄袭了鼓舞人心的那一部分，并不是全部。那几十年里科利尔风格的飞船，从塑料模型装备到彩色图书，从科幻片到纯银的钞票夹几乎是随处可见！

图 5.13 《科利尔》杂志封面

在电影院里,电影《登上月球》《征服太空》,甚至是《禁忌星球》都充满了高端的科技和对于未来航天事业的积极想象。在电视上,火箭飞船出现在一个小镇或者城市会成为一个大新闻,汤姆·科贝特的系列节目请了像威利·伊莱这样的专家来为节目提供一些专业的意见,使得这事件更加具有真实性。与此同时,供年轻人阅读的有关于火箭和航天器的非小说类书籍也比以往出版得更多。

《科利尔》杂志后续出版的一些重要内容成为从1954年开播的迪士尼电视节目的一部分。迪士尼制作了三部有关未来太空探索的短片:"Man In Space"、"Man and the Moon"和"Mars and Beyond"(图 5.14),它们的灵感来自于最近流行的一系列出版杂志以及观众对于航天日渐增长的兴趣。采用时下最先进的设备、最先进的动画和特效,再加上冯·布劳恩、亨氏·哈伯、伊恩斯特·施图林格和威利·莱伊的专业知识,这些节目概述了火箭的历史和灵感,并在科利尔最早提出的原理上不断升级,一步步展示了人们对太空的探索。这一系列剧集还向美国观众介绍了施图林格提出的电力太空飞船的概念。节目第一次播出是在1955年3月9日,有近1亿观众收看了该节目,人数超过美国人口总数的一半。

图 5.14 迪士尼制作的三部有关未来太空探索的短片

时任总统的德怀特·艾森豪威尔也是这个节目的观众之一,他借了两份副本并在五角大楼展示了近两个星期。艾森豪威尔宣布,作为"1957年-1958年国际地球物理学年(International Geophysical Year)"活动的一部分,美国将发射一颗人造地球卫星。

《科利尔》杂志是将航天的各个基本要素合并起来的一个完美例子;这反映了风靡一时的当代航天的魅力(自20世纪30年代逐渐兴起的);它使粉丝们发狂,就像Verne的小说,《科利尔》杂志还成功预言了航天事业的未来。它有助于提高航天在公众心目中的认识和地位,同时也使政府在纳税人所热情支持的航天事业上花费了近数十亿美元。

可以说,早在科学家严肃考虑太空探索的各种因素之前,文学家与艺术家便点燃了这个反映人类梦想的火炬。但却是航天工程师们让文学家们的梦想变成现实,记得美国一位宇航员从太空旅行归来是曾说:"昨天的梦想是今天的现实,而今天的梦想是明天的现实";正像中国航天人认为的那样,"只有想不到的事情,没有做不到的事情",我国的宇航员杨利伟曾经说:"中国老百姓乘坐自己国家的飞船遨游太空,这只是时间问题。"

5.2 进入航天时代

对于人类来说,航天时代始于1957年10月4日,那天晚上,苏联成功地利用火箭发射了第一颗人造地球卫星——Sputnik-1号(图5.15),并将其送入预定轨道。"Sputnik-1"号的发射标志着人类的进入太空的开始,尤其是对美国政府,具有深远的影响。冷战正在升级,这个粗糙的金属小圆筒在大气层之外掠过,时刻威慑着美国。美国人只知道这个神秘的圆筒名为Sputnik-1号,这个名字让他们联想到一只无所不察的、不眨一下的苏联人的眼睛,它正在环绕地球、恶狠狠地俯瞰着"自由世界"公民们未加遮掩的生活。

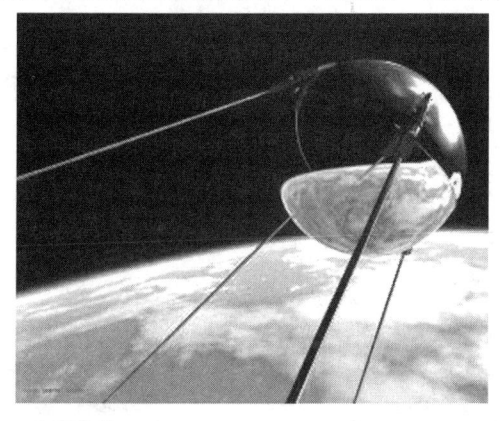

图5.15 苏联于1957年10月4日发射的Sputnik-1号

美国政府一想到自己正处在监视之下就惶恐不安,他们认定Sputnik-1号是一个间谍设备,他们开始觉得自己就像是活在苏联显微镜下的一群昆虫。用来自德克萨斯州的参议院、后来当选美国总统的林登·B·约翰逊(图5.16)的话来说,现在太空看上去"差不多是外国的了"。约翰逊接着描述了"意识到另一个国家很有可能取得了对我们这个伟大国家的技术优势后的那种震惊心情"。既然苏联能够将一颗卫星送进轨道,那么,由他们的人驾驶的宇宙飞船环绕地球飞行还需要很多时日吗?至于说苏联很快就会控制太空,甚至将人送上月球,这似乎也是可以想象的,甚至是完全可能的。约翰逊宣称:"举个例子说,我不想在苏联月光的辉映下上床睡觉。"。

图 5.16　林登·B·约翰逊

于是,随着空间时代的开始,一场美国与苏联为了探索外层空间而持续进行的竞争也就不可避免地开始了。在这个时期,很难讲人类探索太空的起点与政治毫无关系。但是,在回顾这段历史时,可以清楚地看到,政治仅仅是两个超级大国动员巨大资源将人类送入太空的一个借口。当人类第一次凝视夜空中闪闪发亮的星星和月亮时,就已产生了"登上去"的欲望、需求和冲动。如果抛去因为冷战(图 5.17)而产生的竞争性的一面,人类探索太空的最初目的与其他任何探索活动的最初目的其实并没有什么不同,即进入太空并到处看看,平安归来后再把这些经历告诉别人。

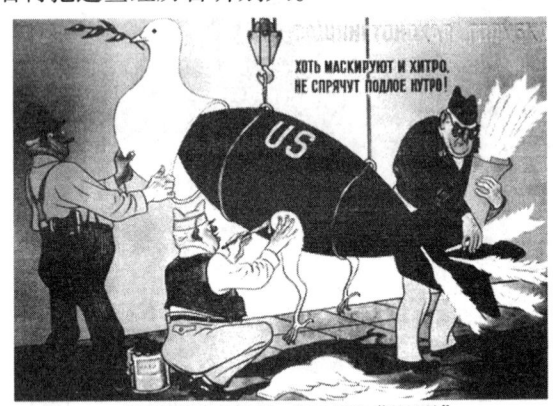

苏联冷战宣传漫画:华盛顿的"和平鸽"

图 5.17　美苏冷战中苏联的宣传画

虽然说太空探险与先前地球上的探险有很多相同之处,但这种朝向地球之外的旅程还是有许多独特之处。汽车和轮船变成了喷着火焰的火箭和奇形怪状的飞船;风力和洋流被各种星球的引力代替;如今一次探险的成败更多地取决于科学技术,而非个人的忍耐力和生存意志。对技术的强调导致了探险在本质上发生了一些影响深远的变化,因为它所需要的参与人数是史无前例的,每一位参与者在探险过程中都发挥着不可或缺的作用。

克里斯托弗·哥伦布的新大陆之行(图5.18)之所以得以实现,是因为有皇家提供的资金、一些船舶建造商、航海仪器的设计者、外加很少的几张地图以及他的助手们的帮助。

图5.18 克里斯托弗·哥伦布的航线图

可美国的"水星"计划、"双子星"计划(图5.19)和"阿波罗登月"计划(图5.20)的宇航员却是在整个国家的协同努力下才被送入太空的。苏联的太空探险在某种程度上也是如此。从工厂装配线上的工人到天体物理学家都参与其中。正如作家理查德·S·刘易斯在他撰写的探险史《从文兰到火星》中所说的那样,宇航员"站在由整个社会的科学、技术和工业力量构成的社会金字塔的尖端上"。

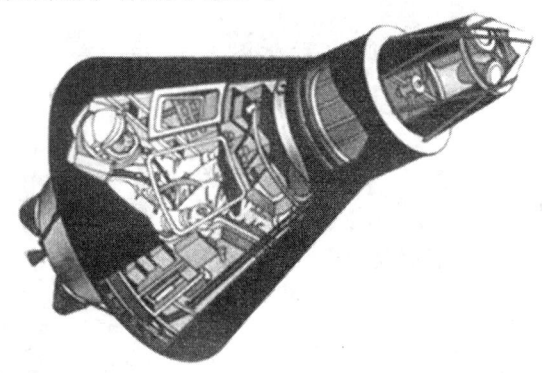

图5.19 "水星"计划

图5.20 "阿波罗登月"计划

技术发展诞生一种新媒体——广播和电视,使得整个世界都能够追随宇航员飞行的轨迹,这也是太空探险的独特性之一。在美国第一艘载人宇宙飞船发射前的数分钟里,美国各条公路和小道上行驶的车辆都停了下来,司机们聚精会神地收听收音机中传出的倒计时声。地球上的人们可以用他们的眼、耳、心去分享太空探险者的胜利(人们看到了尼尔·阿姆斯特朗(图5.21)登上月球表面,听到了他低声地说出那句著名的话)和悲剧(人们看到了"挑战者"号航天飞机在空中爆炸(图5.22)、燃烧着的碎片散落到地球上)。

图5.21　尼尔·阿姆斯特朗

图5.22　"挑战者"号航天飞机在空中爆炸

尽管太空探险需要整个国家的支持,但每一次探险进入太空的都只有宇航员。这些探险者们,与他们之前的所有地球探险者一样,都是一些怀着永不放弃的心情,抱着第一个到达、第一个发现欲望的探路人。像所有的探险活动一样,死亡时刻伴随着这些太空探险者,除了淹死、冻死和饿死,现在还有可能因为暴露在真空中冻死、窒息而死,或者因为没有足够燃料返航而永远留在太空。这些死亡,比起在地球南北极或海洋深处遭遇到的死亡,更让人感到沮丧和孤单。太空探险者还常常遇到火神的威胁。差不多在每一次载人的"水星"计划、"双子星"计划、"东方"计划(图 5.23 和图 5.24)、"上升"计划(图 5.25)的飞行中,都会出现需要宇航员用机智和勇气来战胜的困难。地面技术人员对太空探险取得成功的重要性也是不能被忽略的,但地面技术人员却不同,一旦飞行出了差错,这些人仍然能够平安回家,但宇航员则没有这个好运。

图 5.23　1961 年 4 月 12 号,东方 1 号飞船发射

图 5.24　东方 1 号飞船返回舱

1957 年的那个秋夜,当 Sputnik-1 号开始绕地球飞行时,它似乎奏响了新一轮冷战的序曲。不过,更为重要的是,它象征着一个探险新时代的开始,象征着人类历史上最激动人心事件的来临。Sputnik-1 号这个太空时代中最政治化的物体,实际上是一项事业的先驱,该事业的本质使卫星的政治性变得毫无意义。其原因在于,无论它们贴着的是苏

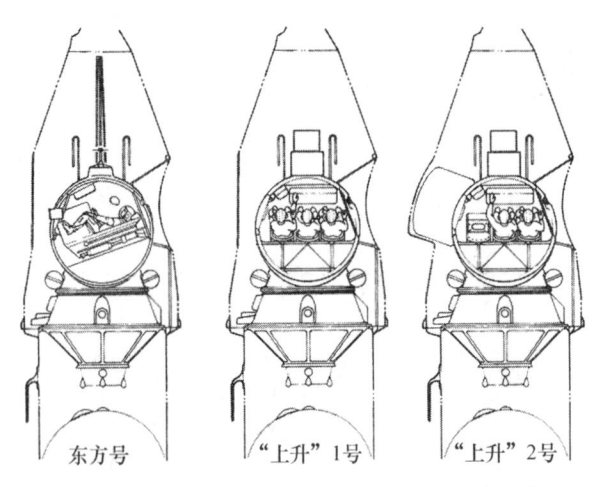

图 5.25　东方号"上升"1 号与"上升"2 号的乘员位置

联还是美国的标签,无论是"水星"计划还是"东方"计划,无论它们是由美国宇航员谢泼德(图 5.26)还是由苏联宇航员尤里·加加林(图 5.27)驾驶,Sputnik – 1 号之后出现的宇宙飞船都是人类探险史上最伟大篇章的序幕。

图 5.26　艾伦·谢泼德　　　　　　　图 5.27　尤里·加加林

5.3　航天早期试图探索的问题

从 20 世纪 40 年代末期到 50 年代中期,苏美两国的太空计划都在试图回答将人类送往地球大气层外这一设想所引发的一系列问题。当宇宙飞船脱离地心引力,人在失重状态下会做出什么反应呢？挣脱地心引力所需要的强大的加速度对人体会产生何种效应？被隔离和限制在宇宙飞船内的人能不能在一段时期里正常生活？能不能建造一个生命保障系统以确保人在危机四伏、一旦出错便无可挽回的外层空间中能正常生活数小时或数天？人类的心智在这种环境下会如何反应？还有许多未知数，其中包括太阳辐射和宇宙（深层空间）射线构成的危险等问题。

这些问题导致了初期的生物试验火箭飞行。在人类进入外层空间之前，由动物率先开道。狗、老鼠、猴子、黑猩猩、兔子和青蛙以及各种各样的植物、蔬菜，都搭乘火箭进入了外层空间。哺乳类动物飞行的第一次尝试发生在1948年6月11日。位于俄亥俄州赖特机场的美国空军航空医学实验室的两位物理学家——詹姆士·亨利博士和戴维·西蒙斯上尉，将一只罗猴，名叫"阿尔伯特"，放在V-2火箭上（图5.28）。

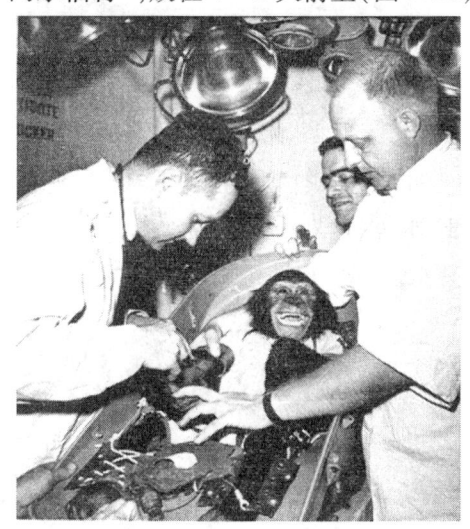

图5.28　放在V-2火箭上的罗猴"阿尔伯特"

在高达约63km的空中飞行中，"阿尔伯特"的呼吸和脉搏频率由地面监控，没有发现"阿尔伯特"的心脏和呼吸有丝毫反应。于是，亨利和西蒙斯得出结论，"阿尔伯特"在点火起飞前就已经死了。即使"阿尔伯特"这时还活着，也会在着陆时死去，因为降落装置失灵了。经历了无数次这类的失败，1951年9月20日，在新墨西哥州的白沙试验场，第一次成功地回收了活的动物。一种名为"空中蜜蜂"型（图5.29和图5.30）的火箭搭载了1只罗猴和11只老鼠，飞到了23.6万英尺的高空，然后在乘客未损毫毛的情况下返回地球。不幸的是，那只罗猴两个小时后死于心力衰竭。

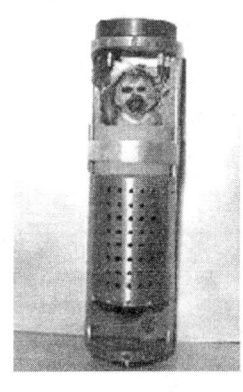

图5.29　"空中蜜蜂"试验

99

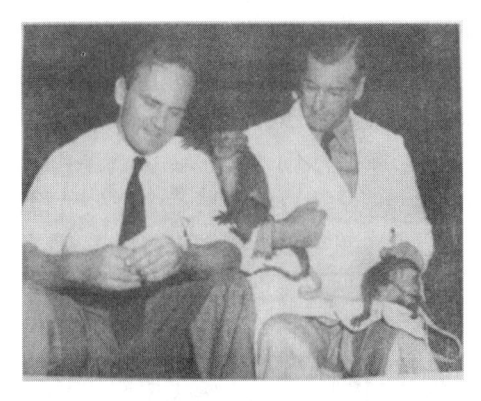

图5.30 詹姆斯·亨利博士(左)和爱德温·巴林杰上校，
与第一批进入太空的两只地球动物在一起

类似地，1957年10月4日，苏联成功发射了人类历史上第一颗人造卫星，一个月后的11月3日，第二颗人造卫星即将发射。这一次，卫星上将搭乘一位特殊的"客人"——小狗莱卡(图5.31)，它将成为进入太空的第一个地球生命。

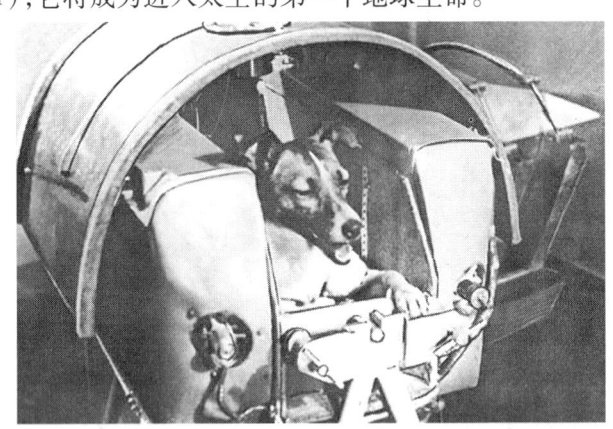

图5.31 进入太空的第一个动物

美国的研究人员最终认识到，直上直下的火箭飞行因在高空中停留时间过短，无法检验高空飞行的长期影响。能够到达非常高的地方、又能维持很长时间的气球，似乎为这类研究提供了一个更好的工具。

在生物火箭飞行以"木星"计划的名义继续进行的同时，气球搭载着小动物、昆虫、电影胶片和活性组织标本升上天空，检验长期暴露在宇宙射线及太阳辐射下所受的影响。1957年，"高人"计划让一个人呆在加压宇宙飞船里，由高空气球带到30km的高度。在这样的高度，宇宙飞船已经快要飞出大气层，处于类似外层空间的环境中。"高人"计划持续了差不多4年时间，在人类暴露于射线之下，以及人类在孤寂和行动受到极大约束的境况下会受到什么影响等方面，取得了宝贵的资料。一只名为"贝克"的松鼠猴(图5.32)，曾于1959年5月坐在一枚美制"木星"型火箭顶端的圆锥形的舱体内旅行，动物搭乘火箭升到高空的同时，人类乘员乘坐气球也到达了具有重要意义的高度。

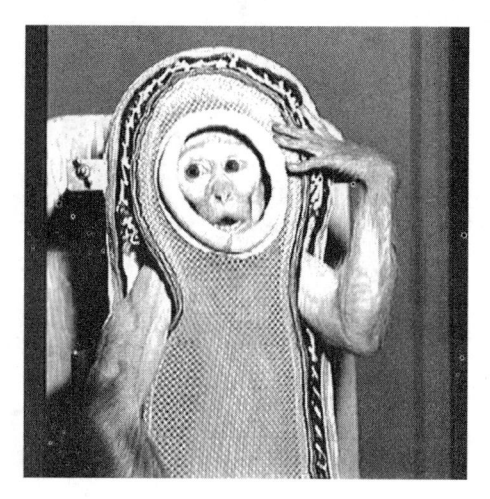

图 5.32　搭载"木星"型火箭的松鼠猴

5.4　第一批航天员

在苏联卫星成功发射的刺激下,美国国会于1958年7月通过了"国家航空与宇宙航行法案",成立了国家航空和宇宙航行局(简称航空航天局(NASA),如图5.33所示)。航空航天局首任局长为基思·格伦南(图5.34),航空航天局吸收了国家航空咨询委员会、陆军和空军的登月计划、空军的火箭发动机研究课题、海军的"先锋"科学探测卫星课题,最后还吸收了陆军弹道导弹研究部门的一部分。

图 5.33　美国国家航空航天局

1958年10月7日,航空航天局正式对外宣布制定一项全国性的"载人空间飞行"计划。航空航天局空间飞行计划的负责人阿贝·西尔弗斯坦建议将这项计划命名为"水星"计划。

与此同时,科罗缪夫得到苏联政府授权,实施他自己的将人送入空间轨道的计划。苏联的计划被命名为"东方"计划。这样,苏美两国的空间计划都面临着极为重要的任

101

图5.34 航空航天局首任局长基思·格伦南

务——宇航员的挑选。

5.4.1 美国的第一批宇航员

空间飞行的成功归根结底取决于宇航员的体力与心理的构成情况,应该使用何种标准来挑选飞行员呢? 一位空军将领评论说:"我们寻找的是一群普通的超人。"美国有些人赞成从南北极探险者或潜水艇艇员中挑选候选人,一般认为这些人在孤立无援的空间旅行中能更好地对付无法想象的危机。也有些人赞成从跳伞者、赛车者、登山者或潜水者中挑选候选人。最后,"水星"计划的制定者决定从军队的战斗机驾驶员中挑选第一批宇航员。战斗机驾驶员们对持续的危险、高海拔、高速飞行和在千钧一发之际能做出关键的决定已经习以为常。选拔"水星"计划的宇航员的基本条件是:年龄不得超过40岁,身高不得超过180cm(为了适应"水星"型宇宙飞船);身体条件必须是极其优秀;必须是具有至少1500h飞行经验的合格的喷气式飞机的驾驶员。

有500多名飞行员满足了"水星"计划的基本条件。经过审查服役记录和医疗记录、面谈以及心里测试,最初的500人淘汰了大半。剩下来的人被送到新墨西哥州阿尔伯克基的洛夫莱斯医院和俄亥俄州的赖特空军研制中心,接受极其严格的体能和心里测试。最后,这群人只剩下7人(图5.35)。

图5.35 美国的首批7名宇航员

5.4.2 苏联的第一批宇航员

在决定实施自己的载人空间飞行计划后不久,谢尔盖·科罗缪夫和苏联科学院的成员们开会讨论为"东方"计划挑选宇航员的问题。和美国人一样,他们认为喷气式战斗机驾驶员将是这项使命的最合适人选。但是,苏联人只选择那些在飞行中遇到过紧急情况、没有离机跳伞而是驾机返回机场的战斗机驾驶员。据称这意味着驾驶员能够在严重的压力和危险的情况下成功地施展本领。几百名苏联飞行员曾经在危机中没有抛弃他们的飞机,他们被召集到莫斯科的一家医院做进一步的检查,其中包括全面的医疗检查和心理评估。人数最终被缩减到 6 人。这 6 人被称为"cosmonau"——宇宙航行者,如图 5.36 所示。

图 5.36　谢尔盖·科罗廖夫左边是两名培训官,另外 6 位是苏联的首批宇航员

苏美宇航员大强度的训练项目颇为相似。美国宇航员在教室里学习了多领域的知识:高层大气物理学、空气动力学、生理学、制导和导航理论、火箭推进理论、通信学、气象学和天文学;苏联宇航员则听取了有关空间医学、火箭发动机、天体运行机制、轨道动力学和宇宙飞船设计等讲座。美国宇航员在北卡罗来纳大学的莫尔黑德天文馆学习了星辰识别和天体导航;苏联宇航员则在莫斯科天文馆学习了天文学。美国宇航员训练的一个重要组成部分是逃逸和生存训练。逃逸训练包括练习如何在宇宙飞船进水或降落后沉入大洋深处的情况下在水下逃离宇宙飞船(NASA 的宇宙飞船既可以在陆地上降落、也可以在海洋上溅落,苏联人则更愿意在干燥地表上降落)。NASA 还得学习在丛林、沙漠和寒冷气候中生存的技巧,以防紧急情况迫使他们降落在一个偏僻地区。苏联宇航员同样得接受生存训练、空降技巧训练和无线电联络技术指导。苏美两国宇航员都得接受严格的、常常是令人手足无措的体能和心理训练。更重要的是,他们都得接受模拟的空间飞行特殊情况的专门训练。

空间飞行所需的训练包括离心器旋转,如图 5.37 所示,图中巨大的机器是一台测试宇航员的离心机,它摆臂长达 13m,可以模拟高达 $13g$ 的过载,几乎是人体承受极限。离心机的受试者多数人可能都有过旋转木马的眩晕体验,但比起呆在全速运转的离心机里的感受就是小巫见大巫了。在高超重环境下,人体会出现黑视、脑缺血、心率上升等一系列不适反应,宇航员训练要求受试者们在这种情况下也能回答问题,并按照指示做出正确动作。还要进行高温舱忍耐训练、减压舱训练和感觉剥夺舱忍耐训练测验。另外,每一个苏联宇航员都得在一个宇宙飞船模型里进行3天的模拟飞行,美国宇航员则在极为精细的"水星"型飞船里定期进行10h的训练。1961年的春天来到时,"水星"计划与"东方"计划的工程师们已经预测将在4月份进行发射了。不久,出现了一个最终需要得到回答的问题:哪一个国家将率先进入外层空间?在7名美国宇航员和6名苏联宇航员中谁将是外层空间第一人?

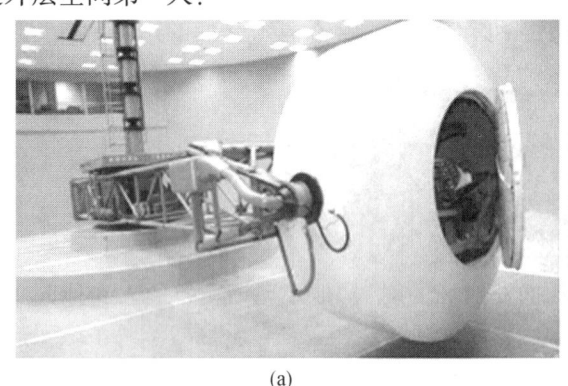

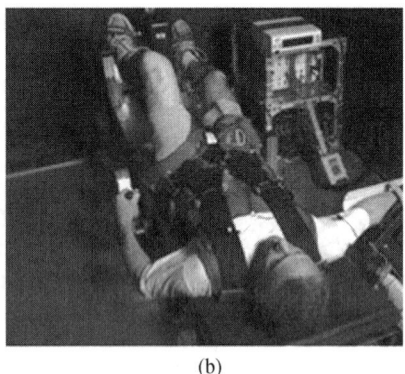

(a) (b)

图5.37 宇航员离心机训练

5.4.3 第一个进入太空的宇航员

尤里·加加林出生于1934年3月9日,1941年上学读书,但第二次世界大战打断了他的正规学业。对于加加林和他的家庭、以及所有俄国人来说,这是一段极为艰难的时期。纳粹士兵在战争期间占据了加加林家的房屋,加加林一家只得住在山坡上挖出的洞里。战争结束后,加加林重新回到学校,他喜欢上数学课和科学课。1950年,他进入一所学校,学习铸造技术。一年之后,他转到一所四年制技校里,一边完成中等教育,一边学习铸造技术。伏尔加河上的萨拉托夫有一所飞行员学校兼俱乐部,加加林在最后一个学年加入了这个俱乐部。1955年,加加林毕业时已经是一名铸造技师,并获得了佩戴飞行证章的资格,他渴望着飞行。那年夏天,他参加了一个航空夏令营,学会了驾驶飞机。加加林后来被奥伦堡飞行员训练学校收为学员,两年后毕业时已经成为了一名一流的飞行员。

加加林加入苏联空军后服役的第一个地点是奥伦堡,驾驶的是高性能的米格战斗机。1959年,他还在北极地区一个飞行中队服役时,就申请参加极其保密的宇航员培训组织。他申请时幽默地写道:"如果它存在的话。"在经历了严格的挑选程序后,加加林发现自己跻身于最后入选的6位宇航员中。

1961年4月12日清晨,27岁的苏联红军空军宇航员尤里·加加林登上一辆小型旅行客车,前往拜科努尔宇宙飞船发射场。两个小时后,苏联将尝试发射"东方"1号,即使加加林对这次极其重要的、也是危险的旅行有所不安,他也没有表现出来。与在他之后进入外层空间的其他美苏宇航员一样,面对那广袤的未知空间,加加林神态端庄,谈吐幽默,如图5.38所示。

在汽车开往发射现场的路途上,他设法使陪伴他的物理学家、技师、军官和宇航员伙

图 5.38　飞天前神态端庄的加加林

伴们摆脱忧郁不安的心情。汽车即将驶抵发射场的时候,他还邀请所有的人和他同唱一首歌(但他们都婉言拒绝了)。此时,发射场的技师和工程师们正在忙着对火箭进行最后的关键性检查,如图 5.39 所示。

图 5.39　工程人员进行最后检查

　　旅行车开到了一个停车点,在高耸入云的火箭的映衬下显得异常渺小。此刻,曙光照亮了发射现场。加加林头戴白色头盔,脚蹬黑色皮靴,身穿桔黄色外衣,里面穿着太空服,走下旅行车,兴奋地喊着:"多么灿烂的阳光啊!"然后,他走向设在"东方"1 号飞船底部旁边的麦克风,向聚集在那里的一小群人发表了讲话(图 5.40),他的身后是沐浴在朝阳中,闪闪发光的火箭。

　　加加林开口讲到:"亲爱的朋友们,我认识的和我不认识的朋友们,俄国同胞们,各国和各大洲的朋友们,再过几分钟,一枚强大的火箭将把我送往遥远的太空。在发射前的最后几分钟里,我能对你们说什么呢? 此时此刻,我觉得我的全部生活都化成了一个美丽的时刻。从前我所经历的,我所做的,全是为了这个时刻。你们可以理解,在这个重要的,我们充满热情地为之进行了长期准备的时刻即将来临之际,我很难理清我的思绪。我在想,是不是应该告诉你们,在这次飞行机会落在我头上时我的心情是怎样的呢? 我当时感到

图 5.40 加加林登上飞船前向大家挥手示意

无比的幸福,面对大自然,向前所未有的困难挑战,然后成为外层空间第一人,还有比这更伟大的梦想吗?不过,我又立刻意识到了我肩负的重大责任,率先去实现多少代人的梦想,担当为人类进入太空铺路的第一人。请告诉我,还有没有比我肩上的责任更艰巨的使命呢?这个责任并不为某个人所专有,也不为几个人所专有,更不为某个群体所专有,它是为整个人类——它的现在和未来——所拥有。"

加加林讲完话后,搭乘升降机,登上了发射架的顶部。他走到平台的栏杆边,俯视着乡间景色,向下边的人们最后一次挥了挥手。然后,技术人员帮助他进入宇宙飞船,封住了舱盖。此时,距点火升空还有 90min。这 90min 对加加林来说是最紧张的 90min。他被封闭在火箭顶部那小小的宇宙飞船里,距地面约 38m 高。尽管耳机里传来了工程师们对系统做最后检查时冷静的声音,加加林的脑海里还是涌现出种种担心,他知道很可能不会活着回到地球上。

升空前的检查全部结束了,"东方"1 号整装待发。观测宇航员身体重要数据的医生们很高兴地发现,加加林很镇定。当他们告诉加加林一切正常时,加加林开玩笑地询问自己的心脏是否还在跳动。医生们告诉他:"你的脉搏频率是每分钟 64 次,呼吸频率是每分钟 24 次。"加加林回答说:"明白。这么说,我的心脏还在跳动。"上午 9 点 07 分,最后的指令下达了:"注意……点火……接通发射开关……升空!"加加林听到助推器发出呜呜的声响,然后是一阵低沉的、炸雷般的轰鸣声。32 个发动机同时点火工作,产生了约 50 万千克的推力。地面上的人们感到胸腔深处也产生了低沉的轰鸣回声,视力也在火箭尾部喷射出的火焰的刺激下瞬间丧失。加加林喊道:"我们升空了!"火箭开始向太空爬升,起先是缓缓的,然后就越来越快。全世界的第一次空间飞行开始了。

"东方"1 号拥有 4 枚围绕在飞船主火箭周围的助推火箭。发射升空 120s 后助推火箭将丧失动力,它们会自动解体,飞船将依靠主火箭前进。飞船主火箭的发动共拥有约 9.6 万千克的推力,可以使"东方"1 号继续上升。火箭获得的巨大速度加大了地心引力对宇航员的作用,该作用最大时达到了地心引力的 5 倍,这意味着加加林会感到自己的质量是平时的 5 倍。尽管压力似乎要深入骨髓,加加林仍然继续与飞行监控中心通话,报告说他感觉良好(图 5.41)。

在"东方"1 号穿越大气层后,覆盖着飞船的保护层解体了。加加林这时可以通过 3 个舷窗向外观察。当他将大气层甩在身后时,他发现天空由深蓝色变成黑色。在升空

300s后，飞船主火箭耗尽燃料后脱离了。与飞船直接连接在一起的第二级火箭点火，以完成推动"东方"1号脱离地球引力、进入轨道的任务。地心引力减轻了，加加林很快就体验到了失重感。发射14min后，第二级火箭也脱离了，加加林报告说："与运载火箭的分离完成了。""东方"1号此时处在环绕地球的轨道之中。这是一个椭圆形的轨道，远地点高度328km，近地点高度182km。

加加林俯视着地球的壮观景象，报告说他感觉良好，不觉得失重有什么不良影响。他吃了一些食物，还喝了一点水。虽然这次飞行按计划只绕地球一圈，食物也没有多带，但是地面上的科学家们还是想确认失重会不会影响一个人的进食能力。

9点51分，"东方"1号从地球背阴面飞了出来，再次沐浴在灿烂的阳光之中。由于无需经大气层的过滤，太阳光

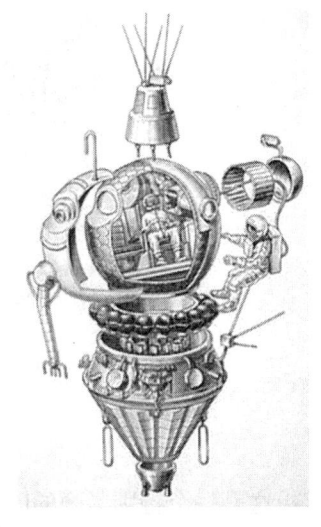

图5.41 "东方"1号构造图

极为纯净，让人眼花缭乱。当宇宙飞船进入太阳照射范围后，它所携带的光学仪器上的一个传感器自动地跟踪太阳，并向机动喷射发动机发出信号，后者点火启动，使"东方"1号处于一个适合的飞行姿态。

在"东方"1号的时代，持续失重所造成的影响还不为人知，苏联科学院里有人担心宇航员会失去行动能力，无法控制飞船。因此，在首次飞行中，"东方"1号是由飞船上的自动化系统和地面上的监控中心指挥飞行的。加加林只是一名乘客（图5.42）。不过，在与地面联络出了差错或是飞船设备出了故障的时候，加加林可以输入密码启动人工操作。

图5.42 加加林在"东方"1号宇宙飞船内

在飞越广阔的大西洋上空时，加加林想起了他的母亲，很想知道她得知自己的空间飞行后会有何反应。在此以前，她一直不知道加加林参与太空探险一事。听到加加林正在环绕地球消息令她大吃一惊。加加林的父亲也是在那天早上从地里干活回家后才得知这条令人震惊的消息。

10点15分，加加林正在飞越非洲大陆，自动导航系统控制点燃了"东方"1号的制动火箭，飞船像预计的那样脱离了轨道，开始着陆过程。对于加加林和地面监控中心的人们

图 5.43 加加林的一家

来说,这是一个特别紧张的时刻。"东方"1 号之前的 5 次试验飞行中,有两次都是失败在这个环节。但这次,制动火箭表现得非常完美,宇宙飞船的速度下降到约 150m/s。

对于加加林来说,返回大气层的过程是很紧张的。制动火箭一点火,钢钳上的螺栓就爆炸了,将太空舱和服务舱分离开来。此时,宇宙飞船在到达降落点前还要飞行约 6000km。1h 之前还是 38m 长的飞船此刻只剩下直径 2m 多的太空舱和里面的加加林。太空舱以 7.6km/s 速度向地球垂直落下。飞船一进入大气层就开始振动起来,加加林头一次变得紧张不安。因为太空舱自身的空气动力学设计,振动很快就停止了。此时,加加林身上的超重感最大时能达到 10 倍重力,他觉得自己就像是 700kg 的砖头从高空落下。通过舷窗,他能看到一道火光。再入大气层引发的摩擦使太空舱的温度急剧升高,为了保护太空舱里的宇航员,在太空舱的外表面覆盖着一种蒸发材料,它能通过燃烧并蒸发带走大部分热量。因此舱外虽然是 1000℃ 以上的高温,但舱内的温度却保持在 20℃ 左右。

加加林看到舷窗外黑色的太空已变回了蓝色。由于太空舱的下降速度太快,宇航员不可能在着陆时生存下来,因此必须跳伞。加加林向舷窗外望了最后一眼,看到的是迎面而来的伏尔加河和萨拉托夫城,仿佛在对他表示欢迎。在 8km 的高度,太空舱的舱盖打开了,宇航员连同座椅一起弹射出去,加加林的降落伞几秒后打开。加加林飘向地面,最终降落在萨拉托夫的附近。萨拉托夫对于加加林来说有一种特别的个人意义,因为正是在这里他做了有生以来第一次飞行。后来,他这样评论说:"发生的这一切就像是一本小说。我从太空中回来,所到之处正是我首次驾驶飞机的地方。"

1961 年 4 月 12 日,苏联宇航员尤里·加加林彻底挣脱了地球大气层的束缚,完成了人类的第一次太空之旅。自 1969 年起,4 月 12 日定为世界航天日。

图 5.44 "东方"1 号着陆

5.4.4 美国的第一个太空人

对于加加林和苏联来说,"东方"1号的飞行,就如加加林所说"就像一本小说"那样令人满意。但美国,却在空间竞赛中远远落后于苏联。美国航空航天局的官员们原来希望"水星－红石"3号能够率先将人送往大气层之外。当加加林飞行的消息传开后,航空航天局弥漫着深深的失望。

1961年5月5日,美国宣布"海军少校艾伦·谢泼德将成为美国第一位太空人",如图5.45所示。谢泼德于1923年11月18日出生,父亲是职业军人、陆军上校。他1944年从美国海军学院毕业,第二次世界大战期间在太平洋上的"科格斯韦尔"号驱逐舰上服役。后来,接受飞行训练,并于1947年获得飞行员资格。在地中海的几艘美国航空母舰上服役3年后,他进入美国海军试飞员学校。他试飞了新型喷气式战斗机,很快成为了海军最好的试飞员之一。谢泼德主动报名参加"水星"计划的选拔,经受住了严格的审查,成为首批7名宇航员之一,最后中选担任"水星－红石"3号的宇航员("水星"指的是宇宙飞船的型号,"红石"则是助推火箭的型号,以前曾进行过两次不载人的"水星－红石"飞行)。

图5.45 美国第一位太空人艾伦·谢泼德

谢泼德将他的宇宙飞船命名为"自由"7号,"7"代表着首批入选的7名宇航员。"水星"计划的工程师们决定选用陆军研制的大推力"红石"火箭,来运载宇宙飞船进入太空。圣路易斯的麦道飞机制造公司制造了"水星"型宇宙飞船。宇宙飞船呈钟形,其圆锥形的部分是太空舱,最上端则是一个小型圆柱体,里面装着回收时使用的降落伞。在其底部有一个能蒸发掉热量的保护层。"水星"型宇宙飞船不能平移,也就是说它不能改变运行轨道,但它像"东方"型飞船一样,能够使用过推进器来改变飞行姿态。

太空舱内是纯氧环境,舱内的氧气浓度高于地球海平面的水平。为了使宇航员能够承受升空和返回大气层的加速度,飞船座位是按照谢泼德的体型制造的玻璃纤维躺椅。宇宙飞船的顶部安装着一个橙色塔状装置,这是升空逃离装置。如果助推火箭出了故障,或者发射台上发生紧急状况,这台装置能使宇宙飞船及其中的宇航员脱离"红石"火箭,随后打开降落伞,带着宇宙飞船缓缓返回地面。

5月4日,佛罗里达州卡纳维拉尔角,下午8点30分,进入发射前最后的阶段,发射定在第二天早上。

5月5日2点40分,谢泼德和他的替补约翰·格伦、医生威廉·道格拉斯以及其他几名发射小组成员一起做了一次体检,体检结果表明他适合从事飞行工作。接下来,谢泼德穿上古德里公司制造的航天服。航天服有两层,外层是含铝的尼龙衣,两层中间充满了氯丁橡胶(一种合成橡胶)的加压尼龙胆。

3点55分,谢泼德整装已毕,乘坐运输车前往卡纳维拉尔角。5点15分,他下了车,登上了升降机。5min后,他钻进了"自由"7号宇宙飞船。他很快就与地面监控中心建立了联系,开始阅读发射前的核查手册。距发射还有15min时,空中布满了乌云。气象学家预报说,天空将在40min内转晴。于是,宣布发射"推迟"。几分钟后,又一次宣布"推迟"以更换"红石"火箭上的一个动力换流器。在倒计时恢复后,马里兰州格林贝尔特的戈达德太空飞行中心的计算机又出了故障,导致发射再次推迟(一个全国性的计算机网络为这次发射及飞行提供服务)。由于各种原因,发射时间共被推迟了2h34min。整个美国的人们都放下了自己的工作,大家聚集在收音机和电视机旁,等待着发射时刻的到来。

"给液压罐加压……接通电力开关……最后30s。"9点34分终于到了:"点火……第一级火箭启动……升空!""明白,"谢泼德在"自由"7号里答道,"升空,钟表启动。"随着"红石"火箭加速飞向太空,谢泼德承受的超重感最大达到了6.2g。在发射142s后,宇航员报告说:"与助推火箭分离。""红石"完成了它的任务,"自由"7号正以2.3km/s的速度飞行。脱离"红石"火箭后,"自由"7号飞船调整姿态,让防热层朝前。

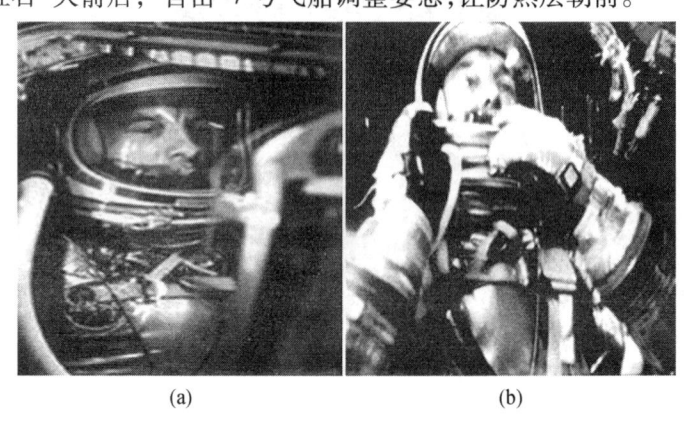

图5.46 谢泼德在太空中

"自由"7号飞行4min44s后,到达距地球187km的轨道远地点,制动火箭的点火程序随后启动。30s后,飞船准备返回大气层,3枚制动火箭陆续点火。在宇宙飞船垂直穿过大气层时,谢泼德承受了11倍地心引力的压力。随后,降落伞陆续打开,首先是直径1.82m的拖靶降落伞在6.4km的高度打开,以稳定宇宙飞船。然后是直径19.2m的主降落伞在3km的高度打开。谢泼德乘坐的宇宙飞船降落在距卡纳维斯拉尔角发射场486km的大西洋中。他的飞行持续了15min22s。宇航员和他的"自由"7号被直升机捞起并送到美国"张泊伦湖"号航母上,谢泼德安全返回地面(图5.47)。

与加加林的太空飞行相比,谢泼德短短的15min直上直下的旅行或许不值得一提。谢泼德本人也很冷静地看待这次旅行,他将它描述成"不过是一次愉快的旅行"。但是,

图 5.47　谢泼德返回地面

在媒体的宣传下,这次飞行的消息铺天盖地而来,谢泼德和其他 6 名宇航员立即成为了全美英雄,受到公众的追捧。

5.5　中国的航天之路

继原子弹、氢弹之后,太空成为美苏争霸竞赛的又一个战场。而是否能发射人造卫星,成为加入太空竞赛的门槛。新中国决定发射自己的人造卫星,表达了中华民族有屹立于世界民族之林的勇气和决心。

5.5.1　我们也要搞人造卫星

中国是火箭的故乡,中华民族是龙的传人,自古就有遨游太空的愿望。毛泽东"敢上九天揽月"的豪言展现了中国征服太空的情怀与气概。

1958 年 5 月,中国共产党八届二中全会在北京召开。会上,毛泽东同志以马克思主义理论家的雄才大略回顾过去,总结今天,规划未来。5 月 17 日下午 5 点 30 分,他发表第二次讲话。毛泽东同志面对麦克风,不时挥动他那非常富有号召力和感染力的手臂,两次提到卫星问题。他认为苏联的卫星上天是件好事,并说:"苏联人造卫星上天,我们也要搞人造卫星,我们也要搞一点。"同时还指出,要搞就搞得大一点。

"我们也要搞人造卫星",是代表中国人民向世界立下的誓言,是中共中央发出的向空间进军的动员令。毛泽东同志的这个号召是在世界上第一颗人造地球卫星发射成功仅仅半年后发出的,表明中国人民有信心、有能力登上空间技术的舞台,表达了中华民族有屹立于世界民族之林的勇气和决心。

当时在"争上游"的形势下,人们对发射人造卫星热情很高,想得也较简单。但中国的卫星怎么起步?谁心里也没有个数。在这关键的时刻,邓小平同志分析了国内经济、科技形势,实事求是地按照科学规律,对卫星发射战略作了精辟的分析。因为国家经济、技术力量有限,为了国防的急需,只能优先保证导弹、原子能的发展。在这种情况下,重点开展人造卫星单项技术的研究,创造必需的研究试验条件,就能为空间技术的发展打下良好的基础,一旦条件成熟,就可以在短时期内研制和发射我国的人造卫星。

毛泽东同志一直关注着我国卫星研究和试验条件准备工作的进展。1960年5月28日晚,毛泽东同志在一些领导同志的陪同下来到上海新技术展览会。他躬身仔细察看了T-7M探空火箭(图5.48)。得知飞行高度为8km时,他兴奋地说:"8km也了不起呀!"又说:"应该是8km、20km、200km搞上去。"

图5.48 毛泽东同志考察我国自主研制的火箭

经过几年的努力,我国不仅在研制、发射探空火箭方面取得了显著进展,而且在开展空间科学技术单项课题研究和试验设备研制方面,攻克了一系列关键技术,取得了丰硕的成果。1965年5月,周恩来总理主持的中央专委第十二次会议,批准了国防科委向中央呈送的《关于研制发射人造卫星的方案报告》。从此,我国人造卫星研制工作正式开始,并拟于1970年或1971年发射我国的第一颗人造卫星。1967年初,根据我国空间技术发展的需要,为保证"东方红"一号卫星工程计划的进行,聂荣臻副总理向中央提出了组建空间技术研究院的建议。1968年2月20日,中国空间技术研究院正式成立。党中央的这一系列决策使我国人造卫星事业进入到一个有计划、有步骤、有组织、有领导地开展工作研制的时期。

5.5.2 前所未有的科技攻关

1965年,中央批准了研制第一颗人造地球卫星的计划,代号"651"工程。之所以称为"651",是因为1965年1月8日,钱学森(图5.49)建议我国暂停研制的人造卫星应该重新上马并列入国家任务的缘故。

在中国研制人造卫星确实是一种首创,没有前人经验可供借鉴,而它所涉及的行业与技术,广泛性与复杂程度亦是空前的。为了促进各有关部门尽快地进入卫星研制实际工作,国防科委决定组织军、民有关单位对首颗卫星的技术方案加以具体论证,集思广益,将方案确定下来。论证会从1965年10月20日开始,由于所涉及的内容庞杂,问题繁多,直到当年11月30日才宣告结束,历时42天。参加会议的有国防科委、国防工办、国家科委、总参、七机部、四机部、一机部、空军、海军、炮兵、通信兵部、发射基地、军事医学科学院以及中国科学院所属的13个研究所的代表共计120名。

图 5.49 "中国航天之父"钱学森

中国科学院副院长裴丽生主持了这次会议,张劲夫、钱学森和国防科委副主任罗舜初、张震寰等出席了"651"会议开幕式、闭幕式等几次重要大会。会上,钱学森作了运载火箭研制的总体思路发言,他强调:"发射卫星是一项庞大的工程,涉及面很广,上至天文下至地理,要'敢'字当头,敢于开创自己的道路,还要从实际出发,循序渐进,要贯彻主席'大力协同'的指示,科学院、七机部的力量都是有限的,必须有分工有协作,还必须组织其他单位广泛协作。只要我们下决心,肯干努力,就一定能使我国第一颗人造卫星早日升空。"

会议确定,我国第一颗卫星为科学探测性质的试验卫星,主要为发展我国对地观测、通信、广播、气象、预警等各种应用卫星,取得基本经验和设计数据,具体任务是:测量卫星本体的工程参数;探测空间环境参数;奠定卫星轨道测量和无线电遥测遥控技术基础。大家一致同意中国第一颗卫星在质量、寿命、技术等方面要比苏、美第一颗卫星先进,并做到"上得去,抓得住,测得准,报得及时,听得见,看得到",要努力做到一次成功,初战必胜。总体组何胜华提出,第一颗卫星命名为"东方红"一号,并在卫星上播放《东方红》乐音(图5.50),让全世界人民都听到,这得到了与会专家的赞同。

图 5.50 装载《东方红》乐音装置和遥测装置的盒子

1966年1月,中国科学院卫星设计院宣布成立了,代号"651"设计院,公开名称科学仪器设计院,赵九章任院长,杨刚毅任党委书记,钱骥等为副院长。中国人造卫星的研制工作正式起步。

"651"总体组确定了"东方红"一号分系统的组成是《东方红》乐音装置、短波遥测、跟踪、天线、结构、热控、能源和姿态测量等。总体组与卫星办公室密切合作,将千头万绪的研制任务分解为一个个具体课题,制成数百张任务卡片,下达各研究所。

用自己的手,送我国的卫星上天。这是广大科技人员多年的热切期望,大家群情激奋,热血沸腾,接到任务的广大科技人员更是兴奋不已(图5.51)。中关村科学城里,白天你可以看到大家忘我工作的场面,晚上科研和宿舍大楼,灯火通明,生机勃勃,一派兴旺景象。各分系统密切配合,"东方红"一号卫星研制进展非常迅速。为确保卫星的质量,总体组于1966年1月提出"东方红"一号研制工作分为:模样、初样、试样和正样四个阶段。各分系统首先制作试验线路,装出性能样机,证明技术上可行,生产上可能,由总体组指派验收组进行验收通过后出模样星(图5.52)。通过解决模样星总装试验出现的矛盾,确定协调参数,在此基础上拟订各分系统的初样研制任务书。用初样产品总装出考核卫星结构设计,热控制设计等的结构星、温控星等。通过试验,改进,再试验,再改进,直至达到设计要求。然后协调确定研制试样星以及正样星的技术规范。

图5.51　科研队伍听取各自任务　　　　图5.52　陈列在军博的我国第一颗卫星模型

发射卫星最重要的是地面跟踪测轨问题。发射卫星,首先要把卫星运行规律、轨道计算、测量、预报以及跟踪站的布设等搞得一清二楚。科学院理当把此任务承担起来,先走一步。数学所关肇直所长立即组织人员落实此事。1966年1月至3月,在"651"设计院组织有关专家对短弧段跟踪定轨进行大量模拟计算和分析研究的基础上,肯定多站多普勒独立测轨的方案,使我国中低轨道卫星的跟踪测轨系统形成中国自己的特色。3月22日至30日,在北纬饭店召开地面观测系统方案论证会,审定了各分系统的方案。不久,在4月召开的两次轨道选择会议上,根据实际需要和可能,与会者一致作出了将轨道倾角从40°左右增大到70°左右的结论,不仅根本改善了卫星轨道的总体性能,而且可节省地面站建设的大量投资。

在基地方面,为了保证"东方红"一号的发射,从1965年起,就开始重新建造可以发射多级火箭和人造地球卫星的发射场。1966年底,基地接受了卫星地面跟踪观测台、场站的总体设计、设备安装、基建和机构组建等任务。

图5.53 "东方红"一号卫星钛框加热　　图5.54 攻克"东方红"一号卫星大面积镀金难关

中国科学院与国防部五院、四机部和全国许多部门、单位密切合作,卫星的研制不断有进展,地面设施一个一个地建立起来,特别是三年困难过后,自动化所、电子所已经实现了卫星控制及连续通信;正当科学院的卫星研制基本完成的时候,发生了"文化大革命",1967年1月之后,科学院卫星研制科研队伍、试验基地、科研设施、工厂,以及研制任务一起交给了国防部门,类似实行军管。

1969年8月27日,第一枚进行预期飞行试验的两级火箭竖在发射架上。火箭竖起的当天,便惊动了美国和苏联。他们关注的不仅是卫星,而且是火箭能打多远。如果火箭能使卫星脱离地球轨道并定点成功,就说明已具备了发射洲际导弹的能力。另一个特别关注中国的,就是日本,它也在准备发射自己的第一颗人造卫星。

9月3日,两枚中远程火箭运抵东风基地(即酒泉卫星发射基地)(图5.55)。随即给火箭通电,开始进行垂直测试。测试中,发现了二十多处技术故障。其中两个陀螺仪,尤其是水平陀螺仪的问题最为严重。当充气压力加大以后,陀螺仪出现振动并伴有异响,漂移量更超出了允许范围,只得带回北京的相关研究所进行改进。

图5.55 酒泉卫星发射基地

陀螺仪是提供导弹飞行基准的仪器，如果它出问题，飞行参数就不准了，通俗地说，就是偏离目标了。送回北京某研究所的陀螺仪，经测试分析证实，在低温、低压条件下，轴承出现不正常的振动，导致输出漂移量明显增大，以致影响正常工作。10月15日，改进后的陀螺仪，被运回东风基地，重新进行安装测试。

11月1日，东风基地下达"东方红"一号人造地球卫星发射任务指示，发射前的准备工作紧张地开始了。"东方红"一号正式发射之前，必须对新改进的中远程火箭进行飞行试验（图5.56），以保证卫星发射的成功。周恩来指示："这次发射不同寻常，以往我们的试验不论成功或是失败，都是在自己境内搞的，而这一次射程很远，必须控制住，一定不能让导弹飞到国外去。"

图5.56 "长征"一号火箭发动机在进行试验

可当时的跟踪测量技术不过关，并没有得到导弹打到预定落区的报告。发射一结束，钱学森和李福泽就回到了基地。头一件事就是向落区测量站询问任务执行情况。落区参谋长报告说："到现在，全站没有一个人发现目标。"即使不能进行实时跟踪，如果火箭能够正常进入落区上空，观测人员凭肉眼也能发现目标。这就意味着，火箭不知道飞到哪里去了。甚至不知道有没有飞出国界，最坏的情况是落在苏联境内，这将引起涉外事端，甚至引发战争。

在当时，我国主要是依靠光学电影经纬仪来跟踪火箭飞行轨迹的。这种光学仪器受天气的影响很大，同时火箭关机后光辐射消失，它也不能提供记录，且其记录媒体是胶片，要等胶片冲洗出来，才能判读、计算出结果。这个过程至少需要两至三天的时间。如果这枚火箭真的飞出国境，即使出来结果也太晚了。

庆幸的是，不久就传来了一个农民在川南无人区发现火箭残骸的报告。虽然没有酿成国际争端，但引起国际舆论一片哗然。邻国日本获悉中国试验发射失败的消息后，更是一阵惊喜，因为它有可能赶在中国之前发射卫星。

1970年1月30日，第二枚两级火箭发射成功。一二级火箭分离成功。火箭高精度击中目标。2月，国防科委向东风基地下达了发射"东方红"一号任务的预先号令。2月4日，"长征"一号火箭（图5.57）从北京总装厂乘专列出发。几天后，安全送达基地。而这时，是采取两步走还是一步到位的发射方案，出现了不同的意见。两步走是用一枚火箭先

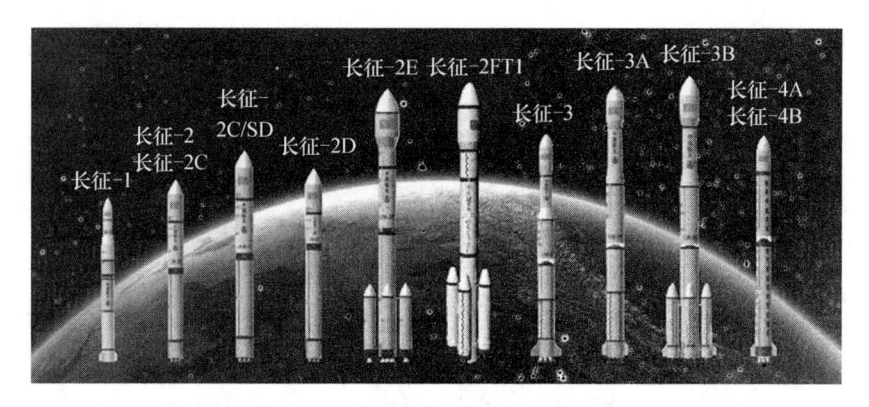

图 5.57 中国"长征"系列运载火箭

发射一个与卫星同质量的试验物体,成功后再进行"星箭合一"的发射。最终,国防科委决定:采用一步到位发射方案。

因为在中国这边还在争论的时候,日本那边的第一颗人造卫星"大隅"号却在 1970 年 2 月 11 日成功发射了。

1957 年苏联第一个发射了人造卫星,紧接着是美国。1965 年 11 月 26 日,法国争到了第三的位置。中国因为三年自然灾害暂停了卫星项目,丢失了第三的位置。这次连第四也拿不到了。

5.5.3 卫星上天

1968 年初,在克服了各种技术难题之后,"东方红"一号横空出世(图 5.58 和图 5.59),卫星的初样研制完成。在经过试样和正样后,卫星就将上天。

"东方红"一号卫星初样和发射时的大体相同,直径 1m,72 个铝合金面闪闪发光,里面的"五脏六腑"基本就位。

图 5.58 "东方红"一号卫星内部结构 　　图 5.59 "东方红"一号卫星外观

1970 年 4 月 1 日,装载着 2 颗"东方红"一号卫星和一枚"长征"一号运载火箭(图 5.60)的专列抵达我国西北的酒泉卫星发射场。

4 月 24 日凌晨,毛泽东主席批准实施发射。1970 年 4 月 24 日 10 点,运载火箭一、二、三级工作正常,卫星与火箭分离正常,卫星准确入轨。卫星运行轨道近地点高度

117

图 5.60　装载着"东方红"一号卫星的"长征"一号运载火箭

439km,远地点高度 2384km,轨道倾角 68.5°,轨道周期 114min。

晚上 10 点,国防科委指挥向周恩来总理报告:"卫星、火箭分离正常,卫星入轨了。"周总理立刻向毛泽东主席汇报了这一喜讯。一时间,"东方红"一号卫星播送的《东方红》乐曲响遍全球,震惊了世界。

图 5.61　"东方红"一号发射成功后,全国人民欣喜万分

"东方红"一号卫星的发射成功使中国成为世界上继苏联、美国、法国和日本之后第五个完全依靠自己的力量成功发射人造卫星的国家。虽然它比苏联发射的第一颗人造卫星晚了 13 年,但是它的质量超过了前四个国家第一颗卫星质量的总和。中国从此正式进入了航天时代。

思 考 题

1. 文化艺术对早期的航天事业有哪些影响?
2. 标志着人类进入航天时代的事件是什么?
3. 早期航天试图探索哪些问题?
4. 简述在航天早期人类都做了哪些试验?

5. 美、苏如何选拔第一批航天员？他们分别是谁？
6. 第一个进入太空的航天员是谁？他乘坐的飞船是什么？
7. 美国的第一个太空人是谁？他乘坐的飞船是什么？
8. 中国的第一个人造卫星叫什么？什么时间发射的？
9. 简述中国第一个人造卫星从提案到发射的过程。
10. 中国是第几个完全依靠自己力量发射人造卫星的国家？这意味着什么？

第6章 航天之父

6.1 世界航天之父

美国空间计划的开端与苏联相比,差不多是一样的。第二次世界大战结束后,苏美两国科学家都开始利用从战败的纳粹德国那里缴获的火箭做试验,尤其是那种被称为"复仇者"2号或"V-2"(图6.1)的远程火箭。

图6.1　V-2火箭

利用液体燃料助推火箭来进行空间旅行的构想在第二次世界大战之前就得到了仔细研究,航天技术是在现代化科学技术的基础上发展起来的。20世纪初,星际航行原理、相对论和量子力学三大理论创新,特别是航空、航天学理论的创新推进了航天时代的到来。20世纪初到20世纪50年代末,是现代航天理论和现代航天技术的开创时期,在这个星光灿烂的时代,一批航天先驱者对航天事业的创建做出了不可磨灭的贡献。

6.1.1　康斯坦丁·齐奥尔科夫斯基(1857—1935)

1857年9月17日,俄国科学家、现代航天学与火箭理论的奠基人——康斯坦丁·埃杜阿尔多维奇·齐奥尔科夫斯基(Konstaintin Eduardovitch Tsiolkovsky)(图6.2)出生于俄罗斯梁赞省的依热夫斯基村(靠近莫斯科)。

齐奥尔科夫斯基从小酷爱读书,不幸的是,在他10岁的时候,由于患了严重的猩红热病而几乎完全丧失听力,在念完小学三年级就被迫辍学了。从那时起,齐奥尔科夫斯基几乎同外界隔绝了联系。16岁时他只身去莫斯科闯荡,但由于耳聋,又没有中学毕业文凭,无法进入大学。生理障碍将他同人们疏远了,但却促使他发奋读书,积极努力。通过自学,他完成了中学及大学的全部课程,掌握了大量的数学、物理学和天文学知识,并于1878年回到家乡,考取了中学教师资格,担任中学数学教师。

在中学教学之余,由于受到儒勒·凡尔纳科幻小说的影响,齐奥尔科夫斯基对升空飞行和太空旅行具有浓厚的兴趣,并醉心于与此相关的各种科学研究和计算。他凭借着自己天马行空的思维和丰富的想象力,提出了很多设想。这些在当时看来是异想天开的设想,很多在后来都得以实现。

在航空领域,他设计制造了俄罗斯的第一台风洞,最早提出了硬式飞艇思想。在蒸汽机统治动力的时代,他就大胆地预见到内燃机作为未来飞机发动机的可能性,并对这种远景充满了自信。他撰写的文章《气艇的理论与实践》一经发表,便在科学界引起了强烈的反响。他设计的全金属飞艇经过改进具有以下四个优点:首先,是飞艇气体容积的可变性。在飞艇处于不同温度及不同高度的条件下,飞艇的气体容积可以进行连续调节,使其能保持连续的升力,针对汽艇容积的变化,齐奥尔科夫斯基建设性地采用了缠绕集结系统和带有各种印纹的外壳;其次,这种充气飞艇可以依靠通过螺旋管道放出的废弃热量给气体加热,并使飞艇膨胀上升;第三,这种飞艇在结构上采用有皱纹的金属外壳,可以大大增加飞艇的强度,同时又不易发生火灾;第四,在飞艇形状的设计上,选用了流线型的几何外形,大大减少了阻力。然而,齐奥尔科夫斯基当时最先进的飞艇设计,并没有得到俄国当局的重视与支持。当局甚至拒绝为飞艇试验拨款,因为政府高官们并不相信一个没有受过系统高等教育的中学教师能够完成如此复杂的设计,所以他们宁愿花费大量的金钱购买国外的材料与技术去制造旧型号飞艇。就这样,齐奥尔科夫斯基的辛勤劳动成果,在腐朽的沙俄统治者的忽视下,最终未能取得实际的应用与推广。

穷困的齐奥尔科夫斯基只能继续他非常有预见性的"空想"。他开始朝航天方向转型。1883年,他在一篇名为《自由空间》的手稿中,首次指出利用反作用装置为外太空旅行工具提供推力的可能性。在这篇手稿中,他还分析了在没有空气和阻力的空间中的运动情况,画出了宇宙飞船的草图,并且计划采用陀螺装置使飞船在飞行中保持稳定。1896年,他开始从理论上研究星际航行的有关问题。在当时,仍有很多人幻想着通过大炮实现航天飞行,但这显然是不靠谱的,因为除了钢铁,没人能承受炮弹这么高的初速度。在炮弹发射瞬间,人会被加速度挤碎。齐奥尔科夫斯基经过分析,进一步确定了只有初速度慢,然后逐渐加速的火箭才能达到这个目的。宇宙飞船应该由火箭推动,而绝不是炮弹,因为炮弹的速度根本飞不出地球。此时,齐奥尔科夫斯基已经推导出了著名的火箭运动方程式,并计算出火箭要克服地球引力进入地球轨道的速度即第一宇宙速度为8km/s,甚至早早的想到了用液氢、液氧作为火箭的燃料。

经过几年潜心研究,齐奥尔科夫斯基于1898年完成了航天学经典论文《利用喷气工具研究宇宙空间》,但这篇论文直到1903年才在莫斯科的《科学评论》杂志上发表。接着,他又于1910年、1911年、1912年、1914年发表了多篇火箭理论和太空飞行的论文,比较系统地建立起了航天学理论基础。齐奥尔科夫斯基从科学的视角向人们说明了人类完成太空旅行不是不可能的,为研究火箭和液体火箭发动机奠定了理论基础。他的许多研究、发现和论述,在航天史上属于第一,彪炳千秋。

(1)首次明确提出液体火箭是实现星际航行的理想工具。

(2)首次较全面地研究了各种不同的液体推进剂,并提出液氢液氧是最佳的火箭推进剂。

(3)首次推出火箭在真空中运动的关系式,并计算出火箭的逃逸速度。

(4) 首次提出了火箭质量比的概念,并阐述了质量比的重要性。
(5) 首次画出了完整的宇宙飞船的设计草图。
(6) 首次提出了液体火箭推进剂的泵输送方法。
(7) 首次提出了火箭发动机燃烧室的再生冷却方法。
(8) 首次提出利用陀螺仪实现宇宙飞船的方向控制。
(9) 首次研究了失重对生物和人的影响,并提出了减轻失重和超重不利影响的措施。
(10) 首次开展了失重和超重对小动物影响的试验。
(11) 首次提出利用植物改善舱内环境和提供宇航员食物的措施。
(12) 首次提出多级火箭的设计思想。
(13) 首次研究了火箭在大气层中运行时的空气动力加热问题。
(14) 首次提出空间站和太空生物圈设想,首次提出利用太阳光压推进宇宙飞船的思想。
(15) 首次提出太空移民思想。

十月革命后,齐奥尔克夫斯基的才智得以充分发挥,在研究喷气飞行原理方面卓有建树:提出了燃气涡轮发动机方案,研究了航天器在行星表面着陆以及大气层对火箭飞行影响等问题,探讨了火箭和人造地球卫星等诸多航天理论问题。1929 年,齐奥尔科夫斯基在《宇宙航行》中提出了重要的多级火箭设想。多级液体火箭可以使火箭获得更高的速度,飞更远的距离。40 年后,美国"阿波罗"登月用的"土星"5 号大推力火箭,就是齐奥尔科夫斯基设想的多级液体火箭。它完美地印证了齐奥尔科夫斯基的计算与设想。

齐奥尔科夫斯基一生撰写了 730 多篇论著,由于他的巨大贡献,1932 年,苏联政府授予他劳动红旗勋章。1935 年 9 月 19 日,齐奥尔科夫斯基逝世。之后,苏联政府给予了他更多的荣誉:1954 年,苏联科学院设立了齐奥尔科夫斯基金质奖章;政府为他建立了纪念像,并在卡卢加市建立了齐奥尔科夫斯基博物馆。他被誉为"俄罗斯航天之父"、"世界上最伟大的航天先驱者"。他的成就也被欧美广泛承认,德国航天先驱奥伯特曾在致齐奥尔科夫斯基的信中说"您已经点燃了火炬,我们绝不会让它熄灭。让我们尽最大的努力,以实现人类最伟大的梦想。"。

齐奥尔科夫斯基既是一个踏实的科学家,也是一个热情的探索者。在他的墓碑上,刻有这样一段话:地球是人类的摇篮,人类绝不会永远躺在这个摇篮里,他们将不断探索新的生存空间与世界。起初是小心翼翼地穿过大气层,然后再去征服太阳系。

图 6.2　康斯坦丁·齐奥尔科夫斯基

6.1.2　罗伯特·戈达德(1882—1945)

罗伯特·哈金斯·戈达德(Robert Hutchings Goddard)(图6.3)1882年10月5日出生于美国马萨诸塞州的伍斯特。他是美国最早的火箭学家,是美国版"火箭之父"。

戈达德童年时,他的母亲患上了当时的不治之症——肺结核病,身体极度虚弱,那时戈达德也经常生病,没法坚持上学。所以,戈达德的学习成绩并不好,是个"坏"学生,留过级,年龄比其他同学大很多,并且尤其讨厌数学。

随着美国城市在19世纪80年代开始使用电力,年轻的戈达德开始对科学产生兴趣,特别是工程学和工业技术。他的父亲教导他家中的地毯如何产生静电,当时年仅五、六岁的戈达德的想象力开始萌发。戈达德相信如果锌电池可以用某种方式来存储静电,他可以跳得更高。他的母亲警告说如果他成功了,他会"出的去回不来",于是戈达德停止试验。后来,他迷恋上了科幻小说,威尔斯的《星际大战:火星人入侵地球》、凡尔纳的《从地球到月球》等,都让他看得如痴如醉。他想着,要是人类能够做个飞行器飞向火星,那该多好! 从此,他把这个梦想当成了自己人生的奋斗目标,并确信一定能够成功。若干年后戈达德意识到,到达火星的唯一工具就是火箭。

戈达德在1904年进入伍斯特理工学院学习,并担任实验室助理。1908年他获得了伍斯特理工学院物理学学士学位,之后留校当了一名物理教师。在1910年,戈达德从克拉克大学获得硕士学位,一年后获得博士学位,并在1912年成为普林斯顿大学的研究员。期间,戈达德一直进行火箭动力学方面的研究,他曾点燃一枚放置在真空玻璃容器内的固体燃料火箭,以证明火箭能在真空中飞行。同时,他进一步认识到液氢和液氧是理想的火箭推进剂,他确信用他的方法一定能把人送上太空。

1919年,戈达德发表了一篇题为《到达超高空的方法》的论文,论述了火箭运动的基本数学原理,预言火箭能够冲出地球引力的束缚而到达月球,甚至更遥远的太空。同时还提出将火箭发往月球的方案,"制造重598.2kg的火箭,可以把0.9kg的镁送到月球,火箭撞月时将镁点燃,镁的明亮闪光可持续几秒钟,在地球上用望远镜可以看到它。"

从1920年开始,戈达德白天在克拉克大学任教,业余时间从事液体火箭研究和试验。1923年,戈达德进行了世界上第一个用汽油和液氢作燃料的液体燃烧火箭的发动机试验。后来,戈达德考虑着制造更大、更理想的火箭,为此,他找了马萨诸塞州的一个农场作为火箭发射的试验场。在经历了无数次的失败后,终于在1925年11月,一台长0.6m、重5.5kg的小型液体燃料火箭发动机,在以煤油和液氧为燃料的情况下成功地工作了27s。1926年3月16日,以这种发动机为动力、带有两个燃料贮箱、高3.4m的火箭,从一个简陋的铁架子上发射成功了。虽然火箭的飞行时间只有2.5s,达到的高度只有12m,水平距离56m,但这枚成功发射的液体燃料火箭,却是宇宙航行事业发展史上一个重要的里程碑。它的意义正如戈达德所说的那样:昨日的梦想是今天的希望,也将是明天的现实。

1929年戈达德又发射了一枚更大的火箭。这枚火箭比第一枚飞得更快更高,更重要的是它带有一只气压计、一只温度计和一架用来拍摄飞行全过程的照相机,这是世界上第一枚载有仪器的火箭。1935年戈达德又发射的一枚液体火箭,其速度第一次超过了声速。此外,戈达德还获得火箭飞行器变轨装置和用多级火箭增加飞行高度的专利,并研制了火箭发动机燃料泵、自冷式火箭发动机和其他部件。戈达德一共获得过214项专利。他设计的小推力火箭发动机是现代登月小火箭的原型,曾成功地升空到约2km的高度。

戈达德的研究看似饱满,但实际上他的研究经费极度匮乏。美国政府对他的工作从未表示过兴趣,而挑剔的舆论界也不放过这位严谨的教授。《纽约时报》嘲笑戈达德连中学的基本物理常识都不懂却整天幻想去月球旅行,他们称其为"月球人"。受新闻的影响,公众也对这位科学家的工作表示怀疑,但这都不能撼动顽强的戈达德。

虽然戈达德的研究不被官方重视,但还是引起了美国航空界先驱人物查尔斯·奥古斯都·林白的注意。在亲自考察了戈达德的试验和计划之后,林白立即设法从古根海姆基金会为戈达德筹得5万美元。这对于缺少资金而又迫切需要进行试验设计的戈达德来说,简直是雪中送炭。随着戈达德的计划的进展,农场的场地已经不够用了。在1930年戈达德全家和4个助手迁到新墨西哥州的罗斯威尔,在那里戈达德建立了属于他自己的发射场。此后到1941年,除了短暂的中断之外,他在这里从事了在科技史上最令人瞩目的个人火箭研究工作。

不过好景不长,第二次世界大战爆发后,戈达德被调入国防部进行武器研究。1941年9月,戈达德获得一份6个月的合同,为海军和陆军航空部研制一种液体燃料助推火箭。这年年底太平洋战争爆发。为了战争的需要,美国政府于1942年委任戈达德为海军研究局主任。他不仅圆满地完成了研制飞机起飞助推火箭的合同任务,并进行了变推力液体火箭的研究。可惜,从小体弱多病的戈达德这时肺结核病已到晚期。他不顾朋友和医生的忠告,仍然忘我地工作,取得了许多研究成果。在日本投降的前两天,即1945年8月10日,戈达德逝世。

虽然戈达德成功地发射了世界上第一枚液体火箭,但由于一直没有引起政府的重视,没有政府为主导的研究,再加上他自己的保密,导致戈达德还在世时,美国的火箭技术已落后于德国。直到1961年苏联航天员加加林上天后,戈达德的妻子才发表了戈达德30年来研究液体火箭的全部报告。人们得以了解戈达德了不起的成就,戈达德也因此被誉为美国的"火箭之父"。

戈达德逝世后,美国政府授予他许多荣誉。他被追授了第一枚刘易斯·希尔航天勋章,美国宇航局也将位于美国东部马里兰州格林贝尔特的大型研究中心命名为"戈达德太空飞行中心"。月球上的戈达德环形山也以他的名字命名。

对于戈达德的工作,火箭专家冯·布劳恩曾这样评价:"在火箭发展史上,戈达德博士是无所匹敌的,在液体火箭的设计、制造和发射上,他都走在了每一个人的前面,而正是液体火箭铺平了探索太空的道路。当戈达德在完成他那些最伟大的工作时,我们这些火箭和太空事业的后来者,才刚开始蹒跚学步。"

图6.3 罗伯特·戈达德

6.1.3 埃斯诺·贝尔特利(1881—1957)

埃斯诺·贝尔特利(R. Esnault – Pelterie)(图6.4)是法国航空航天先驱,法国航天学会创始人,也是世界著名的航天学理论奠基人之一。

1881年11月8日,贝尔特利出生于法国巴黎。他的父亲是一位纺织机械制造商。由于受到父亲的影响,他在孩提时代就对机械问题产生了浓厚的兴趣。1902年,贝尔特利获得了他的第一项发明专利。同一年,他大学毕业并投身于丰富多彩的科学研究和技术发明活动。

1907年,贝尔特利开始进行航天学理论研究,并广泛传播他的航天学思想。他于1912年2月和11月,分别在俄国的彼得堡和法国巴黎物理学会发表演讲,宣传他的航天学理论。他明确指出:"无数权威人士认为,人从一个行星到另一个行星的旅行完全是一种幻想。他们没有经过认真思考和研究就认为这种设想是不可能实现的,因此,几乎没有人试图研究实现这种设想的物理学条件。"他进一步指出,"星际间没有空气,因此,飞机不能在星际空间飞行。但是,现有的科学知识告诉我们,有一种发动机不需要空气支持他的飞行……这种发动机就是火箭。"

基于动量守恒和能量守恒定律,贝尔特利推导出火箭在真空中运动的方程式,得到火箭的逃逸速度为 11.28km/s。在这些工作的基础上,他又研究了月球火箭。他把火箭从地球飞到月球分成三个阶段:第一,火箭加速,达到摆脱地心引力的逃逸速度;第二,火箭发动机停止工作,靠初速度,继续向月球飞行;第三,在接近月球的特定轨道上,火箭发动机倒转并重新启动,在月球表面着陆。

在研究和计算了月球火箭之后,贝尔特利又研究了火星火箭和金星火箭,计算了火箭的飞行速度和飞行时间。他指出:我们现在考虑的火箭飞行速度是十分惊人的。但据我所知,至少有一个天体能够达到这样的速度,这就是哈雷彗星。他假设一枚1000kg火箭装有400kg镭,这些镭就足以使火箭到达月球并返回地球。利用这种火箭就足以实现人类去其他行星旅行的愿望。在这里他讨论了氢氧燃料和镭的能量,这也许是人类第一次阐述利用核能实现太空飞行的思想。

贝尔特利的观点在当时引起了很大的振动,但是大部分人仍对此持怀疑的态度。然而,这确实是一篇基于科学理论做出的严密的科学预言,几乎没有任何幻想的成分。它同齐奥尔科夫斯基1903年发表的那篇论文具有同等伟大的作用。他们的这些论文被看做是航天学诞生的标志。

20世纪20年代初,贝尔特利同两位助手计算了利用火箭把几吨炸药发射到几百千米甚至几千千米处的可能性,得出的结论是:未来的大型火箭有可能会发展成大规模杀伤性武器,如果多枚火箭齐发,就能在几小时内向几百千米外的地区发射上千吨炸药。1928年5月20日,他起草了一份关于火箭武器的秘密报告,这份报告指出,以现在的技术水平,完全可以制造出喷气速度为2.6km/s,射程2260km以上的火箭武器。在比较了火箭武器和航空炸弹的优劣后认为,他认为远程火箭武器具有广阔的发展前景。

1928年2月1日,贝尔特利同法国银行家安德利·路易·郝尔共同创设了航天学REP-Hirsch奖,以鼓励那些对航天学理论和实践做出巨大贡献的人。第一届REP-Hirsch奖授予了德国航天先驱者——奥伯特,这笔奖金为奥伯特出版他的航天学巨著《通向星际空间之路》提供了很大帮助。

1930年,贝尔特利对他过去20多年的研究成果进行了全面系统的总结,出版了《航天学》一书。这部著作论述了火箭发动机、宇宙飞船以及太空飞行等各个方面的问题。还首次把相对论原理运用到火箭运动的理论研究中。这部著作涉及面广,内容丰富,论述透彻,结论明确,被誉为航天学的百科全书。

1934年,经过补充修订,贝尔特利又出版了《航天学(第2版)》。在书中阐述了利用高速惯性陀螺实现航天器三轴稳定的方法。在讨论宇宙飞船返回大气层时,书中建议采用两个步骤:一是在稠密大气层外利用火箭发动机制动;二是在稠密大气层内利用降落伞减速。不仅如此,他还对火箭运动理论、燃烧气体膨胀、燃烧热力学等进行了详尽的研究。这些成就使贝尔特利获得了法国民用工程师协会大奖。1936年,贝尔特利成为法国科学院院士,他在航空、航天领域的开创性贡献得到科学界的承认。

1957年12月6日,埃斯诺·贝尔特利在法国去世,享年76岁。他见证了人类第一颗人造地球卫星飞上太空,见证了航天时代的真正开启。

图6.4 贝尔特利

6.1.4 赫尔曼·奥伯特(1894—1989)

赫尔曼·奥伯特(Hermann Julius Oberth)(图6.5)是德国物理学家,火箭专家,航天理论学家。他被誉为德国"火箭之父",是现代航天学奠基人之一。

1894年6月25日,奥伯特出生于奥匈帝国时期特兰西瓦尼亚的一户撒克逊家庭。他从小就对交通工具特别感兴趣,渴望着利用它们,使旅行变得更快、更远、更好。11岁时,他迷上了儒勒·凡尔纳的科幻作品,尤其是《从地球到月球》这部小说。他一方面对太空飞行无限渴望,另一方面对故事中所描述的用大炮飞行提出了大胆质疑。他认为大炮炮膛射出来的初速度,会把人瞬间压碎,炮弹飞行在大气层中也会被烧毁。认识到这种航天方式的缺陷后,奥伯特开始寻找一种全新的可行的太空旅行方式。经过大量的阅读和反复的思考,他断定,反作用力推进的火箭,是一种进入太空的方式。

1912年,奥伯特到慕尼黑学习医学,但随之而来的第一次世界大战打断了他的求学历程,他应征入伍,被派往东部战线。1915年,奥伯特被调往奥匈帝国的锡吉什瓦拉医护中心。在此期间,奥伯特阅读了所有他能找到的关于火箭和宇宙航行的著作,其中就包括齐奥尔科夫斯基的著作。奥伯特开始着手一系列与失重相关的试验,并开始了自己的火箭设计。

1919年奥伯特重新回到德国继续学习物理学,并且将所有的业余时间都用于宇宙航行研究。1922年,他把研究成果整理成文,作为申请博士学位的论文寄给了海森堡大学,但他的研究成果没有得到承认。1923年6月,奥伯特发表了论文《飞往星际空间的火箭》,这篇论文后来被奉为宇宙航行学的经典著作。1929年,经过修改和扩充更名为《通向星际空间之路》。奥伯特也因《通向星际空间之路》一书获得了首届REP – Hirsch国际航天成就奖。在书中,奥伯特提出了空间火箭点火的理论公式,用数学阐明火箭如何获得脱离地球引力的速度。他甚至预言了电推进火箭和离子推进火箭。他的作品影响了很多人,其中就包括后来的德裔美国火箭专家冯·布劳恩。

1924年到1938年,奥伯特在家乡特兰西瓦尼亚的一所中学里教数学和物理,但他对火箭的兴趣没有丝毫的减退。1928年到1929年期间,奥伯特成为了由弗里茨·朗指导的电影《月里嫦娥》的科学顾问,使得该电影充满了火箭科技的内容。同时,为首映礼制造和发射一枚火箭也成为了奥伯特作为电影顾问时最重要的一项任务。

1938年,奥伯特加入维也纳技术大学,短暂地参与了德国空军有关于火箭研究的计划,后来进入德累斯顿大学研制液体火箭的燃料泵。1940年,他加入德国籍,1941年,加入冯·布劳恩在佩内明德领导的德国火箭发展小组。虽然他没有直接参与开发后来的A–4火箭,也就是著名的"复仇者"2号(V–2)导弹,但A–4火箭却完全是以他的理论框架为基础的。德国战败后,他被盟军俘获并关进拘留营。被释放后,奥伯特离开了令他心碎的德国,在瑞士和意大利从事作家与教师的职业,内容均与火箭相关。

1951年,奥伯特来到美国与冯·布劳恩合作,共同为美国空间规划努力,并在1955年到1958年间,担任美国陆军红石兵工厂的顾问。这期间,他写了两本书,一本是对十年内火箭发展的可能性做展望,另一本谈到了人类登月往返的可能性。

1958年奥伯特退休回德国,他被授予联邦德国空间研究学会的名誉会长。1969年,他应邀前往美国观看"土星"5号运载火箭发射,见证了"阿波罗"11号的月球之旅,见证了最宏伟的航天理想的实现。1989年12月29日,奥伯特在德国的纽伦堡逝世,享年95岁。

奥伯特不仅勤奋好学,善于思考,而且虚心求教。在他与齐奥尔科夫斯基的通信中,他实事求是地承认,齐奥尔科夫斯基等人在推导和宇航有关的方程方面,走在自己前面。当从报纸上看到戈达德研究火箭的报道后,奥伯特就热情地给他写信,并索要他的著作。在奥伯特的一生中,最主要的贡献在于理论,他建立了燃料消耗、燃气消耗速度、火箭速度、发射阶段重力作用、飞行持续时间和飞行距离等条件之间的理论关系。这些关系是影响火箭的设计基础要素。奥伯特作为一个理论家,影响了整整一代工程师。作为航天事业的奠基人之一,他获得的称赞当之无愧。

图6.5　赫尔曼·奥伯特

6.1.5　西奥多·冯·卡门(1881—1963)

西奥多·冯·卡门(Theodore von Kármán)(图6.6)是世界著名科学家,力学大师,美国航空航天事业的创建人之一,他开创了数学和其他基础科学在航空航天和其他技术领域的应用,是20世纪最伟大的航天工程学家,被誉为"航空航天时代的科学奇才"。

1881年5月11日,冯·卡门出生于匈牙利布达佩斯,他的父亲是历史悠久的布达佩斯彼得·派斯马克大学著名的教育学教授。在童年时,冯·卡门就展现了很强的数学天赋,然而他的父亲因为担心他严重偏科,让他读地理、历史、诗歌来代替做数学题,帮助和培养他对知识的好奇心,受到父亲的影响,冯·卡门一生崇尚人文主义。

1902年,冯·卡门毕业于布达佩斯皇家理工综合大学,获得硕士学位。之后三年他在理工大学任职,并且担任匈牙利一家发动机制造厂的顾问,在航空器结构和材料强度方面进行了一些有价值的工作。这段时间,他还到德国哥根廷大学攻读博士学位,师从现代流体力学开拓者之一的路德维希·普朗特尔教授。1908年,冯·卡门获得哥廷根大学博士学位,之后他留校任教4年。期间,在1911年,他研究流动的流体在圆柱后留下的两排周期性旋涡,从理论上对其作了精辟分析,归纳提出钝体阻力理论,也就是著名的"卡门涡街"理论。这个理论大大改变了当时公认的气动力原则,使当时难以解释的机翼张线的"线鸣"、水下螺旋桨的"嗡鸣"等现象得到解决。从1912年起冯·卡门在德国亚琛工业大学担任气动力研究所所长。从20世纪20年代起,冯·卡门多次到各国讲学、任教或担任顾问。在20世纪30年代曾到过中国,在清华大学和中央大学讲学并担任顾问。

冯·卡门于1930年移居美国,在美国加州理工学院任古根海姆航空实验室主任,指导加州理工第一个风洞的设计和建设。期间,他还提出了附面层控制理论,提出简化的附面层积分动量关系式,接着又提出与试验结果相符的紊流附面层对数定律,得到了学者以及飞机、火箭和工业输送管路设计者的认可,为他们所采用。1932年后他发表了多篇有关超声速飞行的论文和研究结果,首次用小扰动线化理论计算了三元流场中细长体的超声速阻力,提出了超声速流中波阻的概念和减小相对厚度可以减少波阻的重要思路,同时发表了著名的高速飞行中机翼压力分布计算公式,即卡门-钱学森公式。

1935年冯·卡门又提出了克服未来超声速阻力的原则。1938年,冯·卡门指导美国进行第一次超声速风洞试验,发明了喷气助推起飞,使美国成为第一个在飞机上使用火箭助推器的国家。在他的指导下,加州理工大学涌现了一批优秀的航空工程师,就包括他心爱的中国弟子钱伟长、钱学森、郭永怀等。1939年,在冯·卡门和他的同事、学生的共同努力下,美国著名的喷气推进实验室成立了。

在1940年,冯·卡门和马利纳第一次证明能够设计出稳定持久燃烧的固体火箭发动机,不久就研制出飞机起飞助推火箭的样机。这种火箭也是美国"北极星"、"民兵"、"海神"远程导弹上固体火箭的原型。之后的一年,冯·卡门参与组建美国第一家制造液体和固体火箭发动机的航空喷气通用公司,还集资创办了火箭工厂。

1944年12月1日美国陆军航空队(美国空军的前身)正式成立了科学顾问团,由冯·卡门任组长,任务是评价航空研究和发展的趋势,为空军准备有关科学技术事务的特别报告。此时他已经在火箭技术上获得多项突破,如固体和液体起飞助推火箭,火箭发动机飞机,自燃点火液体推进剂(这种推进剂25年后用于阿波罗指令舱和登月舱)。1945年的初夏,冯·卡门授命以少将军衔率领科学顾问团一行36人,赶赴德国考察纳粹德国秘密研究火箭技术的情况。通过这次调查,冯·卡门摸清了德国火箭研制技术的水平,返回美国后,撰写了两份考察报告,对比分析美、德战争期间的科技发展差异,并从多个领域对美国未来航空航天事业的发展提出了规划及建议。这份报告对于美国远程导弹、人造地球卫星和星际航行事业的发展发挥了重要作用。

1946年冯·卡门提出跨声速相似律,它和普朗特的亚声速理论结合起来,形成了一个完整的可压缩空气动力学基础理论体系。1947年10月14日,根据冯·卡门的构思设计的X-1火箭飞机首次突破了声障,把人类带入了超声速飞行的时代。1952年,冯·卡门促成北约组织成立航空研究与发展咨询组并亲自担任主席,在他的努力下,于1956年和1960年分别成立了国际航空科学委员会和国际航天学会,他担任两会会长。1962年,又是在他的努力下,召开了第一届国际空间载人飞行基础环境科学会议。

冯·卡门的一生中学术成就卓著,他为美国空军打下了科技建军的坚实基础,鉴于他在超声速飞行和美国导弹技术发展方面做出的重大贡献,1963年美国总统把美国历史上第一枚国家科学特别奖章颁发给他。冯·卡门在生前曾获得18个国家的35枚奖章,最终于1963年在联邦德国的亚琛溘然而逝。

图 6.6　冯·卡门

6.1.6　谢尔盖·科罗廖夫(1907—1966)

1907 年 1 月 12 日,苏联航天巨擘谢尔盖·帕夫洛维奇·科罗廖夫(Sergei Pavlovich Korolev)(图 6.7)出生于基辅附近小城日托米尔的一个俄文教师家庭。

还在童年时代,人类能够飞行和我要飞向蓝天的想法,已深深铭记在科罗廖夫的脑海里。科罗廖夫四五岁时,常常骑在外祖父的肩上,去看飞行员的飞行技艺表演。科罗廖夫 16 岁时,有一天,他和母亲漫步在普希金大街上。突然,他向母亲要 50 戈比,母亲问他做什么用,他认真地说:"我想加入飞行协会,要交纳入会会费。"就这样,科罗廖夫迈出了飞行的第一步。青年时代的科罗廖夫就渴望制造出他自己设计的滑翔机。然而设计滑翔机需要更多更深的知识,于是他开始自修高等数学,并学会了制图。科罗廖夫以半工半读方式念完了中学和高等专科学校。

1929 年,他从莫斯科高等技术学校空气动力系毕业。同年,他结识了苏联"火箭之父"——齐奥尔科夫斯基,成为齐奥尔科夫斯基的第二代传人,从此将航天作为自己的理想。他开始研究大型火箭。1932 年他成为研究小组的负责人,次年,科罗廖夫担任新成立的喷气科学研究所的副所长,很快取得火箭研究和试验的许多成果。1936 年,他成功地设计出苏联的第一代火箭飞机,还相继出版了《火箭发动机》《火箭飞行》等著作。不幸的是,自 1935 年苏联航天之父齐奥尔科夫斯基病逝后,科罗廖夫也开始倒霉。1937 年,科罗廖夫因莫须有的阴谋颠覆罪遭到指控,被判 10 年徒刑,发配到西伯利亚的古拉格集中营。那里苦不堪言的劳役生活使年轻的科罗廖夫受尽折磨。他得了败血症,牙龈出血,牙齿几乎掉光,下颌被打裂,濒临死亡。直到 1945 年,冯·布劳恩制造出 V-2 火箭,前线需要专家来鉴别,科罗廖夫才得以重获自由。

1946 年 3 月,科罗廖夫和一些专家出国考察,了解到德国法西斯曾使用 V-2 火箭袭击英国,他非常气愤,也深刻认识到在发展火箭科学研究方面"必须走自己的路"。年底,科罗廖夫所在的设计局开始设计自控远程火箭。科罗廖夫和同事们利用德国专家的研究成果和"V-2"火箭的大量资料,在一年的时间里,研制、发射成功苏联的第一枚弹道式导弹。1947 年至 1953 年,已是导弹总设计师的科罗廖夫,取得了一连串重要成果,包括仿制和自行设计的近程、中程、远程和战术导弹,中程导弹试验成功后即开始装备部队。

从 1953 年开始,科罗廖夫开始领导研制 P-7 洲际弹道导弹,1956 年又将 P-7 导弹改装成用于发射人造地球卫星的运载火箭。1957年8月3日，这枚行程可达7000km、能够打到美国本土的洲际导弹试飞成功。

科罗廖夫在齐奥尔科夫斯基的影响下，提出并不断完善"由载客量决定大小的火箭列车"的设想，最后，发射卫星用的运载火箭由P-7洲际导弹改装，定名为"卫星"号运载火箭。它由中央芯级和4个助推级火箭捆绑而成，共用20台主发动机和12台游动发动机。火箭全长29.167m，最大宽度10.3m，起飞质量267t，起飞推力达398t，这是当时世界上最大的运载火箭。1957年10月4日上午火箭发射成功，人类从此进入宇宙航行时代。

科罗廖夫不仅主持发射了人类第一颗人造地球卫星，还亲自敲定了苏联的航天员，开发了苏联的宇宙飞船。1961年4月12日上午，重约4.73t的"东方"号飞船由火箭送上太空。塔斯社奉命向全世界发布了一则消息："尤里·加加林少校驾驶的飞船在离地球169km和314km之间的高度上绕地球运行。飞船的轨道与赤道的夹角是64.95°。飞船飞经世界上大多数有人居住的地区上空。"一时间，举世震惊。

科罗廖夫亲手拉开了人类探测地球之外、太阳系其他星球的序幕。接下来，科罗廖夫又指挥实现了人类第一次太空行走、人类第一位女宇航员、人类第一个太空站等，科罗廖夫一个个实现着自己的梦想，保持着苏联在太空竞赛的领先位置。但由于过度劳累，他在古拉格服苦役时留下的病根开始发作了——他心脏病发作，于1966年1月14日与世长辞，终年59岁。在他逝世后，苏联的太空计划陷入迷茫，而美国的航天优势则开始绽放，他的劲敌冯·布劳恩开始有机会迎头赶上。

科罗廖夫将他的一生毫无保留地献给了他深深热爱的航天事业，成为苏联人民最敬重的科学家之一。在他的努力下，实现了人类的首次航天，人类开始进入宇宙空间进行探索，为人类征服宇宙开创了先河。

图6.7　谢尔盖·科罗缪夫

6.1.7　韦纳·冯·布劳恩(1912—1977)

1912年3月23日，火箭专家韦纳·冯·布劳恩(Wernher von Braun)(图6.8)出生于德国东普鲁士维尔西茨的一个贵族家庭。他是20世纪航天事业的先驱者，曾担任德国著名的V-1和V-2火箭的总设计师，也是美国第一颗人造地球卫星火箭和登月火箭的设计师。

童年时,冯·布劳恩受到了他的母亲,一位业余天文学爱好者的影响,对宇宙空间产生了浓厚的兴趣。7岁时,母亲送给他一台望远镜,从此他迷上了浩瀚的星空。学生时代的冯·布劳恩表现出了与众不同的探索精神,在他13岁时进行了他的第一次"火箭"试验,使得柏林的使馆区发生爆炸,为这事冯·布劳恩被送进了监狱,但这并未影响他对于火箭发射的兴趣。16岁那年,冯·布劳恩看到了火箭先驱赫尔曼·奥伯特的著作《飞往星际空间的火箭》,并开始对星际旅行深深着迷。这本书,使他毫不犹豫地选定了自己的终身事业:为人类征服宇宙空间贡献一切力量。

1930年,冯·布劳恩进入柏林工业大学,成为奥伯特的学生,不久参加了奥伯特创建的德国空间旅行协会,并在此后协助奥伯特的液体火箭测试。1934年,冯·布劳恩获得了柏林洪堡大学物理学博士学位,他在毕业论文中论述了关于液体推进剂火箭发动机的理论和试验内容。这篇论文对航天事业的发展有着极其重要的意义,柏林洪堡大学将其评为最高等级——特优,甚至在30年后,德国宇宙飞行协会还将这篇文章作为其正式期刊的特刊重新出版。就这样,冯·布劳恩为自己的学生时代画上了一个闪亮的句号,并开始迎接崭新的工作历程。

1937年,在德国军队的支持下,冯·布劳恩选择了佩内明德的一片开阔地,作为德国火箭的研发中心和试验基地,并担任技术部主任,领导研制德国"复仇者"2号(V-2)火箭。1938年,冯·布劳恩加入纳粹党,此后为了巩固火箭研究事业,他加入了党卫军,并获少校军衔。1944年,由冯·布劳恩设计制造的V-2火箭正式服役,它的飞行速度非常快,6min便能从德国飞到英国,轰炸伦敦。

虽然冯·布劳恩制造了火箭,但是他很反感自己的成果被用作战争。1944年6月13日,纳粹向英国发射了V-1火箭。冯·布劳恩说这是"一生中最黑暗的日子",并声称"我们的火箭表现出色,只是他在一个错误的星球上着陆"。在第二次世界大战后期,美国和苏联都制定了计划,要活捉冯·布劳恩。而纳粹的高层决定一旦战争失败,就枪毙冯·布劳恩。冯·布劳恩面临着来自各方的危险。

1945年4月,美国不顾约定,抢先进入了属于苏联占领区的诺德豪森市,俘获了数百名德国导弹专家及家属,并从那里的地下工厂里抢夺了大量的图纸、资料以及100枚已经造好的V-2火箭,而带不走的设施,则全部炸毁。美国成功实施了这个名叫"回形针"的计划,带走了几乎所有的德国火箭资源。就在美军撤走后6h,苏联军队赶到,但现场只剩下一片废墟。5月2日,美军在慕尼黑城郊截获了冯·布劳恩。与此同时,美国国防部派出了科学咨询团来提审包括冯·布劳恩在内的纳粹火箭专家。咨询团的团长是美国的冯·卡门,而冯·卡门的主要助手之一就是日后的中国"航天之父"——钱学森。

1945年,冯·布劳恩被带到美国,在很长一段时间内,他都受到监视,因为美国人始终对他们心存芥蒂。尽管如此,冯·布劳恩依然坚持着他的火箭研制工作。他在美国研制的"木星"-C火箭具备了将人造卫星送上太空的推力,但是这件事却受到了美国官僚的阻挠。最初,发射第一颗人造地球卫星被认为是美国海军的事,冯·布劳恩所在的美国陆军不得干涉。于是美国只能从一开始就落后于苏联。

当苏联率先发射了世界上第一颗人造卫星,震惊了全世界。当时,冯·布劳恩正在亨茨维尔出席一个鸡尾酒会,得知消息后,他压抑已久的情绪终于爆发了:"我就知道苏联会做到,而我们的设备却被束之高阁。"而直到1957年12月6日,美国海军发射第一颗卫星失败后,冯·布劳恩才有机会真正施展他的才华。1958年2月1日,冯·布劳恩的团队不负众望,他用"木星"-C火箭帮助美国成功发射了第一颗人造卫星——"探险者"1号。《时代》杂志把冯·布劳恩当做封面人物,时任美国总统的艾森豪威尔还为他颁发了"美国公民服务奖"。从此以后,冯·布劳恩在美国才算抬起头来。

1960年,总统艾森豪威尔将美国陆军弹道导弹局划归美国宇航局,同时冯·布劳恩担任了新成立的美国宇航局马歇尔太空飞行中心的主任。一开始,整个美国的航天计划均落后于苏联,一直到苏联的火箭专家科罗廖夫死后,苏联的太空计划陷入迷茫,美国宇航局的优势才开始绽放,冯·布劳恩才开始有机会迎头赶上。

1967年,美国宇航局"水星"计划、"双子星"计划圆满完成,美国宣布开始实施"阿波罗"载人登月计划,冯·布劳恩成为总领空间事物科学顾问,分管"阿波罗"工程,直接主持"土星"系列大推力运载火箭的研制工作。1969年7月16日凌晨4时,冯·布劳恩在肯尼迪航天中心的发射控制室下令:"倒计时开始";7月20日晚,由"土星"5号发射的"阿波罗"11号飞船在月球上登陆成功;21日,宇航员阿姆斯特朗迈出了人类在月球上的第一步。冯·布劳恩实现了他和平开发太空的梦想,也成为美国家喻户晓的英雄。

之后,冯·布劳恩为美国研制航天飞机付出了最后的心力。在1970至1972年期间,他担任美国航空航天局主管计划的副局长,完成了航天飞机的初步设计及今后10年的研究规划。1972年,功成名就的冯·布劳恩离开了美国宇航局,他在晚年服务于提供卫星实际应用技术的菲尔德柴尔德公司,任副总裁之职。1977年6月,冯·布劳恩因为患肠癌在弗吉尼亚州逝世,享年65岁。

冯·布劳恩有着传奇的一生,经历过人生的低谷,也享受过鲜花和掌声,但始终不变的是他对太空的向往和对火箭研制的热情。他是史上最伟大的火箭科学家,他最大的成就就是主持"土星"5号运载火箭的研发,首次成功地完成人类登月的壮举。他一生都在努力实现的远大理想,正如他的一本自传的标题——《目标是星星》。

图6.8 韦纳·冯·布劳恩

6.2 中国航天之父——钱学森

钱学森是我国著名科学家,世界级火箭专家,中国科学院院士,中国工程院院士,中国两弹一星功勋奖章获得者。他在空气动力学成就卓越,是工程控制论的创始人,是 20 世纪应用数学和应用力学领域的领军人物,也是我国导弹与航天科技事业的开创者和奠基人。

钱学森祖籍浙江省杭州市,1911 年 12 月 11 日生于上海。他的家族吴越钱氏中,在近现代出了很多名人,钱穆、钱钟书、钱学森、钱伟长、钱三强……他们为中国现代化做出了巨大的贡献。钱学森于 1923 年 9 月进入北京师范大学附属中学学习,1929 年 9 月考入交通大学机械工程学院铁道工程系,1934 年 6 月考取清华大学庚子赔款留美公费生,1935 年 9 月赴美国麻省理工学院航空系学习。他从小到大所读的学校以及后来的工作单位,都是国内外数一数二的学校和科研机构,其聪慧可见一斑。

1936 年,在获得麻省理工学院硕士学位后,钱学森转入美国加利福尼亚理工学院航空系,成为世界著名的空气动力学教授冯·卡门的学生,并很快成为冯·卡门最得意的弟子,随后获得航空、数学双博士学位。

在美国,钱学森展现了其非凡的才华。1936 年冬,他加入了以马林纳为首的"火箭研究小组"(又称"火箭俱乐部"),初期研究的是火箭发动机、探空火箭和远程火箭等问题,后来参与了美国早期几种试验性火箭的研制工作,成为美国现代航天事业的开拓者之一。他和马林纳合作完成的研究报告《远程火箭的评论与初步分析》为美国 20 世纪 40 年代喷气推进实验室研制地-地导弹和探空火箭奠定了理论基础。

钱学森是冯·卡门领导的美国加州理工学院古根海姆航空实验室火箭研究小组的重要成员。他与导师共同完成高速空气动力学问题研究课题,提出了高超声速流动理论,研究出了"卡门-钱学森"公式,为解决高速飞行器克服声障和热障做出了贡献,为空气动力学的发展奠定了基础,成为当时美国航空航天领域的权威专家。之后,钱学森更参与创办了日后名扬世界的美国宇航局喷气推进实验室。

1945 年 5 月至 6 月,钱学森作为航空航天专家,参加了由冯·卡门领导的美国技术专家小组对欧洲和日本,特别是德国秘密火箭研究基地进行了考察,并且审问了 20 世纪航天事业的开拓者、纳粹火箭专家冯·布劳恩。同年 12 月,钱学森作为冯·卡门的主要助手,参与完成了美国空军"面向新水平"的发展规划,该规划成为 20 世纪 50 年代美军军事思想的基石,对美国空军导弹和航天技术的发展也产生了深远影响。1948 年,他完成了《关于火箭核能发动机》的论文,提出了洲际旅客运输火箭和核能火箭的设想,震动了美国科学界。

1949 年,当中华人民共和国宣告诞生的消息传到美国后,钱学森和他的夫人蒋英便商量着早日赶回祖国,然而却遭到美国政府的干预。1950 年,面对各种威逼利诱都毫不动摇的钱学森,在港口准备回国时,被美国官员拦住并将他关进了监狱。美国海军次长金贝尔这样形容钱学森:"他无论走到哪里,都抵得上五个师。"之后,经过冯·卡门等人的努力,钱学森被释放,但其仍然行动受到限制,失去自由。

直到 1955 年,通过中国政府极富智慧的政治、外交操作,美国才不得不同意钱学森回国。中国航天因此获得了巨大的、本属于中国的头脑宝藏。

归国后的钱学森,全力投入到了导弹研制事业。1955年10月,钱学森主持制定了我国1956至1967年科学技术发展远景规划纲要中的第37项国家重要科学技术任务——《喷气和火箭技术的建设》,并于1956年2月17日向国务院提出《建立我国国防航空工业的意见书》,为中国火箭和导弹事业的建立与发展提出了总体实施方案,协助周恩来总理、聂荣臻元帅筹备组建了我国火箭、导弹科学技术研究机构。从1956年4月开始,钱学森负责规划与组建国防部第五研究院,参与并领导了我国导弹、航天科学研究机构的创建工作。此后,他长期担任我国导弹和航天器研制机构的领导职务,并以他在总体、动力、制导、气动力、结构、材料、计算机、质量控制和系统工程等领域的丰富知识和经验,为组织领导中国导弹和航天器的研制工作发挥了重要作用,对中国导弹和航天事业的迅速发展做出了卓越贡献。在薄弱的工业基础之上,钱学森用很短的时间使中国研制出很多先进的导弹,建设了多个系列的火箭,树立了"两弹一星"的丰碑,夯实了中国的国防基础。

1970年,钱学森领导中国航天实现了中国第一颗人造地球卫星的研制和发射,为中国航天事业开创了新的局面。20世纪80年代,退居二线的钱学森继续支持着中国的载人航天事业的发展,参与了重大的、正确的航天决策,使中国航天避免了走上航天飞机的不归路,反而快速地发展了以飞船为导向的载人航天。2003年,钱学森见证了中国第一位航天员杨利伟飞上太空,2007年又见证了中国第一颗月球探测卫星的发射。作为中国航天科技事业的开拓者、实践家和主要奠基人,钱学森见证了中国航天事业由无到有、由弱到强的光辉历程。

钱学森在理论上的建树也是卓越的。在20世纪50年代,他将控制论发展成为一门新的技术科学——工程控制论,为导弹与航天器研制提供了制导理论基础。他把中国导弹武器和航天器系统的研制经验,提炼成为系统工程理论,并推广应用到军事运筹和社会经济发展研究,成功地推进了作战模拟和社会经济系统工程在中国的发展。钱学森在应用力学、喷气推进、工程控制论、物理学和系统科学等领域都做出了开创性的贡献。他的专著有《工程控制论》《物理力学讲义》《导弹概念》《星际航行概念》《论系统工程》及《创建系统学》等。据不完全统计,他有50多篇学术论文在国外发表,400多篇学术论文发表于国内刊物。

2009年,曾获得"国家杰出贡献科学家"称号的钱学森先生因病去世,享年98岁。钱学森之于中国,就像科罗廖夫之于苏联,冯·布劳恩之于德国、美国一样,不可或缺。国为重,家为轻,科学最重,名利最轻。五年归国路,十年两弹成。钱学森先生是知识的宝藏,是科学的旗帜,是中华民族知识分子的典范。

图6.9 钱学森

思 考 题

1. 现代航天学与火箭理论的奠基人是谁？他是哪国人？
2. 齐奥尔科夫斯基主要有哪些成就？他在航天史上有哪些第一？
3. 美国的"火箭之父"是谁？简述他所取得的成就。
4. 贝尔特利是哪国人？他主要取得了哪些成就？
5. 德国的"航天之父"是谁？他取得了哪些成就？
6. 被誉为"航空航天时代的科学奇才"的是哪位科学家？他取得了哪些成就？
7. "卡门涡街"理论是什么？它解决了什么问题？
8. 简述科罗廖夫所取得的成就。
9. 简述冯·布劳恩的经历和取得的成就。
10. 中国的"航天之父"是谁？简述其一生重要经历以及所取得的成就。

第 7 章　登月三部曲

1963年11月,时任美国总统约翰·肯尼迪(图7.1)在达拉斯乘坐敞篷轿车时被暗杀,使得整个美国沉浸在巨大的悲痛中。但他提出的"美国要在20世纪60年代将人类送上月球"的大胆设想并没有因此夭折。

在当时,月球任务的基本方案已经制定出来了,这一方案需要两艘宇宙飞船:一艘母船,用于运送三名航天员往返月球之间;一艘登月飞船,用于将其中两名航天员送到月球上并返回月球轨道。

图7.1　1961年5月25日,总统肯尼迪在国会上宣布"美国要飞向月球"

具体的实施步骤分为如下三个阶段:

第一阶段,"水星"计划(Project Mercury)(1959年—1963年),用于验证人类是否可以在太空中工作与生活。

第二阶段,"双子星"计划(Project Gemini)(1964年—1966年),这个计划作为连接一、三阶段的桥梁,将两名航天员送往太空,进行飞行试验。

第三阶段,"阿波罗"计划(Project Apollo)(1967年—1972年),人类将登上月球。

7.1　"水星"计划

"水星"计划的名称源自罗马神话中的速度之神墨丘利,同时也是太阳系行星中水星的名字。这个计划是为了发射载人飞船环绕地球而发起的,同时也为后续的登月和深空探测等任务做准备。

让航天员环绕地球轨道飞行并不是一件简单的事情,在飞船发射之前有许多问题要解决。首先,运载火箭需要有足够的动力,能够将载人飞船发射升空;另外,还需要设计飞船的着陆方式,并检验当它着陆后能否很快恢复动力;同时,还需要在地球多处建立地面跟踪站,以便与航天员保持联系,航天员则需要通过极其严格的体检来证明他们能够胜任在太空工作。在真正实践之前,没有人能确定人类能否适应太空生活。

在结束环绕地球飞行后,"水星"号飞船将返回地球大气层,最终在海面上降落。每艘飞船都携带有三个降落伞,其中两个用于降落,另一个作为紧急情况下的备用伞。飞船降落后,由直升机把航天员从飞船上接走。

测试了几百名志愿者后,NASA 从中选出 7 人作为"水星"计划的航天员(图 7.2),他们曾在军队中当过飞行员并拥有科学类或工程类的大学学历。作为航天员,他们还要学习一些航天器结构知识。

图 7.2 "水星"计划航天员格里森、谢泼德、卡彭特、施艾拉、斯雷顿、格伦、库勃

在当时,太空对人类来说还是一个未知世界,航天员们需要完成各种适应性训练,以便能够应付在太空中遇到的各种情况,如失重和超重。1960 年 12 月 19 日,载有"水星"号飞船的"红石"号火箭(图 7.3)首飞成功。

图 7.3 载有"水星"号飞船的"红石"号火箭发射升空

"水星"计划的第一位乘客是一只大猩猩(图 7.4),它叫哈姆,只有 3 岁。哈姆在太空飞行持续了 18min,体验了 6min30s 的失重状态。

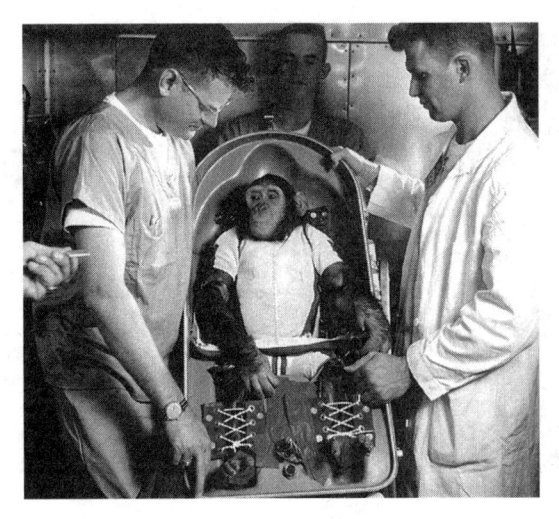

图7.4　猩猩"哈姆"被装入座椅

7.1.1　航天员谢泼德、格里森和格伦

1961年5月5日,美国将艾伦·谢泼德乘坐的"自由"7号飞船送上太空,一直飞到距地球表面187km的高度。谢泼德体验了5min的失重状态。

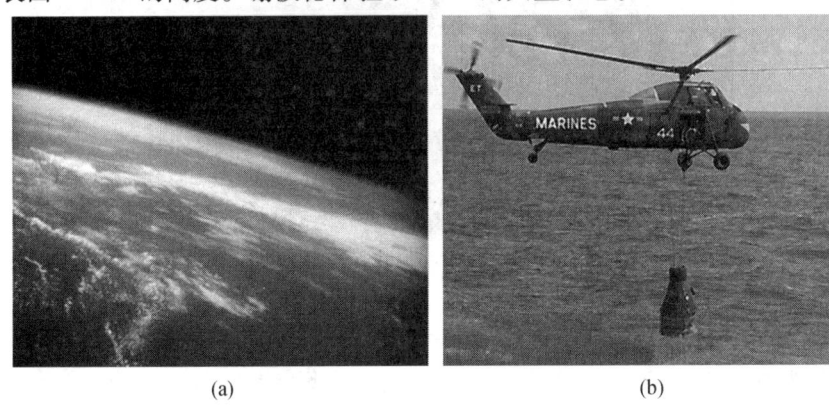

(a)　　　　　　　　　　　　　　(b)

图7.5　"自由"7号飞船拍摄的照片和直升机将谢泼德乘坐的返回舱救起的照片

第二个进入太空的美国人是维吉尔·格里森,他重复了谢泼德的飞行任务,发射和飞行阶段均运行良好,但在降落后出现了小插曲:当返回舱落入海里时,舱门突然开启,海水涌进船舱,好在格里森迅速逃脱。成功营救航天员后,直升机试图打捞飞船未果,飞船沉入大海。经过14年的多方努力,在佛罗里达州卡纳维拉尔海岬东南偏东约560km的新港,"自由"7号飞船于4.6km深处被发现,船体状况依然良好(图7.6)。

"水星"计划中首个进入地球轨道的航天员是约翰·格伦,他乘坐的"友谊"7号飞船(图7.7)于1962年2月20日发射。此次任务是环绕地球3圈,并持续飞行5h,任务取得了圆满成功。然而格伦在执行飞行任务时遇到了几处麻烦:当飞船的自动控制失灵后,他必须手动操纵飞船;返回火箭点火时,仪器显示飞船的隔热罩剥离,这种情况极有可能引燃飞船,经过判断是仪器显示错误,格伦安全返航。

(a)   (b)

图7.6　格里森进入"自由"7号和14年后被找到的"自由"7号飞船船体

图7.7　"友谊"7号飞船在轨运行计算机模拟图

"水星"号飞船最宽的位置仅有1.8m，因此飞船中为航天员预留的空间十分狭小。起初，飞船并没有窗户，但到了第二次"水星"任务时，飞船上安装了窗户，便于航天员遥望太空。格伦是"水星"计划中第一位在太空中进食的航天员。为防止航天员在太空中进食被噎住，NASA决定用管子对航天员喂流食。

7.1.2　航天员卡彭特、施艾拉和库勃

接下来飞向太空的美国人是斯科特·卡彭特（图7.8），他所乘的飞船"极光"7号搭载于MA-7火箭（图7.8），于1962年5月24日发射，绕地球飞行3周，期间他遇到了很多罕见的问题，其中最棘手的便是返回时卡彭特没有及时点火，导致他降落在距预定降落地点402km的地方，使救援船花费近两个小时才将他救起。

载有航天员瓦尔特·施艾拉的飞船"西格玛"7号（图7.9）于1962年9月3日发射。尽管在发射期间运载火箭出现异常，但当飞船进入轨道后便恢复正常。然而施艾拉所穿的太空服在此时却出现故障，无法控制其内部的温度，好在施艾拉是太空服设计方面的专家，在短时间内解决了这一问题。在环绕地球5h45min后，飞船降落在太平洋上。

(a)　　　　　　　　　　　(b)

图7.8　航天员斯科特·卡彭特和MA-7火箭发射升空

图7.9　调试中的"西格玛"7号飞船

第六位也是最后一位"水星"计划航天员是戈尔登·库勃,他乘坐的飞船于1963年5月15日发射,在此次任务中,NASA完成了将人类送上地球轨道后环绕地球飞行一天的目标。在飞行期间,库勃可以清楚地看到地球上的很多细节(图7.10),并且完成了很多试验。当环绕地球到了第9圈时,飞船的自动控制系统失灵,库勃不得不手动操作飞船返回着陆。

图7.10　航天员库勃拍摄的西藏

7.1.3 "水星"计划结束

库勃圆满完成任务后,"水星"计划于1963年6月12日正式结束。第7位"水星"计划的航天员迪克·斯雷顿没有执行飞行任务,留待NASA后续计划时再出任航天员。"水星"计划成功地将6位航天员送上太空,整个计划在太空中飞行总时长为53h55min27s,总花费为39200万美元,证明了人类可以很好地在太空中生存,为NASA后续的计划做了充分的准备,圆满地完成了登上月球的第一步。

7.2 "双子星"计划

"水星"计划曾用的航天器必须经过升级改造才能用于"双子星"计划。"双子星"航天器(图7.11)需要搭载两位航天员,因此体积较大。飞船由两部分组成,一部分是用于航天员活动的舱体,另一部分是独立的设备模块(图7.12),涵盖动力、推进、生命维持系统等。飞船重3630kg,长5.6m,基座长3m。用于发射航天器的"大力神"二号火箭(图7.13)高33m,在"双子星"计划期间共发射了12枚(图7.14),其中两枚为"双子星"无人太空舱,另10枚为载有两名航天员的太空舱,所有发射均圆满成功。

图7.11 阿姆斯特朗航空宇航博物馆的"双子星"飞船复制品

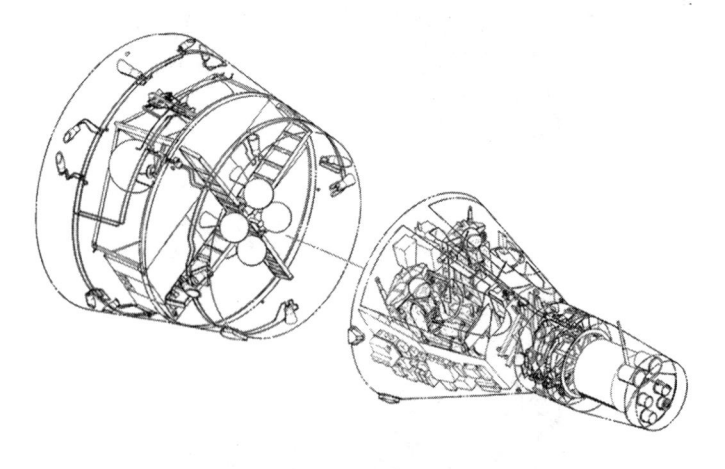

图7.12 "双子星"飞船内部结构简图

图7.13 "大力神"二号(Titan II)火箭发射

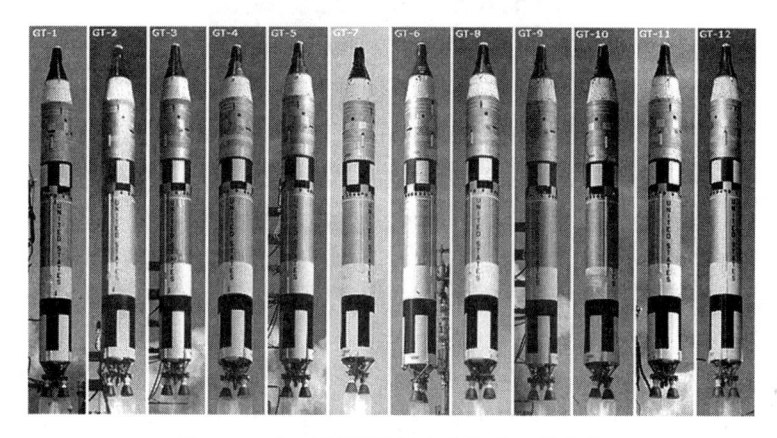

图7.14 "双子星"计划中全部的运载火箭

与"水星"计划相比,"双子星"飞船(图7.15)具有几个新特点:新能源——由燃料电池代替了"水星"飞船的电池从而提供更多的能源;新技术——飞船拥有更先进的计算机技术来帮助航天员应付在轨道中遇到的复杂问题;新系统——"双子星"飞船是航天员实际驾驶的飞船,可以向前、向后以及横向移动的驾驶系统使飞船能追上目标火箭或其他飞船。

图7.15 "双子星"飞船剖面图

"双子星"飞船的另一个重要改进则是飞船的两个舱门。该舱门可由航天员从飞船内部打开,这使得航天员出舱作业变得十分便捷。而在"水星"计划中,航天员被密封于飞船中,并且只能在返回地球后从外部打开舱门。

7.2.1 "双子星"第一次载人飞行

"双子星"飞船的首次飞行装载的是无人太空舱,用于测试飞船和火箭。1965 年 3 月 23 日,"双子星"3 号飞船发射升空,进入地球轨道,航天员约翰·杨和维吉尔·葛理森(图 7.16)完成了"双子星"计划的第一次载人太空飞行任务。飞行中航天员启动推进器多次改变飞行轨道,实现了轨道倾角的微小改变。此次任务持续了近 5h,飞船运转正常。

图 7.16 "双子星"3 号航天员杨(左)和葛理森(右)

7.2.2 美国第一次太空行走

两个月后,航天员爱德华·怀特和詹姆斯·詹麦克迪维特(图 7.17)乘坐"双子星"4 号进入太空飞行了 4 天,此行的目的是要追赶发射这枚飞船所用的"大力神"号火箭。任务十分艰难,最终由于燃料耗尽导致他们不得不放弃此次任务。尽管如此,美国仍从中获得了大量操作飞船的宝贵经验。此次任务最激动人心的是在绕轨道第三圈时,由怀特实现了美国人首次的太空行走(图 7.18)。出舱时他身上连着一根管缆,利用一个手持的小型火箭来实现太空移动。在经历了 20min 的太空行走后,怀特按照指令返回飞船,并表示意犹未尽。

图 7.17 "双子星"4 号航天员怀特(左)和詹麦克迪维特(右)

图 7.18　航天员怀特进行太空行走

7.2.3　长时间太空飞行试验

"双子星"5 号飞船是首次使用新型燃料电池的飞船,它在太空中的任务持续了近 8 天,环绕地球 120 圈。航天员皮特·康拉德与戈尔登·库勃(图 7.19)共完成了 17 项科学实验。在进行了 5 次变轨后,"双子星"5 号安全着陆于大西洋。此次任务证明了航天员可以长时间在太空中生存,不必担心登月计划中长时间太空飞行的问题。

图 7.19　"双子星"5 号航天员康拉德(左)和库勃(右)

7.2.4　"轨道双子"

"双子星"计划中最重要的目标之一,是证明两艘航天器可以在太空中交会对接。"双子星"6 号的任务是与在轨目标飞行器"阿金纳"号对接。然而在 1965 年 10 月 25 日,"阿金纳"号火箭发生爆炸,使得航天员托马斯·斯塔福德和瓦尔特·施艾拉(图 7.20)被迫取消执行任务,任务名称后改为"双子星"6A 号。由于"双子星"6 号计划的延误,NASA 决定将原本定于 12 月初发射的"双子星"7 号与"双子星"6A 号两个计划合并,"双子星"7 号作为"双子星"6A 号的目标飞船。

载有航天员詹姆斯·洛威尔和弗兰克·博尔曼(图 7.21)的"双子星"7 号发射于 1965 年 12 月 4 日,此次任务的重点是与"双子星"6A 号交会对接,他们在飞船上进行了 20 次科学实验并测试了新型的轻便太空服。"双子星"6A 号在三天时间里绕地球飞行 3 周、进行了 7 次变轨去追赶"双子星"7 号(图 7.22),1965 年 12 月 15 日,两艘飞船顺利完

图7.20 "双子星"6A号航天员斯塔福德(左)和施艾拉(右)

成对接,整个过程耗时5个多小时,最近的距离仅为0.3m。之后,"双子星"6A号返回地球,三天后"双子星"7号也成功返回。对接任务的成功是到登月计划中十分重要的环节,人类距离月球又迈进了一大步。

图7.21 "双子星"7号航天员洛威尔(左)和博尔曼(右)

图7.22 由"双子星"6A号拍摄的"双子星"7号的在轨飞行状态

另外,"双子星"计划的所有航天员都要学习天文学,因为他们在太空中需要识别天体,利用这些天体进行导航。

图 7.23 "双子星"7 号拍摄到的被云覆盖的西太平洋

7.2.5 在轨遇到的问题

随着航天任务的顺利进行,人们开始逐渐认识太空。但后续两次的"双子星"任务证明太空活动仍然具有很大的挑战性。

"双子星"8 号的任务是与"阿金纳"号目标火箭对接(图 7.24)。载有航天员大卫·斯考特和尼尔·阿姆斯特朗(图 7.25)的飞船于 1966 年 3 月 16 日发射。他们在完成与目标火箭的对接后就遇到了麻烦,对接后的飞船失去控制并不停旋转,当飞船与火箭分离后旋转更为明显。当他们在轨飞行第 7 周时,两位航天员终于将飞船稳住并紧急折返,最终成功将飞船安全降落在太平洋。

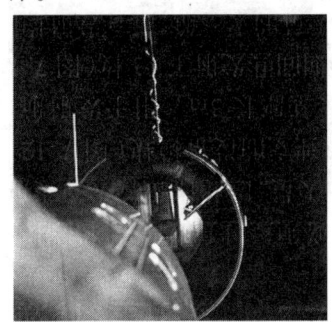

图 7.24 "双子星"8 号飞船与"阿金纳"号目标火箭对接

图 7.25 斯考特与阿姆斯特朗和"双子星"8 号着陆时舱口打开情景

"双子星"9号于1966年6月3日发射,其上载有航天员托马斯·斯坦福和尤金·赛尔南(图7.26)。他们原本计划与目标火箭进行对接,但"阿金纳"号火箭上的保护罩未能成功脱离,使得对接无法完成。因此航天员赛尔南决定改变计划,提前进行太空行走。但当他走出舱门,太空服出现故障,内部变得充满热气,雾气漫进头盔使他无法看清外界,最终只好返回飞船。

图7.26 斯坦福和赛尔南和"阿金纳"号目标火箭的整流罩未能分离

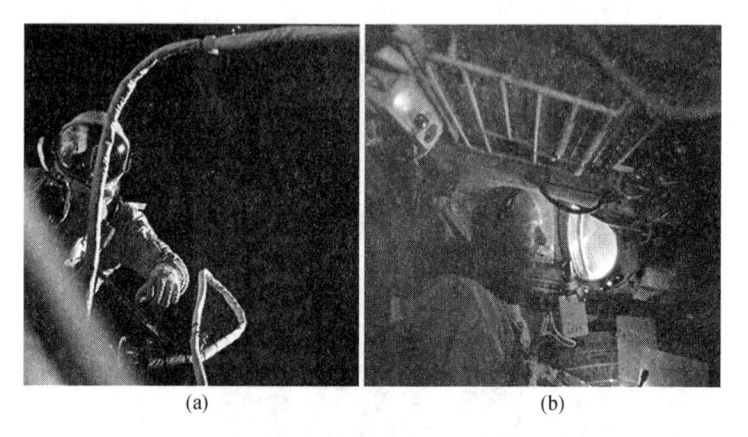

图7.27 赛尔南进行太空行走和斯坦福在飞船里执行任务

7.2.6 最后的任务

"双子星"计划最后的几次任务不仅使航天员积累了更多的经验,同时也是NASA在技术上的一次飞跃。最后这三次任务重复练习了对接、太空行走以及在更高的轨道上变轨。

航天员约翰·杨和迈克尔·科林斯作为"双子星"10号的成员随飞船于1966年7月18日发射,并在太空中进行为期3天的任务。在完成对接后,科林斯在太空中走到"阿金纳"号火箭旁,这也成为了此次任务的一个亮点。

"双子星"11号同样是为期3天的任务,载有航天员皮特·康莱德和理查德·戈登,他们主要的任务是为日后的登月做练习(图7.28)。此次任务中,飞船刷新了之前的飞行高度,达到了1368km。同时他们也进行了首次完全由计算机操控的折返动作。

"双子星"12号(图7.29)是"双子星"计划的最后一个任务,载有航天员吉姆·洛威尔和巴兹·埃尔德林的飞船发射于1966年11月11日，进行为期近4天的飞行任务。有前面多次任务的经验积累作为铺垫，此次任务进行得十分顺利。

图7.28 "双子星"11号利用"阿金纳"号火箭进行绳索试验

图7.29 从"阿金纳"号火箭看到的对接时相距不到5m的"双子星"12号飞船

"双子星"12号任务成功完成之后，NASA为登月任务积累了足够的经验，而航天员们也在太空中渡过了近两千小时。NASA对飞船进行不断改进，使其可在太空中工作长达两周。这些工作完成之后，就可以进入到下一步"阿波罗"计划了。此时的美国在"太空竞赛"中取得领先的位置，航天员们很快便要踏上登月的旅程。

7.3 "阿波罗"计划

"阿波罗"飞船由指挥舱、服务舱和登月舱组成（图7.30），发射任务必须由"土星"5号运载火箭（图7.50）搭载完成。"土星"5号运载火箭体积庞大，高111m，由三级结构组成。火箭的第一级和第二级负责将飞船送入太空；第三级负责将飞船送入绕地球飞行的轨道后再将飞船推出轨道，飞向月球。

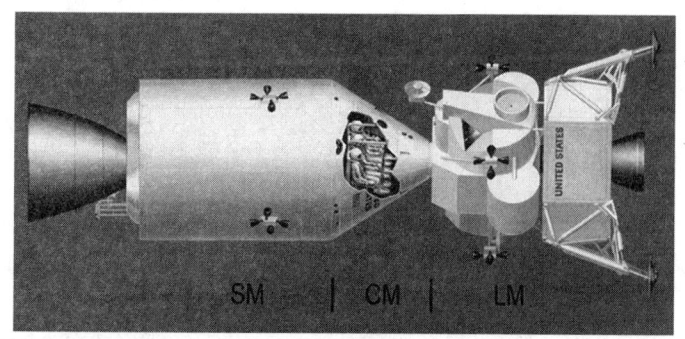

图7.30 "阿波罗"号飞船的服务舱（SM）、指挥舱（CM）、登月舱（LM）

"阿波罗"1号任务原定于1967年2月21日，由3名航天员维吉尔·格里森、爱德华·怀特和罗杰·查菲（图7.31）执行。然而在1月27日的一次训练中，一次意外引起了一场大火,火势吞没了飞船,3名航天员不幸牺牲。

图7.31　航天员格里森、怀特和查菲(左起)以及被烧毁的"阿波罗"1号

"阿波罗"1号的失败是人类探月史上的重大悲剧。在后来的任务中,NASA要确保航天器能够防火。他们用氮氧混合物填充船舱,即使起火,火势也不会像填充了纯氧的"阿波罗"1号那样迅速蔓延。在"土星"5号三次成功的发射试验之后,NASA准备启动载送航天员任务。

"阿波罗"7号是"阿波罗"计划中第一次载人飞行任务,于1968年10月11日发射,其上载有航天员瓦尔特·施艾拉、唐·艾斯利以及瓦尔特·康尼翰(图7.32)。"阿波罗"7号的飞行任务进展十分顺利,NASA决定将"阿波罗"8号送上月球。

图7.32　航天员艾斯利、施艾拉以及康尼翰(左起)

7.3.1　着陆演习

"阿波罗"7号的成功使美苏之间的"太空竞赛"达到了巅峰。此时苏联已经做好送航天员环绕月球的准备,同时美国的计划也在顺利地进行着。"阿波罗"8号于1968年12月21日发射,并载有航天员弗兰克·伯尔曼、吉姆·洛威尔以及威廉·安德斯(图7.33)。"阿波罗"8号于同年12月24日到达月球轨道后环绕月球20h,于12月27号成功返回地球。

在真正登陆月球之前,仍需执行两个任务。"阿波罗"9号并没有飞到月球,而是在沿地球轨道飞行时测试了登月舱,杰斯·麦克蒂维特、大卫·史考特以及罗杰·史维考特共同完成了此次任务(图7.34)。

航天员托马斯·斯塔福德、约翰·杨以及尤金·赛尔南(图7.35)乘坐的"阿波罗"

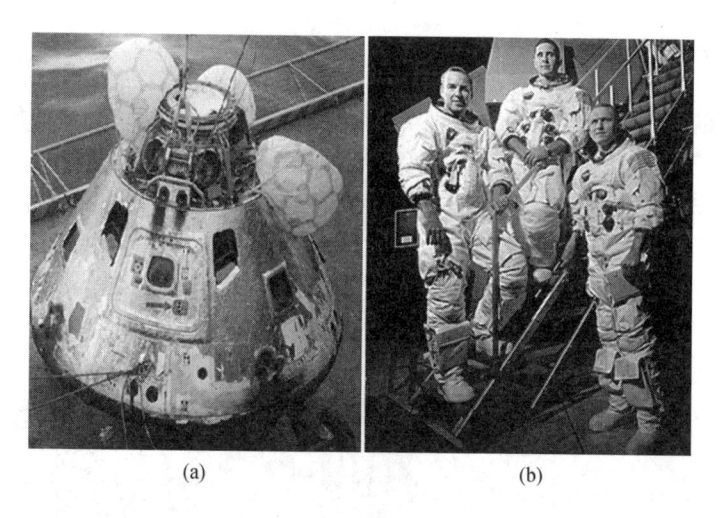

图7.33 约克镇号航母甲板上的"阿波罗"8号和航天员洛威尔、安德斯、伯尔曼(左起)

图7.34 "阿波罗"9号的登月舱和航天员斯科特出舱进行太空行走

图7.35 航天员斯塔福德、杨、赛尔南(左起)和他们拍摄的"地出"

10号于1969年5月18日发射,为首次登陆进行演习。当到达月球轨道时,登月舱和指挥舱分离,留下杨一个人在指挥舱里,斯塔福德和赛尔南随着登月舱驶向月球。斯塔福德和赛尔南飞至距月球表面只有16km的位置后,必须重启引擎并返回指挥舱。他们的任务并不包含登陆月球,这需要留待"阿波罗"11号完成。

7.3.2 "雄鹰"着陆

激动人心的时刻终于到来,1969年7月16日,载有航天员尼尔·阿姆斯特朗、迈克尔·柯林斯和巴兹·奥尔德林的"阿波罗"11号(图7.36)发射升空,驶向月球。飞船到达月球轨道后,载着阿姆斯特朗和奥尔德林的"雄鹰"号登月舱与"哥伦比亚"号指挥舱分离,柯林斯留在指挥舱中继续环绕月球。在"雄鹰"号登月舱驶向月球的过程中出了一些意外,导航计算机过载使得阿姆斯特朗必须手动操作飞船使其降落。好在有惊无险,在所剩燃料只够支撑30s的情况下,"雄鹰"号到达了它的降落地点——静海基地,而此时距离飞行控制中心叫停登月任务只剩15s。

图7.36 航天员阿姆斯特朗、柯林斯和奥尔德林(左起)和搭载"阿波罗"11号的"土星"5号火箭

1969年7月21日2点56分,阿姆斯特朗扶着登月舱的阶梯踏上月球(图7.37),他说了一句流传至今的名言:"这是我的一小步,却是人类的一大步。"随后奥尔德林也踏上月球,他们花费了2h31min去采集月球表面的土壤、岩石并搭建试验设备。两位航天员在预定时间返回"雄鹰"号,随后和在"哥伦比亚"号指挥舱的柯林斯汇合,一同回到地球。返回地球的旅程进行得十分顺利,于7月24日降落在太平洋上。"阿波罗"11号不仅实现了肯尼迪总统的登月目标,更实现了人类想要到达新世界的梦想。

图7.37 航天员奥尔德林在月球上留下的鞋印和阿姆斯特朗拍摄的奥尔德

紧接着,"阿波罗"12号(图7.38)于1969年11月14日发射,其上载有航天员皮特·康拉德、理查德·戈尔德以及艾伦·宾。他们的任务是寻找于1967年4月发射

的"调查者"3号飞船,这艘飞船曾用于探索人类登月的可能性。科学家们迫切地想要知道在它着陆后究竟发生了什么,因此航天员拆卸下这艘飞船的一些部件带回地球做进一步的调查。此外,康拉德和宾还带回了重达34kg的月球岩石。

图7.38 "阿波罗"12号月球着陆全景图

在一系列的"阿波罗"计划中,从月球上采集的岩石让科学家们对于地球和月球的形成产生了新的理解。月球岩石与地球岩石相差无几。但不同的是,有些类型的岩石是在陨石撞击月球表面的时候形成的,有些月球岩石则又有太阳系最古老的成分。

7.3.3 "休斯顿,我们出问题了"

载有航天员吉姆·洛威尔、杰克·斯威格特以及弗莱德·海斯(图7.39)的"阿波罗"13号于1970年4月11日发射。在飞行大约56h后,贮箱发生了剧烈爆炸,飞船中大部分用于呼吸的氧气泄漏到太空之中。爆炸使得飞船的电源系统发生了严重的损坏,危在旦夕的时刻,航天员向位于得克萨斯州的飞船控制小组汇报了发生的险情,登月计划不得不取消,此时最重要的事便是让航天员安全返回。

NASA的科学家和工程师们想尽一切办法试图帮助航天员返航。他们让航天员从指挥舱移动到未被爆炸波及的登月舱中,尽最大可能在氧气供应耗尽前返回地球。

图7.39 洛威尔、斯威格特和海斯(左起)

7.3.4 后续四次登月任务

"阿波罗"计划迅速从"阿波罗"13号的危机中恢复。"阿波罗"14号(图7.40)于

1971年1月31日发射,其上载有航天员斯图尔特·罗萨、艾伦·谢泼德、埃德加·米切尔(图7.40)。谢泼德当时已经48岁,成了登月航天员中年龄最大的一位,同时他也是"水星"计划中进入太空的第一人和第一个在月球表面打高尔夫的航天员。他和搭档米切尔在两次月表行走任务中积累了大量经验并收集了许多月球岩石样本,科学家们利用这些样本可以研究雨海形成过程中喷射覆盖物的特性。

(a) (b)

图7.40 "阿波罗"14号登月舱和罗萨、谢泼德、米切尔(左起)

"阿波罗"14号可以说是一次极为成功的任务,它使得NASA重拾信心,计划在未来的探索与科学实验中取得更多的成果。

紧接着于1971年7月26日发射的"阿波罗"15号载有航天员大卫·斯科特、阿尔弗莱德·沃尔登以及詹姆斯·艾尔文(图7.41)。这次任务还是"阿波罗"计划中首次"J任务"——与前几次登月相比在月球上停留更久,进行三次较长的月表行走,科学研究所占的比例也更大。两位航天员驾驶着航天史上第一辆月球车,在月球上穿越的距离比前几次任务更远。他们一共收集了约77kg的月球岩石标本。

(a) (b)

图7.41 "阿波罗"15号和航天员斯科特、沃尔登、艾尔文(左起)

随着登月经验的积累,美国人试图寻找更有挑战性的着陆地点。载有航天员约翰·杨、查尔斯·杜克以及肯·马丁利的"阿波罗"16号于1972年4月16日成功发射,其登月地点选在笛卡尔高地,用于收集月球最古老的岩石。杨驾驶的月球车时速达到了18km/h,这也刷新了当时的记录。

尽管"阿波罗"14号、"阿波罗"15号、"阿波罗"16号均圆满成功,但由于其高昂的花费以及公众对于"登月"热情的消减,美国决定取消登月计划并着力于新的项目。"阿波罗"17号将成为最后一次登月任务。

"阿波罗"17号得益于月球科学团体的幕后游说,他们认为应该有一名专业的地质学家造访月球。然而,在1965年NASA招收的5名进行飞行训练的科学家之中,只有哈里森·施密特一人是地质学家。因此他与尤金·赛尔南、罗纳德·埃文斯(图7.42)一起,在为期12天半的"阿波罗"17号任务中探索了澄海沿岸附近的黑土壤区域,收集了大量重要的岩石样本。

图7.42 航天员施密特、赛尔南(坐)、埃文斯(左起)和"阿波罗"17号返回后的救援现场

"阿波罗"17号同样圆满完成了它的使命。当赛尔南回到登月舱的时候,他成为最后一个月球行走的"阿波罗"号飞船的航天员。

"阿波罗"计划的圆满完成鼓舞了全世界。对于人类来说,最重要的成就便是将人类送上月球并安全返航,这是最值得铭记的;对于科学研究来说,整个计划带回了超过363kg的月球岩石,从中可以了解到地球与月球的起源;对于美国来说,"阿波罗"计划使全国人民团结一心,共同见证了人类最伟大的科学探索。

同时,这项计划也带动了美国与苏联关系的修复。1975年7月,美国和苏联合作了"阿波罗-联盟"试验计划。由美国的"阿波罗"18号飞船与苏联的"联盟"19号飞船在太空中交会并对接在一起(图7.43),作为一次政治缓和行动。苏联航天员与美国航天员亲切握手,推进了太空探索的国际合作,由此友好地结束了这场太空竞赛。

图7.43 "阿波罗-联盟"航天器在太空对接的模拟图

思 考 题

1. 美国的登月计划分几个阶段？分别是什么？
2. "水星"计划任务中，主要遇到了哪些困难？
3. "水星"计划具有哪些意义？
4. "双子星"飞船与之前相比具有哪些新特点？
5. "双子星"计划任务中，宇航员遇到了哪些问题？
6. "双子星"计划具有哪些意义？
7. 人类第一次登上月球是在哪一天？是哪一次任务？登陆地点在哪里？
8. 第一个登上月球的宇航员是谁？他的名言是什么？
9. "阿波罗"计划具有哪些重大的意义？

第8章 火箭与导弹

8.1 火箭与导弹的区别

火箭是依靠自身动力装置——火箭发动机推进的飞行器。它有两类：一类是无控火箭，其飞行轨迹不可导引、控制；另一类是可控火箭，其飞行轨迹由制导系统导引、控制。

火箭发动机是喷气发动机的一种。它的工作原理是把自身内部的工作物质，经过燃烧后以很高的速度向后喷出，产生反作用力推动火箭运动。火箭发动机与空气喷气发动机不同之处是它随身携带所需的全部工作物质（燃烧剂和氧化剂），不需要从外界空气中引入氧来助燃，因此，它不仅可以在大气层内工作，也可以在外层空间工作。

导弹是载有战斗部，依靠自身动力装置，由制导系统导引、控制其飞行轨迹，并导向目标的飞行器。显然，载有战斗部的可控火箭就是导弹。但导弹不一定都依靠火箭发动机推进，它也可以依靠空气喷气发动机或组合型发动机推进。导弹之所以成为武器，就是因为载有战斗部。

导弹由动力装置、制导系统、战斗部、弹体和弹上电源5个分系统组成。由于导弹本身是一个复杂的系统，为了从系统工程的观点出发研究问题，人们又常把上述5个分系统组成的导弹称为导弹系统。

要使导弹系统能作为武器使用，还需要一套发射系统、勤务保障设备系统、侦察瞄准系统和指挥通信系统。这样，上述四大系统就构成了导弹武器系统。

导弹技术尽管已发展到了相当高的水平，但是由于现代战争的更高要求以及科学技术飞速发展，导弹技术还在进一步向前发展。其发展的主要动向有以下几个方面。

（1）提高可靠性。导弹武器系统由许多复杂的装置、设备和分系统组成，只要任何一个方面出了问题都会导致导弹失效。因此，有必要采取使用固态电路和标准模块等措施提高系统的可靠性。

（2）加强突防能力。为了使我方导弹能突破敌方反击及干扰，有效打击敌方，必须提高突防能力，目前比较先进的突防手段有多弹头技术、变弹道技术等。

（3）增强通用性。采用一弹多用，应用部件模块，以减少导弹品种。

（4）研究和改进制导技术和方法。采用新技术如毫米波、热成像以及光导纤维等制导技术，同时加快发展超视距和体积小和质量轻的机械雷达，采用复合制导技术，提高导引精度和抗干扰能力。

（5）提高机动发射的能力。努力简化发射装置和设备，使之小型化、轻便化。

（6）发展全天候和快速反应的自动化导弹武器系统。

8.2 火箭的组成及各部分的功能

一般火箭的基本组成部分有推进系统、箭体结构和有效载荷。有控火箭还装有制导和控制系统,有时还可根据需要在火箭上装设遥测、安全自毁和其他附加系统。推进系统是火箭飞行的动力源。

现代火箭一般为 2～4 级。由以下分系统组成:有效载荷、箭体结构、推进系统、制导系统、电源系统、安全系统、遥测系统、外弹道测量系统等。

8.2.1 有效载荷

有效载荷是弹道导弹和运载火箭的运载对象。两者的区别主要是:运载火箭的有效载荷是人造卫星、飞船或空间探测器等航天器;弹道导弹的有效载荷是战斗部(弹头),运载火箭运载的对象是航天器,把航天器送入预定轨道是运载火箭的任务。

航天器的有效载荷从大的方面可分为航天员和物质性有效载荷两类。其中:作为载人航天器的主要有效载荷——航天员,并非单指航天员本身,而是由航天员和一定的装备(如航天服、必要的工具等)组成的一个能从事航天活动的系统。

作为航天器必备的物质性有效载荷视航天任务的不同而异,在现阶段大体上分为进行科学探测的仪器和科学实验的设备、获取地球－大气层系统反射和辐射(发射)的电磁信息的遥感设备、转发无线电信息的通信设备、发送定位信息的导航设备等几种,今后还可以有生产特种材料和药物的设备、发送电力的装置等。它们中的每一种都是由若干个成分组成的复杂系统。例如,遥感器可分为结构、光学、电控、存储和传输等几个分系统。

位于太空中的航天器上的有效载荷,必须由航天器提供能量、信息、物质和创造适当的人工环境、条件,才能在高真空、强辐射、超低温背景和冷热交变等严峻的太空环境下可靠和有效地工作。

航天器的有效输出主要是有效载荷的输出,有效载荷又是航天器的核心,它在航天器设计中应起主导作用。有效载荷在航天器设计中的主导作用,要求组成航天器平台的各分系统以有效载荷的需要作为它们最基本的设计要求。

8.2.2 箭体结构

箭体结构是运载火箭各个受力和支承结构件的总称,如图 8.1 所示。其功能是安装连接有效载荷、仪器设备和动力装置,储存推进剂,承受地面操作和飞行中的载荷,维持良好的空气动力外形,将组成火箭的各个部分牢靠地组成一个整体。

有效载荷的整流罩位于运载火箭前端。当运载火箭在大气层内飞行时,它用来保护有效载荷不受气动力和气动加热的影响;当运载火箭飞出大气层后,它已不起作用,此时,为减轻火箭质量,整流罩即可抛掉。整流罩应有足够的刚度,且质量要轻,因此常采用蜂窝结构。常用的有铝蜂窝结构、玻璃钢蜂窝结构和碳纤维蜂窝结构。用于运送载人飞船的运载火箭,在其整流罩的上端装有逃逸救生火箭。当运载火箭在飞行中出现不正常情况危及航天员生命时,逃逸火箭立即点火,带着整流罩和整流罩内的载

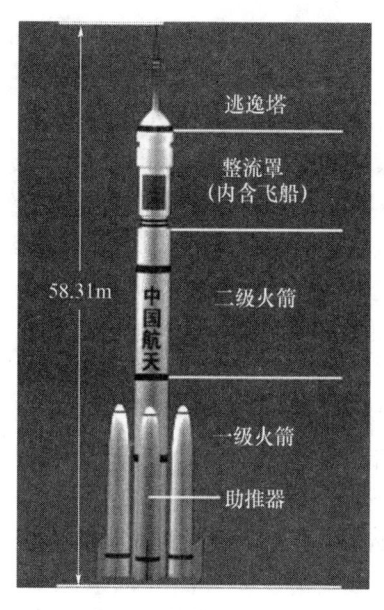

图 8.1 箭体结构系统

人飞船一起迅速脱离运载火箭,飞向一个安全区。这种整流罩要能承受很大的逃逸载荷,因此都采用由高强度铝合金、合金钢和钛合金制成的半硬壳式结构。为了改善火箭的飞行稳定性,有时在整个火箭的尾部还配置尾翼。

液体火箭箭体结构包括推进剂存贮箱、仪器舱、箱间段、级间段、发动机承力结构和尾舱等。推进剂贮箱占了箭体很大一部分空间,它用来存储推进剂。采用双组元推进剂的火箭有两个贮箱,一个装氧化剂,另一个装燃料。如用单组元推进剂,有一个贮箱就够了。目前大多数运载火箭的推进剂贮箱,不但用来存储推进剂,而且同时作为箭体承力结构的一部分。推进剂贮箱要求密封,装上推进剂后绝不允许有泄漏。

仪器舱的作用是承载控制系统和测量系统的仪器设备。运载火箭的仪器舱一般安装在箭体靠前端部位,这里离发动机较远,所以振动小,对仪器设备有利。

贮箱一般为圆筒形,前后有两个箱底,中间为圆柱形的壳段,用焊接方法把两个箱底与壳段焊成一个圆筒形容器。有的运载火箭为缩短整个火箭的长度,把氧化剂箱与燃料箱连成一个整体,中间用一个共用的箱底(称共底)隔开。在两个独立的圆筒形贮箱之间有一个连接段,称为箱间段。利用箱间段的空间可安装一些仪器或设备,例如,安全自毁系统的爆炸装置,常放在这里。

发动机承力结构是用来安装发动机并把推力传给箭体的承力组件,常见的推力结构有构架式结构与半硬壳式结构两种型式。构架式推力结构又叫发动机架。

尾舱位于火箭尾部,一般是火箭竖立在发射台上的承载构件,又是发动机的保护罩。它不仅是个发动机舱,而且在整个火箭竖立在发射台上时起支撑作用。有的运载火箭在尾段外面还装有尾翼,尾翼起稳定火箭飞行的作用。可以根据运载火箭在大气层内飞行时箭体气动稳定状态,一般在控制系统方案设计时决定要不要装尾翼。

箭体结构常用的材料为可焊的铝合金,早期美国的"宇宙神"号火箭,曾用不锈钢作为贮箱材料。用作推进剂贮箱的材料必须与存储的推进剂相容。所谓相容,就是两

159

者能和平共处:一方面材料能耐推进剂的腐蚀,另一方面材料对推进剂不起物理化学作用,不使推进剂的化学成份或品质发生变化。

串联式多级火箭在级与级连接的部位还有一个级间段,也是级与级分离的部位。级与级之间分离有两种状态,一种叫热分离,就是上面一级火箭先点火,然后两级之间再分开;一种叫冷分离,就是两级之间先分开,然后上面一级火箭再点火。采用热分离的火箭,其级间段常采用构架式结构,便于在分离前,上面级发动机的火焰可以从构架的空隙处顺畅排出。

箱间段、仪器舱、尾段、尾翼和级间段壳体常采用铝合金材料。发动机架、构架式级间段一般由钢管焊接而成。

对固体运载火箭而言,其箭体结构除了没有推进剂贮箱、箱间段和发动机架外,其他与液体运载火箭的箭体结构基本相同。其中固体火箭发动机的壳体常构成箭体承力结构的一部分。

在箭体结构的组成中,还包括一些机构,最常见的机构是分离机构。分离机构具有连接与分离双重作用。在运载火箭上要分离的部位除前述的上面级与下面级之间的级间段外,还有多级火箭的助推器与芯级火箭的分离、整流罩与箭体的分离和有效载荷与箭体的分离等。目前常用的分离机构有:爆炸螺栓、爆炸分离螺母、包带机构、火工锁机构和拉杆式锁钩机构等多种形式。

8.2.3 推进系统

推进系统的功能是产生推力,推动火箭向前运动。迄今运载火箭上使用的发动机均为火箭发动机。按火箭发动机的种类,组成运载火箭的各子级火箭及其相应的各级火箭,可以有液体火箭与固体火箭之分。关于液体火箭发动机和固体火箭发动机的原理,见8.4.1节的详细介绍。

8.2.4 控制系统

运载火箭是一种可控火箭,控制系统是组成运载火箭的主要分系统之一。运载火箭的控制系统由箭上系统和地面系统两部分组成,其中箭上系统称为飞行控制系统,地面系统称为测试发射控制系统。地面的测试发射控制系统的任务是检查测试飞行控制系统和其他电气设备的性能和参数;给运载火箭装订飞行程序和数据;进行精确方位瞄准;在运载火箭经检查测试合格,符合技术要求之后,实施发射点火控制。

箭上的飞行控制系统则用来控制运载火箭飞行中的飞行状态,运载火箭在飞行中,其飞行状态可以分解为两种运动:一是火箭质心的运动,二是火箭绕质心的转动。飞行控制系统的任务就是控制火箭这两种运动状态符合设计所规定的要求。火箭在实际飞行中,常受到来自运载火箭本身和外部环境的各种干扰力和干扰力矩的影响而偏离预定的飞行状态。来自火箭本身的干扰和干扰力矩有:由于箭体结构制造偏差造成的结构不对称,结构轴线偏移和质心偏移,发动机制造和安装偏差造成的推力轴线偏斜,多台发动机工作不同步,液体推进剂在贮箱内晃动,控制设备制造误差引发的干扰力和干扰力矩;来自外部环境的干扰力和干扰力矩主要是风的影响。

飞行控制系统的功能如下:

（1）控制运载火箭的质心在设计的轨道平面内按预定的轨道飞行,并根据设计的飞行位移和飞行速度及时关闭发动机,保证运载火箭入轨精度。

（2）克服种种干扰的影响,控制运载火箭绕质心运动的姿态角(俯仰角,偏航角,滚转角)偏差在允许的范围内,使火箭保持稳定飞行。

（3）对箭上设备供、配电和对各种自动装置实施预定飞行时序的配电控制。

（4）传输和处理箭上其他系统的工作信息和控制其状态变化。

飞行控制系统由制导与导航系统、姿态控制系统、电源供配电和时序控制系统三部分及相应的软件组成。软件的作用是完成各种功能计算并把三个部分按功能和工作程序结合起来完成飞行控制任务。

制导与导航系统的主要任务是控制运载火箭的入轨精度。通过测量仪表测出的火箭运动参数,经计算装置进行导航计算,得到火箭的速度和位置,按预定关机量要求关闭发动机;然后根据对每一时刻速度和位移按要控制的参数(如高度、倾角等)进行导引控制,使火箭的质心运动接近预定的轨道,保证火箭入轨。

姿态控制系统的任务是克服种种干扰的影响,保证运载火箭的稳定飞行。通过测量仪表测出火箭绕其质心转动的姿态角和角速率,经中间装置处理后发出姿态控制信号,控制火箭的飞行姿态,使其实际的飞行俯仰角与程序飞行所需的程序俯仰角之间的差接近于零。保持火箭沿着预定的轨道飞行,使火箭的飞行偏航角在0°左右摆动,保持火箭在预定的轨道平面内飞行,控制火箭的滚转角,使其值也接近于0°。从而保证火箭的稳定飞行。

制导与导航系统的横法向导引信号和姿态控制系统的姿态控制信号是经过综合装置综合后,通过执行机构改变发动机推力的方向来调整运载火箭的飞行状态的。目前,运载火箭控制系统的执行机构大都采用伺服机构。伺服机构接受经综合后的横向导引信号和姿态控制信号来摆动发动机,使其推力方向产生偏斜,利用推力的横向分力,产生一定的控制力和控制力矩,控制火箭的飞行状态。

8.2.5 初始对准系统

我们常常在电视上看见火箭腾空而起飞向蓝天,紧接着消失在人们的视野里,最后进入预定轨道。火箭是如何确定它的初始方位的呢？这就要用到火箭的初始对准系统了。

火箭的初始对准系统是用来确定位于发射点的火箭的初始方位,并控制火箭对准目标的系统。一般由箭上设备和地面设备共同完成。按照工作原理分为光学、光电和自主瞄准。

（1）光学瞄准。又称光学瞄准镜,利用光学原理制成的瞄准装置,由镜头、镜体和照明装置组成。

（2）光电瞄准。新一代瞄准具的一种,以电子成像将瞄准圆点或瞄准线投射在瞄准具镜面上,当射手从瞄准具看出时,瞄准圆点(通常是个红点)似乎就落在目标的瞄准点之上。这种瞄准具的优点是没有视差的问题,无论射手眼睛和瞄准具目镜之间的距离或角度如何,或是瞄准具与目标之间的距离如何,看到的瞄准圆点总是落在瞄准点之上,所以可以很快地攫取目标而射击。现代各种快速射击竞赛选手多采用此种瞄准具。又称内红点瞄准具。

（3）自主瞄准。利用箭上敏感装置自主确定火箭初始方位并完成瞄准。

8.2.6 安全系统

安全系统的功用是当运载火箭在飞行中一旦出现故障不能继续飞行时,将其在空中炸毁,避免运载火箭坠落时给地面造成灾难性的危害。安全系统包括运载火箭上的自毁系统和地面的无线电安全系统两部分。箭上的自毁系统由测量装置、计算机和爆炸装置组成。当运载火箭的飞行姿态或飞行速度超出允许的范围,计算机发出引爆爆炸装置的指令,使运载火箭在空中自毁。无线电安全系统则是由地面雷达测量运载火箭的飞行轨道,当运载火箭的飞行超出预先规定的安全范围时,由地面发出引爆箭上爆炸装置的指令,由箭上的接收机接收后将火箭在空中炸毁。

近50年来,国内外在火箭系统安全工程研究方面投入了大量的人力、物力和财力,做了大量的工作,取得了一系列的成果,节约了大量的经费,同时火箭安全性研究工作也逐渐步入了系统安全工程的成熟阶段。英、法、德等国很重视系统安全工程应用,其做法基本仿照美国,甚至直接引用美国NASA的系统安全性标准与手册。在军用电子元器件的管理上主要是通过制定采购、选用、筛选等一系列航天标准来保证电子元器件的可靠性和安全性。到20世纪90年代,英、法、德对系统安全工程的研究已经达到相当广泛和深入的地步,各国都有相当庞大的科研队伍从事这一学科的研究、开发与试验,各工业部门和企业单位都把系统安全工程的若干分析方法列为承包合同的必备条件,即在工程实施之前,必须进行系统安全工程的分析与评价,否则不准施工。

我国航天领域大型项目系统安全工程开展得深入细致,卓有成效。1974年11月5日,长征2号火箭首次发射,由于一根控制信号导线折断,火箭在起飞20s后姿态失稳,火箭自毁。1992年3月22日,长二捆火箭发射澳星时,由于火箭程序配电器的节点间出现多余物,导致点火后一、三号助推发动机关机。造成发射中止。1996年2月15日。长三乙火箭在首次发射中,由于一个电子元器件的失效,使得惯性基准倾斜,火箭按错误的姿态信号进行姿态矫正,导致火箭在飞行22s后触地爆炸,星箭俱毁,如图8.2所示。

图8.2 火箭爆炸

8.2.7 遥测系统

通过遥测系统能够测得火箭在飞行中的所有动态数据,清晰地反映火箭动力系统、电气系统等的工作状态,实时测报火箭飞行的方位、速度及各级分离情况。这些数据由箭载的各种传感器(温度、压力、流量、振动、液位、过载、噪声等传感器)测得,经变换、隔离、放大,将输出信号以频率调制方式变成射频载波,再采用频域传输技术,经发射机向地面发送所有信息。经地面站数据处理,得到火箭飞行结果,用于火箭飞行状态分析。

遥测系统的箭上设备主要有传感器、变换器、中间装置和无线电发射设备。它们的作用是参数测量,将测量的物理量转变为电信号,用无线电多路通信方式向地面传输,由地面接收站将信号进行解调、变换和处理。有的还用磁记录器记录一些速变参数,进行回收。

作为载人运载火箭的遥测系统,不仅承担着常规遥测系统在火箭研制试验和发射飞行中的各种性能参数的测量工作,还在载人飞行中承担着向箭上故障检测系统和地面逃逸安控系统发送火箭关键数据,为故障判别、逃逸控制不断提供可靠信息的工作。该系统是确保宇航员安全、监测载人飞行、获取火箭飞行的全部动态信息的重要系统。载人航天工程中运载火箭的遥测系统是目前为止测量遥测参数和种类最多的系统。测量范围包括运载火箭六大系统(控制系统、故障检测系统、动力系统、伺服系统、推进剂利用系统、外测安全系统),还涵盖了飞行环境下的各种类型的力学参数和热学参数,汇集了以往遥测的所有测量参数,还增加了一些首次采用的新测量技术,并参与了与载人安全息息相关的射前和飞行过程的故障监控播报工作,形成了载人运载火箭遥测系统独有的技术特点。图 8.3 为执行发射神舟飞船测控任务的"远望"号测量船。

图 8.3 "远望"号航天测量船

8.2.8 外弹道测量系统

外弹道测量系统利用光、电波等的特性,对火箭进行不间断的观测,以测定它的运动参数,因此称为外弹道测量。与此相应,遥测系统也可以称为内弹道测量。外弹道测量系统的主要设备在地面,为各种形式的雷达和光学设备。箭上设备主要有应答机、天线、光学合作目标、电池等。随着科学技术的发展,近年来开发出了利用卫星导航的方法对火箭外弹道进行测量的技术,使箭上设备简化并提高了测量精度。

8.3 导弹的分类

目前,世界各国发展的导弹有好几百种,为了便于研制、设计、生产和使用,通常将它们进行分类。导弹分类的方法尽管很多,但每一种分类都应该概括地反映出它们的主要特征。此外,导弹尚处于迅速的发展中,新的型号还在不断出现,因而目前的分类还会有所变化和发展,这里不再详述。

通常导弹按发射点和目标位置的不同可分为四类,即地地、地空、空地和空空导弹。根据导弹所用发动机的种类可分为液体导弹和固体导弹。

根据制导系统的形式可以分为自主制导系统的导弹和组合制导系统的导弹。自主制导系统的导弹主要是靠惯性制导系统制导,这种制导系统完全是自主的,由一些装在弹上的设备所组成。组合制导系统是在自主制导系统之外加入无线电制导系统。通常无线电制导系统是通过地面无线电导引站向弹上仪器发送无线电指令的办法控制导弹飞行的。

8.4 导弹的组成及功用

导弹通常由五部分组成,即推进系统、制导系统、战斗部、弹体和弹上电源。图 8.4 所示为"白蛉"空舰导弹的结构图。

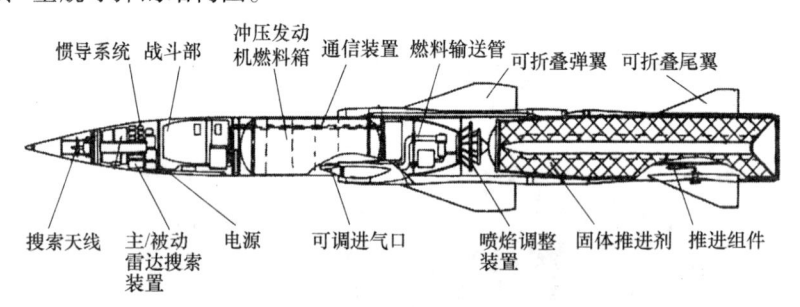

图 8.4 "白蛉"空舰导弹结构图

8.4.1 推进系统

导弹上产生推力的整套装置称为推进系统或动力装置。它由发动机、推进剂或燃料系统以及保证发动机正常工作所必需的导管、附件、仪表和飞行器装置等组成。发动机又是动力装置的主体部分。

导弹上用的发动机可分为空气喷气发动机、火箭发动机和组合发动机。火箭发动机自身带有燃烧剂和氧化剂,它在工作时不依靠空气,所以不仅可以在大气中工作,还可以在没有空气存在的太空中工作。按火箭发动机所用的推进剂(氧化剂与燃烧剂的总称)的物理状态不同,又常分为液体火箭发动机和固体火箭发动机。空气喷气发动机利用大气层中的空气,与自身携带的燃料燃烧产生高温燃气推进。常用的空气喷气发动机按空气增压方式不同,又可分为涡轮喷气发动机和冲压喷气发动机。组合发动机是指两种或两种以上不同类型发动机的组合,包括空气喷气发动机之间的组合,以及空气喷气发动机与火箭发动机之间的组合等。目前在导弹上得到广泛应用的是火箭-冲压组合发动机(固体火箭-冲压组合发动机,液体燃料冲压组合发动机,固体燃料冲压组合发动机)。

1. 固体火箭发动机

1)固体火箭发动机的组成及工作原理

固体推进剂火箭发动机所用的推进剂是由固体燃料剂、氧化剂及其他添加剂混合组成的,简称固体火箭发动机,有时也称为固体发动机。这种发动机的推进剂被做成一定形状的药柱装填在燃烧室中,推进剂燃烧后产生能量,同时燃烧产物又作为工质经喷管喷出产生推力。由于不存在推进剂加注和输送问题,所以不需要专门的推进剂加注设备和输送系统,这就使得固体火箭发动机结构简单、使用方便。

图8.5所示是一种典型的固体火箭发动机。它由燃烧室,喷管组件、药柱和点火装置等组成。此外,有的发动机还有一些辅助部分,如推力终止装置以及为使喷管摆动的传动装置等。

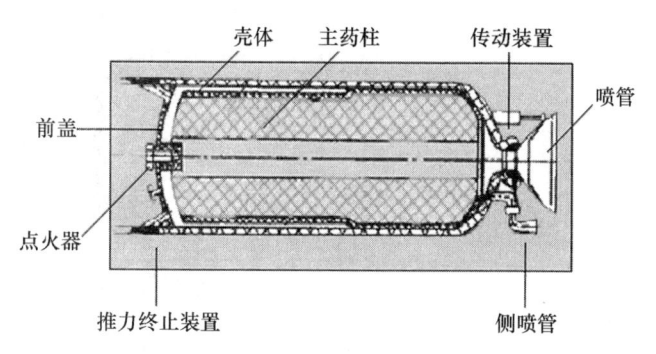

图8.5 固体火箭发动机结构图

固体火箭发动机的启动点火是比较简单的。一般是在发动机头部装一个点火器,点火器也有安装在药柱的其他空间部位的情况。当启动时,首先通电引燃点火器中的热敏药。热敏药的燃点较低,容易点燃。热敏药再引燃加强药,加强药再引燃点火药,这样就产生了具有一定压力的燃烧气体。点火药的燃气很快就把药柱的燃烧表面全部包围,燃烧表面被加热并很快被点燃。药柱燃烧时,产生大量的具有高温高压的燃烧产物——燃气。燃气经过流动通道从燃烧室进入喷管。燃气在喷管中进行膨胀,而后高速喷射出去,产生反作用推力。

由此可见,在启动点火后,固体火箭发动机的工作可以分为两个主要的过程。

(1)装药在燃烧室里燃烧。在这个过程中,装药的大部分化学能经过燃烧释放出来,转变为燃烧产物的热能和压力能。

(2)燃气在喷管中膨胀。在这个过程中,燃气随着压力和温度的下降而被膨胀加速,也就是燃气的一部分热能和压力能转变为燃气的动能。因此,从原理上讲,发动机就是一个能量转换器。

2)固体推进剂

固体推进剂常称为火药。固体火箭发动机常用的推进剂有双基药、复合药和改性双基药三种。双基药是以塑化的硝化纤维素为基的火药,其特点是结构比较均匀,因而也称为均质火药。其中主要的一种类型是以硝化纤维(又称硝化棉)和硝化甘油为基本成分的火药,所以称为双基火药。除此以外,再加入一些添加剂,例如,改善推进剂储存性的安定剂、提高燃速的催化剂和提高热塑性的增塑剂等。复合推进剂的特点是氧化剂的微粒均匀地分布在固体燃烧剂中,是燃烧剂和微粒氧化剂的机械混合物。复合推进剂中的氧化剂主要是硝酸盐和氯酸盐,燃烧剂则是具有一定机械性能和粘附性能的粘合剂,常用的有橡胶、树脂和有机聚合物。另外也采用金属燃烧剂如铝、铍、锂和镁等,其中铝应用得最多。改性双基药是为了改进双基药的性能,以双基火药为粘结剂,加入氧化剂(如过氯酸铵)和高能添加剂(如铝粉)或高能炸药(如黑索金)等制成的一种新的火药。

药柱的形状与燃烧方式密切相关,而药柱的几何形状和尺寸又决定了发动机的主要性能参数,如推力、工作时间等。因此药柱形状的选择,必须根据推进剂的性能和发动机的原始参数进行。常用药柱形状的分类方法是按燃烧表面相对于发动机纵轴的配置情况来划分的,即端面燃烧,侧面燃烧和端、侧面同时燃烧药形,如图8.6所示。

(1)端燃药柱。这类药柱大多为圆柱形,如图8.6(a)所示,整个侧面和另一端面有

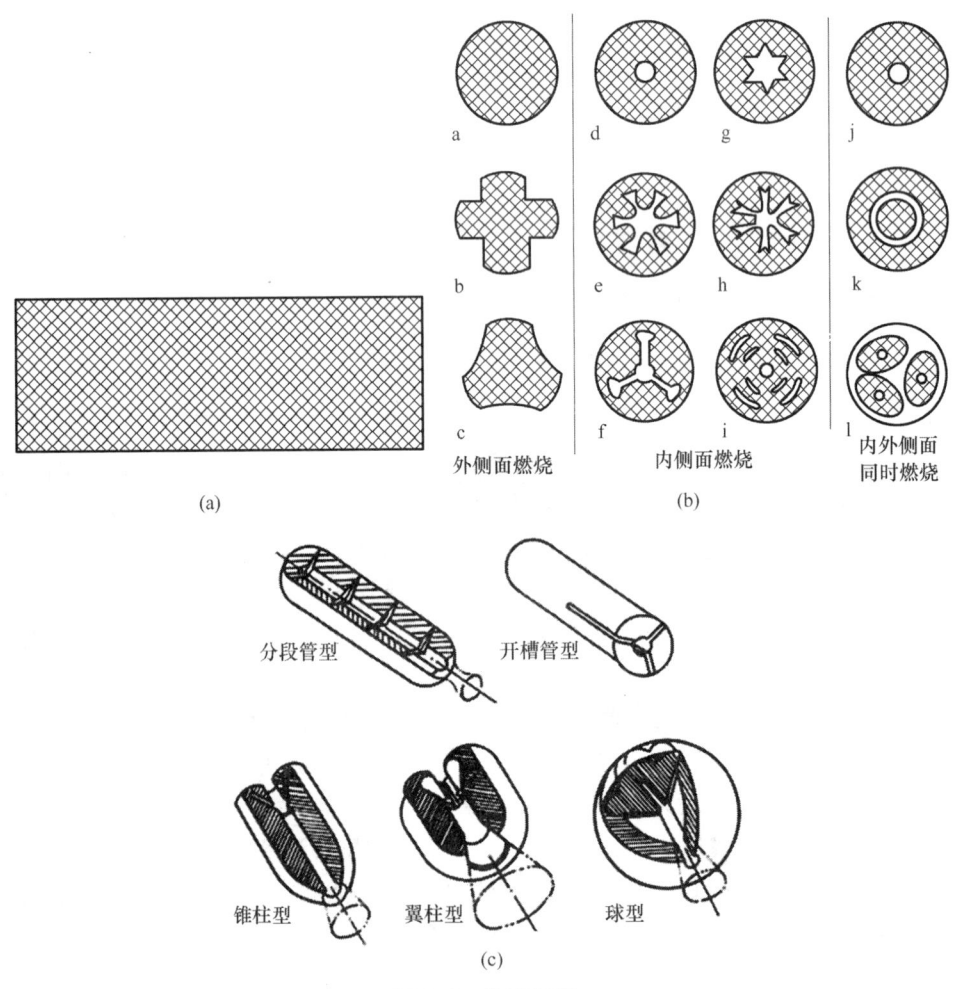

图 8.6 典型药形

(a)端燃药柱截面;(b)侧燃药柱横截面;(c)端、侧面同时燃烧药柱截面。

包覆层阻燃,只能在一个端面进行燃烧,燃烧时燃面沿轴向推进(又称一维燃烧)。此种药柱多用于助推器和燃气发生器。

(2)侧燃药柱。药柱的两个端面有包覆层阻燃。药柱形状很多,如图8.6(b)所示。它又分为内侧面燃烧,外侧面燃烧以及内外侧面同时燃烧。内侧面燃烧时,药柱由内向外燃烧,这样燃烧室壁可以避免与燃气接触,降低了室壁的隔热要求。外侧面燃烧或内外侧面同时燃烧药形,由于燃气始终冲刷燃烧室壁,所以要求严格的隔热措施,因此导致消极质量增加,工作时间也受到限制,装填密度不高。从燃烧表面推进的方向看,侧燃药柱属于二维药柱。

(3)端、侧面同时燃烧药柱。一般为内侧面与端面同时燃烧。内侧面某部位上制成圆锥形、开平槽或翼肋形槽,调节燃烧表面大小及变化规律,如图8.6(c)所示。这种药形比侧燃药形装填密度大,装药本身也起到保护室壁隔离燃气的作用;燃烧表面可调范围宽,适于大体积装填,广泛应用于大型发动机上。端、侧面燃烧药柱一般属于三维药柱,燃面变化比较复杂。装药大都是贴壁浇注,装药通过隔热层和阻燃层与室壁粘结,不仅保护室壁起防热作用,而且由于和燃烧室壳体粘结成为一个整体,所以药柱就没有限位、固定以及燃烧过程中由于燃气流及惯性作用而被冲出室外的问题,因此就不需要装药的支持、固定装置及挡板等构件。

2. 液体火箭发动机

液体推进剂火箭发动机(液体火箭发动机)与固体火箭发动机的最大不同是它用的推进剂是液体状态的。有时推进剂是单组元的,如硝基甲烷(CH_3NO_2),既是氧化剂,又是燃烧剂。更多的情况是液体火箭发动机用双组元液体推进剂,氧化剂和燃烧剂需要放在不同的贮箱中,并且分别输送到燃烧室中,因此使用液体火箭发动机的导弹要比使用固体火箭发动机的导弹增加一些辅助设备与系统,如推进剂的贮箱、推进剂的输送系统、发动机架、推进剂流量控制系统以及燃烧冷却系统等。液体火箭发动机在正常工作时,要有一定压力把推进剂送进发动机的燃烧室。目前液体火箭发动机推进剂的输送形式可分为两类:挤压式和泵压式。

1)发动机的组成、结构及工作原理

对于挤压式液体火箭发动机和泵压式液体火箭发动机来说,它们的工作原理是一样的,只是推进剂的增压方式和输送过程不同。

挤压式供应系统通常由高压气瓶、减压器等组成,如图8.7所示。存储在气瓶中的高压惰性气体(氦、氮等)经减压器进入贮箱,将推进剂从贮箱挤压到推力室。推进剂的流量由减压器所调定的压力控制。从高压气瓶输出的气体也可经加热后再使用,以节省用气量和减轻气瓶质量。在失重条件下工作的发动机,贮箱内的推进剂有时装在弹性贮囊内,高压气体挤压贮囊以保证推进剂的连续供应。

挤压式供应系统结构简单,工作可靠。但采用挤压式输送推进剂,需要高压气体和气罐,推进剂贮箱也要承受一定的高压。对于推力较小、工作时间较短的发动机,由于系统简单,质量不会太大;但对于推力较大而工作时间又长的发动机,就会导致高压气体和气罐以及推进剂贮箱质量增加,所以采用这种系统的火箭发动机不宜做得过大。这种系统适合于小推力、短时间工作及多次启动的发动机。

泵压式供应系统通常由涡轮泵、燃气发生器、火药起动器等组成,如图8.8所示。涡轮泵将推进剂输入推力室。涡轮由燃气发生器生成的燃气或其他气源驱动,通常采用冲击式涡轮,结构简单,质量轻。在闭式动力循环中则采用低压比反力式涡轮。氧化剂泵和燃料泵可由同一涡轮驱动,也可分别由两个涡轮驱动。涡轮与泵同轴或通过齿轮传动,以便在高转速下获得较高效率。液体火箭发动机大都采用离心泵,单级压头高,结构简单。高压液氢泵采用多级离心泵或多级轴流泵。为了防止泵在工作中发生气蚀(在流道中当液体静压低于当地温度下的饱和蒸汽压时产生的气穴现象),须对推进剂贮箱增压,以提高泵的入口压力。为了提高泵的抗气蚀性能,通常在离心泵前安装诱导轮或在泵前增设增压泵。燃气发生器的结构与燃烧室类似,利用双组元推进剂的化学反应或单组元推进剂的分解而生成燃气。双组元燃气发生器所用的推进剂通常与推力室的相同,但两推进剂组元的混合比要偏离发动机额定值较远,以防止燃气温度过高而损坏涡轮叶片。火药起动器使用固体推进剂的燃气发生器。点火装置将固体药柱点燃,生成燃气驱动涡轮,工作时间很短,用于发动机启动。还可用其他启动方式,如用增压气体或液体推进剂起动箱和推进剂贮箱压头启动等。

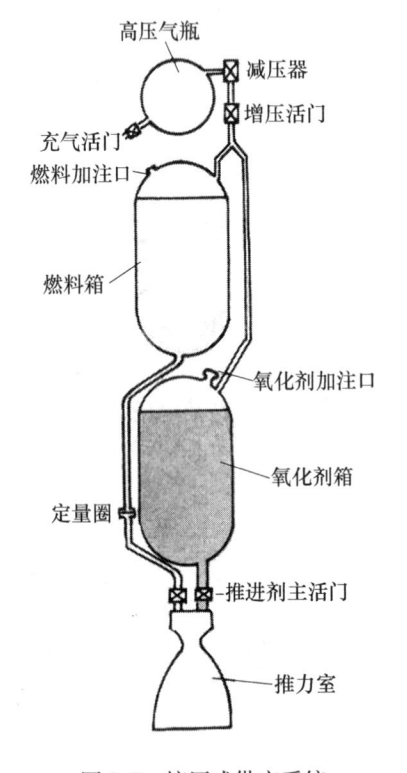

图 8.7 挤压式供应系统

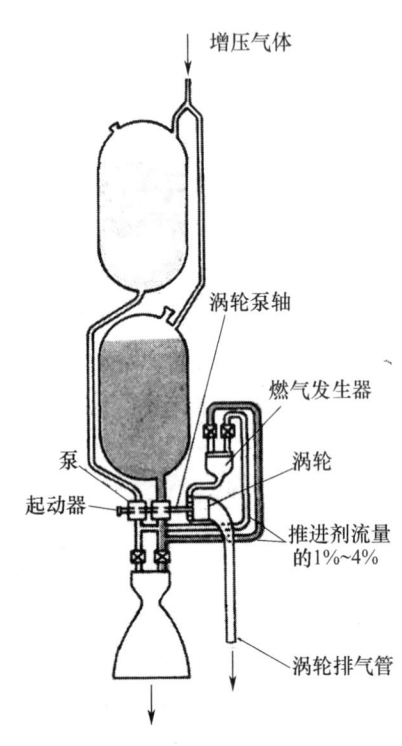

图 8.8 泵压式供应系统

采用泵压式输送推进剂,从推进剂贮箱一直到泵入口的设备都不需要承受高压,虽然增加了涡轮、离心泵及其他辅助设备,但并不会使整个系统的质量比挤压式系统大。对于现代火箭发动机,特别是燃烧室压力高、推力大、工作时间长的火箭发动机,都采用泵压式供应系统。但是这种系统的结构比较复杂。

2) 液体推进剂

按组元分类,液体推进剂有单组元和双组元。单组元推进剂本身含有燃烧剂和氧化剂。它可以是几种化合物的混合物(如过氧化氢 H_2O_2 与酒精 C_2H_5OH),也可以是一种化合物(如硝基甲烷、异丙基硝酸盐 $C_3H_7NO_3$)。单组元推进剂的特征是在加热和加压或催化反应下分解产生高温气体,稳定性差,比较危险,而且比推力小,所以不常作为发动机的主推进剂,只用于姿态控制发动机。双组元推进剂,指的是燃烧剂与氧化剂在喷入燃烧室前不混合。它是目前使用最广泛的一类液体推进剂。

对液体推进剂的要求主要包括:能量特性高,要求能得到高的比冲或高比冲密度,即燃烧 1kg 推进剂或 $1m^3$ 推进剂产生的冲量要高;使用性能好,如有良好的物理和化学安定性;无毒性,对金属无腐蚀作用;经济性好,原材料资源丰富,生产成本低;冰点和饱和蒸气压低;推进剂中有一组元传热性好,可用来冷却推力室壁;黏性小,以利于运输和喷嘴工作;燃烧性能好,燃烧稳定,容易点燃。

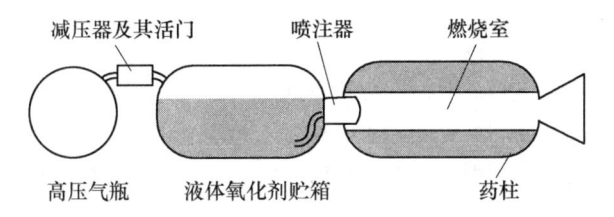

3. 固-液组合火箭发动机

固-液组合火箭发动机是使用固体组元和液体组元组合推进剂的火箭发动机。它的基本组成如图 8.9 所示。固-液组合发动机是由燃烧室(其中包括固体药柱和喷注器)、液体氧化剂贮箱、高压气瓶、减压器及其活门等组成。

图 8.9 固-液组合火箭发动机

发动机在启动时,首先打开活门,高压气体通过减压器降到所需压力,然后进入液体氧化剂贮箱。之后,液体推进剂在气体的挤压作用下流入喷注器的头部。由于喷注器的作用,液体推进剂成为射流和液滴,进入固体药柱的内孔通道。药柱点燃后,内孔表面生成的可燃气体与通道内的液体氧化剂组元射流互相混合,进行燃烧。高温高压燃气经喷管膨胀加速,以高速喷出,便产生了反作用推力。

1) 固-液组合推进剂

固-液组合推进剂多采用固体燃烧剂和液体氧化剂,因为液体氧化剂的密度比液体燃烧剂大,用这种组合方案可以提高推进剂的平均密度比冲。另外,固体氧化剂都是粉末,要制成一定形状并具有一定机械强度的药柱比较困难。固体燃烧剂一般都选用贫氧固体推进剂而避免使用纯燃烧剂,这样有利于工艺成型并有利于点火和燃烧。

2) 固-液组合火箭发动机的工作原理

固体组元药柱装填在燃烧室内,要求有一定的气化表面积,以便受热后气化和液体组元混合、燃烧。这和固体火箭推进剂装药的燃烧不同。固体推进剂内同时包含氧化剂和燃烧剂,因此燃烧在固态就开始进行,燃烧反应在贴近药柱表面的气层内就完成了。而在固-液组合发动机内,固体组元只含有燃烧剂(或氧化剂),因此没有固相反应;燃烧过程首先由燃烧区放出的热量使药柱内通道表面加温,随后开始气化;气化产物在通道内与液体组元的蒸气互相混合才进入燃烧反应。所以,对固体组元药柱并不是燃烧而是气化。由于固体组元气化的速度一般都很低(1~5mm/s),所以为满足一定流率的要求,气化面积要大；而药柱肉厚不一定很大，因此药型设计不同于一般固体火箭发动机，要求大燃面、薄肉厚。同时需要说明的是，为了使气化表面上的气体组元与液体组元蒸发混合均匀、燃烧完全，经常在燃烧室内安装扰流器。

另外，固体组元的气化速度与沿其气化表面的燃气流量有关，即与液体组元的流量有关。要改变液体组元流量，在调节发动机推力时，同时应该改变固体组元的消耗量。如果液体组元仅从头部供入，对两种组元之比（固液比）无法控制，会使混合比偏离最佳值。因此有两区供入液体组元的方案，如图8.10所示，此方案易于控制流过固体组元表面的燃气流量，并能保持最佳要求的固液混合比。

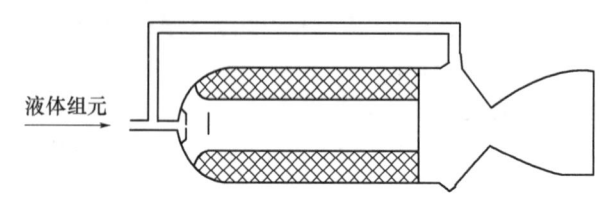

图 8.10 两区供入方案

4. 火箭－冲压组合发动机

冲压喷气发动机的严重缺点是不能自行起飞，必须与其他发动机组合使用。在最简单的组合动力装置中，冲压喷气发动机作为主发动机，固体火箭发动机作为助推器，这两种发动机在结构上和工作过程中都是相互独立的，仅仅在一个导弹中使用，能够协调工作而已。近年来，随着一体化技术的发展，出现了整体式火箭冲压发动机。这种动力装置，主发动机与助推器不是简单的机械组合，而是在形式上、结构上和工作过程中都有机地结合在一起。下面分别对使用不同种类推进剂的火箭－冲压组合发动机进行简单介绍。

1) 固体火箭－冲压组合发动机

固体火箭－冲压组合发动机由两大部分组成。一部分是固体火箭助推器。固体药柱储存在共用燃烧室里，燃烧室前端有堵盖把前边封闭住，后端有专用喷管。当助推器药柱燃烧完毕，腾出了燃烧室的空间，助推器的专用喷管自行脱落，露出冲压发动机的尾喷管，同时进气道出口的堵盖被前面冲进来的空气冲开。剩下的部分就是第二个组成部分，即火箭－冲压组合发动机。图8.11所示为整体式固体火箭—冲压组合发动机示意图。这个火箭－冲压组合发动机包括进气道、燃气发生器、冲压（引射掺混）补燃室以及尾喷管等几部分。

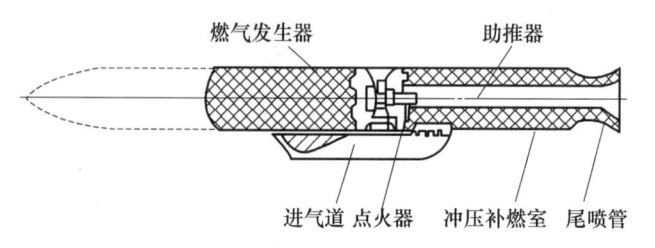

图 8.11 整体式固体火箭冲压发动机结构示意图

（1）进气道。它的作用是引入空气，实现冲压压缩，同时给燃烧室提供一个合适的进口气流。

（2）燃气发生器。它实质上是一个小型固体火箭发动机，被置放在进气道的中心锥体内。燃气发生器内装贫氧固体推进剂（即推进剂里氧化剂的含量不足）由于进行贫氧燃烧，其燃烧产物中还含有很多可燃物质，这种燃烧是不完全的，所以称为初次燃烧。初次燃烧后的燃气从燃气发生器的喷管喷出，进入火箭－冲压发动机的燃烧室——冲压补燃室，这股具有很高温度和速度的射流与从进气道来的空气进行引射掺混、再次燃烧（即补充燃烧）。

（3）冲压（引射掺混）补燃室。它的作用是对从进气道来的空气实现引射、增压，并使从燃气发生器喷管喷出的可燃产物与空气掺混，进行补充燃烧，所以这种燃烧室也称为引射掺混补燃室。在燃烧室里，引射掺混和补充燃烧这两个过程是紧密衔接，互相交织的。从燃气发生器喷管喷射出来的作紊流流动的超声速射流，一出口就与从近气道流来的作紊流流动的低速空气相接触。它们的微团作不规则运动，相互交错掺混，进行能量传递，也就是从燃气发生器喷射出来的可燃产物把一部分热量和动能传递给进气道进来的空气，结果使得距离燃气发生器喷口足够远的地方，两股气流的速度、温度以及化学成分逐渐趋于均匀，紧接着掺混后的气体就进行补燃放热，进一步增加了气体的动能。在这里的补燃是比较安全的燃烧。引射掺混补燃室工作的好坏直接影响组合发动机的性能，为此，要求这种补燃室能在各种状态下迅速完成均匀掺混，引射效率高，燃气燃烧完全而稳定，并在达到喷管前完成补燃过程。

（4）尾喷管。高温高压燃气在这里膨胀加速，以高速喷出，产生反作用推力。此外，与冲压喷气发动机一样，其设置有自动调节系统。

2）液体燃料冲压组合发动机

这种发动机也是用固体火箭发动机作助推器，助推器和液体燃料冲压发动机共用一个燃烧室。它与固体火箭－冲压组合发动机所不同的是冲压发动机使用液体燃料（由喷嘴喷入共用燃烧室），有液体燃料供给系统。

3）固体燃料冲压组合发动机

这种发动机如图 8.12 所示。它的特点是利用迎面高速空气流的冲压作用提高燃烧室压强，并使空气中的氧与富燃固体推进剂燃烧，利用拉瓦尔喷管使燃气高速喷出产生推力。与前一种液体冲压组合发动机相比，其结构较为简单。

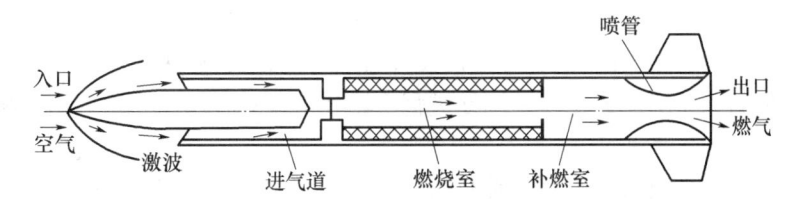

图 8.12　以固体燃料冲压发动机为动力的导弹结构简图

8.4.2　制导系统

制导系统是导引和控制导弹飞向目标的仪器、装置和设备的总称。为了能够将导弹导向目标，一方面需要不断地测量导弹实际运动情况与所要求的运动情况之间的偏差，或者测量导弹与目标相对位置的偏差，以便向导弹发出修正偏差或跟踪目标的控制指令信息;另一方面还需要保证导弹稳定地飞行,并操纵导弹改变飞行姿态,控制导弹按所要求的方向和轨迹飞行而命中目标。完成前一方面的任务是导引系统,完成后一方面的任务是控制系统,两个系统合在一起构成了制导系统。

制导系统通常是按照产生导引信号的来源来分类。一般分为自主式制导系统、遥控式制导系统和自动寻的式制导系统三大类。

1. 自主式制导系统

1) 惯性制导系统

惯性制导系统依照系统中有无陀螺稳定平台可分为平台式和捷联式两大类。捷联式系统中的加速度计和陀螺直接与导弹的壳体相连,它测量弹体轴方向的加速度和弹体的转动角速度及角度,通过计算机的计算,可换算成导航坐标系(例如地面坐标系或地心惯性坐标系)内的坐标。

如果要达到同样的导航精度,捷联式系统对惯性元件的精度要求要比平台式系统的严格得多。也就是说,采用同样精度的惯性器件时平台式系统能达到较高的导航精度。但是,捷联式系统由于没有陀螺稳定平台那种复杂而娇细的结构,因而可靠性高,体积、质量小,价格也便宜。

捷联式惯性制导系统的优点包括:①惯性仪表便于安装和维护,也便于更换;②惯性仪表可以直接测量出导弹的线加速度和角速度信息,而这些信息可用于控制稳定系统的反馈信号。因而捷联式惯导系统在导弹上得到了广泛的应用。

2) 方案制导系统

利用预装在弹内的制导方案(程序),按一定规律发出控制指令使导弹沿预定航迹飞行的制导系统称为方案制导系统。其显著特点是其控制指令的形成与弹外设备无关,既不必探测目标信息,也不必受外界控制,这种制导方法常为弹道式导弹所采用。另外,在一些垂直发射升至一定高度后转弯,然后再利用其他制导系统控制的地空导弹上,其初始段(垂直飞行、转弯)也可采用方案制导。在一些无人驾驶靶机、侦察机上也广泛采用方案制导系统。

3) 地形匹配制导系统

地形匹配制导是由计算机技术的发展而产生的一种自主式制导技术。它是利用数字化的图形识别技术来引导导弹的。这种系统一般和惯性制导系统配合使用。由于惯性系统的误差是随时间而增长的,远程导弹需要飞行的时间较长,单用惯性制导系统时误差较大。地形匹配制导系统能够在惯性制导过程中段和末段对它加以修正而达到相当精确的程度。

地形匹配制导系统的基本原理是利用某一已知地区地形特征作为标志,根据导弹当时弹道下的实测地形特征和预定弹道下的地形特征相比较,来校正导弹的弹道,使导弹准确地按预定路线导向目标。如果把 $1km^2$ 的区域,在长宽方向各分成 100 份,$1km^2$ 的地域就划分为 10000 块 $10m^2$ 的小单元。再在每个单元内标以数字编写的平均海拔高度,这就得到了这一地域的数字地形图,如图 8.13 所示。

当导弹飞到需要用地形匹配法校正区域时,不断地用气压高度表与加速度计测高,综合得出导弹在该区的平均海拔高度,同时用雷达高度表(或激光高度表)测出导弹的拔地高度,将海拔高度减去导弹距离地面所测点的拔地高度,就是该点地面的海拔高度。

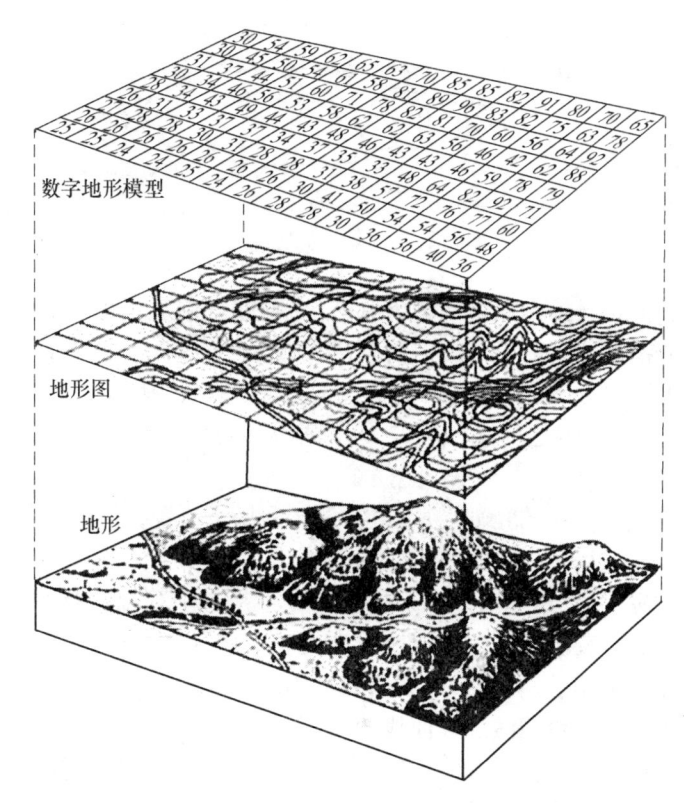

图 8.13 数字地形模型示意图

地形匹配制导系统不能用于没有地形差别的海平面和平原地区。

2. 遥控式制导系统

遥控式制导系统广泛地应用在空空、空地、地空导弹及反坦克导弹上。用遥控系统制导的导弹,是由远处的指控点来制导的,因此称为遥控制导系统。遥控制导系统的设备,只有一部分安装在导弹上,其主要部分则安置在指控点上。在遥控式制导系统中,根据导引信号的形式不同,可分为波束制导系统和指令制导系统两类。

1) 波束制导系统

在这里讨论的波束主要是指由雷达产生的波束,因而下面讨论的是雷达波束制导系统。

雷达是一种无线电观测设备。早期的雷达只能发现(观测)目标并确定其位置,现在的雷达可以测量目标的速度和加速度、成像、选择目标、识别敌我或利用它传输信息。天线是雷达的重要组成部分,雷达利用天线辐射和接收电磁波。现在我们以作圆锥扫描的旋转抛物面天线为例来说明雷达天线跟踪目标的原理。

最简单的抛物面天线由辐射器和旋转抛物面组成。辐射器辐射电磁波,这种电磁波以等幅脉冲的形式辐射出去,它经抛物面发射后形成一束较为集中的电磁波束。为了说明天线在各个方向辐射的电磁能的强弱程度,经常用方向性图线来形象表示。方向性图线也称波瓣。波瓣的对称轴称为波瓣轴,波瓣的宽窄常用波瓣的宽度 θ 来表示。θ 指波瓣上功率为最大值 1/2 的两个点之间的夹角,如图 8.14 所示,它表示无线电辐射的能量在空间集中的主要范围。波瓣宽度越小,方向性越强,在天线辐射功率相同的情况下,雷达的探测距离就越远。

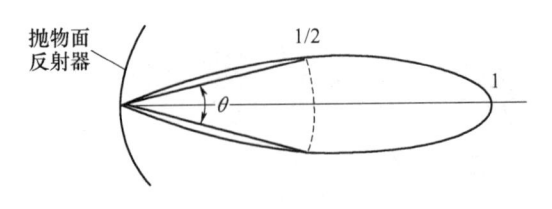

图 8.14 抛物面天线波瓣

当天线的辐射器正好位于抛物面的焦点时,经物面反射后形成的波束将对称于抛物面的光轴。当辐射器虽位于焦平面上但偏离焦点时,波束将向反向偏斜一个角度。若辐射器偏离焦点一定距离且围绕光轴(反射器的对称轴)旋转,那么可以想象,天线波束也将围绕光轴旋转,波瓣扫描过的区域将是一个圆锥面,因此,此类天线也称为圆锥扫描天线。

如果目标位于上述天线的光轴上,不论波束转到哪个位置,目标受到辐射的能量均是相等的。在波束旋转过程中信号始终不变的轴线称为等信号线。也可以这样想,当雷达天线的轴线对准目标时,从目标反射回天线的信号将是一串等幅的脉冲信号。如果目标偏离等信号线,则当波束旋转时,目标上照射到的功率将随波束的位置而变,从而目标反射回雷达的信号强度也相应地变化,回波信号将为一串调幅的脉冲。经过滤波去掉直流部分后就成了一条正弦函数曲线。此曲线的振幅与目标偏离等信号线的大小有关,相位与目标在空间的方位有关。由于天线轴线偏离目标后才产生上述正弦信号,因而把这种信号称为误差信号。将上述误差信号输入天线的自动跟踪回路,天线就能自动纠正误差,从而实现自动跟踪目标。

如果装有接收机的导弹在波束中飞行,那么根据同样的原理,弹上接收机根据调幅脉冲的幅值和相位可以输出信号给导弹的自动驾驶仪,使导弹跟踪波束的中心。由于雷达波束始终保持跟踪着目标,那么始终跟踪着波束的导弹最终也将飞向目标直至命中目标。这就是波束制导系统的简单原理。

波束制导系统有用一部雷达跟踪目标的三点法(目标、导弹和雷达天线三点在一直线上)导引导弹的单波束系统(图 8.15),也有用两部雷达构成的前置点双波束制导系统(图 8.16)。单波束系统设备简单,但用三点法导引时,导弹的需用过载较大;双波束系统的优缺点与单波束系统相反。

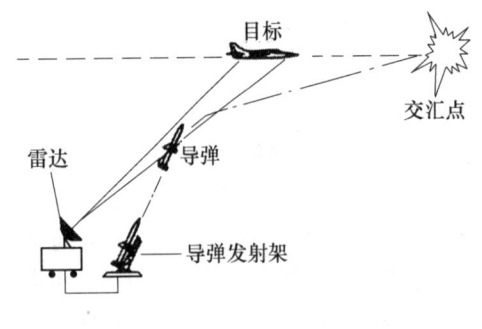

图 8.15 单雷达波束制导   图 8.16 双雷达波束制导

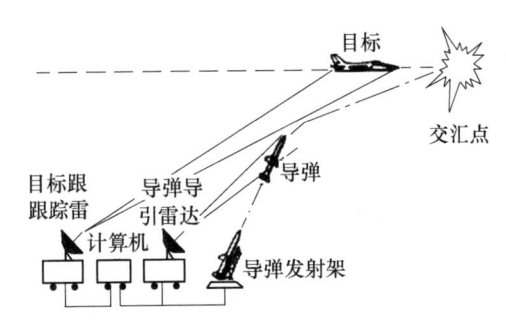

波束制导系统设备比较简单,沿同一波束同时能导引几发导弹攻击同一目标,它在早期的空空、地空导弹上得到了应用。但是波束制导也有明显的缺点,在导引空空导弹时,装有制导雷达的载机,在导弹击中目标前的所有时间内,必须连续不断地将波束指向目标,这就大大限制了载机在空战中的机动性。此外,为了避免导弹被甩出波束而失控,载机飞行时,应使导弹的法向过载较小。为了减小波束制导的误差,需要减小波束宽度,但是这种窄波束在跟踪快速运动或机动性较大的目标时,导弹易从波束中甩出而失控。此外,无线电波束制导系统的抗干扰性差。由于上述原因,目前雷达波束制导系统在导弹上较少应用。

2）指令制导系统

在指令制导系统中,导引导弹的信号是由弹外的指挥站形成的,它通过控制线(即指令信号传输系统)传输到导弹上,导弹按此指令控制导弹飞向目标。

为了形成导引信号,指挥站必须不断地根据目标和导弹的运动参数和导引方法进行计算,计算出导弹在航迹上的误差,形成指令信号传送给导弹。因此,指令制导系统必须包括以下几部分:①跟踪测量装置。即跟踪测量目标和导弹运动参数的系统。它可以是目视的、光学的、雷达的和电视的。②指令形成装置。它是根据观测到的目标、导弹运动参数和选定的导引方法,进行比较计算,形成指令信号,通常由计算机完成。为了便于区分指令,通常要对指令进行编码。③指令传输装置。它是将导引站形成的指令信号传送给导弹的信号传输系统。它可以是有线的,也可以是无线电的。④指令接收和变化装置。它接收指令信号并加以变换、放大后输出给导弹的自动驾驶仪。

下面介绍三种指令制导系统,即有线指令制导系统、雷达指令制导系统和电视指令制导系统。

（1）有线指令制导系统。在有线指令制导系统中最简单的一种是目视跟踪、手控、有线传输指令制导系统。如图 8.17 所示为一目视跟踪、手控、有线指令制导的反坦克导弹。这种导弹一般采用三点法导引。导弹发射后射手用瞄准镜观测导弹偏离目标与射手连线的程度和方向,然后借助于控制盒发出纠正导弹飞行的指令,指令沿导线传至导弹。导线可以装在地面的装置上,也可以装在导弹上,当导弹飞行时就自动打开这个导线圈。

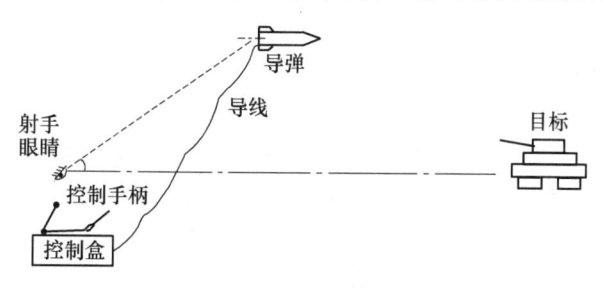

图 8.17 有线指令制导

这种系统的优点是设备简单,不易受敌人干扰。但是由于要射手手控发送指令,因而对射手的训练要求很严格,而且作战效果与射手的生理、精神状态有关。导弹的速度较低,一般为 80～120m/s,否则射手来不及反应。此外,用导线传输指令,导弹的射程、作战地形均受到极大限制。这种系统是第一代反坦克导弹采用的制导系统。第二代反坦克导弹仍然采用有线指令系统,然而它增加了红外测角仪,红外测角仪和光学瞄准具固联。导弹发射后,射手只要用光学瞄准具的十字线套住目标,红外测角仪能感受导弹曳光管辐射的红外线从而测出导弹偏离瞄准线的角偏差,这个角偏差信号送入计算机,变成控制指令,再经导线传送给导弹,使导弹纠正飞行路线。美国的"陶"式反坦克导弹,法国与德国联合研制的"米兰"反坦克导弹等均采用的这种制导方式。

由于用红外测角仪自动观测导弹,因而允许的导弹速度可比第一代反坦克导弹高,可达 150~300m/s,命中率也比第一代高。据报导,第一代反坦克导弹在射程 500m 处,命中概率约为 30%,射程为 1000m 处,命中概率为 60%,射程为 2000m 处,命中概率约为 80%;而第二代导弹的命中概率则比第一代高,如美国"陶"式导弹,命中概率在 80%以上。

(2) 雷达指令制导系统。在这类系统中,由于需要同时观测目标和导弹,可以采用两部雷达。跟踪目标和导弹的雷达将目标和导弹的信息输给计算机,计算机根据已测得的目标和导弹的运动参数及导引方法计算出导弹偏离正确轨迹的偏差并形成控制指令,然后由指令传输装置发送给导弹以纠正其偏差。

双雷达指令系统由于可以用两部雷达分别观测目标和导弹,因而可以采用导弹在命中点附近需用法向过载较小的导引方法,如前置点法,从而可以减少导弹的脱靶量。但是双雷达系统设备庞大,同时因为目标和导弹分别在两个坐标系内观测,会产生坐标系不配合而带来的误差。

为了简化设备,提高战斗运用性能,目前广为采用的是单雷达系统。在这种系统中,观测只用一部雷达,它一方面对目标进行观测,另一方面也对导弹进行观测。

一般情况下,导引站、导弹和目标并不在一条直线上。由于圆锥扫描雷达的波束一般很窄,因而用单雷达系统导引导弹时一般只能用三点法导引导弹。

为了解决既想用单雷达系统又想采用非三点法导引规律的矛盾,可以采用扁平波束扫描雷达(图 8.18)。此种雷达具有方位与俯仰两个通道,每个通道都有自己的发射、接收设备和天线。方位天线在空间形成的波瓣在水平方向较窄而在垂直方向较宽,它在方位方向的一定区间内进行扫描;俯仰天线在空间形成的波瓣在垂直方向较窄而在水平方向较宽,它在俯仰方向的一定区间内扫描。波束在空间的扫描是由天线辐射器的往复运动形成的。天线扫描有较高的频率,两个天线共同扫描的结果是,在空间形成一个"十"字形的扫描空域,如图 8.18 所示。

由图 8.18 可见,只要在以两个天线重合扫描过的正方形为底,雷达站为顶的四棱方体所包含的空间内的目标和导弹,均能被观测到。显然,此区间要比一般圆锥扫描的区间大得多。尽管扫描区间比较大,但精度并不比圆锥扫描雷达低。因为决定方位精度的是方位波束在方位方向的宽度,而此宽度是很小的;同样,决定俯仰精度的是俯仰波束在俯仰方向的宽度,此宽度也是很小的。

要实现雷达对目标和导弹的同时观测,还需要将目标和导弹的信号区分开来,解决的方法是在导弹上装应答器。在雷达指令系统中,要想对导弹这种尺寸较小(相对目标而言)的物体进行观测,一般在导弹上装应答器这种有源回答设备。采用应答器后可以采用密码询问、密码回答,这样既便于识别,又便于保密和抗干扰。这样,一部雷达就可以完成对目标的跟踪和对导弹的观测。

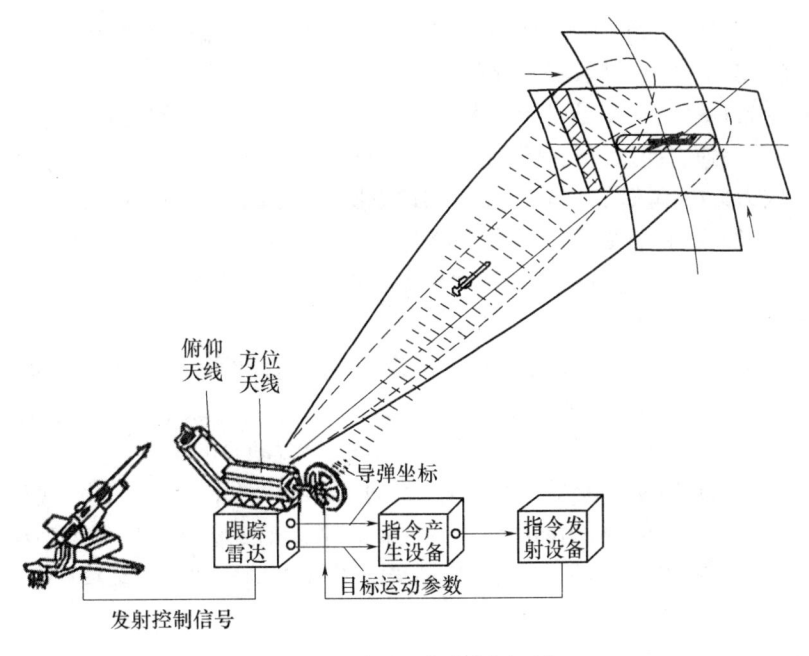

图 8.18 单雷达指令制导系统

在雷达指令系统中,还有一个指令信号的区分问题。对攻击飞机的地空导弹,为了提高摧毁目标的概率,往往需要连续发射 2~3 枚导弹。每发导弹又有好几种指令信号,如俯仰通道指令、偏航通道指令、无线电引信启动指令及询问指令等。因而在连续发射 2~3 枚导弹时,指令天线往往要发出十几种乃至几十种的指令信号。这些指令怎样才能不被混淆地被导弹接收呢?这需要用无线电遥控遥测中的多路通信原理实现。由于篇幅的限制,本章不作介绍,有兴趣的读者可参阅有关书籍。

(3) 电视指令制导系统。在导弹上应用的电视制导系统可分为自动寻的式电视制导系统和遥控式电视指令制导系统。在此简要介绍后一类。

图 8.19 所示为电视指令制导系统示意图,在电视指令制导系统中,观测装置为装在导弹头部的电视摄像机,它提取目标和背景图像后,通过弹上的发射机将图像信号发送给指挥站(可以在空中,也可以在地面上)。指挥站的操纵人员从电视接收机的荧光屏上看到电视摄像机视场范围内的目标和背景。当导弹采用追踪法导引时,操纵人员只要操纵

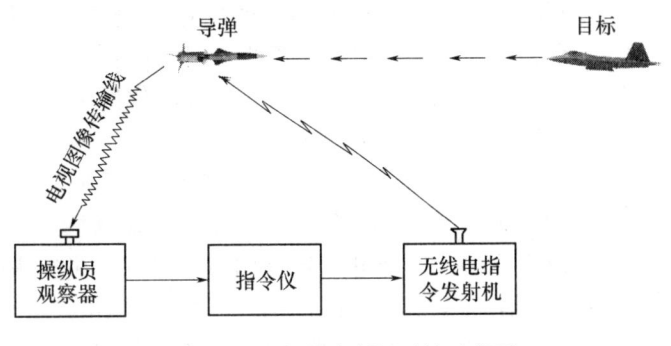

图 8.19 电视指令制导系统示意图

177

控制杆,使目标保持在荧光屏十字线的中央,指令仪就可以根据控制杆的动作变成指令信号,通过指令天线发送给导弹,引导导弹击中目标。

电视指令式系统的优点是由于有人的参与,能清楚地判别图像,因而能识别目标和选择目标;可以把导弹引向操纵员视野范围以外的目标;在空地导弹上应用时,载机在发射导弹后可以较为自由地飞行,在较为安全的地方操纵。但是,这种电视系统一般采用可见光,也可以是红外线,它们受天气的影响较大,云、雾、阴、雨天均会使电视清晰度大大下降。此外,由于它需要把电视图像用微波传输给指挥站,因而就存在抗干扰问题。

3. 自动寻的制导系统

自动寻的制导系统是利用装在导弹上的设备接受目标的某种特征能量而形成导引信号的系统。根据信号的来源,自动寻的式制导系统可分为主动式、半主动式和被主动式三种;根据信号的物理特征又可分为红外、电视及雷达等自动寻的系统。

主动式和被动式自动寻的系统均具有"发射后不管"的能力。半主动式寻的制导系统需要导弹外的一个照射源,例如载机上的雷达。半主动式雷达自动寻的系统可使导弹上的雷达功率大大减小,作用距离远;但它不像主动式雷达寻的系统那样具有真正的"发射后不管"的能力。

自动寻的制导系统从原理上、构造上因信号的物理性质不同而有很大的差异,下面分别介绍红外、雷达及电视自动寻的制导系统的原理及组成。

1) 红外线自动寻的式制导系统

这种系统利用的是目标辐射的红外线,这种能量来自目标的发热部分,如飞机的发动机、机头和机翼前缘。所以这种制导系统大都是被动式系统。

红外线与可见光、无线电波一样,都是电磁频谱中的一部分,它的波长介于可见光和无线电波之间,波长为 $0.75 \sim 1000 \mu m$。由于不同波段的红外线使探测器有不同的响应,在大气中的传输特性也有很大的差别,因而将红外线按照其波长分为近红外、中红外、远红外和极远红外几个波段。

各种射线(如可见光、红外线、无线电波等)的传播过程叫辐射。红外线辐射到物体上并被物体吸收后有明显的热效应,因而红外线辐射和可见光辐射(它被物体吸收后也有热效应)也统称为热辐射。红外线波长越短,其对物体辐射能力越强,而物体的温度越高,这种现象越明显,因此,红外探测系统的工作波段一般为 $0.75 \sim 15 \mu m$。

飞机作为红外辐射源的形式有四种:喷气发动机喷口的辐射、喷气流辐射、气动加热的蒙皮辐射及蒙皮反射的太阳光辐射。从飞机后半球观测时,喷口辐射是主要的辐射源;从侧向和前半球观测时,则喷气流是重要的或主要的辐射源;飞行速度较高时,如 Ma 不小于 $2.5 \sim 3$ 时,气动加热后的蒙皮辐射也将成为一个重要的辐射源。

红外寻的制导系统一般装在导弹的头部,故常称为红外导引头。红外导引头可分为点源式和成像式两种。点源式把目标作为一个点来取得信号;而成像式则把目标作为一个面源而在其光学系统的焦平面上成像而取得信号。红外导引头主要由红外探测系统和电子线路两部分组成。前者用于探测目标相对导弹的方位坐标并进行跟踪,因而也称为位标器;后者进行信号处理,给出使位标器跟踪的信号,同时也给出控制导弹飞向目标的导引信号。位标器一般由光学系统、红外探测器、致冷装置、调制盘和稳定及跟踪装置等组成。下面分别对点源导引头及成像导引头的原理及组成作简要的介绍。

红外点源跟踪系统，即光学系统。光学系统的作用是接收和汇集目标辐射的红外线能量，并把它聚焦成像在调制盘上。为了缩短导引头的长度，红外导引头一般都采用反射式光学系统，如图8.20所示。光学系统由整流罩、主反射镜、次反射镜、校正透镜和伞形光栏等组成。

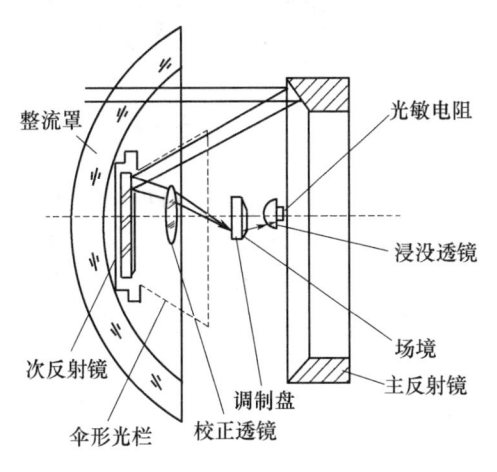

图 8.20　反射式光学系统

半球形整流罩用红外玻璃制成，它除了在空气动力学上起整流作用外，还能透过红外线，并起消除像差作用。主、次反射镜分别为旋转抛物面和旋转双曲面。这种系统的成像质量好，系统的轴向尺寸小，它被广泛地应用于导弹的红外光学系统中及雷达天线系统中。次反射镜用于折转光路，校正透镜用于提高像质。伞形光栏用来遮盖校正透镜，防止目标以外的光线直接照射到调整盘上形成干扰信号。

来自目标辐射的红外线，透过球形整流罩射到主反射镜上，再经主反射镜发射到次反射镜上，然后通过校正透镜在调整盘上聚焦成像，像点红外线最后照射到光敏元件上，光敏元件就将红外信号转变为电信号。

调制盘。调制盘的作用是提供目标的方位信息和抑制背景干扰。导弹的红外探测器不但会接受来自目标的红外辐射，也会接受来自背景强烈的红外辐射。例如在 2 ~ 2.5 μm 波段内，云团反射和散射的阳光在探测器上形成的辐射度，可比远距离的涡轮喷气发动机形成的大 10^4 ~ 10^5 倍。因而消除背景干扰是个十分迫切需要解决的问题。

经观察可以发现，目标(飞机)比起背景(云团)来说，是张角很小的物体，如果在探测器前加一个旋转的带黑白相间扇形格的圆盘(称调制盘)，探测器对目标和云团的输出信号就不同。调制盘是一个用透红外材料(如熔凝石英玻璃)作底板，表面按一定图案(图8.21)镀银的圆片。它被安置在陀螺转子上，随着转子一起转动，把目标连续辐射来的红外线切割成按一定规律变化的脉冲能流。脉冲能流频率的变化取决于调制盘图案和调制盘的旋转速度。这样，选择调制盘的图案和旋转速度，便可得到所需的调频信号。但是，调制后的频率信号又如何反映目标相对于导弹的位置呢？下面详细分析这个问题。

当光学系统的轴线(简称光轴)对准目标时，目标辐射来的红外线聚焦成像，其像点落在调制盘的中心。当光轴偏离目标，即光轴偏离目标视线时，则出现偏差(以失调角表示)，结果在调制盘上的像点就偏离了调制盘的中心。失调角愈大，则目标像点偏离调制

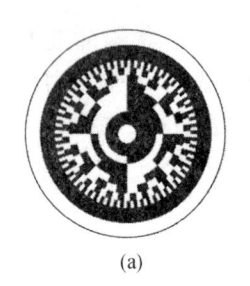

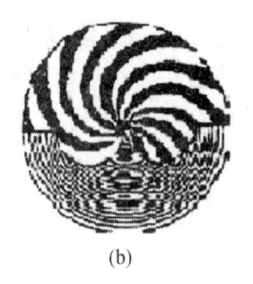

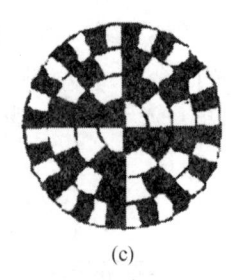

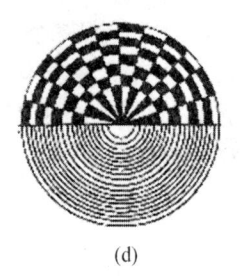

图 8.21 调制盘图案

盘中心愈远。如果失调角超过一定范围,目标像点就可能落在调制盘的外边去了。所以,光学系统只能接收偏离光轴一定范围内的目标所辐射的红外线,这个范围称为光学系统的"截获区"。根据光学成像原理,目标像点相对于光轴在调制盘上的位置是与目标在空间的真实位置成对应关系的。当目标偏离光轴而位于光轴右下方时,则目标像点相对于光轴而落在调制盘的左上方;反之,目标偏离光轴而位于光轴的左上方时,则目标像点相对于光轴而落在调制盘的右下方。这样,调制盘上像点在调制盘上的位置就反映了目标相对于导弹的位置。

另外,调制盘抑制目标背景的干扰是利用它的空间滤波特性来实现的。目标背景在红外导引头的探测器工作波段内往往有相当强的辐射,例如,云彩所反射的太阳光线对探测器的照度值比远距离涡轮喷气发动机对探测器的照度值大很多倍;导弹在低空飞行时还会受到地面辐射的红外线的干扰。如果目标是大面积的均匀辐射,则背景辐射经光学系统入射后成像于整个调制盘上,在这种情况下,调制盘后面的光敏元件接收的红外线是一恒定值,它的输出信号也是一恒定值。如果目标背景是大片云彩,它辐射到调制盘上所成的像是比较大的,可能在感应区上盖住几个格,但在每一位置,其透光面积基本不变,光敏元件输出的信号几乎不变,也是一个恒定值。如果云彩成像在调制盘的半透光区上,透光量在该区内始终为入射成像量的 1/2,光敏元件输出的信号也是一个恒定值。以上情况都说明光敏元件所输出的信号都是不产生调制的直流信号,这种信号经交流放大后即被滤除。这样,调制盘就起到了滤波作用,抑制了目标背景的干扰。

最后介绍一下盲区,盲区是在调制盘上只占有很小的一块面积并靠近中心的区域,在这个区域内,不能被调制,所以一般做成与调制盘下半部分一样的图案。

红外探测器。红外探测器是一种红外辐射能的转换器。它把辐射能转换成一种便于测量的物理量,如电流、电阻的变化,或使感光底片变黑。按照探测过程的物理机理,红外探测器可分为热探测器和光子探测器。热探测器是利用红外线的热效应而工作的。光子探测器是利用红外线中的光子流射到探测器上后,和探测器材料(都为半导体材料)内的电子作用,引起探测器的电阻或电压的变化,从而达到探测目的。由于光子探测器反应快、灵敏度高,因而在导弹上主要采用光子探测器。

光子探测器依其内部机理又可分为三种。

① 光电导探测器。当红外线中的光子流辐射到这类探测器上,就会激发出载流子,从而可使电阻降低或电导率增加,利用此现象来探测红外线的仪器称光电导探测器,也称光敏电阻。属于这类的有硫化铅、硒化铅、锑化铟、锗掺铜等光敏电阻。

② 光生伏特探测器。当光子流照射到这类探测器上后,它会产生电压,因而称为光

生伏特探测器。较常用的光生伏特探测器有硅、砷化铟、锑化铟等。

③ 光磁电探测器。它是由一薄片本征半导体(不是由掺杂形成的半导体)材料和一块磁铁组成的。当入射光子流使本征半导体表面产生电子、空穴,进而向内部扩散时,它们会被磁铁的磁场分开而形成电势。

一般来说,只有波长较短(如小于 3μm)的光子探测器才可以在室温下工作,多数光子探测器需要致冷才能正常工作。所以为了提高探测器效率,常在其后面加上一个致冷器。

位标器的稳定与跟踪。红外导引头的红外探测跟踪系统与导弹壳体的连接方式有两种:一种是固定连接的,它和弹体的相对运动是通过传动机构实现的;另一种方式是,位标器的探测系统(包括光学系统、调制盘等)安装在一个三自由度陀螺的转子上(图 8.22),由于陀螺的定轴性,在飞行中弹体若有振荡不会影响光轴的方向。这也就是说,这种方式的探测系统的轴线由于陀螺定轴性而会自动稳定在惯性空间。

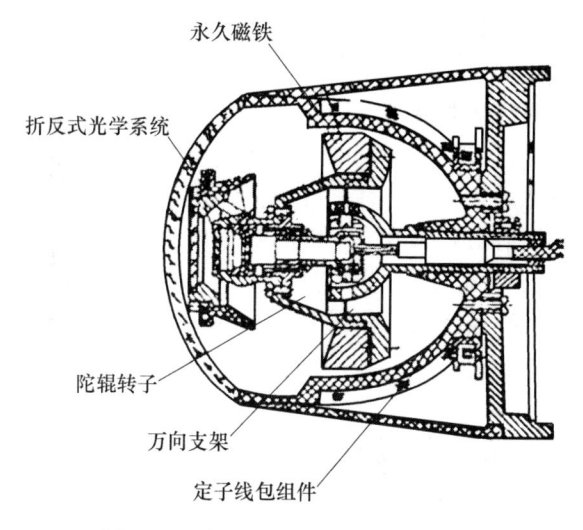

图 8.22 位标器陀螺基本结构示意图

位标器的跟踪是利用陀螺的进动性实现的。从图 8.23 可见,在位标器陀螺的外面,即在位标器的外壳上,有很多绕组,其中之一是进动绕组。当目标偏离位标器光轴时,从前面关于调制盘的论述可知,此时探测器就会输出误差信号。此信号的幅值与目标偏离光轴的失调角的大小有关,它的相位则与目标相对导弹的方位有关。此信号经放大后分两路输出,一路返回到进动线圈中,当电流通过线圈产生磁场时,它与装在陀螺转子上的永久磁铁的磁场作用后就产生一个力矩,此力矩会引起陀螺进动。由于经过巧妙的设计,陀螺进动的方向正好使光轴转向目标方向,即实现对目标的跟踪。上述放大后的误差信号的另一路则输入到舵机的控制线圈中,使舵机运动,带动舵面偏转,操纵导弹飞向目标。

红外成像制导系统。成像制导是当前红外制导的主要发展方向。红外成像制导系统与点源制导系统相比,其主要差别在于探测器和跟踪方法不同。

前面介绍的点源系统所用的探测器只响应目标对探测器的总辐射功率,或者说只响应其平均照度。它不能显示目标的形状,只能把目标作为一个点辐射源来响应。从信息量的角度看,成像系统比点源系统能提供更多的信息,这就特别有利于目标的选择和抗

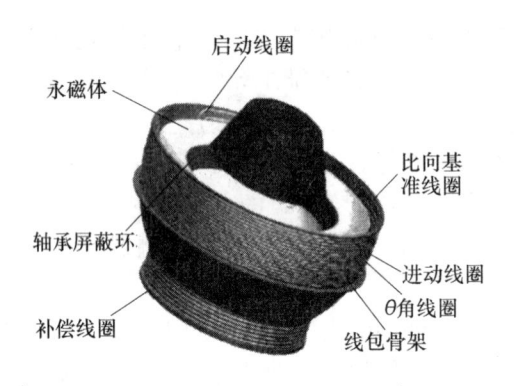

图 8.23 标器陀螺定子线包示意图

干扰。

成像的实质在于成像器件取得目标各部分的辐射功率的分布。目前,在导弹的红外成像制导系统中,常见的成像探测器有红外摄像管、光学机械扫描成像和多元阵列探测器。

常见的红外摄像管是热释电摄像管,图 8.24 是一个热释电摄像管的示意图。它的基本结构和阴极射线管类似,只是在前端有一个热释电靶面,靶面上涂有热释电材料。当红外线通过斩光器以光脉冲射到靶面上时,热释电靶面的两侧会形成电位差。其大小与入射光的强弱有关。当阴极射出来的电子束扫描靶面时,就可以将靶面上与入射光强有关的电压信号取出,这就是视频输出。视频信号经电子线路处理后就可控制可见光的显像系统,显示出可见光的图像,或者也可以利用雷达技术中的跟踪方法,使摄像管跟踪目标。

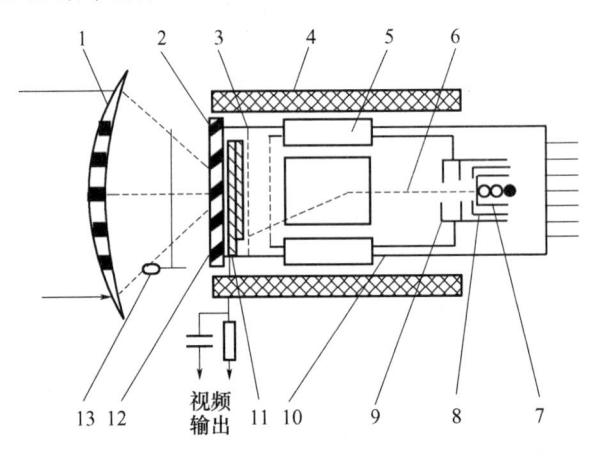

图 8.24 热释电摄像管结构简图
1—锗透镜;2—锗窗口;3—栅网;4—聚焦线圈;5—偏转线圈;6—电子束;7—阴极;
8—栅极;9—第一阳极;10—第二阳极;11—热释电靶;12—导电膜;13—斩光器。

光学机械扫描成像的成像器件,是前面介绍过的光子探测器。将探测器放在光学系统的焦点上,探测器的一定面积就可对应着"可看得见"的一定空间,这个空间称为瞬时视场。当光学系统连同探测器绕水平和垂直轴旋转时,可使探测系统实现垂直和水平方向的扫描而将总视场扫描完。探测器也可以是由许多单元探测器组成的一条线阵,因而只要在与该线阵垂直的方向扫描即可完成对总视场的扫描。当探测器在总视场内扫描一周时,就可输出与摄像管类似的视频信号。美国的空地导弹"幼畜"AGM-65D/F 采用的就是这种方法。

多元阵列成像探测器是当前最先进的一种成像器件。它是由单元尺寸很小的许多微型红外光子探测器排列成的电荷耦合器件(CCD)排列成相应的面阵重合在一起而组成的一种阵列探测器件。红外面阵中所含单元的数目可达 128×128 以上,单元探测器的边长尺寸可小到 25μm。随着技术的发展,面阵内的单元数还可增大,而单元的尺寸还可缩小。

面向红外辐射的是红外面阵,在其背面是 CCD。CCD 具有电荷传输能力,当红外面阵受到红外辐射时,各个单元内产生的载流子将向 CCD 的相应单元扩散,在 CCD 上加入控制电压(称为时钟电压)后,它将依次将红外面阵各单元产生的电子流输出,这也相当于前面提到的视频信号。有了视频信号,可见光显示或跟踪就可如摄像管的信号处理过程一样了。这种面阵探测器需安放在光学系统的焦平面上,故它称为焦平面阵列探测器(FPA)。FPA 与别的成像方法相比有许多优点,如灵敏度高、可靠性高,因而是今后红外成像的发展方向。

红外自动寻的制导系统与雷达自动寻的制导系统相比,其明显的优点是分辨率高。此外,红外系统的设备简单、尺寸小、质量轻、成本低、抗干扰性能也较好。由于它是被动式制导系统,因此不易被敌方发现。

红外制导系统的主要缺点是:受天气影响较大,在有云、雾、雨的天气时,其探测能力会大受影响。

2) 雷达自动寻的式制导系统

雷达自动寻的式制导系统按信号来源可分为主动式、半主动式和被动式雷达自动寻的系统。它在结构上与一般的自动跟踪目标的地面雷达站相似。其主要差别在于,一般雷达站中,控制信号只加到天线的驱动装置中使天线能自动跟踪目标,而在雷达自动寻的系统中,除了使天线自动跟踪目标外,还要形成导引信号,使导弹也能按一定的导引规律跟踪目标。其次,在一般的雷达站中,当有两个或更多的目标出现在雷达天线观测范围内时,可通过手操纵选定其中之一进行跟踪,而在导弹的雷达自动寻的系统上,需要采取相应的措施才能实现对选定的目标进行跟踪,否则当有两个或多个目标出现在天线的视场范围内时,导弹就不能实现对选定的目标进行跟踪,而会朝着两个或多个目标的中间穿过去。目前弹上雷达对目标的选择方法是距离选择法和速度跟踪法。

3) 电视自寻的制导系统

电视自寻的制导是光电制导的一种。它和红外点源制导一样在第二次世界大战中已经应用,目前多用于空地、地地、地空导弹的末端制导中。和红外自动寻的制导系统一样,其属于被动式寻的系统。它的主要部件是电视导引头。电视导引头一般由电视摄像机、光电转换器、误差信号处理器、伺服机构等组成,简化框图如图 8.25 所示。

其工作原理为:摄像机把被跟踪的目标光学图像投射到摄像靶面上,并用光电敏感元件把投影在靶面上的目标图像转换为视频信号。误差信号处理器从视频信号中提取目标位置信息,并输出驱动伺服机构的信号,以使摄像机光轴对准目标。制导站上有显示器,以使操作者在发射导弹前对目标进行搜索、截获,在发射导弹后观察跟踪目标的情况。

电视自寻的制导系统是以导弹头部的电视摄像机拍摄目标和周围环境的图像,从有

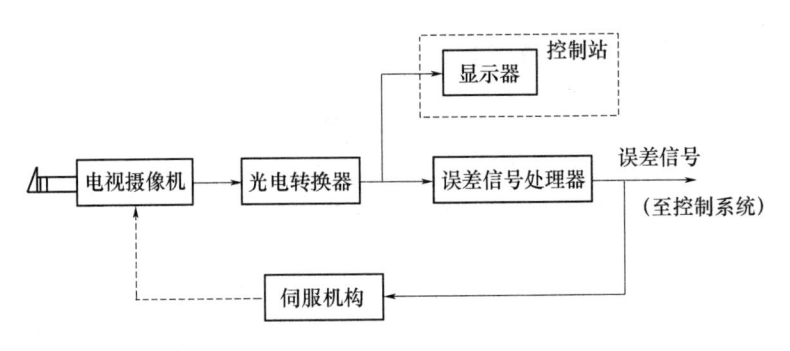

图 8.25 电视自寻的制导系统简化框图

一定反差的背景中选出目标并借助跟踪波门对目标实行跟踪,当目标偏离波门中心时,产生偏差信号,形成导引指令,控制导弹飞向目标。波门就是在摄像机所接收的整个景物图像中围绕目标所划定的范围,如图 8.26 所示。其中,划定波门的目的是排除波门以外的背景信息,对这些信息不再做进一步的处理,起到选通的作用。这样,波门内的视频信号,目标和背景之比加大了,避免了虚假信号源对目标跟踪的干扰。

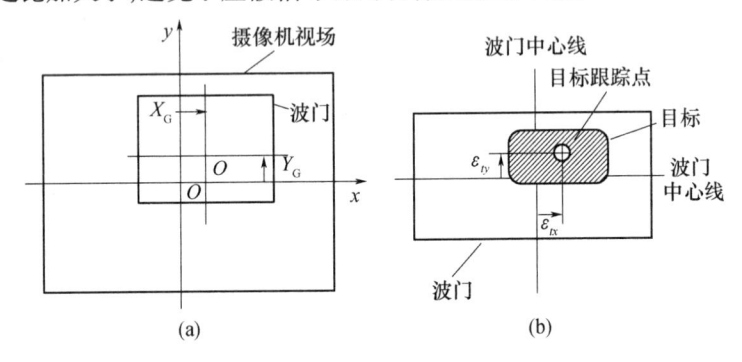

图 8.26 波门几何示意图

摄像机的跟踪伺服系统可以像雷达天线伺服系统一样,即摄像机底座固定在导弹上,摄像机的偏转可以通过仰俯伺服电机来带动。也可以使摄像机装在一个三自由度陀螺的转子上,摄像机就会绕水平轴转动;反之,若给水平轴加一扭矩,摄像机就能绕垂直轴转动。

弹上摄像机的光学系统一般要求能自动调节焦距。在目标较远时要求焦距较大;在目标较近时,希望焦距变得较小。因为当目标远而焦距小时,目标通过光学系统在摄像管的靶面上成的像很小,当摄像机的电子束作扫描时可能会漏掉目标。反之,当目标近而焦距较大时,则目标在靶面上成的像可能会过大,以致可能会充满整个靶面,这样就会使电子束扫描时根本无法形成误差信号。

电视自动寻的制导系统具有被动式自动寻的系统的优点,抗干扰性较强,隐蔽性好。它也便于驾驶员识别和选择目标。但是它和红外系统一样,易受天气影响且夜间不能工作。

8.4.3 战斗部

这是弹上直接毁伤目标,完成其战斗任务的部分,所以称为战斗部。由于通常放置在导弹的头部,所以大多数人称之为弹头。战斗部可装普通炸药、核装料或生物、化学战剂。载有普通炸药战斗部的导弹称为常规导弹;载有核装料战斗部的导弹称为核导弹。

由于导弹所攻击的目标和类型有所不同,相应地有各种不同作用和不同结构类型的战斗部,如爆破战斗部、杀伤战斗部、聚能破甲战斗部、化学战斗部、生物战剂战斗部以及核战斗部等。

对战斗部系统来说,一方面要求它对目标的破坏作用要大,能够彻底摧毁目标;另一方面要求它对发射人员和发射设备很安全,不会出危险。为了满足以上要求,战斗部系统就必须包括战斗部、引信和保险装置三个部分。

战斗部为导弹提供了足以摧毁目标的摧毁剂,一般它是由烈性炸药或者核装药制成,它可以将炸药中潜藏的化学能或者核能转变为破坏目标的能量。装药的多少和性能决定着战斗部威力的大小。但是不管战斗部威力多大,如果导弹在到达目标之前,战斗部提前爆炸或是导弹飞过了目标之后才爆炸,这些都将极大地影响战斗部的威力,甚至使打击无效。为了避免出现以上情况,就为战斗部设计了引信。引信的作用是保证战斗部在最恰当的时机爆炸,使目标遭受到最大程度的破坏,并且工作可靠。但是仅有引信还不行,如果战斗部在地面勤务处理时发生爆炸,或者在导弹发射出去距我方阵地或飞机不远的地方就发生爆炸,就会造成人员损伤,这是绝不允许的。为了避免出现这种危险情况,战斗部上还必须设有保险装置。因此保险装置的作用是使战斗部处于保险状态,对于任何可能遇到的外界环境影响,都不会使其发生"走火"现象。同时当导弹飞离我方人员一定距离后,在最恰当的爆炸时机之前又能解除保险,此时在引信的作用下,才能使战斗部爆炸。

1. 各类战斗部的工作原理及其典型结构形式

1) 爆破战斗部

爆破战斗部主要用来摧毁地面或水面、地下或水下目标,如军事设施、人员、船只舰艇等。爆破战斗部外形一般有圆锥形、抛物线形、圆弧形和球形。其壳体一般由薄钢板冲压焊接而成。远程导弹战斗部为了防止气动加热,还在壳体外面增加防热材料,如玻璃钢,以避免气动热流向壳体内传递而使炸药升温发生爆炸;同时在顶部增设防热结构,即半球的钝形弹头帽。爆破战斗部的壳体内腔一般装高能混合炸药,并且在战斗部壳体的后端设有空腔,用以安装引信,如图 8.27 所示。

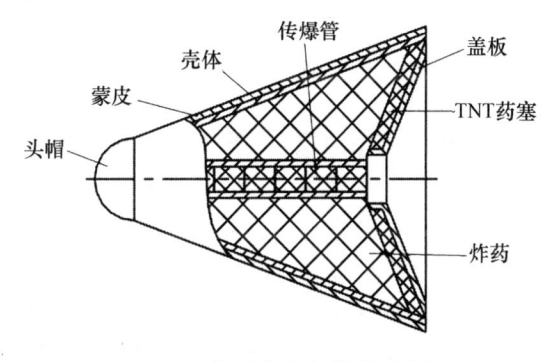

图 8.27 爆破战斗部结构示意图

爆破战斗部对目标的破坏作用是依靠炸药爆炸以后所产生的大量高温高压气体产物以及由于它推撞周围介质(如空气、水、岩土等)而造成的冲击波。例如,TNT 炸药爆炸时形成压力为20GPa、温度为3200K的气体,并以7000m/s的速度向外冲击,在地面上就使空气形成很强的冲击波(气浪)。这样强有力的冲击波会使地面建筑物倒塌,有生力量死亡。

炸药爆炸后,它所形成的高压冲击波以球面波向四周扩散。冲击波波阵面上压力的大小与炸药的性质及装药量有关,但它是随着离爆炸中心的距离增大而下降的,据中心越远的波阵面上的强度便越弱。

爆破战斗部结构的特点是壳体壁很薄、形状较长、容积很大、装填系数高。

2) 聚能破甲战斗部

聚能破甲战斗部主要是利用炸药爆炸时所产生的聚能流去穿透厚的装甲或混凝土,因而它所对付的目标是地面上的防御工事、坦克、装甲车以及水面上的舰艇等。

聚能现象在自然界中是可以看到的。如果我们在平静的水面上垂直投下一个石子,就会发现当石子落入水面以后紧接着就出现一个垂直向上升起的水柱。原来当石子落入水中时将水往四周挤,在水面上出现一个水坑,紧接着四周的水又往坑内集中而互相冲击,从而出现向上升起的水柱。

根据同样的原理,如果我们将圆柱形炸药的一端做成圆锥形的凹槽(称为聚能槽),当炸药爆炸时,紧贴聚能槽部分的爆炸生成物起初沿着其法线方向飞出,然后沿轴线向前冲击,在聚能槽的中心轴线上撞击汇流,形成一股速度极高的聚能流,如图8.28所示。它的速度可达10000m/s,因而它的动压非常大,温度又非常高,很容易把钢甲穿透。聚能流的最小截面积为焦点。焦点处爆炸产物的密度最大、速度最快,能量最为集中。

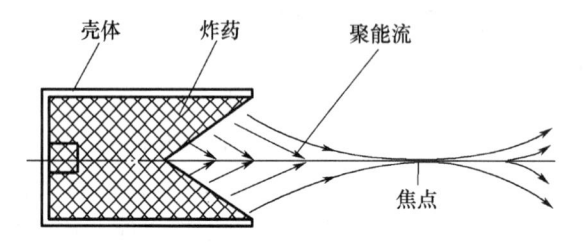

图8.28 聚能流形成

图8.29所示为"霍特"反坦克导弹战斗部结构示意图,该战斗部主要由风帽(壳体的前半部)、战斗部壳体、药形罩、爆炸装药、传爆药柱、引信和底盖等组成,其爆炸后形成高速射流毁伤坦克目标。

其头部风帽分为外风帽和内风帽两层,内外风帽用连接调整环固定并与壳体连接。装配后与壳体外表面形成的间隙用整形环填充。外风帽的内层与内风帽是两个电极,构成电引信的碰撞开关。当导弹命中目标时,头部风帽变形,内外风帽接触,从而接通引信的点火电路,使雷管起爆,并引爆成型装药。外风帽是蛋形壳体,外层由塑料热压成型,内层附有一层用黄铜(含铜58%)板冲成的铜壳,且内表面镀银(银层厚5~9μm)。内风帽同样是蛋形壳体,也是用黄铜板冲成的,其内外表面均镀银(银层厚5~9μm)。

战斗部壳体为铝合金铸件,经机械加工成型,内部空心装药。药形罩是用紫铜板经旋压而成的圆锥形罩。装药的主装药采用梯黑混合炸药,其成份为:TNT(25%),黑索金(75%)。隔板后面的辅助装药的成分为TNT(15%),黑索金(85%)。隔板分前后两块叠

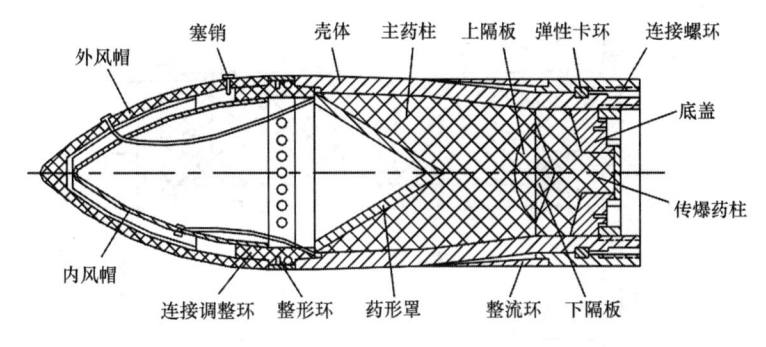

图 8.29 "霍特"导弹战斗部结构示意图

在一起,均用硅橡胶制成。传爆药柱装于战斗部底部。战斗部用螺纹和弹性卡环与发动机连接。

3) 杀伤战斗部

杀伤战斗部主要用来攻击飞机、飞航式导弹等空中目标,亦可攻击地面一切有生力量及机场上各类飞机、汽车、雷达站设备、各种轻重型武器等。

杀伤战斗部主要有三种结构形式,即破片式结构、条(杆)状式结构和聚能效应结构。分别介绍如下:

(1) 破片式杀伤战斗部。其作用特点是,靠它在空中爆炸后产生大量高速飞散的破片直接打击目标,从而使目标引起损坏或破坏。破片的破坏作用可以归纳为以下几点。

① 击穿破坏作用,破片击穿飞机的坐舱、发动机、燃油系统、润滑系统、操纵系统以及飞机结构(如蒙皮、梁、框、翼肋等受力构件)等部件,使部件遭受破坏失去作用而摧毁飞机。

② 引燃作用,破片击中飞机的油箱使飞机着火而摧毁飞机。

③ 引爆作用,破片击中飞机携带的弹药使弹药爆炸而摧毁飞机。

其中以击穿破坏和引燃作用是主要的。在高空以击穿破坏为主,引燃作用则由于高空空气稀薄而大大减弱。

破片式杀伤战斗部对目标的杀伤和破坏是靠具有一定动能并且有一定分布密度的破片直接打击目标来实现的。破片的动能是装药爆炸来提供的,而破片的分布密度与形状大小则与战斗部的外形、结构和材料有关。为了能够获得一定数量和足够质量的破片,人们想了很多办法。破片式杀伤战斗部的典型结构主要有:预制破片式杀伤战斗部、药柱表面刻槽式杀伤战斗部、壳体刻槽式杀伤战斗部和圆环叠加点焊式杀伤战斗部。

图 8.30 为一种地对空导弹内壁刻槽的杀伤战斗部,爆炸后可形成数千块破片。该战斗部壳体采用厚 7mm,10 号普通碳钢板卷焊接而成,其内壁刻槽,槽深 3mm,V 形槽角度为 168°,为加强应力集中,槽底部较尖,为 45°。爆炸后,形成的每一菱形破片重 12g。选用较重破片的原因在于提高对飞机的毁伤能力。在圆筒壳体两端焊有 10 号钢的圆环,与前、后底之间各用 16 个螺栓连接,前、后底用铝合金制成。

战斗部壳体内铸装 TNT、黑索金混合炸药,其成分为 TNT(40%) 和黑索金(60%)。在壳体两端均铸有 TNT 封口层,这样做除考虑工艺性较好,还可增加装药的密封防潮性能。

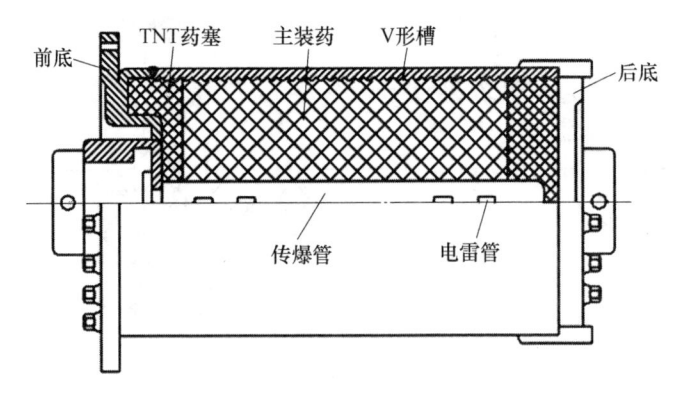

图 8.30 壳体内壁刻槽杀伤战斗部结构示意图

战斗部传爆系列是在装药中心设置传爆管,用四个并联的微秒级电雷管成对安装于前后两端,提高起爆的瞬时性。在传爆管内还装有 17 节钝化黑索金药柱(共 570g),以起爆主装药。传爆管外壳为铝合金制成,引出导线用酚醛塑料封口。

(2)连续杆式杀伤战斗部。连续杆式战斗部又称链条式战斗部,是因其外壳由钢条焊接而成,战斗部爆炸后又形成一个不断扩张的链条状金属环而得名。连续杆环以一定的速度与飞机等目标碰撞时,可以切割机翼或机身,对飞机造成严重的结构损伤,对目标的破坏属于线切割型杀伤作用。连续杆式战斗部由破片式战斗部和离散杆战斗部发展而来,是破片式战斗部的一种变异。连续杆式战斗部是目前空空、地空、舰空导弹上常用战斗部类型之一。

连续杆式战斗部的典型结构如图 8.31 所示,整个战斗部由壳体、波形控制器、切断环、传爆管及前后端盖组成。战斗部的壳体是由许多金属杆在其端部交错焊接并经整形而成的圆柱体杆束,杆条可以是单层或双层。单层时,每根杆条的两端分别与相临两根杆条的一端焊接;双层时,每层的一根杆条的两端分别与另一层相邻的两根杆条的一端焊接,如图 8.32 所示。这样,整个壳体就是一个压缩和折叠了的链,即连续杆环。切断环也称释放环,是铜质空心环形圆管,安装在壳体两端的内侧。波形控制器与壳体的内侧紧密相配,其内壁通常为一曲面。波形控制器采用的材料有镁铝合金、尼龙或与装药相容的惰性材料。传爆管内装有传爆药柱,用于起爆炸药。装药爆炸后,一方面由于切断环的聚能作用把杆束从两端的连接件上释放出来,另一方面,爆炸作用力通过波形控制器均匀地施

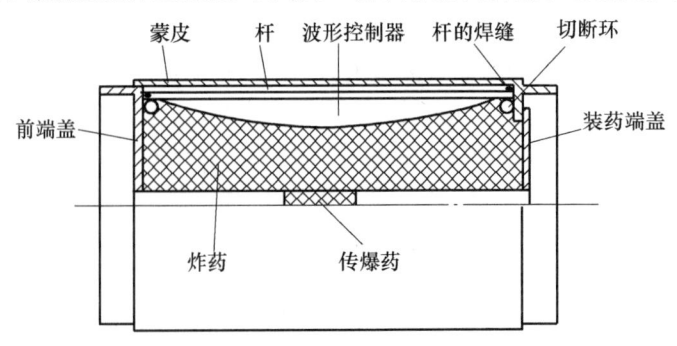

图 8.31 连续杆式战斗部构造图

加到杆束上,使杆逐渐膨胀,形成直径不断扩大的圆环,直到断裂成离散的杆。

在战斗部壳体两端有前后端盖,用于联接前后舱段。在战斗部的外表面覆盖导弹蒙皮,其作用是为了与其他舱段外形协调一致,保证全弹良好的气动外形。

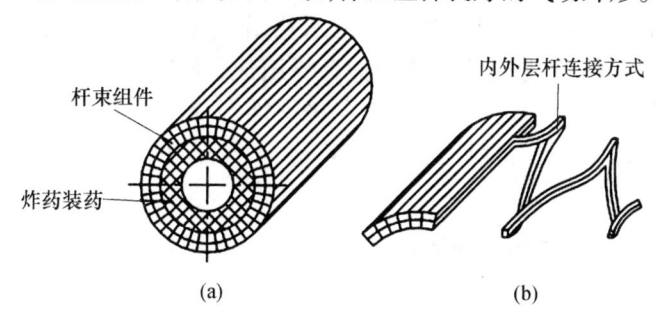

图 8.32 杆束结合示意图

其工作原理大致为:当战斗部装药由中心管内的传爆药柱和扩爆药引爆时,在战斗部中心处产生球面爆轰波传播,遇上波形控制器,使爆炸力作用线发生偏转,得到一个力作用线互相平行的作用场,并垂直于杆条束的内壁,波形控制器起到了使球面波转化为柱面波的作用。杆束组件在爆炸冲力作用下,向外抛射,靠近杆端部的焊缝处发生弯曲,展开成为一个扩张的圆环。环在周长达到总杆长度之前,环不被破坏。经验指出,这个环直径在达到理论最大圆周长度的80%时还不会被拉断。扩张半径继续增大时,至最后焊点断裂,圆环被分裂成若干段。

在连续杆战斗部中,杆的扩张速度可达 1200~1600m/s,和较重的杆条扩张圆环配合,就像一把轮形的切刀,用于切割与其遭遇的飞机结构,使飞机的主要组件遭到毁伤。毁伤程度不仅与杆速有关,而且与飞机的航速,导弹的速度和制导精度等有关。战斗部对飞机的作用原理如图 8.33 所示。

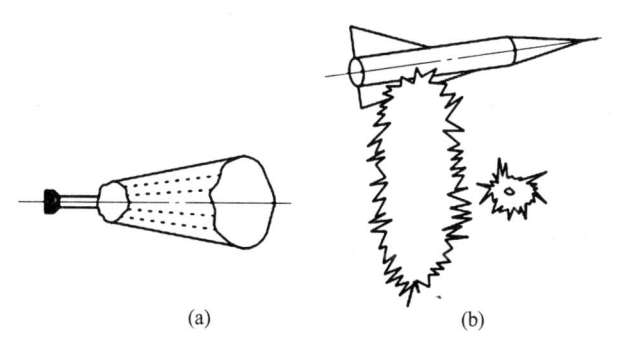

图 8.33 杆式战斗部对飞机的作用原理
(a) 杆束扩张过程;(b) 杀伤效果。

试验表明,连续杆的速度衰减和飞行距离成正比关系。杆条速度的下降主要由空气阻力引起,而杆束扩张焊缝弯曲剪切所吸收的能量对其影响很小。杆环直径增大,断裂后,杆条将向不同方向转动和翻滚,此时,连续杆环的杀伤能力就会大幅度下降。连续杆效应就转变成破片效应。因连续杆断裂生成破片数量相当少所以对目标毁伤效率会急速下降。由此可知,这种结构形式的战斗部,对于脱靶量小的弹目交会条件,才能最好地发挥其效应。

（3）聚能式杀伤战斗部。攻击空中目标的战术有翼导弹采用聚能式杀伤战斗部，主要是利用金属射流的有效破甲作用和金属质点能点燃目标内的易燃物对目标进行破坏。

如图8.34所示是聚能式杀伤战斗部的示意图。它与其他聚能战斗部的显著区别在于聚能装药不是一个而是由许多个聚能药垛组成，所有聚能药垛均匀沿圆周方向和轴向分布。为了提高战斗部的杀伤效率，各排聚能药垛的中心线与壳体的母线之间成一角度 Ψ，这样可以使各金属射流在空间组成一个螺旋状的威力网，均匀的布满整个空间。

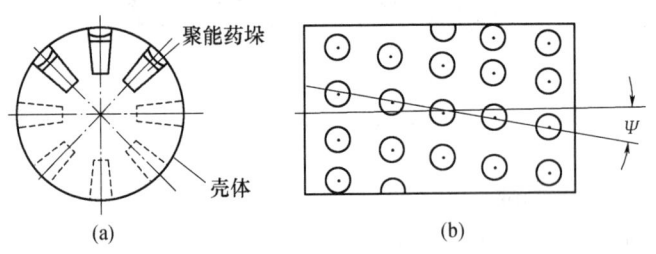

图8.34 聚能式杀伤战斗部示意图

4）核战斗部

核战斗部主要是装在战略地对地导弹和空对地导弹上，用以摧毁战略目标。此外，在近程野战、空战和防空中有的导弹上也装有核战斗部，用以摧毁地面大面积战术目标，对付飞机群和拦截原子轰炸机等。

核战斗部的破坏威力来源于某些物质（如铀、钚、氘、氚等）的原子核核能的释放。而核能的释放出现在原子核发生转变的过程中。原子核的转变形式有两种，一是重核的裂变，二是轻核的聚变。

核战斗部爆炸时主要产生四种破坏作用，即冲击波（起爆破作用）、光辐射（起燃烧作用）、贯穿辐射与放射性沾染（起杀伤作用）。因而核武器具有综合性的杀伤破坏作用。前三种破坏能量只能在短时间内起作用，只有后一种能在较长时间内起杀伤破坏作用。

2. 引信和保险装置

战斗部是用来摧毁敌方目标的，而对自己则要求在使用、维护等过程必须十分安全可靠，对引爆战斗部的时间、地点和条件都有严格的要求，这就要靠引信来实现。引信的作用就是要保证战斗部在最恰当的时间和地点爆炸，以便使目标遭到最大程度的破坏。因此，要求引信有高度的准确性和可靠性，要求它体积很小而且结构精密。保险装置的作用是保证战斗部在勤务处理时不会发生爆炸，十分安全，但到达目标区域又能可靠地解除保险。引信和保险装置的作用虽然不同，但是大多数情况下，在结构上往往将保险装置装在引信上，因此通常就把保险装置看作是引信的一部分。

为了适应各种作战需要，引信有多种。根据对目标的作用方式，引信可分为触发引信和非触发引信两大类。

（1）触发引信是在导弹直接与目标撞击时而起引爆作用的引信。根据导弹撞击目标到战斗部爆炸的时间长短不同，触发引信又可分为瞬发引信（时间间隔小于0.005s）和延时引信(时间间隔大于0.005s)两种。这两个时间都极其短暂,但对爆炸过程来说,它们却有较大差别。例如,攻击坦克和军舰的聚能战斗部和攻击地面或水面目标的爆破战斗部要求装瞬发引信。而对在地下爆炸、水下爆炸或穿入目标后爆炸的战斗部,则要求装延时引信。从另一角度看,触发力来源于目标的直接撞击者又称触发引信,而利用惯性力者则称惯性引信。

触发引信根据起爆能源的不同又可分为机械触发引信、电触发引信和压电引信等:①机械触发引信是利用撞击力压缩保险弹簧并带动击针刺激雷管起爆。②电触发引信是利用撞击力接通接触点,使电路闭合,从而使电雷管起爆。③压电引信是利用撞击力压缩装在导弹内的压电晶体,以其所产生的高伏电压来使电雷管起爆。

(2)非触发引信是指导弹并不需要触及目标,而是据目标有一定距离就可使引信工作,从而使战斗部爆炸。非触发引信主要用在攻击空中目标的战斗部上,同时也用在破坏地面目标的爆破战斗部(特别是核战斗部)上和用在杀伤地面有生力量的杀伤战斗部上。

非触发引信可分为近炸引信和时间引信。近炸引信是利用一种专门感受目标特性(声、光、电、热)或外界条件(如气压)的敏感元件来控制起爆。根据受激励的特征不同,近炸引信又可分为无线电引信、光学引信和气压引信。

时间引信也称钟表引信,它可按预定好的时间起爆。显然,这种引信对于攻击活动目标的导弹不适用(因时间无法预定)。但它可用作导弹自毁的引信,还可用于多级火箭的点火、分离,以及高空探测降落伞的定时打开等方面。

8.4.4 弹体

导弹弹体是用于构成导弹外形、连接和安装导弹各系统的整体结构,具有良好的气动外形。主要由弹身、气动面、弹上机构及一些零部件连接而成。按导弹的推进剂类型可分为液体导弹弹体和固体导弹弹体;按导弹的飞行轨迹可分为弹道导弹弹体和巡航导弹弹体。当采用对接战斗部、固体火箭发动机或液体推进剂受力式贮箱时,它们的壳体、箱壁就是弹体外壳的一部分。

弹身是由各舱(战斗部装药舱、仪器舱、发动机舱)、段(过渡段、贮箱段)、整流罩等组成。

气动面包括产生升力的弹翼、产生操纵力的舵面及保证导弹稳定飞行的安定面(尾翼)。对弹道式导弹,由于大部分在大气层外飞行,在主动段只做程序转弯飞行,因此没有弹翼或根本没有空气动力翼面。

弹上机构是指操纵机构、分离机构和折叠机构等。

1. 弹身

弹身是导弹弹体构造的重要组成部分,它的功用主要是安装装载(如仪器设备战斗部、动力装置等),并用于连接弹翼、舵面,使之成为一个整体。

按照弹身的功用,首先在使用方面,要求它具有尽可能大的空间、尽可能高的弹身空间利用率,以便能更多装备导弹相关的设备,并保证设备具有较好的工作环境。对于需要经常进行检查测量的弹内设备,应在弹身上开设必要的舱口,口盖要能快速装卸,适合于战备要求。其次在气动方面,导弹的气动阻力很大一部分是由弹身引起的,因此应保证弹身表面光滑。尽量减少突出物或缝隙,以减少阻力。另外应注意在保证足够的强度,刚度条件下使质量最轻。

弹身通常是一个细长的旋成体,由头部、圆柱段及尾段三部分组成。其剖面常为圆形剖面。头部形状较常见的有半球形、圆锥形及抛物线形等,其中抛物线形头部用得较多,它在气动力及空间利用方面优点较多。尾部的形状有圆柱形、截锥形及抛物线形,以采用截锥形较多,这种外形的优点是构造的生产工艺性比较好。

弹身的受力与弹翼相类似,也作用有分布载荷与集中载荷。分布载荷包括沿弹身表面分布的空气动力 $q_{空}$(图8.35),弹身结构的质量力 $q_{弹身}$(图8.36)。集中载荷如发动机的推力 $p_{弹翼}$,舵面传给弹身的作用力 $Y_{翼}$,$Y_{舵}$,以及弹内设备的质量力 $R_{设备}$,$N_{设备}$(图8.36)。对弹身来说起主要作用的是集中载荷。但对于弹身头部,导弹飞行时气动压力可能比较大,它有可能是头部蒙皮的设计载荷。

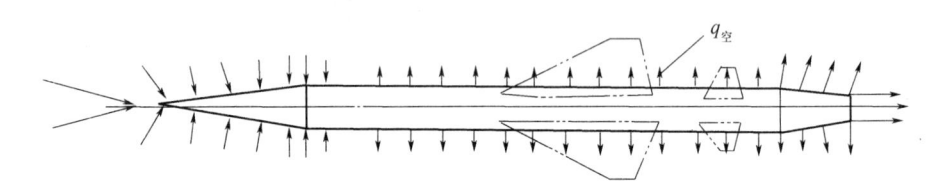

图8.35 作用在弹身上的气动载荷

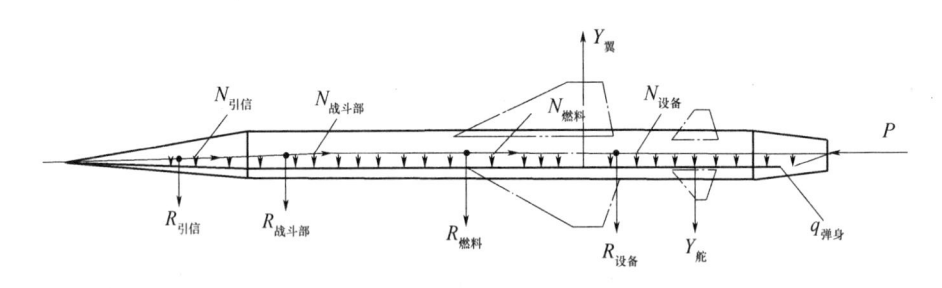

图8.36 作用在弹身上的外载荷

2. 弹翼

弹翼的主要功用是产生升力,以实现导弹的机动飞行,并保证导弹具有良好的操纵性及稳定性。此外弹翼上还会安装副翼及其操纵机构和其他设备,如无线电天线、曳光管等。

弹翼是产生升力的主要部件,因此首先要求弹翼具有良好的气动性能。为适应高速飞行要求,减小飞行阻力,导弹弹翼通常都做得较为扁薄。加上弹翼上作用的载荷大,并需要考虑气动加热的影响,弹翼的强度刚度问题极为突出,必须保证在各种设计情况下具有足够的强度和刚度。此外其结构还应便于制造,使用维护及拆装方便。

在飞行中作用在弹翼上的外部载荷有:空气动力 $q_{空气}$,弹翼结构的质量 $q_{弹翼}$ 和安装在弹翼上的设备质量力 $P_{设备}$(图8.37),这里忽略了阻力的影响。空气动力和结构的质量力是分布力;设备的质量力是集中力。弹翼在这些外载荷的作用下要产生弯曲、扭转和剪切变形,弹翼的各构造元件要承受剪力 Q、弯矩 M 和扭矩 M_n 的作用(图8.38)。

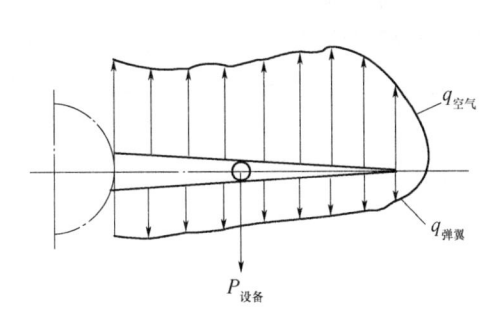

图 8.37　弹翼上的分布载荷及集中载荷 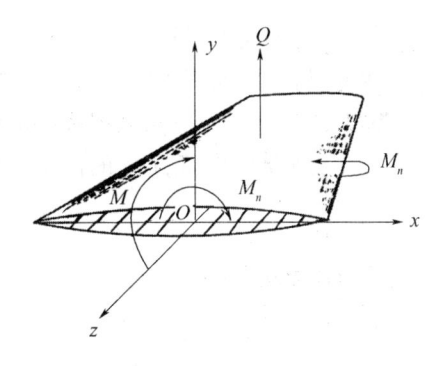　　图 8.38　弹翼所受剪力、弯矩和扭矩

3. 操纵机构和舵面（操纵面）

操纵机构和舵面既是导弹弹体的组成部分，又是导弹控制系统的重要组成环节，在导弹控制系统的工作过程中，它们都起着重要的作用。

（1）操纵机构是指包括舵机在内的从舵机到操纵元件之间的机械传动机构。操纵机构的功用是将舵机输出的能量传递到操纵元件上，使操纵元件按相应的要求偏转。

根据操纵机构带动操纵元件偏转方向的不同，操纵机构可分为三类：

① 同向操纵机构：用来操纵舵面作同方向偏转的机构。

② 反向操纵机构：用来操纵副翼，使副翼作相反方向偏转的机构，又叫差动操纵机构。

③ 复合操纵机构：既可操纵舵面同向偏转起舵的作用，又可使舵面反向偏转起副翼的作用，即操纵机构同时能起同向操纵及反向操纵的作用，并要求同向与反向互不干扰，同向操纵时不影响反向操纵。

（2）舵面（操纵面），其外形及受力情况与弹翼类似，差别仅在于舵面的面积比较小，结构比较简单，多为实心，整体式或夹层结构。舵面是导弹上用以保证良好操纵性及稳定性的重要部件，要求它能产生足够的气动力。它在导弹飞行过程中一直处于运动状态，不断的按要求绕转轴偏转。因此，舵面相对于弹翼，在结构上有不同的特点：

① 随着导弹速度的提高，原来亚声速所采用的设在翼面后缘的舵面已不能适应要求，而采用全动舵面。主要原因是在超声速时，由于激波后的扰动（由于舵面偏转产生）传不到激波的前面，舵面偏转时对翼面气流分布无影响，所以采用后缘舵面效率很低。

② 舵面转轴的位置直接影响铰链力矩的大小及舵面运动特性的工作效率。

8.4.5　弹上电源

弹上电源是供给弹上各分系统工作用电的电能装置，除电池外还包括各种配电和变电设备。常用的电池有银锌电池，它单位储藏的电能比较大，能较长期储放，有的导弹局部用电部分采用小型涡轮发电机发电；有的巡航导弹采用涡轮风扇吹气发动机带动小型发电机来供电；有的导弹（个别有线制导的反坦克弹）上没有电源，由地面电源供弹上使用。

导弹上的仪器和设备，有的需要直流电源，有的需要交流电源；有的要求电压较高，有的要求电压较低。因此，电源配电系统中还要配备调压变电装置，如变压器和变流机等。

由于导弹上的各种仪器、设备是按预先规定的时序工作的,所以弹上通常装有专用的程序配电器或时间机构以便按预定的时序向弹上各系统的仪器、设备提供不同种类、不同电压值的电源和发出工作指令。因此,弹上电源配电系统既是弹上各用电仪器和设备的动力源,又是各用电仪器及设备工作的协调机构。

思 考 题

1. 火箭和导弹的主要区别是什么?
2. 简述火箭的组成和各部分的功能。
3. 火箭控制系统的功能是什么? 它由什么组成?
4. 火箭的初始对准系统是什么? 它有哪些分类?
5. 导弹按不同的分类方式,分别可以分为哪几类?
6. 导弹由哪几部分组成? 简述它们各自的功用。
7. 简述各类火箭发动机的组成和工作原理。
8. 导弹的制导系统如何分类? 可分为几类?
9. 导弹的战斗部是什么? 都分为哪些类型?
10. 杀伤战斗部主要用来攻击哪些目标? 它主要有几种结构形式?

第9章 航天器飞行原理

9.1 太空飞行与大气层内飞行的区别

飞行器在大气层内和大气层外飞行时主要有三个方面的不同。

(1) 在大气层内飞行的飞行器速度与它的飞行路线以及飞行高度没有直接的关系,如几架飞机可以以不同的速度飞行在同一飞行路径上。而卫星的轨道和它的飞行速度是严格相关的,例如,对于圆轨道来说,在相同轨道高度上的卫星一定具有相同的飞行速度;而轨道高度不同的卫星,其飞行速度一定不同。下面将要详细介绍,这种高度和速度的关系将严格的限制太空飞行器的行为。

(2) 在大气层内飞行的飞行器不但需要借助空气使其漂浮在空中,同时还需要借助空气来做机动飞行。就如同船在水中行驶,利用浆和舵划水进行机动一样,在大气层内飞行的飞行器通过翼和舵反推空气来改变方向。而在太空中,高真空的环境使这一切就变得不可能了,所以卫星必须用小发动机来做机动。

(3) 由于空气的阻力会持续降低在大气层内飞行器的飞行速度,因此在大气层内飞行的飞行器必须保持连续的动力来维持飞行,但太空中的卫星飞行的情况却不同。为把卫星送入轨道,我们需要用到火箭推进器,而一旦卫星进入其环绕地球的轨道,它就不再需要发动机来提供动力了。例如,月球就是一个天然的绕地球旋转的卫星,它就可以持续的绕地球运动而不需要任何的动力来源。

9.2 开普勒定律和宇宙速度

航天器在空间航行的轨迹称为轨道,航天器由运载火箭发射升空到完成全部飞行任务返回的整个过程,通常包括发射入轨段、在轨运行段和返回再入段,相应的有发射轨道、运行轨道和返回轨道。航天器在轨道运行段完成航天飞机的全部飞行任务,在轨道运行段飞行的航天器,绝大部分时间是在地球引力的作用下的无动力惯性飞行,因此在本质上它与自然天体的运动一致,因此研究航天器的运动可采用天体力学的方法。

9.2.1 开普勒三大定律

几个世纪以来,天文观测者一直面临着如何解释天体运动的挑战。亚里士多德认为圆周运动是唯一合乎自然的完美运动,因此天体必定作圆周运动。德国天文学家开普勒根据丹麦天文学家第谷·布拉赫多年观测积累的资料,发现这种理论与观察存在着差异,通过大量的理论计算与归纳总结,于1609年—1619年先后归纳提出了具有划时代意义的开普勒(Kepler)三大定律。

第一定律(椭圆定律):所有行星绕太阳的运行轨道都是椭圆,而太阳则位于椭圆的一个焦点上。

第二定律(面积定律):在相等的时间内,行星与太阳的连线所扫过的面积相等。

第三定律(调和定律):行星运动周期的平方与行星至太阳的平均距离的立方成正比,即行星公转的周期只和半长轴有关。

开普勒三大定律描述了行星运动所遵循的规律,该定律同时也适用于航天器绕地球的运动,因此至今仍被广大天文工作者及从事航天事业的科技人员所使用。

如果把卫星看做行星,地球看做太阳,那么开普勒定律也适用于卫星运动,因而有以下的运动规律:

① 卫星的运行轨道是个椭圆(圆轨道是椭圆轨道的特例),地球在它的一个焦点上。不论向哪个方向发射卫星,卫星轨道一定通过赤道,轨道面通过地心。

② 卫星和地心连线在同一时间内扫过的面积相等。也就是说,卫星的速度在近地点处最大,在远地点处最小。

③ 卫星运行的周期只和半长轴有关。只要半长轴相等,周期也相同。

9.2.2 三大宇宙速度

人类的航天活动,并不是一味地要逃离地球。特别是当前的应用航天器,需要绕地球飞行,即让航天做圆周运动。宇宙速度是物体从地球出发,在天体的重力场中运动的三个有代表性的初始速度的统称。

第一宇宙速度(又称环绕速度):是指从地面发射航天器时,使其环绕地球运用所需的最小速度,大小为 7.9km/s。物体的运动速度达到 7.9km/s 时,它所产生的离心力,正好与地球对它的引力相等。若发射速度小于这个数值,卫星就不能绕地球飞行,当卫星速度大于这个值时,就能进入到地球飞行轨道。

随着高度的增加,地球引力下降,环绕地球飞行所需要的飞行速度也降低,所有航天器都是在距离地面很高的大气层外飞行,所以它们的飞行速度都比第一宇宙速度低。第一宇宙速度有两重意义,它既是发射航天器时的最小初速度,也是航天器在绕地球飞行时的最大环绕速度。

第二宇宙速度(又称逃逸速度):当卫星速度大于 11.2km/s 时,物体完全摆脱地球引力束缚,沿着一条抛物线轨道脱离地球进入环绕太阳运行的轨道,不再绕地球运行。各种行星探测器的起始飞行速度都高于第二宇宙速度。

第三宇宙速度:从地球起飞的航天器飞行速度达到 16.6km/s 时,就可以摆脱太阳引力的束缚,脱离太阳系进入更广袤的宇宙空间。这个从地球起飞脱离太阳系引力的最低飞行速度就是第三宇宙速度。

9.3 轨 道 基 础

这一节简要的讨论卫星轨道的物理意义,并概述轨道力学的关键概念,这些关键概念定义了卫星在轨道上的特性。其中包括轨道速度、轨道周期和轨道倾角。其精确的数学描述将在 9.5 节中给出。

通常,卫星轨道都是椭圆的。在讨论椭圆轨道之前先讨论比较特殊的圆轨道,因为圆轨道便于理解,而且被应用在很多方面。

9.3.1 航天器圆周轨道

一个在圆轨道上运行或飞行的卫星,它的轨道速度和轨道高度之间是有严格关系的。用火箭发射卫星的作用就是在适当的地点,用合适的速度大小和运动方向把卫星释放出去,以使卫星进入特定的轨道。

卫星的运动可以看作是产生离心力来抵抗重力。例如,将一个物体绑在绳子的一端并做圆周运动,物体就会向外反向拉绳子,圆周运动越快,离心力就越大。在一个特定的速度,卫星环绕地球运动的离心力等于卫星的重力,卫星就将被固定在相应的轨道上运行。

卫星距离地球越远,地心的引力就越小,因此距离越远,要平衡重力所需的离心力就越小,所以卫星的轨道越高,它的轨道速度就越小。

对于卫星在圆轨道飞行的情况,图9.1和表9.1列出了不同的轨道高度所对应的轨道速度。通过图9.1的曲线,我们可以看出卫星环绕地球运行所需的速度是非常大的:卫星在低轨(小于1000km)的速度达到了8km/s左右,这个速度大约是大型喷气客机速度的30倍。

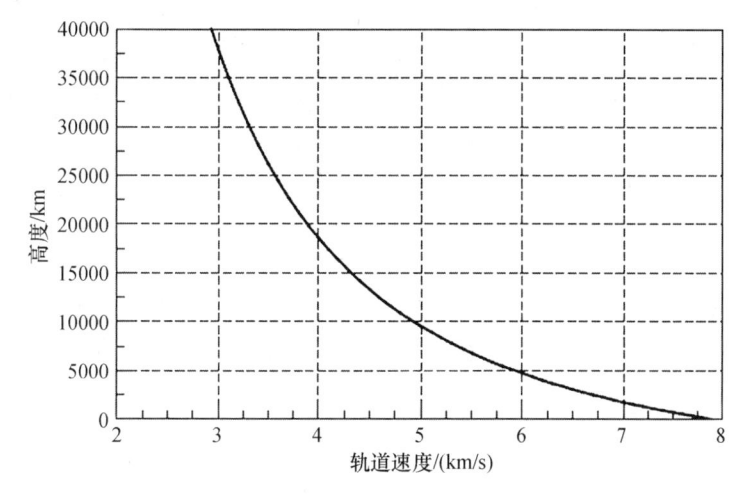

图9.1 在圆轨道上的卫星速度与轨道高度的数学关系曲线

表9.1 在圆轨道上的卫星速度与轨道高度的定量关系

高度/km	轨道速度/(km/s)
200	7.8
500	7.6
1000	7.4
5000	5.9
10000	4.9
地球半同步轨道:20200	3.9
地球同步轨道:35800	3.1

需要注意到的是,卫星在轨道上运行的速度与卫星的质量无关,这是理解太空飞行问题的一个基本原则。这就意味着,不同质量的物体会运行在相同的轨道上。不同质量和体积的卫星,如果它们的速度相同,它们就会运行在相同高度的轨道上。

正如上面所提到的,一旦卫星被运载火箭加速到轨道速度,那么它就不再需要推力装置来维持它在轨道上的运行,这遵循的是牛顿第一运动定律,也就是在没有摩擦力和空气阻力的情况下,物体的运动性质不会发生改变。这就是说,卫星一旦被运载火箭加速运动起来,卫星就会保持运动,而地球的重力将把它的运动轨迹从直线弯曲为围绕着地球飞行的圆轨道。

因此,卫星无需携带大量的燃料,也能在轨道上运行相当长的时间。同时,一旦进入轨道,不管是运载火箭推进器、释放卫星时带出的铆钉、或者其他残骸碎片,本质上都是有可能留在轨道上。这也是太空垃圾问题的本质,一旦太空垃圾进入轨道,它就将持续在这一轨道上飞行,因此太空垃圾的数量就会越积累越多。今天,我们还无法大范围的清除太空垃圾,这就使得太空中某些区域的太空垃圾会多到影响卫星的正常飞行。

9.3.2 卫星轨道周期

另外一个描述卫星轨道的重要参数就是卫星围绕地球飞行一周所花费的时间,也就是运行完一个完整的轨道周期所需的时间。这个时间就是所谓的轨道周期。由于随着轨道高度的增加,卫星不仅速度降低,而且每圈运行的距离也越远,因此轨道周期随轨道高度的增加而增加。

图9.2和表9.2列出了不同圆轨道的轨道高度所对应的轨道周期。对于低轨道卫星(小于1000km),轨道周期约为90min。

卫星在约36000km高度轨道飞行时的轨道周期为一天,与地球自转的时间相同,因此这种轨道称为地球同步轨道。位于赤道上的地球同步轨道卫星的特点是,它始终与地球保持相对静止。这在后面将详细介绍,地球同步轨道有相当重要的作用。

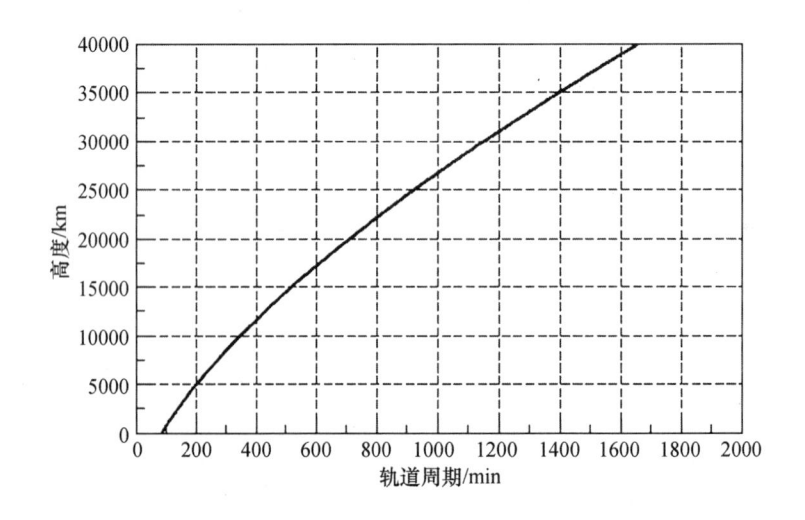

图9.2 在圆轨道上的卫星运行周期与轨道高度的数学关系曲线

表9.2 在圆轨道上的卫星周期与轨道高度的定量关系

高度/km	轨道周期/min
200	88.3
500	94.4
1000	104.9
5000	201.1
10000	347.4
地球半同步轨道:20200	718.3(12h)
地球同步轨道:35800	1436.2(24h)

9.3.3 轨道平面倾角

卫星的轨道始终处在一个平面中,这个平面必定是通过地心的。描述卫星轨道就需要指定这个轨道平面的倾角。当轨道平面包括地球赤道时,这种轨道称为赤道轨道。一般的轨道平面都和地球赤道平面呈一定的角度,这个角就是轨道倾角(图9.3所示)。

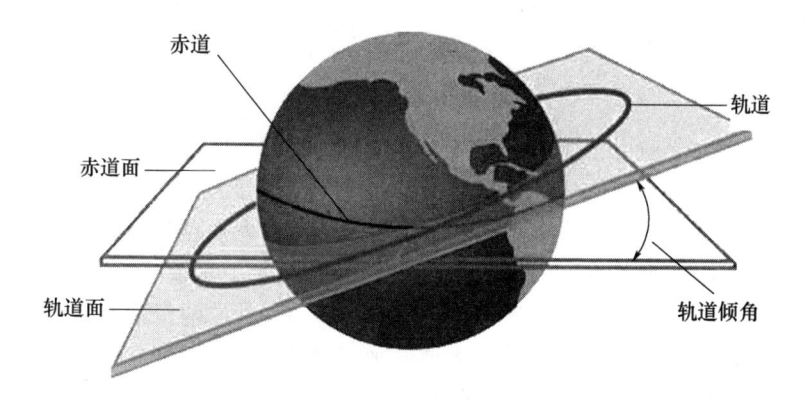

图9.3 轨道器倾角物理意义示意图

当轨道倾角是90°的时候,轨道平面将包含地球的地轴,卫星会通过地球的两极上方,这样的轨道称为极轨道。

轨道倾角决定了卫星所能扫过的地球的区域。卫星垂直扫过地球表面的路径称为星下点轨迹。图9.3表明,一个轨道倾角接近零度的卫星仅通过地球上一个赤道附近的狭窄带状区域。因此,一个轨道倾角接近零度的卫星是不能用来观测极地以及极地通信的。总的来说,图9.3表明一个轨道倾角为θ的卫星是不可能扫过纬度大于θ的地球上的区域的。

从纬度为θ的发射场发射的卫星能进入轨道倾角大于或者等于θ的轨道,但却不能进入轨道倾角小于θ的轨道。因此,不在赤道上的发射场不能直接把卫星送入赤道轨道。卫星在入轨时为了改变它的轨道倾角就必须进行机动,这就需要用到推进器。

9.4 椭圆轨道

一般来说,大多数卫星轨道都是椭圆。椭圆是由所有到两个焦点的距离之和为常数的点组成的集合。因此,圆就是两个焦点重合为一点的椭圆。根据开普勒定律,地球总是位于卫星椭圆轨道的一个焦点上(图9.4)。

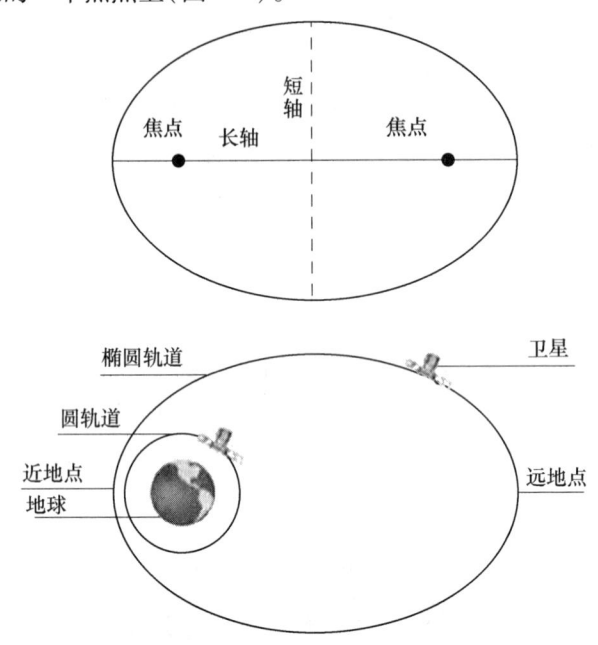

图9.4 在椭圆轨道上卫星运行的示意图

通过椭圆两个焦点的直线所得的弦称为长轴,垂直平分两焦点连线所得的弦,称为短轴。

椭圆对圆的偏离程度用偏心率来描述的。椭圆轨道上卫星最靠近地球的点称为轨道近地点,最远的点则称为远地点。近地点和远地点位于长轴的两个顶点上。

处在椭圆轨道上的卫星在距离地球近的时候运行的速度快(在近地点附近),而在远离地球的地方运行的速度慢(在远地点附近)。卫星在给定点上的速度不但取决于它的高度还取决于轨道的形状(尤其是长轴的长度)。对于椭圆轨道的卫星,它在给定高度点的速度既能比圆轨道卫星在相同高度的速度大,也能比圆轨道卫星在相同高度的速度小,这些都取决于椭圆的形状。

轨道周期由长轴的长度决定,轨道周期会随着长轴长度的增加而增加。椭圆轨道的轨道周期也可以与地球自转周期相同,但由于卫星的轨道速度随时间变化而变化,所以它又不是真正的与地球同步。

9.5 卫星轨道的数学模型

9.5.1 卫星圆轨道的数学模型

对于一个处在高度 h,以速度 V 运行在圆轨道上的卫星,其离心力等于卫星所受的重

力,即

$$\frac{mV^2}{(R_e+h)} = \frac{GmM_e}{(R_e+h)^2} \tag{9-1}$$

式中:m 为卫星质量;G 为引力常数;M_e 为地球的质量($GM_e = 3.99 \times 10^{14} \mathrm{m}^3/\mathrm{s}^2$);$R_e$ 为地球的平均半径(6370km)。

因此卫星的速度和它高度的关系就可以通过公式表述为

$$V = \sqrt{\frac{GM_e}{R_e+h}} \tag{9-2}$$

用 r 来表示卫星到地心的距离,则有

$$r = R_e + h \tag{9-3}$$

于是,由式(9-2)和式(9-3)得

$$V = \sqrt{\frac{GM_e}{r}} \tag{9-4}$$

值得注意的是,卫星的质量并不出现在式(9-2)至式(9-4)中。

轨道周期可以用卫星围绕地球运行一圈所经过的距离。在本例中,就是一个以 $R_e + h$ 为半径的圆周)除以卫星的速度(由式(9-2)给出)来计算。则圆轨道的轨道周期可由下面的公式给出,即

$$P_{\text{circ}} = 2\pi \sqrt{\frac{(R_e+h)^3}{GM_e}} = 2\pi \sqrt{\frac{r^3}{GM_e}} \tag{9-5}$$

9.5.2 椭圆轨道

卫星椭圆轨道有两个焦点,地球位于其中一个焦点上。

在椭圆轨道中,长轴长度标记为 $2a$,短轴长度标记为 $2b$。两个焦点之间的距离称为 $2c$(图9.5)。这些量之间的关系为

$$a^2 = b^2 + c^2 \tag{9-6}$$

轨道近地点为卫星距离地球最近的点;从近地点到地球地心的距离称为 r_p。类似地,轨道远地点就是卫星距离地球最远的点,从远地点到地球地心的距离称为 r_a。通过图9.5所示的几何关系可以得到

$$r_a + r_p = 2a, r_a - r_p = 2c \tag{9-7}$$

既然 $a = (r_a + r_p)/2$,那么,a 就可以认为是轨道到地心的距离。

椭圆对圆的偏离程度可以用离心率 e 来表示,它的范围从0(对应于圆)到1(对应于一个无限扁的椭圆)。离心率是到焦点之间距离的比值,表示为

$$e = \frac{c}{a} = \sqrt{1 - \frac{b^2}{a^2}} \tag{9-8}$$

或

$$e = \frac{r_a - r_p}{r_a + r_p} \tag{9-9}$$

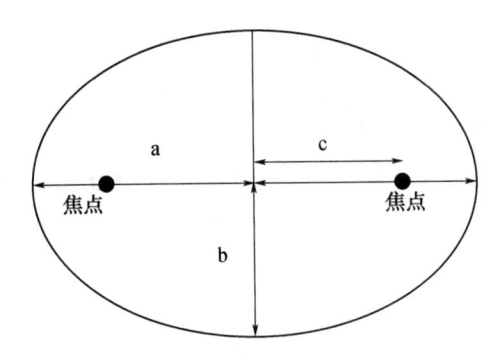

图 9.5 椭圆轨道的几何关系示意图

由于大多数卫星的轨道是椭圆,所以就可以用卫星"高度"这个名词。例如,一个近地点为 500km、远地点为 800km 的轨道,$r_p = (R_e + h_p)$ 和 $r_a = (R_e + h_a)$ 的差别大约仅为 4%,偏心率仅为 0.02。

于是可以得到

$$r_a = a(1+e), r_p = a(1-e) \quad (9-10)$$

根据角动量守恒定律要求 $r_a V_a = r_p V_p$,这里 V_a 和 V_p 分别是卫星在远地点的速度和在近地点的速度。于是得到

$$\frac{r_a}{r_p} = \frac{V_p}{V_a} = \frac{1+e}{1-e} \quad (9-11)$$

卫星在椭圆轨道上某点的速度取决于这一点的高度 h,则有

$$V = \sqrt{GM_e\left(\frac{2}{R_e+h} - \frac{1}{a}\right)} = \sqrt{GM_e\left(\frac{2}{r} - \frac{1}{a}\right)} \quad (9-12)$$

这个公式可以简化成式(9-2)对于圆轨道的公式,在圆轨道中,$a = R_e + h$(轨道半径)。

式(9-12)表明,卫星在椭圆轨道上距离地球近的时候(近地点附近)运动的快,而在距离地球远的时候(远地点附近)运动的慢。早在 1600 年,开普勒就提出,卫星在轨道上运行时,卫星和地心的连线在相同的时间扫过的面积是相等的。这一特性是由动量守恒定律决定的。

椭圆轨道的轨道周期为

$$P = 2\pi \sqrt{\frac{a^3}{GM_e}} \quad (9-13)$$

这个公式是由椭圆半长轴 a 取代式(9-5)中的圆轨道半径 $r = R_e + h$ 得到的。

思 考 题

1. 大气层外飞行和大气层内飞行的区别是什么?
2. 什么是开普勒三大定律?
3. 什么是三大宇宙速度? 分别代表了什么?

4. 轨道要素有哪些？
5. 简述各种卫星轨道的特点。
6. 圆轨道和椭圆轨道中轨道高度和轨道速度的关系分别是什么？
7. 试简述航天器圆轨道的建模过程。
8. 试简述航天器椭圆轨道的建模过程。

第10章　航天器轨道和太空机动

卫星轨道的选择,主要取决于卫星需要执行的任务。例如,一个用于观测地球的高分辨率图像的遥测卫星来说,应该离地球表面尽可能的近,所以,这类卫星总是运行在地球的低轨道上。而对于商业通信卫星,这类卫星只有覆盖较大的地表区域,才能有效地完成通信任务(发送和接收信号)。同时还应该与地面尽量保持在一个相对固定的位置上,所以绝大多数通信卫星都分布在赤道上空的地球同步轨道中。同样,其他各类型卫星轨道的选择也都是基于卫星的特定任务。

因为卫星的任务与其运行轨道之间的这种紧密联系,随之将产生一些重要的影响。例如,虽然在传统观念上"领土"是一个固定面积或固定体积的空间,但在太空中却没有"领土"的概念,一方面因为所有卫星必须绕固定轨道运转,自然要通过某些国家的"太空";另一方面,某些特定的任务必须由特定轨道的卫星完成,因此这些轨道具有很高的价值。轨道和卫星的这种联系,使人们往往能够通过观察卫星的运行轨道就能猜测出其功能。

本章节讨论空间轨道的一些重要的特性,包括一些用几何学描述的特征:如卫星相对于地球的运动、卫星的仰角、卫星地面覆盖区域、地面与在轨卫星传输信号所需的时间以及空间环境(如辐射和大气)对在轨卫星的影响。

10.1　空间几何学的限制

10.1.1　卫星相对地球表面的运动

一般地,卫星在自身轨道上运动的同时,地球也在绕着地轴快速旋转,二者的合成效果决定了卫星相对于地球表面的运动。由于地球自转的原因,当卫星运行一个轨道周期回到其轨道上起始点时,它相对于地球表面已经产生了一定位移。如果卫星的轨道周期正好是一天,与地球的自转周期相同,则这类卫星称为地球同步卫星,相应的轨道即为地球同步轨道。地球同步轨道可以是圆形的或椭圆的,并且其倾角可以为任何值。圆形的地球同步轨道与地面的距离大约为36000km。

位于地球赤道平面内的圆形地球同步轨道(倾角为0°)是地球同步轨道的一个特例,它与地面的相对位置是不变的。运行于于这个轨道上的卫星与地球也是相对静止的,并且它总处在地球赤道上某一个固定点的正上方。换个说法,就是从地面上看,这种同步卫星在天空中的位置是不变的。这样的轨道称为地球静止轨道。只有在赤道上方,同步轨道中的卫星才能做到与地面保持相对静止。因此地球静止轨道只有一个,所以这个轨道上的空间是非常有价值的。

现在讨论一下卫星在低地轨道(轨道高度小于1000km)运行的情况,这类卫星的轨道周期大约为90min。在90min内,地球自转会使得地表赤道上某点向东转动2500km(在其他任意纬度,地面向东转动的距离都将少于2500km)。

简单来说,某观察者在地表一点观测一颗低轨卫星(轨道倾角不为0°),卫星从观察者一边的地平线升起,经过他的头顶并于约10min后消失在另一面。经过约80min后,卫星再次进入他的视野,但由于地球自转的原因,导致卫星这次不再经过他头顶了(除非站在南北两极)。

卫星在它的轨道上运动时,它在地面上的连续投影称为星下点轨迹(同步卫星的星下点轨迹只是在赤道上的一个点)。图10.1是一个轨道倾角为45°的轨道:图中灰色的圆盘是轨道及其投影所围成的圆盘。如果地球没有自转的话,轨道平面与地球表面的交线就是该卫星的星下点轨迹。如图10.2所示,当把星下点轨迹画到平面的地图上时,其显示为一条不断上下穿过赤道的曲线,并且卫星的星下点轨迹1/2在赤道下方,1/2在赤道的上方。同时可以看出,卫星的星下点轨迹在地面所能到达的最大纬度(北纬和南纬)与轨道的倾角相等。

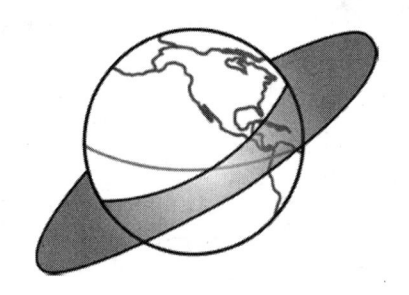

图10.1 轨道平面倾角为45°时的轨道示意图

因为地球的自转,相同轨道上的两个卫星的星下点轨迹并不重合(如图10.2)。因此,如果在同一轨道上有选择的投放一组卫星,最终将会使这组卫星的星下点轨迹遍布其所能到达的南北纬之间的任何位置。

10.1.2 卫星的仰角

卫星的仰角是卫星与观察者所在处的地平线之间的夹角(图10.3)。通常用它来描述卫星在某时刻经过观察者上方的位置,仰角为90°表示卫星在观察者正上方。因为仰角与地面观察者所处位置有关,所以对于地面上不同的观察者来说,观察同一个卫星的仰角是不同的,另外仰角还随着卫星在其轨道上的运动而不断变化。

如图10.3所示,卫星的仰角,即在某给定的时刻,位于地球上的点P的观察者到卫星的视线与当地地平线之间的夹角。

实际上,决定某一时刻卫星仰角的参数有许多,它们都是描述卫星与地面观察者相对位置的参数。这些参数包括观察者所处位置的纬度和经度,卫星距离地面的高度,卫星的轨道倾角θ,以及卫星处于轨道上的具体位置(卫星的纬度和经度)。

下面用一个例子来说明这些关系,以便加深认识,进而了解观察者的经度、纬度、卫星高度和轨道倾角这些参数是如何影响卫星仰角的。例如,赤道上的一个观察者

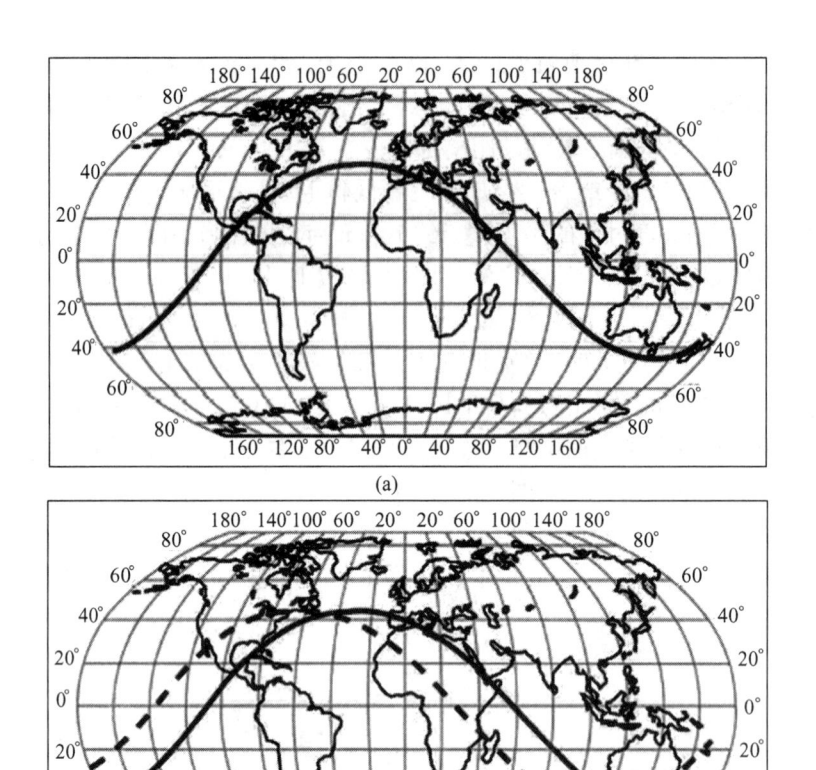

图 10.2 星下点轨迹图

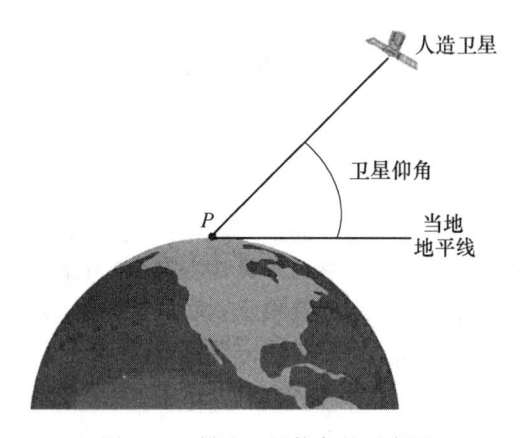

图 10.3 描述卫星仰角的示意图

（即观察者的纬度为 0°），观察一个在赤道平面内圆形轨道上的卫星（倾角为 0°）。当卫星沿着其轨道运行时，它将从这个观察者的头顶正上方经过，而它的仰角将从 0°增加到 90°，然后再减小到 0°（对于赤道上任意点的观察者都是这样）。

只有在卫星正下方观察，卫星的仰角才为 90°。因此，对于赤道上空的卫星，如果观察者不在赤道上,则卫星的仰角永远也不会是90°。同时,最大仰角取决于观察者所处位置的纬度、卫星与观察者处在同一经度时的飞行高度,以及卫星轨道远地点和近地点的高度。例如,对一位处在45°纬度的观察者来说,一颗赤道圆形轨道上飞行高度为500km的卫星的最大仰角只有17°。这时最大仰角会随着卫星高度的增加而增加,对于轨道高度为36000km的地球同步轨道卫星,对同一观察者的最大仰角会达到38°(当卫星与观察者处于同一经度时的仰角)。

前面已经学过,卫星的星下点轨迹不会到达纬度大于其轨道倾角的地区。因此,在纬度高于卫星倾角的地区,虽然有可能看到卫星,但是卫星永远也不会经过头顶,卫星的最大仰角将会小于90°。

不同轨道周期内,星下点轨迹均重合的卫星只有两种,一种是任意高度的赤道轨道卫星,另一种则是地球同步轨道卫星。对于不在它们星下点轨迹上的观察者来说,这两种卫星的仰角永远都不会达到90°。

卫星在某些特定地点的仰角,会对其应用产生关键性的影响,所以通过一个卫星的仰角经常能够看出其用途。例如,在一段时间里,卫星地面测控站会无法收到某个低仰角卫星的信号,这主要有两个原因:首先,与来自高仰角卫星的信号相比,低仰角卫星的信号穿过稠密大气的路径要更长,这就使信号强度衰减的更为严重;其次,地平线上的某些物体(如高层建筑物或高山)可能位于地面站和卫星之间,这就阻断了卫星信号的传输。在建筑物密集的城市中,高层建筑物会阻挡地面通信站与低仰角的卫星通信信号的传送,最严重的情况甚至能阻挡仰角为70°的卫星与测控站间的通信,因此城市中的卫星信号接收机和发射器一般都安装在建筑物的顶端。

地球同步轨道通信卫星对于美国比对俄罗斯更加有应用价值,因为近赤道轨道卫星不能很好的覆盖地球的两极和高纬度区域,而俄罗斯的许多重要军事设施都是位于北极圈附近。因此,俄罗斯一般使用轨道倾角较大的卫星,这类卫星在其轨道的相应位置可以很容易地覆盖北半球高纬度地区。当这类卫星的轨道为大椭圆且其远地点位于北极附近上空时,对这些地区来说这些卫星就能够在头顶停留很长的时间,也就能够发挥更大的作用。10.2.3节谈到的Molniya轨道,就属于这类轨道。

10.1.3 地面覆盖区域(可见区域)

一颗卫星的飞行高度,决定了这个卫星能够覆盖地球表面区域的大小。高度决定着卫星能够观察到的最大区域的面积,同时星载传感器件也限制着卫星能够监视的最大面积,因此一颗卫星不能同时监测其覆盖的整个地区。

卫星覆盖的区域一般为圆形,此区域的半径仅仅取决于该卫星的高度。图10.4直观地给出了二者的几何关系。然而,一般情况下地面卫星通信接收机只有在卫星仰角大于其最小通信仰角时,才能接收到卫星的信号,这个最小通信仰角一般为5°~10°。因此,能够与卫星通信的有效区域比卫星真实的覆盖区域要小一些。有效区域的半径是以卫星高度和卫星与地面通信的最小仰角两个变量为参数的函数。

图10.4解释了一个卫星的轨道高度与卫星能够覆盖地球表面区域大小的关系。这里对两种不同高度卫星的覆盖区域作了比较,轨道较低的卫星的覆盖区域明显小于轨道高的卫星。

图10.4 卫星覆盖区域与轨道高度的关系

表10.1中列出了一些不同轨道高度卫星的覆盖区半径,以及当最小通信仰角为10°时能够与卫星进行通信的有效区域半径。从表中数据可以得到,对于高度较低的那些卫星,有效通信面积大约只有其覆盖面积的一半;但对于高度较高的那些卫星,有效通信面积比起其覆盖面积减小的就没有那么多。从表中数据还可以发现,地球同步轨道卫星覆盖区域的面积,要比低轨道卫星覆盖的面积大的多。

表10.1 卫星覆盖区域与卫星覆盖区内的有效通信区域

卫星高度/km	卫星覆盖区域 半径/km	占地球表面积的百分比/%	卫星有效通信区域（最小仰角10°）半径/km	占地球表面积的百分比/%
500	2440	3.6	1560	1.5
1000	3360	6.8	2440	3.6
20000（半同步轨道）	8450	38	7360	30
36000（同步轨道）	9040	42	7950	34

显然,卫星轨道越高,其覆盖面积和可通信有效面积也就越大。不过,其他一些因素也会影响卫星轨道高度的选择。

电磁波——包括可见光、红外线和无线电波,在发射体与接收体之间传播的衰减率,与二者之间距离的平方成正比。随着高度增加,卫星的信号强度会逐渐衰减,这就使得低轨道卫星在信号传输方面更有优势。另一方面,当确定了地面覆盖区面积后,低轨道卫星的仰角变化范围必定比高轨道卫星的仰角范围更大(图10.4)。为了使卫星信号的覆盖范围更大,卫星天线需要向各个方向发射信号,这就牺牲掉了单一方向的信号强度(或增益)。但是,对于一个给定的卫星任务,在低轨道高度与大覆盖面积天线之间权衡利弊,带有高定向性天线的高轨道卫星更有优势。

卫星的地面覆盖区域面积,以及它相对于地球表面的运动情况,是决定其应用类型的关键因素。例如,用来拍摄地面高分辨率照片的侦测卫星最好运行于低轨道上。这样,只要花费很短时间卫星就能精细地观察到地球上任何一个地方。另外,一个特定的区域上方就会需要多个运行于低轨道的监测卫星,以便不论卫星如何运动,也至少有一个卫星能够观测到该区域。

一个星座系统中所需的卫星总数,取决于卫星在观测位置上空的"缺勤率",这种"缺勤率"又由每颗卫星的覆盖区域面积决定。如果其他条件均相同,则卫星轨道越高其"缺勤率"越小。然而,有些任务却无法用高轨道卫星完成,比如高分辨率监测任务,或者弹道导弹防御任务——这需要天基制导卫星尽可能的接近来袭导弹。

10.1.4　通信卫星信号传输时间

信号在地面通信设备与卫星之间来回传输的时间,等于信号传输的距离除以光速(300000 km/s)。信号的实际传输距离,取决于该卫星的仰角和它在轨道中的位置,这大约为卫星高度 h 的 2 倍。所以信号来回传输所用的时间约等于 $2h/300000$,这里 h 的单位是 km。

对于轨道高度为 36000km 的同步卫星,信号来回传输所用的时间约为 0.25s。因为信号延迟的存在,当把该卫星用作其覆盖区内两个或两个以上地面通信设备间的数据中继卫星时,在电话信号传输时就需要加回声控制技术,同时还需要特殊的数据传输协议。而对于一颗轨道高度为 500km 的卫星,信号来回传输时间的只有 0.003s,这就不需要加回声控制或其他特殊信号处理手段了。

10.2　一 般 轨 道

10.2.1　低轨道

低轨道(LEO)卫星运行高度一般为几百到几千千米。因为低轨道卫星不能覆盖较大的地面区域,而且它们会相对地面快速运动,所以单个卫星不利于通信。但是,如果一个星座包含足够多的低轨道卫星,它们就可以覆盖地球上任何地方,同时各卫星之间可以做通信中继,那么这个星座就可以为全世界提供连续的通信服务。如果这样一个星座中包含极地轨道,那么它还能为两极和高纬度地区提供通信服务。由于在低轨道中,通信信号来回传输所用时间很短(在 0.005s 的时间里,通信信号就可以在卫星与地球之间传递一个来回),这就省去了回声控制装置和其他特殊的信号处理。当通信信号经过多个卫星中继,从地球上一个地方传递到另一个地方时,所花的时间主要与两地之间的距离有关,而不是取决于卫星的高度。例如通信信号传输距离为地球周长的一半即 20000km 时,至少需要 0.067s,而且,如果其中一些卫星运行在大倾角轨道上,则它们可以以较高的仰角与高纬度地区的人们通信,这样就减小了建筑物和其他的物体对信号的阻挡的干扰。上述这些特性,使得低地球轨道卫星在个人通信系统中非常有应用价值。

低轨道卫星用于通信的缺点是,卫星网络系统需要很多个卫星。前面提到过,星下任何地方的观察者看到一颗卫星的时间大约为 10min 而此后卫星将消失大约 80min,所以如果要为轨道下一条带状区域提供连续通讯服务则需要 9 颗卫星(对于 500km 高度的轨道,这条通信带的宽度大约为 3000km,如表 10.1 所列)。如果需要更广的覆盖面积,就需要更多的卫星。举例来说,有着多种军事和商业用途的"Iridium"星座,就拥有 66 颗卫星,它们分布在 780km 高度的 6 个不同的轨道。这 6 个轨道是分别在 6 个不同的轨道平面中。

低轨道卫星对于不需要实时通信的任务也非常适合,这时仅仅需要一个或数个卫星即可。例如,不需要将数据立即发送给地面站的情况,此时可以先将数据存储起来,等卫星经过地面站时再进行传输(这种数据传送方式即"存储－传输"方式)。

对于对时间要求不高的任务,低轨道卫星的运动方式就意味着,仅一颗卫星就足以覆盖整个地球。如果为低轨极地轨道卫星选择合适的轨道周期,使得两个相邻周期的星下点覆盖带也是紧挨着,则地球上任何一处的人们都可以在一天内看到这颗卫星两次。

还有一些任务也需要使用低轨道卫星。地面观测和勘察卫星一般用于拍摄高分辨率地表照片,这时它们就需要离地面近一些了。

10.2.2 中高度圆形地球轨道

中高度圆形地球轨道(MEO)又称为中高度圆轨道(ICO),其轨道高度在低地轨道和地球同步轨道之间,即大约 1500～36000km。

一般中高度轨道高度大约为 10000km,轨道周期约为 6h。与低轨道卫星星座相比,提供全世界连续的实时服务所需的中高度轨道卫星数量会少一些。举例来说,一个轨道高度为 10390 km 的中高度轨道(ICO)通信卫星系统,只需要 2 个轨道上的 10 颗卫星即可。这两个轨道的轨道倾角均为 45°,且两个轨道平面之间的夹角为 90°。

从地面上观察,中高度轨道卫星在天空中划过的速度比较慢,因此比起低轨道卫星,中高度轨道卫星系统所需的地面设备要简单一些。不过通信信号在中高度卫星与地面之间来回传输所用时间也会较长,约为 0.069s,而低轨道的"铱"卫星系统的通信信号传输时间仅为 0.0052s。但由于中高度轨道卫星的地面覆盖区域更大,因此一次信号传输的距离也更远,这就使得中高度轨道卫星的实际通信效率并不低。而且,使用较高轨道的卫星作远距离通信时,可以减少中继卫星的个数。但由于宇宙射线的原因,中高度轨道的卫星必需装备防护设施以延长卫星寿命。

地球半同步轨道是中高度轨道中一个特别的类型,它的轨道周期为 12h,轨道高度约为 20000 km。美国 Navstar 全球定位系统(GPS)和俄罗斯的 Glonass 导航卫星系统均属于这种半同步轨道卫星。如果要全天候覆盖一个片区域(位置),一个卫星导航系统至少需要 4 颗卫星才能完成,而连续通信卫星系统仅需一颗卫星就能完成。因此,在同样轨道高度,一个导航卫星系统比一个通信卫星系统需要部署更多颗的卫星:美国的 GPS 和俄罗斯的 Glonass 都是由 24 颗卫星组成。美国的 GPS 有 6 个轨道平面,每个轨道面的倾角均为55°；俄罗斯的Glonass包括3个轨道平面，每个轨道面的倾角均为64.8°。

10.2.3 Molniya轨道

Molniya轨道是一种大椭圆轨道，其轨道周期为12h，倾角为63.4°，这个倾角可以使该轨道的远地点一直保持在北半球（或南半球）的某个纬度上不变。由于前苏联首先在Molniya卫星系统中采用这种轨道，所以这种轨道也就被命名为Molniya。这种轨道有时也被称为大椭圆轨道（HEO）。

一颗远地点位于北半球的大椭圆轨道卫星，在其轨道周期的大部分时间里都可以覆盖北半球的高纬度地区。之前的章节讲到过，运行于椭圆轨道的卫星的飞行速度是变化的。它在其近地点附近时的速度很快，而在远地点附近速度很慢，因此它就能够大部分时间停留在北半球的上空。

关于俄罗斯的Molniya系统，它的远地点大约在40000 km高度，而近地点约在1000km的高度（或者说它的轨道偏心率为0.75）。在12h的轨道周期里，有8h都能够以70°的卫星仰角对其远地点的下方保持覆盖。

同样，美国也使用Molniya轨道部署侦察卫星来监视俄罗斯，而俄罗斯的此类轨道预警卫星也在监视着美国导弹的发射。

10.2.4 Tundra轨道/冻土带轨道

类似于Molniya轨道，Tundra轨道的倾角也为63.4°，所以它们的远地点也保持在某一半球。它们通常是用来覆盖高纬度地区，这时它们的远地点位于北半球。不过这种轨道并不像Molniya轨道那样"扁"，而且它们的轨道周期不是12h而是24h。

Tundra轨道的卫星在其24h的轨道周期中，有12h是对其远地点下方R人们可见。因此我们有可能仅用2颗这种卫星（二者轨道相互间为旋转180°的关系），就可以对这一地区进行全天候覆盖。俄罗斯的Tundra卫星系统包含2颗卫星，它们轨道的近地点和远地点分别为18000 km和54000km。

10.2.5 地球同步轨道

地球同步轨道卫星的轨道周期恰好等于地球的一个自转周期，高度为35786km。与其他轨道相比，地球同步轨道更具有价值。当地球同步轨道的倾角为0°时，其轨道平面与赤道面重合，这就是地球赤道同步轨道。对于地面上任意的观察者来说，一颗地球同步卫星在天空中的位置是永远不变的，所以卫星用户在发送和接收卫星信号时就不需要地面卫星跟踪设备。只要3颗这种卫星就能够覆盖到地球两极以外的任何地方。同步卫星的地面覆盖区很大，约占地球表面积的43%。因此，地球同步轨道卫星可以为一个相当大的地区提供连续服务。这个特点对于电视和无线电广播是非常有用的，因为它可以与其广大服务区内可以进行实时数据传输。而且它也能够为商业和军事通信提供"弹性"的服务，因为这两种通信的用户的位置一般都较为分散。

虽然地球同步卫星没有运行在"范·艾伦粒子带"最稠密的区域，但是偶尔也会受到来自太阳的高能粒子的撞击，这会加快卫星的老化，甚至使卫星发生故障。

10.2.6 太阳同步轨道

太阳同步轨道指的就是轨道平面和太阳始终保持相对固定的取向,轨道倾角大于90°,卫星要在两极附近通过卫星轨道,因此又称之为近极地太阳同步卫星轨道。为使轨道平面始终与太阳保持固定的取向,因此轨道平面每天平均向地球公转方向(自西向东)转动0.9856°。太阳同步轨道卫星会在每一天的同一时间经过一个特定地点(虽然不是每天都完全准时)。这意味着,任何时刻当卫星覆盖到某给定区域时,对于这个区域太阳也总是在天空的相同位置。这种轨道特别适合拍摄地球表面的照片,因为从卫星上观察,地面上物体的阴影与视线总是成同一个角度。这种特点使我们更加容易比较不同日期的某地图像。这种轨道的卫星通常都在较低高度(轨道周期短),所以可以在一天之内就覆盖全地球表面一次。

引力的不规则性会引起卫星轨道面绕地球的进动,为了使轨道面与地的连线在一整年内都保持相对位置不变,就要求这个进动必须为某特定值,因此在选取轨道倾角时的要求会比较严格。能够产生这种效果的轨道倾角,取决于轨道高度和轨道的偏心率;这个倾角的一般是96°~98°,可以使这类轨道轻微地倒退旋转。图10.5显示了一个无进动轨道与一个随着太阳进动轨道之间的不同。

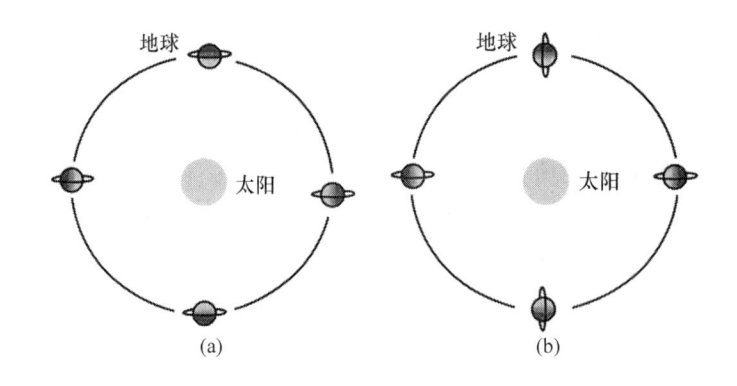

图10.5 两个图都是一年中地球相对于太阳的4个不同位置,
以及同一个卫星在4个不同时刻的轨道面位置。
(a)显示的是一个无进动的卫星,它的轨道面相对于空间保持相同的方向。
这样的话,如果一颗卫星到达地球上某地的当地时间为中午和午夜,则4个月之后,
它到达本地的时间将变成是早上6点和下午6点。(b)中也是一个太阳同步轨道。
这个轨道的相平面是经过选择的,它以与地球公转相同的速度作进动,
因此它的轨道面与日地连线保持固定的相对位置。结果在一整年中,
这颗卫星都是在相同的本地时间观察地球表面的。

还有一种特别的太阳同步轨道,称为"朝-暮"轨道,这种卫星轨道面将地球和太阳分成的两个部分,即卫星恰好是一半面对太阳而另一半背对太阳。这种"朝-暮"轨道可以使卫星的太阳能面板一直处在阳光的照耀中。例如,加拿大的Radarsat地球观测卫星就是用这种"朝-暮"轨道,以使卫星的太阳能面板始终保持对着太阳,因此,这些卫星仅靠太阳能为卫星的运行提供足够的能量。

10.2.7 拉格朗日点

有 5 种特殊的卫星轨道,在这些轨道中的卫星绕太阳运行而不是绕地球运行,并且在它们绕太阳转动的同时保持与地球相对位置不变。这些固定的位置称为拉格朗日点;一共有 5 个这样的点,每个点对应于 5 个不同的轨道(图 10.6 和图 10.7)。

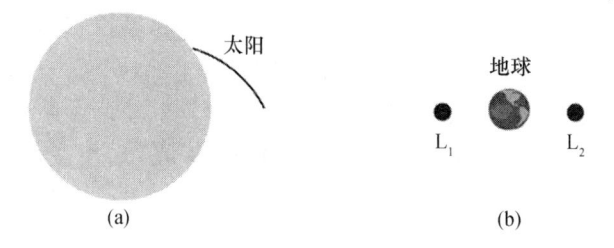

图 10.6　L_1 和 L_2 两个拉格朗日点在地球 - 太阳系中的位置示意图

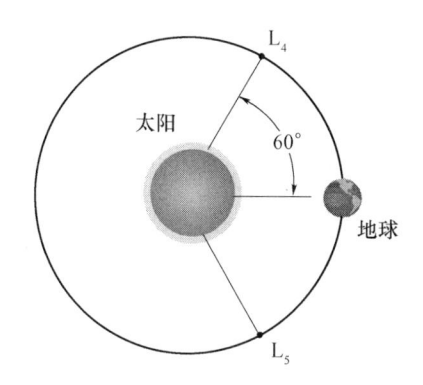

图 10.7　L_4 和 L_5 两个拉格朗日点在地球 - 太阳系中的位置示意图

第一种轨道卫星比地球离太阳更近,且相对地球公转有较短的轨道周期。不过,这种卫星同时受到地球引力和太阳引力的作用。当卫星离地球很远时,这种地球引力可以忽略,但当卫星离地球较近时必须考虑进去。对于一颗正好位于地球和太阳之间的卫星,它受到的地球引力与太阳引力的方向完全相反,这就抵消了一部分来自太阳的引力。在第一拉格朗日点 L_1,卫星所受的合力加速度与地球受到太阳的引力加速度一样,所以这种卫星绕太阳的轨道周期和地球的公转周期是一样的。在这个位置上的卫星会一直伴随着地球绕太阳公转。L_1 点与地球的距离是月球与地球距离的 4 倍多。在 L_1 点上的卫星非常适合对太阳进行科学研究,它可以对太阳风暴给出预报。

第二拉格朗日点 L_2 到地球的距离和 L_1 点相同,不过是在远离太阳的地球的另一面。在这个位置,卫星受到的地球引力和太阳引力是相加的,增加了卫星的速度使其保持在轨道上。在这种情况下,卫星在其轨道上跟随着地球,不过通常它都会落后一点。在这个点上的卫星,同样也有相应的科学研究价值,这里可以使卫星距离地球最远(干扰降低到最小)却可以与地球保持稳定的联系。NASA 计划在 L_2 或这点附近放置下一代太空望远镜(NGST),用来代替哈勃望远镜。

L_3 点位于太阳的另一边,与地球正好相对,对于人造卫星来说这里并不是很有应用价值。L_4 和 L_5 两个拉格朗日点都位于地球公转轨道上,只是它们一个超前于地球,另一个落后于地球的位置。它们与太阳的连线都同地日连线成60°夹角。

一些人提出,L_2 点将会在空间探索和空间军事有战略意义,因为位于 L_2 点的宇宙飞行器是不动的,可以长期保持飞行而只需要很少的推进剂,L_2 这里可以用于组装其他宇宙飞行器,而这个飞行器可以一部分一部分地分散送来。这个宇宙飞行器组装方案,比起在月球上组装较大结构的飞行器可以大大节约能源,也比从地球上组装然后再发射的方案可行的多。不过在 L_2 点的飞行器也不太容易观测地球,因为它们的距离相当远。

10.3 卫星仰角与地面覆盖范围的关系

10.3.1 卫星仰角

对于地球上的观察者,卫星仰角为

$$\varepsilon = \arctan\left[\frac{\cos\phi - R_e/(R_e + h)}{\sin\phi}\right] \quad (10-1)$$

式中:R_e 为地球半径;h 为卫星海拔高度。ε 的定义为

$$\cos\phi = \cos(\psi - \lambda)\cos l\cos\varphi + \sin l\sin\varphi \quad (10-2)$$

式中:l 和 ψ 分别为观察者的纬度和经度;φ 和 λ 分别为卫星的纬度和经度。

对于赤道圆形轨道,$\varphi = 0°$。观察者所看到的最大卫星仰角为 $\varepsilon_{\max}$,这发生在卫星与观察者处于同一经度($\psi = \lambda$)时刻,此时式(10-2)可简化为

$$\cos\varphi = \cos l \quad (10-3)$$

因此,位于纬度 l 处的观察者看到的一颗赤道圆形轨道卫星的最大仰角为

$$\varepsilon_{\max} = \arctan\left[\frac{\cos l - R_e/(R_e + h)}{\sin l}\right] \quad (10-4)$$

由式(10-4),对于一个位于纬度45°的观察者,一颗 $h = 500 \text{km}$ 的赤道圆形轨道卫星的最大仰角 $\varepsilon_{\max} = 17°$。

高层建筑会对仰角在70°内的卫星信号有干扰作用。用这个公式,我们可以计算出对于一颗赤道同步卫星,相应的纬度为18°。

10.3.2 卫星的覆盖区

从图10.8可以看出,一颗高度为 h 的卫星,其圆形覆盖区的半径为

$$R_{\text{area}} = R_e \arccos\left(\frac{R_e}{R_e + h}\right) \quad (10-5)$$

式中:R_e 为地球半径;角度单位为 rad。

卫星覆盖面积占地球表面积的比例为

$$F = 0.5(1 - \cos(R_{\text{area}}/R_e)) = 0.5h/(R_e + h) \quad (10-6)$$

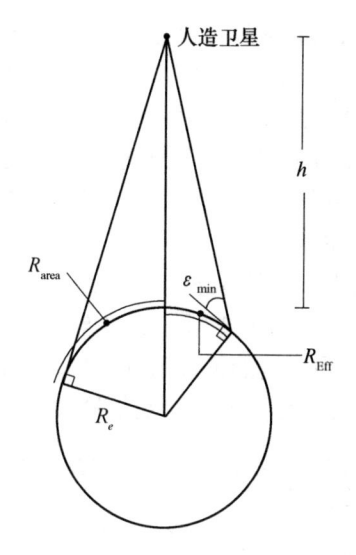

图 10.8 卫星对地球覆盖区的几何关系

如果用户能与卫星进行沟通的最小仰角 $\varepsilon_{\min}$ 大于 $0°$，则由正弦函数，也可以从图 10.8 中看出，与卫星通信的有效区域（沿着地球表面测量）半径为

$$R_{\text{eff}} = R_e \left(\frac{\pi}{2} - \varepsilon_{\min} - \sin^{-1}\left(\frac{R_e \cos\varepsilon_{\min}}{R_e + h} \right) \right) \tag{10-7}$$

这里角度用 rad 表示。这一区域占地球表面积比例为

$$F = \frac{1}{2}\left[1 - \cos\left(\frac{R_{\text{eff}}}{R_e} \right) \right]$$

$$= \frac{1}{2}\left[1 - \sqrt{1 - X^2}\sin\varepsilon_{\min} + X\cos\varepsilon_{\min} \right] \tag{10-8}$$

其中

$$X = \frac{R_e \cos\varepsilon_{\min}}{R_e + h} \tag{10-9}$$

10.4 卫星的机动

卫星的任务，有时必须通过机动才能完成，卫星机动时必须使用轨道发动机（推进器）来改变它速度的大小或方向。由于卫星在轨运行的速度非常快，要改变其速度，必须施加很大的力。

一颗卫星的机动范围，决定于卫星携带推进器的数量和类型。卫星携带推进剂的质量是有限的，因为这会增加发射入轨的总质量。

当一颗卫星做机动时，它的轨道将会变化。因为卫星的速度与其轨道是相关的，所以机动可能产生很复杂的效果。

用来改变卫星轨道的机动方法有三种：① 在轨道面内改变轨道的形状或大小；② 通过改变轨道倾角，来改变轨道面；③ 为了改变卫星轨道面，让卫星轨道面绕着地球自转轴匀速转动。(注意,卫星轨道面都必须经过地心,这时轨道倾角不变)。

在同一轨道面内机动,可以改变圆形轨道卫星的轨道高度、轨道的形状、轨道周期,或者改变相同轨道内的两颗卫星的相对位置,甚至让卫星离轨返回到地球。表10.2定量地给出了轨道基本机动时所需要的速度变化率,而在实际工程中的机动,不外乎是这些基本机动的组合。不过,如果设计一个同时改变轨道高度和轨道面的机动计划,要比分两个步骤连续机动的计划更加节省推进剂。

速度的变化量可表示为 ΔV。为了对速度有一个感性认识,我们提供一个参考,1 km/s 的速度大约比民航飞机快4倍。如果要用传统的推进技术产生2 km/s 的速度变化量,则这颗卫星必须携带与自身相同质量的推进剂,即卫星质量需要增加一倍。

改变卫星轨道面的机动,需要更大的速度变化量,尤其是对于低轨道卫星(表10.2)。

表10.2 轨道机动类型和所需要速度变化量 ΔV 的关系

卫星机动类型	速度变化 $\Delta V/(km/s)$
低轨道卫星(LEO)改变轨道高度 (400~1000km)	0.3
同步轨道(GEO)卫星保持轨道高度10年	0.5~1
低轨道卫星(LEO)回收	0.5~2
同步轨道卫星(GEO)改变轨道面倾角	
$\Delta\theta=30°$ 时	2
$\Delta\theta=90°$ 时	4
低轨道卫星(LEO)变轨到同步轨道 (从400~36000km)	4
低轨道卫星(LEO)改变轨道面上升角	
$\Delta\theta=30°$ 时	4
$\Delta\theta=90°$ 时	11

10.4.1 在同一轨道面内的机动

卫星在轨道面内作机动,只需要改变自身速度的大小而不需要改变速度的方向,以此改变轨道形状或大小,同时保持原轨道面不变。这类机动所需要的推进剂比改变速度方向的机动要少得多。

10.4.2 改变轨道形状

考虑一颗在圆形轨道飞行的卫星,它的初始轨道高度为 h。如第9章所述,按照物理定律,在此高度它需要以特定速度运行(图9.1和式(9-2))。如果它的速度突然增加 ΔV(速度方向不变),则这颗卫星将不再运行于以前的轨道,新的轨道将转换成原轨道面内的一个椭圆(图10.9)。新轨道的近地点就在卫星速度增加的那个点,这里近地点的高度将依然为 h。但远地点的高度取决于速度变化量 ΔV。

如果一个圆形轨道卫星,在轨道的某点使它的速度突然减少 ΔV,则此点将变成新椭圆轨道的远地点,高度为 h,近地点的高度小于 h。

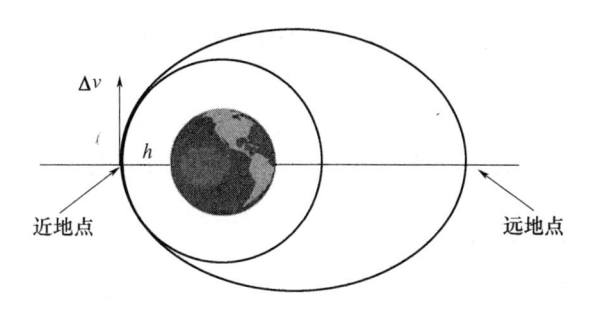

图 10.9　高度为 h 的圆形轨道的卫星,当在某一点速度增加 ΔV 后的情况,
这点变成了该卫星的新椭圆轨道的近地点

一个较小的速度变化量 ΔV,就可以使远地点有很大的变化。例如,对于一颗轨道高度为 400km 的卫星,0.1km/s 的 ΔV 就将会使远地点提高 350km(新轨道的远地点将为 750km)。

一般的,对于椭圆轨道,仅改变卫星速度大小,就可以形成新的椭圆轨道;新轨道和原轨道在同一平面内,但具有不同的形状,新的轨道特性决定于卫星速度变化 ΔV 大小和卫星改变速度时所处的轨道位置。不过有两种特殊情况,可以使椭圆轨道变成圆形轨道:一种是卫星在椭圆轨道的远地点处增加相应的速度量可以形成轨道高度等于远地点高度的圆形轨道;同样,在近地点处将速度减小相应大小后,可以使椭圆轨道变成高度等于近地点高度的圆形轨道。

10.4.3　改变圆形轨道的高度

按照上述描述的改变轨道形状的策略,若将圆形轨道高度从 h_1 增加到 h_2,需要两个步骤的变轨(图 10.10)。第一步是将卫星速度增加 ΔV_1,形成的椭圆轨道远地点为 h_2。前面提过新形成的椭圆轨道远地点高度取决于原轨道高度 h_1 和卫星速度增量 ΔV_1。第二步是在椭圆轨道的远地点处增加卫星速度 ΔV_2,使轨道变为高度为 h_2 的圆形轨道。选择相应的 ΔV_1 来确定中间椭圆轨道远地点高度 h_2 的大小,此椭圆与高度 h_2 的圆轨道相切(切点如图 10.10 中的 P_2 所示),并且 ΔV_2 也只是改变卫星速度大小而不改变其方向。

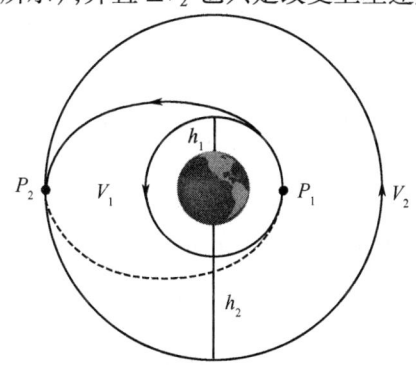

图 10.10　中间转换椭圆 Hohmann 卫星轨道在两个圆形轨道之间的转化过程,
初始轨道为高度为 h_1 的圆形轨道,最终轨道为高度为 h_2 的圆形轨道。
ΔV_1 和 ΔV_2 两个速度增量分别在 P_1 和 P_2 两个点处完成。
变轨卫星在中间椭圆轨道内运行了半个轨道,并没经过图中椭圆轨道的虚线的那半部分

卫星速度总的变化 ΔV,等于这两步变化的速度增量之和,即 $\Delta V = \Delta V_1 + \Delta V_2$。这个在两个圆形轨道之间起过渡作用的椭圆轨道,与二者均相切,我们称之为 Hohmann 传递轨道(图 10.10)。这种变轨方法是消耗推进剂最少的,因为它在两个轨道之间变轨所需要的速度增量 ΔV 最小。这种变轨方法所用的时间为半个 Hohmann 传递轨道周期。

若要减少变轨所需的时间,可以在第一步时使用较大的 ΔV_1。这种情况下,卫星在到达大圆形轨道时的速度方向将不与其相切,所以 ΔV_2 必须即改变速度大小,又改变速度方向,从而使卫星进入大圆形轨道。此时 ΔV_1 和 ΔV_2 都增大了,所以很显然,消耗的推进剂也会更多。

一般的,在发射地球同步轨道卫星时,总是先将卫星送入低地轨道,再通过变轨将卫星送入地球同步轨道。这是因为整个过程所需的速度增量 ΔV 很小。例如,圆形轨道高度从 400km 变轨到 1000km 的圆轨道所需的速度增量总和 ΔV 只有 0.32km/s。而如果这颗卫星从 400km 高度轨道变轨到 36000km 的同步轨道,需要的速度增量总和 ΔV 也仅有 0.39km/s。

这是因为,我们一般所说的轨道高度,是指卫星到地球表面的距离,但实际决定卫星运行速度的参数是卫星到地心的距离。例如,卫星从 500km 高度增加到 1000km,看似高度增加了一倍,但实际卫星与地心的距离变化却很小,这里是从 6870km 增加到 7370km,仅仅有 7% 的增幅,而这个变轨过程速度的增幅也很小,仅有不足 4%。

10.4.4　改变轨道周期

因为卫星的轨道周期取决于其轨道高度和轨道形状,所以可以通过轨道机动来改变卫星轨道的高度和形状,进而改变其轨道周期。这么做是很有意义的,例如,可以改变侦察卫星的轨道周期,使敌人无法预测卫星的重访时间。

一颗高度为 400km 的圆形轨道卫星,其轨道周期为 92.2min。对其施加一个速度增量 ΔV 为 0.1km/s 时,轨道周期增大约 3.6min;施加一个速度增量 ΔV 为 0.3km/s 时,轨道周期会增大约 10.8min。由前面叙述可知,这两个速度增量会使圆形轨道变成椭圆轨道:其近地点高度均为 400km,而远地点高度分别为 750km 和 1460km。

10.4.5　在同一轨道面内改变卫星的相对位置

一颗卫星经过多次机动,就可以改变与相同轨道内其他卫星之间的相对位置。例如,两颗卫星运行于同一个圆形轨道内,因为它们必须具有相等的速度,所以它们在同一轨道面内运行过程中一直保持相对的静止。如果要改变它们之间的距离,简单的增加二者之一的速度是不行的,因为那会改变其轨道。

但是我们可以先把其中一颗卫星的轨道升高或者降低一些,从而使其具有较长或者较短的轨道周期,经过一段适当的时间以后再将它变回原来的轨道内,就能够使其到达预期的位置上了。整个变轨过程所需的推进剂的量取决于此过程完成时间的长短:较小的 ΔV 只能造成较小的轨道周期改变,因而卫星需要较长的时间到达预期的位置。

下面举例说明,假定两颗卫星运行于400km高度的圆形轨道中,且彼此较近。首先使其中一颗卫星的速度改变 $\Delta V=0.1\text{km/s}$,则它进入与原轨道周期相差3.6min的椭圆轨道,接下来它需要运行大约13圈,或20h。当运行到原先圆轨道内的另一颗卫星的轨道正对面时,再将椭圆轨道内这颗卫星拉回到原来圆轨道,这又需要 0.1km/s 的速度改变量 ΔV,这样两次变轨需要的总的速度变化 ΔV 为0.2km/s。如果速度改变量 ΔV 提高1倍,则同样的变轨所需的时间将大约为原来的一半,因为两倍的 ΔV 会造成大约2倍的轨道周期变化(7.2min)。

这种类型的太空机动可以用来改变一颗卫星与另一颗卫星的相对位置,它也可以用来在一个轨道内部放置多颗卫星,以增加一个星座的覆盖区域。整个星座内的所有卫星都可以用一枚火箭送入同一轨道之内,然后再用上述机动方法改变各颗卫星的位置。

10.4.6 改变轨道面的机动

改变轨道面的机动,需要改变卫星的速度方向。因为卫星的轨道速度非常大(一般的轨道速度为 3~8km/s),所以要想明显的改变其轨道面,需要在与原速度矢量垂直的方向上增加一个很大的速度分量。这样大的速度分量需要消耗大量的推进剂。

图 10.11 以一颗轨道高度为 500km,速度为 7.6km/s 的卫星为例,说明了对于一个 2km/s 的速度分量 ΔV,能使轨道速度方向改变 15°。

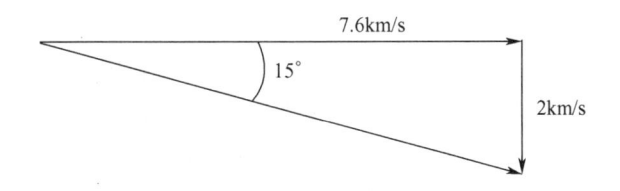

图 10.11 卫星轨道高度500km,速度7.6km/s,给一个垂直于原速度的2km/s
的速度分量,造成相对小的轨道面变化(与原轨道面相比,仅有15°改变)

通过分析图 10.11 可以发现,卫星轨道速度越大,要改变其轨道面所需的速度分量 ΔV 就越大。要改变轨道面的一个角度,低圆轨道比高圆轨道的卫星所需的速度变量 ΔV 要大,这是因为圆形轨道卫星高度越高其运行速度越低。

可以很容易看出有两类改变轨道面的不同机动:一类是改变轨道倾角;另一类是让轨道面保持同一个倾角进行旋转。

10.4.7 改变轨道倾角的机动

最简单改变轨道倾角的方法是改变一个圆轨道的倾角使其有 $\Delta\theta$ 的变化。这类机动需要将卫星速度矢量方向改变同样的角度 $\Delta\theta$(图 10.12)(改变轨道面倾角,可以想象成卫星轨道面绕地球赤道面的交线旋转)。

在表 10.3 中,列出了对于一颗 500km 高度的卫星,轨道面变化角 $\Delta\theta$ 的各种值相对应的速度变量需求值为 ΔV;这些数据由式(10-22)计算得到。

图 10.12 两个不同倾角的轨道,一颗卫星在两个轨道面内的速度矢量分别为 V_1 和 V_2。对于一颗卫星,从一个轨道面转到另一个轨道面,这颗卫星的推进器必须在相应的方向上产生足够大的速度变量 ΔV,以使其速度从 V_1 变为 V_2

表 10.3 高度 500km 卫星的轨道倾角的 $\Delta \theta$ 与 ΔV 的关系

$\Delta\theta/(°)$	$\Delta V/(\mathrm{km/s})$
15	2.0
30	3.9
45	5.8
90	11

因为卫星轨道速度随着其轨道高度增加而降低,所以轨道倾角变化 $\Delta\theta$ 需要的速度变量 ΔV 也随着轨道高度的增加而减少,只是减少的速度相对慢些。例如,改变同样轨道倾角时所需的速度改变量 ΔV,1000km 的轨道高度比 500km 的轨道高度仅仅减小了 3%。另外,对于 36000km 高度的地球同步轨道,所需的速度增量大约为 500km 高度轨道的 40%。

由于这个原因,一般尽可能在更高轨道内作此类机动改变轨道倾角。例如,要发射一颗地球赤道同步轨道(倾角为零度)卫星,但是因为发射点位置的原因它发射后最初进入的轨道倾角并不为零,此时就需要通过机动改变轨道倾角,来将卫星送入地球赤道同步轨道。

因为对于给定的轨道倾角变化 $\Delta\theta$,需要的速度变量 ΔV 随着轨道速度的降低而减少,所以在进行较大的轨道面旋转时,可以通过三步机动过程来节约推进剂。第一步,增加卫星速度变化率 ΔV 以增加该卫星远地点的高度;第二步,在卫星远地点处(速度较慢)改变其速度方向;第三步,给卫星一个速度变量 ΔV 使其远地点高度回到原轨道。依照以上步骤,这类改变卫星轨道高度的机动所需的速度增量 ΔV 相对较小,这个过程所需的总的速度增量要小于直接在圆轨道内改变轨道面。不过,这种三步变轨方法,比起直接改变轨道倾角的方法需要更长的时间,因为卫星需要很长的时间转到更高轨道和从高轨道返回。

假定一颗卫星运行在 500km 的圆轨道上,当轨道倾角变化率 $\Delta\theta$ 小于 40°时,采用三步变轨方法改变轨道面将比在圆轨道面内直接作变轨机动所需的速度增量 ΔV 大。但是,要转过更大的角度时,先变更轨道高度的方法可以节约变轨所需能量。例如,如果 $\Delta\theta$ 为 90°,在 10000km 高度完成轨道面的旋转所需总的速度增量为 8.2km/s,是在 500km 高度直接完成变轨所需速度增量 10.8km/s 的 76%。在这种情况下,变轨所需总的时间,就是从轨道最高点来回所用的时间,约为 3.5h。如果选择在 100000km 的高度改变轨道倾角,则所需总的速度增量减少接近 40%,只需 6.6km/s,不过花费的总时间增加到 37h。继续增加轨道高度来完成轨道变轨,则所需的总的速度增量会继续降低,但是却会增加很长的变轨时间。

10.4.8 匀速旋转轨道面

另一种需要较大速度增量的变轨机动,是使轨道面绕着地球自转轴匀速转动,同时保持轨道倾角不变。这类太空机动一般是为了只用一枚运载火箭将数颗卫星送入轨道,然后把它们送入不同轨道面内(每个轨道面有相同的倾角)以增加该星座的地面覆盖区(这种机动可以想象为,轨道面与赤道面的交线绕着地轴转动一个角度,同时保持轨道的上升角不变)。例如,一个由三颗卫星组成的星座,可以作机动后部署在三个彼此夹角均为 120° 的轨道面,在部署星座时,这种机动所需的能量是相当大的。

这种类型机动的速度增量 ΔV,取决于轨道平面绕地球自转轴转过的角度 $\Delta\Omega$、倾角 θ 以及在原轨道中作机动时卫星的高度(相应的轨道速度)。

表 10.4 中列出的数据为,对于高度为 500km 的圆形轨道的两个倾角 θ,不同的旋转角度 $\Delta\Omega$ 所对应的变轨速度增量 ΔV。在实际应用中,所需的转动角度可能很大,因而也就需要巨大的速度增量 ΔV。如上所述,速度增量 ΔV 随着轨道高度的增加缓慢地减少;对于轨道高度为 1000km 的卫星,比轨道高度为 500km 的速度增量,仅仅减小约 3%。

表 10.4 对于高度位 500km 的圆形轨道的旋转
角度 $\Delta\Omega$ 与变轨速度增量 ΔV 的关系

旋转角度 $\Omega/(°)$	倾角为 $\theta = 45°$ $\Delta V/(km/s)$	倾角为 $\theta = 90°$ $\Delta V/(km/s)$
45	4.1	5.8
90	7.6	10.8
120	9.3	13.2

10.4.9 卫星脱离轨道的机动

对于某些任务,轨道飞行器将会使用推进器加速脱离轨道,从而返回地面。例如航天飞机就必须做这类机动以回到地面;同样地,一个天基对地的轨道武器,想要攻击地面目标时就必须携带必要的推进剂用于自身脱离轨道。这种类型的机动所需的 ΔV,取决于其返回到地面的快慢。太空飞行器脱离轨道的这种机动中的动力学关系是非常复杂的,因为它一旦降低到一定高度,密度逐渐增大的大气就会影响它的轨道(这些力的影响包括:减慢物体运动速度的阻力,使飞行器偏离轨道的侧向升力。在飞行器速度很大时,这两种力都将会非常大)。

图 10.13 给出了 3 个不同速度增量 ΔV 的脱轨过程。这个例子给出了一个 3000km 高度的圆形轨道来更清楚地显示脱轨轨迹。在这种高度，卫星的轨道速度为 6.5km/s。图 10.13 中，卫星运行到点 P 时向其速度的反方向作一个瞬时推进，使其自身速度减少 ΔV。这个 ΔV 使得该卫星的轨道变为近地点低于原轨道的椭圆。如果该近地点足够低，则椭圆轨道将会与地表相切。

要想使该卫星在地心引力作用下垂直地落向地面，必需将其轨道速度降低为零——这需要 ΔV 在 6.5km/s 以上。在这种情况下，卫星将会花费 19min 才能落到地面上，图 10.13 中的点 O 即卫星降落的点，它在速度改变点 P 的正下方（当然，由于地球的旋转，速度改变的那一时刻的星下点，在卫星下落的这段时间内一直在移动；该星下点移动的距离，在地球两极为零，到赤道处增加为 500km）。

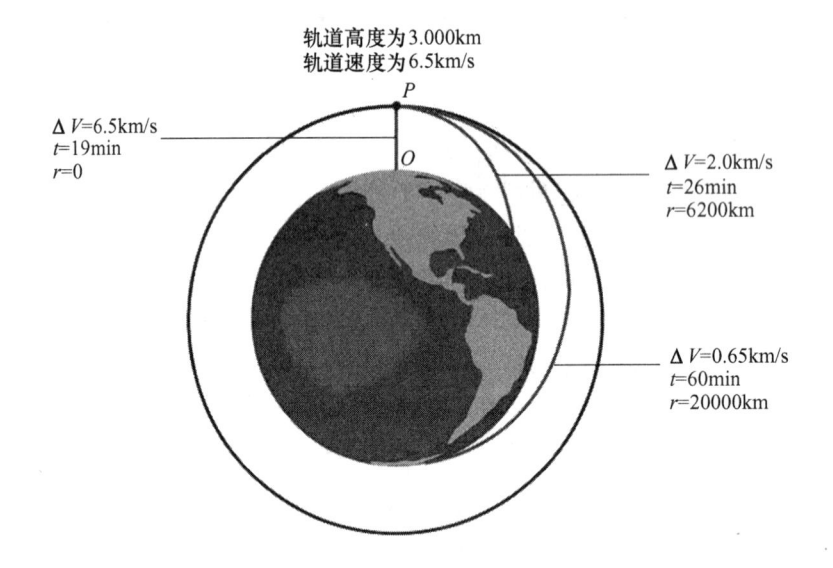

图 10.13 卫星的初始轨道高度为 3000km，3 条轨迹为卫星在点 P 作相应脱轨机动后落向地面所经过的路径；给该卫星一个速度变量 ΔV=6.5km/s，则它将在 19min 后垂直地落到地面上的 O 点；对于较小的 ΔV 值，该卫星脱离轨道落地的时间 t 较长。在每种情况下，给出的距离 r 是从卫星落地点到点 O 之间的地球表面距离

图 10.13 中也显示了卫星轨道速度减少 2km/s 时，卫星将会花 26min 才能落到地面，并且它的落点距离变轨时的星下点 O 的地面距离为 6200km。如果轨道速度只减少 0.65km/s，则卫星脱离轨道落到地面所花的时间为 60min，而其落点位置恰好在地球的另一面，距离点 O 的地面距离大约为半个地球周长 20000km。

如果卫星轨道速度减少的量 ΔV 小于 0.65km/s，则它将进入一个新的椭圆轨道，经过最低高度然后再次返回原来的 P 点。然而，这种情况下，当该卫星经过椭圆轨道的较低的地方时会受到大气阻力的作用，这种阻力的累积作用使卫星速度有所降低，所以当它再次回到点 P 的时候，它的轨道高度将会低于 3000km。就这样该卫星每个周期都比以前轨道低一些，经过这种螺旋下降最终会落到地面（脱轨过程也可能利用侧向升力来辅助完成，因而空间飞行器的脱轨轨迹不必完全决定于其自身的速度矢量）。

较大的速度变量 ΔV 造成的卫星脱离轨道时间较短,但同时卫星也必须消耗大量推进剂用来产生较大的 ΔV。目前,已经有科学家在讨论采用大的 ΔV 使卫星成为天基动能对地攻击武器,动能武器是一种必须以很高速度撞击目标的新型武器。一个 4km/s 的 ΔV,可以使 500km 高度的圆形轨道卫星在 2~3min 内脱离轨道,或者使 1000km 高度的圆形轨道卫星在 4~5min 内脱离轨道,或者使 3000km 高度的圆形轨道卫星在 14~15min 内脱离轨道。若使 ΔV 增大,则能够使卫星获得更短的脱离轨道时间。

10.4.10 再入加热效应

卫星离轨机动中还有一个重要的问题,就是当卫星进入大气层后会产生大量的热能。这是卫星的动能转化为空气中热能的结果,这些热能大部分是由卫星头部的空气压缩而产生的。要使离轨的空间飞行器在再入过程中不被烧掉,则它必须要有热防护层来抵挡这种强烈的高温。再入加热效应的加热速度,会随着离轨的空间飞行器速度的提高以及空气密度的增大而加快。如果离轨速度过快,卫星就会以很大的速度进入稠密大气层,这将使卫星产生极高的温度。

对于动能武器,不管是太空轨道飞行器还是凭借弹道导弹作为运载器,这种大气加热效应都是十分重要。研制这类动能武器的初衷,是利用它们超高速度的动能来摧毁目标,而不是利用爆炸产生破坏效果。为了使动能武器的攻击更加有效,它们必须以非常高的速度撞击地面目标。例如,一个动能武器的速度必须达到大约 3km/s 的速度,它的动能才与同质量高爆武器的爆炸能量相当(TNT 释放能量的效率约为 1000k/g,等于 4.2×10^6 J/kg,对于 1kg 质量的物体,其速度为 3km/s 时的动能为 $V^2/2 = 4.5 \times 10^6$ J/kg。)。当物体以 3km/s 或更高速度在地面附近飞行时,它的气动加热效应将非常强。

大气对于再入飞行器不仅产生阻力,加热作用,还能产生强烈的侧向力,它会改变飞行器的弹道。再入飞行器可以设计为由高速度产生大的气动升力,以此做垂直于弹道的机动。

10.4.11 轨道保持

卫星受到许多力的作用,使它的轨道随着时间不断改变。这些力包括:地球因并非绝对球体所引起的引力场轻微不对称、来自太阳和月亮的引力、太阳的辐射压力,对于低地球轨道卫星,还会受到大气的阻力。

由于这些力作用的结果,卫星必须定期地做机动以保持它的轨道不变。因此,卫星上必须携带足够用来保持轨道的推进剂。过去卫星的使用年限一般是由其携带的电子设备的寿命来决定的,但随着电子器件工艺的进步,现在卫星的寿命已经逐渐取决于卫星上能够携带多少推进剂了。

卫星上需要携带多少推进剂,这取决于几个因素。第一,卫星轨道的全部或部分的高度较低(几百千米),它们需要对空气阻力进行的补偿就比那些高轨道卫星多。在太阳的活跃期这种现象更加明显,因为这时地球大气层外部的扩展会使某一高度的大气阻力增加。第二,某些卫星必需非常严格的保持其轨道,不仅是完成其特定任务的需要,也是因为必须遵守国际协议的管理。例如,国际协议规定对地球赤道同步轨道卫星的位置必须严格控制,以免卫星与相邻卫星发生干扰。第三,卫星携带推进剂的量取决于推进器的类型以及推进器的效率。目前,我们仍然在用传统的化学推进器进行轨道保持。但是一些可以增加推进器效率的新技术已经出现了,例如,可以长时间提供低推力的离子推进器。

为了使我们对于地球赤道同步轨道卫星用于轨道保持的推进剂有一个大致了解,下面以国际通信卫星为例简要做个说明。每一年一颗卫星消耗的推进剂的量,约等于其初始(刚刚进入轨道时)质量的2%～2.5%。因此,对于一颗寿命为10年的该类卫星,需要携带的用于轨道保持的推进剂质量约为其初始质量的20%~25%,相当于该卫星在10年内做了0.5~1km/s的机动。

10.5 太空机动技术细节

10.5.1 改变轨道形状的机动

一颗轨道高度为 h 的圆轨道卫星的轨道速度为 $V_h^c = \sqrt{GM_e/(R_e+h)}$,式中 G 为引力常数,M_e 为地球质量($GM_e = 3.99 \times 10^{14} \text{m}^3/\text{s}^2$),$R_e$ 为地球平均半径($R_e = 6370\text{km}$)。如果圆形轨道卫星的速度在某时刻突然增加 ΔV(不改变速度方向),则轨道变为椭圆轨道。新的椭圆轨道的近地点仍然为 h,远地点的高度取决于速度增量 ΔV 的大小。对于 ΔV 较小($\Delta V/V \ll 1$)的情况,远地点高度增加的值可用下式近似计算为

$$\Delta h \approx 4(R_e + h)\frac{\Delta V}{V} \qquad (10-10)$$

如果用 r 来表示卫星距离地心距离,$r \equiv R_e + h$,则

$$\frac{\Delta r}{r} \approx 4\frac{\Delta V}{V} \qquad (10-11)$$

式(10-11)表明,轨道远地点距离地心高度 r 增加的比例大约为速度增加比例的4倍。

与此类似,当圆形轨道卫星在某时刻速度突然降低时,此时它的位置即新形成的椭圆轨道的远地点,并且近地点的高度低于原来圆轨道的高度,见式(10-10)和式(10-11)。

式(10-10)说明了为什么改变轨道高度的机动仅仅需要相对较小的速度增量 ΔV,因为速度的改变要乘以地球半径,所以即使相对小的速度改变也将使轨道高度 h 产生显著变化。这种现象在低轨道卫星变轨机动时更为明显。

如果初始轨道不是圆形,而是偏心率为 e 的椭圆,由近地点处速度改变量 ΔV_p 造成的轨道远地点高度的改变量 Δh_a,以及由远地点处速度改变量 ΔV_a 造成的近地点高度的改变量 Δh_p,二者的近似公式分别为

$$\Delta h_a \approx \frac{4a^2}{GM_e}V_p \Delta V_p = 4\frac{R_e + h_a}{1-e}\frac{\Delta V_p}{V_p} \quad \text{或者} \quad \frac{\Delta r_a}{r_a} \approx \frac{4}{1-e}\frac{\Delta V_p}{V_p} \qquad (10-12)$$

以及

$$\Delta h_p \approx \frac{4a^2}{GM_e}V_a \Delta V_a = 4\frac{R_e + h_p}{1+e}\frac{\Delta V_a}{V_a} \quad \text{或者} \quad \frac{\Delta r_p}{r_p} \approx \frac{4}{1+e}\frac{\Delta V_a}{V_a} \qquad (10-13)$$

需要注意的是,这些公式仅仅当 $\Delta V/V \ll 1$ 时才能成立。对于大一些的速度增量 ΔV,

需要用下面给出的精确公式。

10.5.2 圆形轨道之间的机动

这里,要计算高度分别为 h_1 和 h_2 的两个圆形轨道之间进行变换机动所需的最小速度变化 ΔV 的值,这种变轨机动通过 Hohmann 转换轨道,经过两个步骤完成。这个转换中间轨道为一个椭圆,近地点高度为 h_1,远地点高度为 h_2,偏心率为 $e = (r_2 - r_1)/(r_2 + r_1)$, $r_i = R_e + h_i$。

变轨的第一步是,将轨道从初始圆形轨道转换成过渡椭圆轨道,这需要将原轨道速度 $V_1^c = \sqrt{GM_e/r_1}$ 变为 $V_p = V_1^c \sqrt{1+e}$,其中 e 为过度椭圆轨道的偏心率,由此可得

$$\Delta V_p \equiv V_p - V_1^c = V_1^c(\sqrt{1+e} - 1) \tag{10-14}$$

过渡椭圆轨道的远地点速度为 $V_a = V_2^c \sqrt{1-e}$,其中 $V_2^c = \sqrt{GM_e/r_2}$ 为高度 h_2 的圆形轨道速度。

第二步是,在过渡椭圆轨道的远地点处突然增加卫星的速度使之达到 V_2^c。由此可得

$$\Delta V_a \equiv V_2^c - V_a = V_2^c(1 - \sqrt{1-e}) \tag{10-15}$$

总的速度增量 ΔV 就是两步变轨的速度增量之和为

$$\Delta V_{\text{tot}} = \Delta V_p + \Delta V_a \tag{10-16}$$

对于相对小的高度变化,即有 $e \ll 1$ 时,式(10-16)变为

$$\Delta V_{\text{tot}} \approx e \frac{(V_1^c + V_2^c)}{2} \tag{10-17}$$

式(10-17)显示,将圆形轨道高度从 400km 变轨为 1000km 所需的总的机动需求为 $\Delta V_{\text{tot}} = 0.32 \text{km/s}$(这种情况下,过渡椭圆轨道的偏心率为 $e = 0.041$)。而将圆形轨道从 400km 变轨为地球同步高度 36000km,过渡椭圆轨道的偏心率为 $e = 0.71$,所以式(10-17)在此情况下就不再适用;由式(10-16)得出,$\Delta V_{\text{tot}} = 3.9 \text{km/s}$。

还有两个近似公式,用于计算一个半径为 r 的圆形轨道经过小的机动后的近地点和远地点处的速度,其中变轨后的轨道半径为 r,半主轴长度为 $r + \Delta r$,则有

$$V_p \approx V^c\left(1 + \frac{1}{4}\frac{\Delta r}{r}\right), V_a \approx V^c\left(1 - \frac{3}{4}\frac{\Delta r}{r}\right) \tag{10-18}$$

式中:V^c 为初始圆形轨道的轨道速度。

10.5.3 改变卫星的轨道周期

由式(9-13),一个主轴为 a 的椭圆轨道的周期为

$$\frac{\partial P}{\partial a} = \frac{3}{2}\frac{P}{a} \tag{10-19}$$

由式(9-12),一个椭圆轨道的速度表示为

$$\frac{\partial a}{\partial V} = \frac{2a^2 V}{GM_e} \tag{10-20}$$

将前面二式合起来,当偏心率很小时,轨道周期的改变量 ΔP 可近似表示为

$$\frac{\Delta P}{P} \approx 3 \frac{\Delta V}{V} \tag{10-21}$$

当然前提条件为 $\Delta V/V \ll 1$。

10.5.4 改变轨道倾角

将轨道倾角改变 $\Delta\theta$，需要将卫星轨道速度矢量的方向也改变 $\Delta\theta$。由矢量相加原理可得，所需的变轨速度为

$$\Delta V = 2V \sin \frac{\Delta\theta}{2} \tag{10-22}$$

式中：V 为发生机动瞬间卫星的速度。

对于圆形轨道，所需的机动量 ΔV 随着轨道高度的增加而减小，因为轨道速度随着高度的增加而减小；在这种情况下，ΔV 与 $1/\sqrt{R_e+h} = 1/\sqrt{r}$ 成正比例。

10.5.5 保持轨道倾角转动轨道面

对于圆形轨道，要保持轨道倾角 θ 不变地将轨道面绕着地轴转动 $\Delta\Omega$，所需的机动量为

$$\Delta V = 2V \sin\theta \sin \frac{\Delta\Omega}{2} \tag{10-23}$$

式中：V 为机动瞬间卫星的速度。

与前面介绍的机动类似，机动需求量 ΔV 随着轨道高度的增加而减小。

10.5.6 基本的旋转

对于圆形轨道，倾角改变 $\Delta\theta$ 而且轨道面又绕地轴转动 $\Delta\Omega$，则所需的机动量 ΔV 由下式给出，即

$$\Delta V = 2V \sqrt{\sin^2 \frac{\Delta\theta}{2} + \sin\theta_1 \sin\theta_2 \sin^2 \frac{\Delta\Omega}{2}} \tag{10-24}$$

式中：V 为机动瞬间卫星的速度；θ_1 和 θ_2 分别为轨道初始倾角和转动后的倾角，$\Delta\theta = \theta_1 - \theta_2$。

注意，当 $\Delta\Omega=0$ 或 $\Delta\theta=0$ 时，式（10-24）可相应地简化为式（10-22）和式（10-23）。与前面介绍的机动类似，机动需求量 ΔV 随着轨道高度的增加而减小。

10.5.7 脱轨机动

地球是一个被大气层包裹的球体，卫星的脱轨时间和脱轨轨迹可以通过计算机程序求解卫星运动学积分方程得到。我们假定该脱轨卫星的初始轨道为高 h 的圆形轨道。速度增量为 ΔV，与将其卫星初始速度矢量相加，速度的变化方向与速度矢量方向相反且垂直于卫星与地心连线。在假设没有侧向升力的情况下，计算出物体大气阻力系数。含有大气阻力系数的公式 $mg/(C_d A)$，称为弹道系数，式中 m 为脱轨飞行器的质量，C_d 为大气阻力系数，A 为该脱轨飞行器垂直于其速度方向的最大截面面积。

10.5.8 轨道保持

国际通信卫星的数据向我们显示了,地球同步轨道卫星在用传统推进器保持轨道高度时所需机动量 ΔV 的大小。第五代国际通信卫星刚刚进入轨道的时候,总质量为 1005kg,其中包括 175kg 的推进剂,占卫星初始总质量的 17.4%,预期寿命为 7 年,假设所有的推进剂均用于轨道保持,则每年用于轨道保持的推进剂占初始质量的 2.5%。第七代国际通信卫星的初始质量为 2100kg,包括 650kg 推进剂,占卫星初始总质量的 31%,其预期寿命达 17 年。这表明该卫星每年用于轨道保持而消耗的推进剂质量大约占其初始质量的 2%~2.5%。对于具有 10 年使用寿命的同步轨道卫星,需要用于轨道保持的推进剂占起始质量的 20%~25%。

思 考 题

1. 卫星轨道有哪些几何学上的限制?
2. 什么是卫星的星下点轨迹?赤道轨道卫星和地球静止轨道卫星的星下点轨迹分别是什么样?
3. 什么是卫星的仰角?决定卫星仰角的参数有哪些?
4. 哪两种轨道类型的卫星的星下点轨迹在不同轨道周期可以重合?试解释该现象。
5. 拉格朗日点是什么?共有几个?
6. 试解释轨道高度与卫星覆盖区域面积大小之间的关系。
7. 试计算地球同步卫星的覆盖区面积。
8. 改变卫星轨道的机动方法有哪些?
9. 简述改变圆形轨道高度的过程。
10. 简述在同一轨道内改变卫星相对位置的过程。
11. 简述卫星的脱轨过程。

第11章 航天器系统

11.1 航天器基本设计方法

在本章主要讨论航天器的设计过程以及影响航天器的主要元件。下面,将这些主要元件称作子系统。航天器的设计就是设计这些重要的子系统,以及如何用这些子系统组成一个完整的航天器,进而实现任务目标,并能在恶劣的太空环境中生存。

设计航天器时,首先需要定义航天器设计的任务目标,即准确地阐述航天器设计的任务目的。例如,覆盖全球的高分辨率图像的采集任务。第二步,根据任务目标选择所需的载荷仪器或设备,在对地观测任务中,则需要选择能够拍摄地面图像的相机。第三步是制定有效载荷的操作计划。确定有效载荷在空间中的位置,从而最大限度地发挥其效用,这就产生了一个合适的任务轨道。在这类任务中,通常选择近地低轨。因此,对航天器的各个子系统设计也提出了相应的要求。

有效载荷是航天器最重要的部分,没有它,航天器就无法实现任务的目标。子系统设计完全是为了支持有效载荷。因此,为了确保有效载荷能够有效地工作,通常从两方面来决定如何设计一个子系统,即子系统需要做什么以及需要提供什么。例如,有效载荷需要一定量的电源加以运转,那么的电源子系统的设计,即太阳帆板以及蓄电池的规格就需要根据有效载荷的要求来决定。按照这种逻辑方式,同样可以设计其他子系统。

在这里提到了航天器的子系统,但并没有给出具体的定义以及它们的工作内容。所有的航天器都是由基本的子系统组成,表11.1列出了其中一些主要的子系统以及支持有效载荷运行需要的功能。

表11.1 主要的航天器子系统及其功能

子系统	功能
有效载荷	为了完成任务目标,选择合适的载荷硬件(如照相机、望远镜、通信设备等)
任务分析	确定发射航天器的运载火箭、确定完成任务的目标轨道,以及如何将航天器从发射场发送到最终的目的地
姿态控制	实现航天器的准确指向(如太阳帆板指向太阳,通信天线指向地面站等)
推进器	利用星载火箭系统,可以实现航天器在轨转移、控制目标轨道和航天器姿态
电源	为有效载荷和其他子系统提供电源
通信	在航天器与地面站之间建立通信连接,下传有效载荷数据和遥测数据,上传对航天器的控制指令
星载数据处理	对有效载荷数据和遥测数据进行存储和处理,允许子系统之间的数据交换
热控系统	提供合适的热环境,确保有效载荷和子系统正常工作
结构设计	在任何可预测的环境下,为有效载荷和子系统硬件提供结构支撑

关于表 11.1 可做进一步的解释。

（1）航天工程师不把有效载荷归为子系统一类。通常把航天器分为两个部分,将有效载荷与航天器平台（服务模块）区别开来,后者作为航天器的一部分,包含所有起支持作用的子系统。

（2）任务分析有时不被视为子系统,因为航天器上没有任何硬件部分可以体现。但是,为了充分反映一个典型的航天器系统的设计结构,表 11.1 中列举了有载荷和任务分析两部分内容。

（3）表 11.1 中在提到通信子系统的功能时,涉及到了遥测技术的概念。事实上,遥测技术本质上就是航天器上的传感器测量数据,这些传感器测量数据可以监测航天器各个子系统状态,如果出现问题,则会发出警告。获得的数据通过遥测技术下传到航天器的地面测控中心,并显示在计算机屏幕上,当出现问题时可以迅速采取行动。

上面所描述的设计过程可以概括为图 11.1。首先确定任务目标,接下来针对设计的任务目标展开一系列工作。确定需要用到的有效载荷以及具体的实施途径,当有效载荷确定后,再进一步分析其需要子系统应该提供哪些资源。例如,有效载荷需要一定量的电能,这就需要设计电源子系统。如果载荷需要定向,例如,太空望远镜或对地观测成像卫星,其指向的稳定度和精确度就成了姿态控制子系统设计所需考虑的关键因素。在一些情况下,载荷会生成数据,如成像系统的载荷会生成图像数据,这些数据或者在星上存储,或者直接通过通信子系统下行传输到地面。载荷生成数据的速率以及数据总量直接影响星上数据处理系统的设计。有效载荷生成的数据速率需要通过通信子系统传输到地面,这个传输过程也会对航天器的通信子系统的设计提出一些要求。此外,某些有效载荷对工作环境的温度范围要求很严格,从而和热控子系统的设计非常相关。

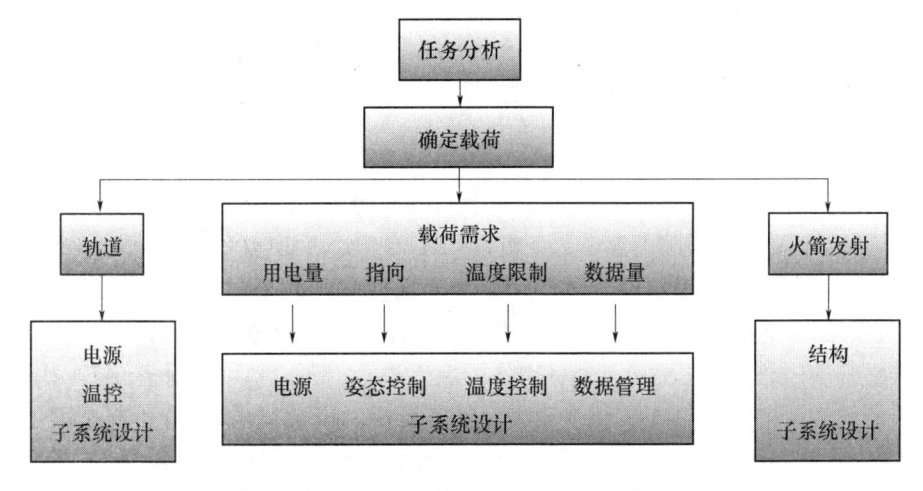

图 11.1 航天器子系统设计流程图

当然,其他因素也会影响子系统的设计,通常是通过卫星的有效荷载确定航天器任务轨道的选择,如图 11.1 左半部分所示。这也是轨道影响子系统设计的例子。例如,一旦确定了轨道,任务分析工程师则会计算出航天器的阴影区,阴影区是指航天器在绕地球公转轨道运转时处于黑暗中的时间。如果航天器位于光照区轨道上,则依靠太阳帆板供电,否则就得依靠蓄电池供电。那么在轨道上的阴影区将极大程度地影响航天器电源子系统的设计。同样地,阴影区和光照区也反应了航天器在轨道上能够接收到的太阳光的热量,所以这也影响热控子系统的设计。

运载火箭所处环境的恶劣程度是影响航天器结构设计的最关键的因素,如图 11.1 的右半部分所示。事实上,航天器的设计方法并不神秘,只是基于一些基本的应用常识。

11.2 航天器的设计过程

在今天的科技高速发展期间,如何开展航天器设计呢?航天器的设计过程有人的主观因素在其中,正因为如此,其中的一些事情并不如期望的那样客观,尤其是最初提出的可行性分析和初步设计概念。但是,在后期也会追溯到这些可能有轻微争议的地方上来的。所以,对于整个航天器设计,确定航天器的设计方法是至关重要的。通常关于航天器的设计活动被分为几个阶段,表 11.2 展示了从初期设计到最终在轨运行的整个过程。

表 11.2 航天器系统的设计和开发

阶段	持续时间	进行的活动
初步设计和可行性分析(A)	6~12 个月	完成航天器的初步设计;提出时间安排和成本花费计划;验证影响可行性的关键技术
详细设计(B)	12~18 个月	将最初的设计具体到技术方案,包括详细的子系统设计;确定后续各阶段的发展计划
开发、制造、集成和测试(C/D)	3~5 年	开发和制造在轨运行期间的硬件;进行系统集成;进行地面测试
飞行操作(E)	在轨时间	将航天器运送到发射架;确定发射计划;初期轨道操作和目标轨道操作;任务结束后的相关处理

注意:阶段 A~阶段 D 是一种规划草案,在实施过程中会根据航天器的类型有所改变

前面提到的大多数内容都是集中在阶段 A——初步设计和可行性分析,本书并不会过多地涉及这个阶段以外的内容。为了能够切实感受到在实际的航天器中这一阶段是如何运作的,可以假设某个指定的航天器和某个团队签署了一份在阶段 A 中的研究合同,在这个阶段里,航天器的初期设计过程有时就是指航天器系统工程。对这个概念的定义是多样性,其中一种是指"开发一个可操作的航天器,在满足一些强制条件下(如航天器质量、任务成本、计划流程)能够高效地实现任务目标的科学技术"。这听起来很复杂,但主要工作仅仅是设计航天器的各个子系统,并确保各个子系统集成后作为一个完整的航天器能够高效地完成任务目标。

航天系统工程是不同于航天器系统工程的另一个学科。如何划分界限是任何系统工程的关键问题之一。本书的重点是航天器本身的设计,所以这里将研究范围局限到航天器本身,并把它作为一个系统。从另一角度看,航天系统工程应当包括更大的范围,不仅是航天器本身,也应当包含项目的其他部分,如操作航天器和收集数据地面站。接下来的

讨论不针对这些领域,而仅仅把重点放在航天器上。

　　现在重新把重点放到航天器系统工程的过程中来。首先需要一个由各个子系统工程师组成的设计团队,通常每个子系统会有一个系统工程师作为其负责人,对每个子系统来说,负责人并不需要和队员有相同深度的专业知识背景,但他们对整个系统要有充分的知识储备,以便实现整个设计的集成一体化。

　　针对传统设计方法的提高和改进需要很多子系统工程师们的分析和设计,以及整个设计团队反复论证,从而最终确定改进的设计方案和总体方案(这里形容航天器的设计方法具有传统性,似乎听起来很奇怪,但事实上这样的设计方式已经持续了半个世纪)。实际上,系统方案是非常重要的,每个子系统专家都是独立工作的,通过各自的能力最终设计出非常优秀的方案。但如果不能将其与其他的子系统的设计整合起来,那么这个设计方案就是无用的。

　　就航天器总体设计而言,子系统工程师们很快会意识到这是一个团队的设计,每个人都需要让步和妥协,最终才能成功地完成任务。前面提到了设计过程的客观性就与这点有关。考虑到人员队伍的集合程度,航天器系统工程可以被重新定义为开发可操作航天器的科学技术(或艺术)。这项工作有时会有些艺术性,因为工作成果由团队的能力和各成员之间相互合作的默契程度所决定。子系统工程师们必须接受他们的子系统设计方案有可能会因为其他子系统或有效载荷的原因,需要加以修改(很有可能是他们完全不喜欢的方式)。

　　设计过程的另一个重要的特点是反复性,设计团队针对航天器的设计会达成初步方案,但在检查设计方案时会发现某些方面的设计有待提高或者存在问题。设计就变成了检查——重新设计——再在新的设计方案中克服难题的过程。但新的设计可能还会存在问题,所以这个过程会一直持续,直到最终的设计在各个方面都变得可以接受。

　　在过去几十年或更长的一段时间里,这种传统的设计方法已经因为计算机技术的发展而有所改变。但设计团队的基础结构并没有变化,只不过现在设计团队加入了计算机工作试验台,这看起来像一个迷你版的任务控制。各个子系统工程师只需要坐在工作台前听从团队总负责人的指挥。这设计方式被称为并行工程设计,它不仅适用于航天器工程,还可以用于很多涉及到复杂设计的工业领域,如汽车行业。

　　设计过程的核心是中央计算机的数据库,可以存储所有航天器的设计资料。每当团队成员对子系统的设计进行更新时,相应的数据库也会进行内容更新。其他团队成员会立刻接收到具体的变化内容,并能很快地将这些变化对其他子系统的影响作出评估。这项技术最大的优点是缩短航天器的设计时间,将时间从 6 个月或缩短至 1~2 个月。但是,计算机的引入并不能取代设计团队中优秀的子系统工程师,对于并行工程设计的设备来说,这些工程师仍然非常重要,他们需要检验计算机的输出是否有效,并最终确定出成功的设计方案。

11.3　航天器工程:最终设计极限

　　相信大部分人认为航天器工程应该是一项前沿技术,但是事实上这项技术如此保守让大家有些始料未及。一方面,子系统工程师一直竭尽全力在他们各自的专业领域提出新想法,开发新技术,在减小航天器的质量和能源消耗的同时,提高航天器的性能;另一方面,提出的新想法是否可行也存在一定问题:它们能在轨运行吗?将这些新方法用于航天器的设计并最终获得成功需要花费多少时间和成本?本质上来说这些创新方法会给整个项目运行带来一定的风险,而这些风险会影响到项目的时间安排以及经费支出。因此一些设计理念需要经过上百次的验证后才能被采纳用于航天器的设计。这种情况在商业航天器的设计中尤为常见,比如通信卫星。商业公司在设计和制造卫星方面的竞争是非常严格的。承包人通常为了实现成本最低化宁愿采取固定保守的工程方案,从而更容易竞标成功。挑剔的承包商就将采用原有的工程手段来减少经费支出、缩短研制周期从而赢得竞标。因此在这种情况下,表11.2中显示的开发阶段的用时就被大大地缩短了。

既然如此,那么航天器工程的技术如何进步呢?通常情况下,一些创新工程在扩展应用之前,首先要在科学卫星上搭载。尽管如此,航天器上的子系统设计技术也都有几十年历史了。这并不是批评,相反事实上这样更有助于提高整个航天器系统的可靠性。

现在逐渐流行的新子系统飞行测试技术就是采用小卫星进行测试。但是,什么样的卫星可以定义为小卫星呢?航天科学家认为质量在100kg以下的卫星就可以称为小卫星。随着计算机的小型化,我们可以制造相对复杂和功能齐全的小卫星进行新技术的飞行验证。这项技术能够长期发展的关键在于它的成本足够低。由于运载火箭上可以不只搭载一个小卫星,因此发射成本能够大幅度降低。其他有助于降低成本的因素是小卫星的设计、制造、测试周期更短,地面管理系统和操作更简单。考虑到投入成本低,新技术在轨测试失败造成的后果就可以有效降低,这使得使用小卫星进行飞行测试的技术显得更吸引人了。

11.4 航天器总体实例

本节归纳了几个航天器的例子以及它们的应用领域。关于航天器的主要特点和其子系统如表11.1所列。

为了让读者对航天器的质量有更直观的了解,首先需要清楚一辆普通的小汽车大约重1.25~1.5t、一辆双层公交车大约重10t。因为航天器的寿命很短,下面给读者提供了一些目前在轨运行的代表各自不同应用领域航天器的质量、尺寸和外观。

11.4.1 通信卫星

国际通信卫星8号的主要特性参数和外形如表11.3所列和图11.2所示。

表11.3 国际通信卫星8号的主要特征参数

描述	提供行星际间的电话通信服务
发射总质量	3250kg
净重(不计燃料)	1540kg,占发射质量的47%
燃料质量	1710kg,占总质量的53%
规模	中心体作为一个盒子2.2×2.5×3.2(m)
轨道类型	地球同步轨道

(续)

描述	提供行星际间的电话通信服务
轨道高度	35790km
轨道倾角	0°
初始功率	4.8kW
载荷质量	460kg,占净重的30%
载荷性能	通信载荷同时携带22000部电话和3台彩色电视播放器

图11.2 第八代国际通信8号

11.4.2 遥感卫星

第五代地球观测卫星(Spot 5)的主要特征参数与外形如表11.4所列和图11.3所示。

表11.4 第五代地球观测卫星(Spot 5)的主要特征参数

描述	Spot系列地球观测卫星
发射总质量	2760kg
净重(不计燃料)	2600kg,占总发射质量的94%
燃料质量	160kg,占总质量的6%
规模	2×2×5.6(m)
轨道类型	近极地低地球轨道
轨道高度	822km
轨道倾角	98.7°
初始功率	2.5kW
载荷质量	400kg,占净重的54%
载荷性能	观测120km宽的地面图像,分辨率为10m

图 11.3　第五代地球观测卫星(Spot 5)

11.4.3　天文观测

"哈勃"空间望远镜的主要特性参数与外形如表 11.5 所列和图 11.4 所示。

表 11.5　哈勃太空望远镜的主要特征参数

描述	以哈勃命名,他在 20 世纪初发现了宇宙的膨胀现象,哈勃空间望远镜是天文史上最重要的仪器之一
发射总质量	10840kg
净重(不计燃料)	10840kg,占发射质量的 100%
燃料质量	0kg,占发射质量 0%
规模	长 13m,ϕ4.3m 的圆柱体
轨道类型	近极地低地球轨道
轨道高度	约 600km
轨道倾角	28.5°
初始功率	5kW
载荷质量	1450kg,占净重 13%
载荷性能	望远镜的主要元件是一个口径 2.4m 的主镜,能够在离月球表面 120m 的高度看清物体

图 11.4　"哈勃"空间望远镜

11.4.4 行星探索

"卡西尼－惠更斯"号飞船的主要特性参考和列形如表 11.6 所列和图 11.5 所示。

表 11.6 "卡西尼－惠更斯"号飞船的主要特征参数

描述	它由两部分组成:"卡西尼"号太空飞船由 NASA 研制,其任务是环绕土星飞行;"惠更斯"号探测器是"卡西尼"号携带的子探测器,由欧空局研制,其任务是深入土卫六的大气层,对土星最大的卫星土卫六进行实地考察
发射总质量	5630kg
净重(不计燃料)	2490kg,占发射质量44%
燃料质量	3140kg,占发射质量56%
规模	高度6.8m,携带一根4m长的通信天线
轨道类型	土星轨道
轨道高度	持续变化
轨道倾角	接近赤道
初始功率	815W
载荷质量	670kg,占轨道净重31%
载荷性能	观察土星和它的卫星的图像

图 11.5 "卡西尼－惠更斯"号飞船

11.5 推 进 系 统

推进系统的主要功能是使用搭载的火箭发动机为航天器提供在轨期间来回转移的动力,以控制任务轨道和航天器姿态。尽管这些叙述听起来有些抽象,但实际上推进系统的工作是非常直观的,也就是说,航天器上搭载了火箭发动机,通过启动发动机将航天器送达近地空间或太空中的预定地点。实际上推进子系统的工作有两个方面:轨道转移、轨道和姿态控制。

11.5.1 轨道转移

一些航天器可以直接通过运载火箭到达任务指定轨道,因此并不需要进行轨道转移。

然而,其他的航天器为了达到指定的轨道不得不在轨道间转移。轨道转移的过程通常指航天器上搭载大型火箭发动机,这样的系统适用于初级的推进。如果航天器需要这种系统,那么大量的火箭硬件和所需燃料对于航天器的整体质量有很大的影响。通信卫星,就需要这样的初级推进系统。它们被火箭发射到近地轨道,通过霍曼转移转移到地球同步轨道上后开始工作。霍曼是航天历史上杰出的人物之一,在20世纪早期,他在德国埃森市担任职业城市建筑师。但在空闲时间,他把精力投入到了航天事业中。在1925年,也就是第一颗地球卫星问世25年前,他出版了他的工作成果,包括他的轨道转移理论的细节。他的轨道转移理论在发射卫星到同步轨道上被应用了数百次,因为它可以使用最少的火箭燃料,也就是说它降低航天器的整体质量和发射费用。

火箭喷射引起的速度变化记为 ΔV,航天工程师的主要工作之一就是计算把航天器从发射架发射到最终的目标轨道所需速度变化总量 ΔV。航天工程师花费大量的时间计算 ΔV,是因为它直接影响所需的火箭燃料的质量。第一个认识到这一点的人是齐奥尔科夫斯基,他在1903年提出了火箭方程,这个方程可以根据实现轨道转移所需的 ΔV,直接计算得到所需火箭燃料的质量,这对航天器设计师来说是个很重要的方法。航天工程师还要试着算出最小的 ΔV,因为最小的 ΔV 意味着最少的火箭燃料,最少的火箭燃料反过来意味着航天器可以搭载的有效载荷的最大量,也就意味着航天器实现任务目标的效率得到增强。

可以用齐奥尔科夫斯基的火箭方程来估算从近地轨道转移到同步轨道所需的火箭燃料的质量。ΔV 总共大约为3.5km/s,所需的火箭燃料质量大约航天器最初质量的70%。只有剩下的30%留给其他子系统,这给设计师们带来了很大困扰。为了解决这个难题,通常让运载火箭直接将航天器送入到同步转移轨道,然后只需要增加1.5km/s的速度就可以到达同步轨道。在这种情况下,火箭燃料的质量只占航天器的最初质量的40%,给设计师留下60%的空间安排其他子系统。

在前面章节讨论霍曼转移理论,采用了从近地轨道到同步轨道的转移作为事例。但事实上这种轨道转移可以在航天器任意两个同平面的圆形轨道间实现,例如,在两个相距几百千米,ΔV 只有需几百米每秒的近地轨道间的转移。最初霍曼本人是希望实现在两个不同行星轨道间的转移,比如从地球到木星,ΔV 大约为10km/s。

11.5.2 轨道和姿态控制

正如在之前看到的,姿态控制子系统借助推进子系统装置完成姿态的控制。一对反方向的小型推进器,如图11.6所示,点火作用产生控制力矩。这些小型火箭发动机,大量地聚集在航天器周围,称为航天器的二级推进系统。

轨道控制功能也是通过航天器的二级推进系统实现的。当航天器被发射到理想的目标轨道时,它不会一直停在那里。航天器会受到阻力以及太阳、月亮和地球的引力作用,它在轨道上会发生扰动,如果想要保持航天器的目标轨道不变,那么就必须对其进行控制。为了纠正轨道,航天器的轨道速度必须有所变化,而这一点可以通过航天器上搭载的小火箭发动机点火来实现。在这里两个小型推进器被点火,并不是在相反的方向产生力矩,而是通过在相同的方向产生一个小的 ΔV 来纠正(或控制)轨道,如图11.6所示。

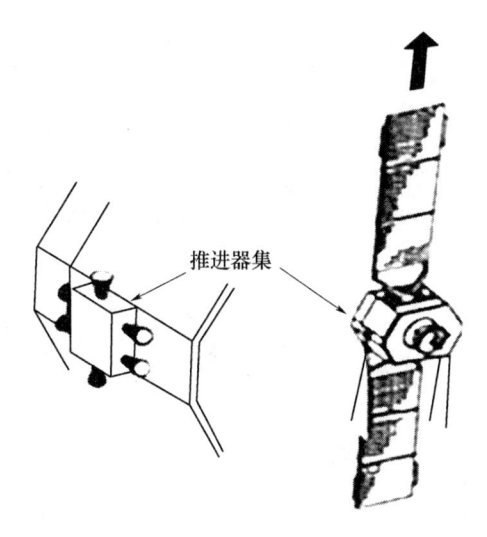

图11.6　两个喷管在相同的方向上喷射,产生一个小改变用以控制轨道克服摄动

11.5.3　航天器推进技术

目前航天器上的推进系统有两类:化学推进系统和电气推进系统。化学推进系统,例如,大型运载火箭发动机,通过燃烧推进燃料或氧化剂的混合物获得的化学能量。这个过程中产生的高温能量气体通过火箭喷嘴排出从而产生推力。电气推进系统,使用电能来使推进燃料气体从火箭喷嘴加速排出。这种方法可以获得很高的速度,但是每秒能够被加速的质量是很小的,除非使用大量的电能。通常,电气系统的推进力很小(通常小于1N)。这一章着重于普遍使用的化学推进系统。航天器上的大型化学火箭发动机要么是固体推进燃料系统,要么是液体推进燃料系统。

1. 初级推进

1) 固体推进燃料系统

航天器上一种典型的固体推进剂主发动机如图11.7所示。从概念上来说,这种装置简单,由一个储存固体燃料的油罐、一个发动机喷嘴和一些用来点燃它的点火装置组成。就像大型航天飞机的固体燃料助推火箭,一旦被点燃,它就会一直燃烧,直到推进剂燃烧殆尽,它的角色就扮演结束了。发动机点火后通常持续的时间很短(约几十秒),产生很大的推力(千万牛顿),从而产生很大的加速度——1s内就能从0加速到60km/h。尽管系统的结构简单,但是使用固体推进剂装置的最大的缺点是它是一次性的,实现多重火箭发动机点火是不可能的。

2) 液体二元推进剂系统

随着航天任务的发展,航天器的任务变得越来越复杂,不仅仅需要一个主发动机。为了适应这一要求,统一的液体二元推进剂系统作为另一种推进系统的选择变得逐渐流行。该系统作为航天器的初级发动机具有统一标准,并且与实现轨道和姿态控制的小型推进器在同一回路上。航天器上无论大型还是小型的火箭均享有相同的燃料供应。推进剂采用液体形式,并且因为有两种液体(燃料和氧化剂),所以它是一个二元推进剂。通常使用的燃料和氧化剂分别是单甲基肼和四氧化二氮,它们是可以自燃的。所以,只需将它们注入燃烧

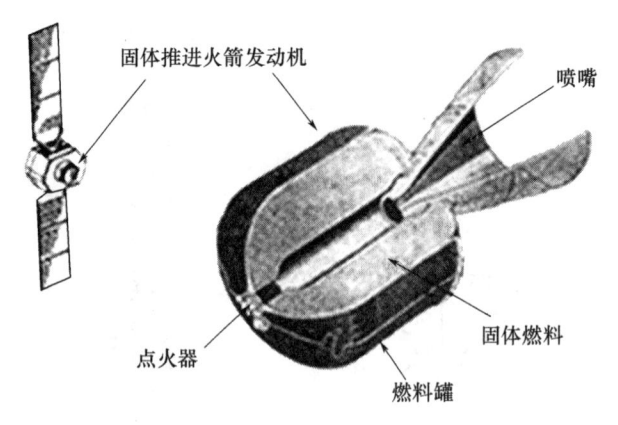

图 11.7 典型的固体燃料主发动机示意图

室,就可以点燃主火箭发动机,生成的爆炸性热气体会在发动机喷嘴排出从而产生推力。同样的方法可以用于航天器上的小型推进器。当然,燃料和氧化剂的自燃特性意味着,为了确保这两种液体在进入推进器燃烧室时不会混合到一起,推进系统连接的管道必须比较复杂。否则,将产生灾难性的后果。通过图 11.8 可以对管道的复杂结构有了进一步了解。当安装好航天器的燃料箱后,如何在发射场安全地处理燃料和氧化剂成了一项难题。工作人员都必须配备防护服,从而确保不会受到可能意外溢出的液体的影响。

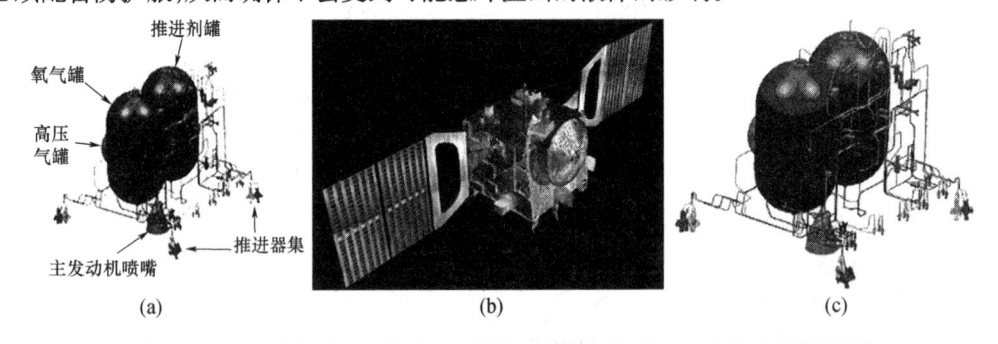

图 11.8 二元液体推进系统示意图(用于欧洲空间局(ESA)的金星探测器)

相比固体推进剂主发动机,统一标准的二元推进剂系统的主发动机所能产生的推力低得多。推力大小通常为 400N 左右,对于一般大小的航天器来说,可以在 2min 以内将速度从 0 提高到 60km/h。但发动机点火的持续时间通常要长得多,大概需要 1.5h,才能获得所要的速度增量 ΔV。

2. 二级推进器

前面讨论了航天器上配备了统一的液体二元推进剂系统的小型推进器的操作流程。但是,装有固体推进剂的主发动机,需要独立的推进器装置,通常是单组肼推进剂系统。这与液体二元推进剂中需要燃料和氧化剂的混合物恰恰相反。单一的液体燃料在强大的气压下被推入到推进器中。为了点燃推进器,首先打开燃料入口阀,单组肼通过一堆化学物质从推进器中喷射出来,引起放热化学反应,将液体燃料分解为氢气氮,氨等气体。这些热气体通过发动机喷管产生推力。图 11.9 是一个典型的单肼推力器,大概只有手掌一般大。

图 11.9 单个二甲基肼发送机样品,推力大约 5N

11.6 电源子系统

电源子系统的主要功能是为有效载荷和其他子系统提供电能。这项工作对整个航天器的正常运作至关重要。除了结构设计以及热控制以外,几乎航天器所有类型的有效载荷和所有的子系统,都需要可靠的操作电源。一旦电源发生故障或短暂中断,都会给整个航天器任务带来一场重大的灾难。

既然航天器有主推进系统和二级推进系统,那么同样地,航天也应该有主电源系统和次电源系统。主电源系统是电能的主要来源;例如,对于地球轨道卫星,通常利用太阳能帆板(或电池板)将太阳光转换成电能。正如读者们通过前面章节了解到的,大家已经见过众多航天器的图片,其中大部分都配有太阳能电池阵。次电源系统包含电能存储设备。这意味着在绝大多数的航天器中,都会使用到电池技术。当然也有其他可能,但这些可能并不会经常出现。例如,可以安装飞轮替代电存储装置。当航天器处于太阳光下,太阳能电池可以提供旋转力矩来旋转一个较大的车轮。当航天器处在黑暗中时,主电源不再工作,这时可以将车轮的旋转动能提取出来并转换成电能。

航天器有时候非常像一部汽车,因为它们都有两级电源系统。对于汽车来说,当发动机启动时,主电源系统持续产生电源。次电源系统是电池装置,当发动机不启动时,能够保证可以对汽车内的系统进行操作。实际上,次级电源系统是非常重要的,因为它是启动汽车和启动主电源的一个非常重要的手段。

地球轨道卫星上装载的电源,其中最普遍的模式包括一个太阳能电池阵列/电池组合。当航天器位于地球上有光的一侧时,太阳能电池工作为航天器的有效载荷和子系统提供电源。同时,产生的额外一部分电源对电池系统进行充电。当航天器进入阴影一侧时,太阳能电池阵为航天器的运转供电。

1. 常用的主要动力源

在主电源方面,通常有很多选择,其中主要的备选项如表 11.7 所列。从表中可以发现,列出的 6 种电源,其中只有 4 种电源适合执行长期任务,同时也只有 2 种电源——太阳能电池阵列和放射性同位素热电发动机最常用。

2. 太阳能阵列

设想你走进一个花园，太阳光照射在一平方米的区域内，产生大约1.4kW的功率，忽略阳光穿过大气层产生的损失。因此，在地球轨道上，为了充分利用太阳光资源，通常为航天器配备将太阳能转化为电能的太阳能电池列。通常用于航天器的太阳能电池的材料是半导体硅，其效率大约10%左右。也就是说，若太阳光照射在太阳能电池上产生1400kW的能量，那么其中只有140kW可以被转化成电能支持航天器工作。

表11.7 航天器上使用的主电源

类型	操作用途和原理
主电池	主电池用于短时间饱和任务，例如，用于运载火箭发射入轨的几分钟
燃料电池	燃料电池使用化学发动机产生电能，产生水和副产品。这使得它们特别适用于有人操作的任务。然而，该操作的饱和度受限于氢和氧的连续化学反应量。燃料电池为航天器的主电源提供电能
太阳能电池阵列	一个太阳能电池集中器就像一个大型抛物线镜子，它用于集中太阳辐射能来加热工作液体，例如水。高压水蒸气用于驱动汽轮机发电。太阳能动力设备比太阳能电池阵列更有效率，但是更重。因此，它只能用于大型航天器，例如空间站。总的来说，它们很少被使用
放射性同位素热发电机（RTG）	热能从放射性同位素中辐射出来并转换为电能。RTG广泛用于离开太阳系的长航程航天器，这时太阳能太弱而无法使用。每个RTG都是圆柱形的，一般长1m，直径30cm（图11.11），质量为40kg，产生约200W有效电能。可以很快计算出每千克产生的能量约5W。因此如果需要大量的能量用于载荷，则可以计算出提供这些能量的电源质量。当然也有一些环保方面的意见，认为如果出现发射事故，辐射的危害将会很大
核反应堆	这是缩小版本的核电站反应堆。它们仅仅用于需要产生大量电能的情况——例如需要产生上千千瓦电能的时候，这种情况一般仅仅出现在军用空间系统中，例如太空雷达

不幸的是，这里需要考虑很多影响太阳能电池效率的因素。例如，为了使电池效率达到最大化，太阳能电池阵列需要正对着太阳光，从而让太阳光能够垂直照在太阳能电池阵上，以便获得最多的太阳能。这就需要利用航天器姿态控制子系统准确调节太阳能电池阵的指向，但通常会存在5°左右的误差，而存在的误差会降低电池的效率。另一个因素是温度影响。电池阵处在太阳下时会获得热量，通常温度高达50℃（在地球轨道），但是温度越高，电池的效率就越低。例如，当硅电池的温度升高25℃时，它就会丢失10%的电性能。第三个应当考虑的因素是硅材料的太阳能帆板不能完全展开。由于每一块帆板都是由很多更小的硅光电池组成，它们之间需要电连接，这对太阳能帆板的展开会产生一定的影响。最后一个破坏电池阵的因素是粒子辐射。在地球同步轨道运行十年后，太阳能电池的电输出相比于一开始的性能会减少大概30%左右。

以上提到的因素会随着具体的航天器任务和轨道而变化，但是，在地球轨道上，一个有用的经验法则是,航天器上每平方米的硅电池预计能产生约100W的用电——足够可以点亮一只老式的室内电灯泡。许多现代航天器,尤其是通信卫星,需要约10kW的电量,这就意味着需要安装大面积的太阳能电池帆板。而安装如此多的太阳能电池阵显然会对整个航天器的配置产生严重影响。

以上的讨论针对的的是距离太阳1天文单位的地球轨道航天器。正如大家所知,距离太阳1个天文单位接收到的太阳光强度约为$1.4kW/m^2$,但是这个强度会按照距离太阳远近的平方反比而下降。打个比方,如果空间任务是把人们带到土星上,与太阳相距10天文单位,那么太阳能流量大约为1400W,平均分成100份,那么约为$14W/m^2$。由于将太阳能转化成电能的过程中,存在很多因素影响转化效率,因此在这种情况下利用太阳能电池产生电能就不太可可行了。

那么,到底距离太阳多远,可以继续使用太阳能电池阵为航天器提供电能呢?这个问题很难回答,但是人们认为最远距离应该在5天文单位左右(也就是木星到太阳的距离)。迅速计算得到5天文单位的太阳能强度大概意味着将1400kW平均分成25份,约$56kW/m^2$考虑电池阵的转化效率,大概每平方米可以转化成6W的电能,这个结果听起来可能还是有些危险。但是,其中的可取之处在于电池阵的温度,当航天器在木星轨道上时电池阵的外部温度小于100℃。正如本书前面提到的,温度升高时,太阳能电池阵的转化效率会变低,那么反过来,当温度降低时,太阳能电池阵的工作效率也会有所提高。因此,最终太阳能电池阵可以提供足够的电能支持航天器在木星轨道上运转。

3. 放射性同位素热电源(RTG)

当航天器距离太阳非常遥远时,如何解决供电问题呢?为此,科学家们使用了放射性同位素热电源系统。该电源系统已经被用于许多航天器上(如"旅行者"号、"尤利西斯"号等),它们在太阳系中都处在一个非常遥远的位置,在木星轨道之外。这种方式的原理是航天器以放射物的形式携带它们所需要的能源。当放射源加热一种材料,能量通过热电效应转化成电。这是由托马斯·塞贝克于1821年发明的。图11.10阐述了一个简单的热电偶:两根分别由不同金属材料A和B制成的线组成电路,利用仪表测量电流。如果两种金属的交会点——节点1的温度较高,节点2温度较低,则回路中就产生了电流。虽然RTG是一个比较复杂的设备,但是它的工作原理是一样的。本质上来讲,由于放射性物质的热源和温度较低的太空,它们之间存在温度差,RTG就是利用这种温度差为航天器产生电能。图11.11是应用这种发动机的航天器的示意图。

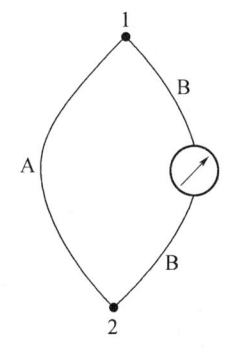

图11.10 一个简单热电偶电路(材料A的1点热,2点冷,则在线路B中就会产生电流)

图 11.11 放射性同位素热发电机曾应用于 ulysses 航天器中

但是,使用 RTG 也存在一些缺点,其中有些缺点前面已经有所提及。由于 RTG 中包含放射性元素钚,会产生放射性有害物质,安全问题值得担忧。辐射也会影响航天器上的电力系统,因此,RTG 要放置在远离辐射敏感器件的位置。RTG 会发热并产生超过普通电源 10 倍以上的热量。就一个典型装置而言,航天器上安装的每个 RTG 会产生约 2kW 的热,这会给航天器的热控系统带来问题。同时,在发射期间,当航天器被限制在发射器整流罩中一个狭小的空间时也会存在问题。

4. 典型的电源运行

尽管电源系统式样繁多,但是大部分航天器上使用的是太阳能电池阵和电池的组合,尤其是地球近地轨道卫星。其中最大的特点在于航天器的电力载荷与太阳能电池阵相连,这就意味着当航天器位于轨道有光照的一侧时,载荷由太阳能电池阵供电。但是仍然存在一个问题,当太阳能电池阵指向太阳的面积一定时,就会产生一定量的电源。但是航天器的负载不断变化,例如,载荷装置在不同的时间里会重复启动/关闭,子系统元件,如轮子或通信设备,只有在需要的情况下才运行。因此,一方面,太阳能电池阵的输出是固定不变的,但是另一方面,需要提供给电力载荷的设备是不断变化的。为了解决这个问题,太阳能电池阵上安装了太阳能电池阵调节器。这个设备结构简单,可以将多余的电源以热量的形式消耗尽。而在另一边,有一个由星载计算机控制的复杂装置,不断地变换太阳能电池阵的姿态,以确保电池阵的输出能够在任何时间满足负载。

同时,电池系统也连接在太阳能电池阵中,当航天器位于太阳光下时,可以对电池进行充电。此时,它就是航天器电力负载的其中一个元件。当航天器进入阴影区域时,电池中存储的电能可以提供给有效载荷和子系统。充电和放电过程需要进行小心的控制,以确保电池的寿命可以支撑到整个任务结束。影响电池寿命的主要因素是充放电的次数和每次释放的电量。对于典型的地球轨道航天器,每绕轨道运行一周,就会进行一次充放电的过程。因此,对于低地球轨道航天器,每年会有 5000 次的反复充放电的过程。为确保电池不会过早地失效,充放电控制器是必不可少的元件。如果再想想汽车上的电池,并没有以任何方式控制电池的充放电过程,但事实上司机担任了这个角色。因此,不像航天器中的电池系统能够在精心地控制下维持 10~15 年的寿命,汽车上的电池可能会在最不合时宜的时候突然失效。

11.7 通信子系统

通信子系统的主要功能是提供与地面的通信链路,下行传输有效载荷的数据和遥测数据,上行传输命令控制航天器,在航天器与地面之间实现双向通信。轨道上的任何活动,比如测量空间环境或拍摄银河系,都需要与地面进行数据通信,所以,这个系统非常有意义。

1. 通信频率

卫星通信信息是以电磁波的形式存在的,因此,航天器的通信速度等于光速,大约为300000km/s,低地球轨道航天器的通信非常迅速。但是,对于高轨道地球航天器,它的轨道高度约为38000km,电磁波在轨道与航天器之间的通信时间大约为0.1s。也许时间看起来并不长,不过再好好想想,如果我在英国给美国的朋友打电话,这个过程要经历4次这样的通信过程。首先,我的声音要传播到卫星上,然后再下传到位于美国的地面站。我的朋友以同样的方式回复我,这个过程要花费0.5s的时间。如果我给澳大利亚的朋友打电话,可能传播过程中要途经不止一个卫星,这个过程就需要花费很长的时间,从而严重影响通话的连贯性。所以,对于太阳系内的航天器,它与地球之间的距离非常遥远,如果选择这种双向通信的方式,那么对于位于土星上的航天器,单程通信一次就要花费1.5h的时间。

卫星通信的电磁波波长为2~30cm,属于电磁波谱中的微波部分。这类电磁波还可以用于微波炉加热,微波炉在工作的时候通常会释放出波长大约为12cm的电磁波。地面站上通信抛物型天线上的微波束通常聚集在天线轴上,并向上指向天空,因此不需要担心它的辐射危害。

当说到通信时,经常涉及到的一个单位名词是"赫兹",而不是波长。总体来说,短波的辐射频率较高,长波的辐射频率较低。这就好比调频广播电台。当调到某个电台时,刻度盘上会显示100MHz,其中M表示单位兆,相当于一百万,Hz表示单位赫兹,等于一秒钟电磁波的振动次数,以此纪念德国物理学家海因里希·赫兹,他对电磁波的发展做出了很大的贡献。

卫星通信的频率通常较高,因此波长较短。通信频率一般在1~15GHz,其中G表示千兆,相当于10亿,对应的波长为30~2cm。为什么选择特定的频率呢?这是由大气的物理特性决定的。对于与航天器通信的地面站,电磁波必须要穿过地球大气层,但是,当频率小于1GHz时,辐射能量会被带电粒子(比如电离层的电子)耗散殆尽。电离层位于地球的大气层中,高度超过80km,在这个区域中,氧分子、氮分子等经过太阳紫外线辐射,剥除了各自的电子。当频率超过15GHz时,低空中的水蒸汽分子和氧分子会吸收辐射。因此,选择频率为1~15GHz的电磁波最适合于地面站与航天器通信。

2. 数字通信

卫星通信的另一个特点是数字通信。所有的有效通信信息都被转化成数字0和1(二进制)。这种二进制语言也用在计算机操作系统中。最近几年,数码技术被用于电视机、收音机、电子相册、音乐等各个方面,这种技术的优势在于它能保证音乐或者图像的质量,因为它可以将数字信号与其他的干扰信号轻易地辨别开来。

3. 卫星电话通信

为了描述卫星通信的工作过程,需要先了解如何利用地球同步轨道通信卫星进行洲际通话。1875年,贝尔发明第一部电话时,电话接收器是一个模拟装置,过程中使用的物理量不断变化,如电流,并没有用到二进制数字0和1。

事实上,许多年前打电话是一个模拟过程。两个用户要进行通信,最简单的形式就是将两部电话机用一对线路连接起来。当发话者拿起电话机对着送话器讲话时,声带的振动激励空气振动,形成声波。声波作用于送话器上,使之产生电流,称为话音电流。话音电流沿着线路传送到对方电话机的受话器内。而受话器作用与送话器刚好相反,把电流转化为声波,通过空气传至人的耳朵中。这样,就完成了最简单的通话过程。

因为卫星通信是一个数字过程,模拟信号(话音电流)需要被转化成一串由0和1组成的数字信号。将模拟信号转化成数字信号的过程称为数字编码。表11.8说明了如何将前8位数字(包括0)写成二进制数。再如$8=2^3$,那么相应二进制数就是1000。

表11.8 前8个十进制数(包括0)在二进制中表示三个0和一个1组成的串

十进制数	二进制数		
	2^0 1	2^1 2	2^2 4
0	0	0	0
1	1	0	0
2	0	1	0
3	1	1	0
4	0	0	1
5	1	0	1
6	0	1	1
7	1	1	1

如表11.8所列,二进制中每一位数代表了2的幂,例如,对于一个十进制数5可以写成二进制的形式101,因为$5=(1\times2^0)+(0\times2^1)+(1\times2^2)$。同样地,十进制数6对应的二进制数为011,因为$6=(0\times2^0)+(1\times2^1)+(1\times2^2)$。这种二进制语言的方式一直广泛地用于计算机操作系统中。

那么如何将快速变化的话音电流转化成由0和1组成的字符串传递给卫星呢?为了更清晰地加以说明,这里将其中一小部分模拟信号放大。在某一时刻,话音电流在点1的值为I_1,它可以被转化成八位二进制数。每隔一个采样时间,测量得到话音电流值I_2,同样被转化为八位二进制数。这个过程一直持续,将语音电流转化成一长串由0和1组成的二进制数。通常每秒采样8000次(即采样间隔时间为0.000125s)。采样间隔时间足够短是为了保证原声的质量。利用这个方法,一部数字电话的声音数据率约为64000b/s,即64kb/s,其中k代表千,等于1000。熟悉计算机的读者应该对数据率这一概念很熟悉,如常常会说到宽带带宽5M,其中5M就是指5Mb/s。

将声音传输给卫星的过程还需要将代表声音的数字位流加载到电磁波上,以便可以通过地面天线传播到航天器上,这个过程称为调制。调制就是指将包含信号的数字位流上传到载波上,向卫星进行传播。载波的工作就是将信息从地面站运送到航天器上。最初,载波就是一种单一频率的电磁波,数据位流需要由载波携带,可以通过3种方式实现。第一种方式是调幅,由于波的振幅随着数据位流上数值的改变而改变,当二进制数为0时,振幅为0,当二进制数为1时,振幅为1。第二种方式是调频。当二进制数为0时,波的频率低,反之,波的频率高。第三种方式是相位调节。当数据位流上的数由0变为1时,或者反过来由1变成0,载波的相位就要变化180°。在数字空间通信中,这是最为常见的调制方式。

当目的地的地面站接收到载波时,以上的过程需要反过来执行一次,以便电话另一边的人可以听到说话的内容。这时,需要对载波进行调制解调,得到数据位流。因此,还需要用到模拟信号向话音电流转化的设备,对数据位流进行解码。这个过程看似复杂,但实际上人们每天都会接触到。

每一时刻会发生成千上万个电话交谈,它们都共用同一条通信链路。为了防止电话之间发生干扰,每个电话都拥有不同频率的载波。所以,地面站传播的载波的范围通常为$6 \sim 6.5 \text{GHz}$。卫星接收到信号后,首先对其进行行放大,改变载波频率为$4 \sim 4.5 \text{GHz}$,并重新传送给目的地地面站。由于上行过程会使信号强度减弱(均为10^{-8}W),因此放大过程是非常重要的。因为在上行和下行的过程中通常使用同一根天线,为了防止扰频,所以需要改变频率。

4. 通信子系统

到目前为止,本书所讨论的还只是电话通信,但是空间中的通信远不止这些。例如,星际航行航天器或者对地观测卫星拍摄的图像通常需要空间通信链路进行传输,这仍然是一个数字化的通信过程。航天器使用的都是数字相机,因此相片也都是数字化的,因此需要使用上面提到的方法将相同格式的图像下传到地面上的计算机桌面上。

航天器通信系统的设计取决于地面通信系统对航天器任务的要求。图11.12显示了一个典型的航天器地面通信基站,该基站由地球同步卫星使用。通信系统在工程中设计的主要工作是确定航天器天线的尺寸以及发射功率,其目的是保证通信质量。通信系统的整体物理特性(包括航天器和地面站)设计是设计过程中的主要工作,这些工作包括测定天地通信距离,使用的通信频率,地面站的功率以及信号的大气耗散强度。

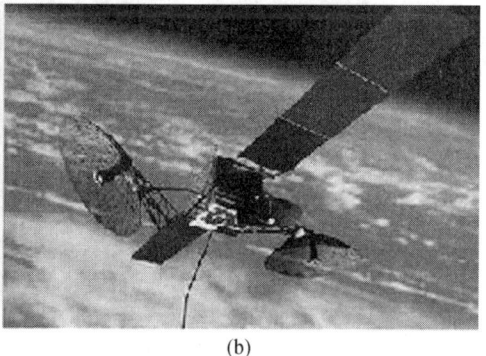

(a)   (b)

图11.12 航天器和地面通信天线

航天器通信系统最重要的两个特性是发射功率和增益。在使用手机的时候,人们对通信系统的发射功率有一个模糊的概念,手机上有指示信号强弱的小图标,如果信号存在则表明附近有足以覆盖该点的通信基站,该基站可以提供发送和接受信号的服务。距离基站越远,信号越弱,这时其他覆盖该点的基站就会提供通信服务。与上面的概念类似,衡量航天器通信质量的因素是其通信系统的发射功率。然而,仅有发射功率的支持是不够的,如果通信天线(通常是锅盖形的)拥有足够高的增益,那么航天器的通信效率就会大大提高。一般来说,"锅盖"越大,增益越高,"锅盖"越小,增益越小。可以用手电筒灯泡来理解增益的概念。就产生的光而言,手电筒产生的功率是很小的,比一个标准的探照灯泡的功率小得多。如果把灯泡从电筒里取出来,直接接上电池,它产生的光照不足以照亮一个黑屋子。如果将灯泡装在电筒上,电筒的反光壁就像天线的锅盖一样,产生的光柱如果目视则足以让人产生眩晕。电筒的反光壁能产生一定的增益,这能有效增加电筒轴向的辐射增益。

这与航天器的锅盖天线非常类似,航天器产生的微波被锅盖集中并发射给地面上的接收"锅盖"。这能有效增加地面接收天线的接收功率,为了达到好的通信连接质量所需的接收功率,航天器的设计者们有一个选择:他们可以选择使用大功率小增益天线或者使用小功率大增益天线。这种功率增益交换问题是通信系统设计中的主要问题。这种设计影响到航天器本身的设计,对于深空探测的航天器来说尤其重要。例如,"卡西尼"号探测器和"惠更斯"号探测器以及"新视野"号探测器(图11.13),他们看上去更像一个飞行的"锅盖"。在远离太阳的深空,产生大量的电能是非常困难的,因此,通信系统一般拥有很低的发射功率,但是天线的增益非常非常高,这样才能使信号跨越遥远的宇宙空间到达地球。

图11.13 艺术家现象的"新视野号"探测器

11.8 星上数据管理系统

星上数据管理系统(OBDH)的主要功能在于为载荷和其他数据提供存储和处理的能力,同时允许子系统之间进行数据交换。由上面的简单描述可知,该子系统主要由计算机、外围设备和软件组成。OBDH子系统分布在航天器的各个部分上,它保证航天器各个子系统正常运转,也保证系统之间的数据通信正常。尽管OBDH系统是一个虚拟系统,它主要由计算机处理器和计算机程序组成,但对于地面操作员来说,它也许是最实实在在的一个系统。地面站和航天器的通信交互有两个方向:上行,主要是指令;下行,主要是载荷数据和遥测数据。

1. 指令功能

地面操作员通过上行链路给航天器发出动作指令。指令通过接收,翻译,最终分发给OBDH系统。指令任务也许会很简单,例如,打开加热电池的开关,也许会是一个很复杂的工作,例如,将空间观测站重新指向空间中的一个点,或者命令一个地球观测卫星生成一幅地球特定区域的图像。这种命令功能很重要,它使得地面操作人员可以控制航天器的动作。但是,这种指令的执行方式应当是可靠的,举例来说,上传的指令应该是有效地,这保证了该指令的正确接收。之后,OBDH系统需要确认上传指令被正确加载。这通常由遥测工作完成。这些东西听起来很简单,但是一些非常昂贵的航天器就是因为一些简单的错误指令或者执行了未经确认的指令而永远丢失了。

2. 载荷数据和遥测功能

OBDH最主要的作用就是保证载荷产生的数据正确传输到通信系统中,并被成功下传到地面。有时候,这些数据需要经过OBDH计算机的处理,这些处理包括存储、误差检测和修正以及数据对比。对于一些航天器而言,例如需要处理图像的通信卫星,载荷生成的数据量是非常大的。对于低轨航天器而言,有时候在生成载荷数据的时候,地面站还不在通信范围中,这时候生成的数据需要被临时存储起来,等到地面站出现在通信范围中的时候再下传数据。这些存储设备是OBDH系统的一部分,以前,最常用的存储设备是磁带。目前,计算机中使用的固态存储介质也开始在卫星中使用以替代磁带。这些介质提供了大量的数据存储空间,这些空间大致有几百吉字节,但是它们容易由于辐射而产生错误,为了最小化这种数据错误的影响,错误检测和修正程序会连续地扫描存储介质,这些程序也是OBDH系统的一部分。在某些情况下,载荷所产生的数据量非常之大,以至于下行链路无法承载,因此数据需要使用OBDH软件进行压缩处理。原始数据不会因为压缩(缩小体积)而造成数据损伤。压缩的基本原理在于抹掉冗余的数据或者重复的内容,去掉不需要的信息或者降低数字图像的分辨率。

OBDH系统的另一项主要工作是进行遥测,这在第7章中进行了简要的讨论。航天器上分布着各种各样的传感器,这些传感器监测这航天器的健康状况以及星载设备的工作状态。它们监测电子设备的温度、燃料箱的压力、电源的电压和电流等。设备的运行状态,例如,当前是打开还是关闭,也由传感器进行监测的。这些积累的数据会被转换成数据流,并以几kb/s的速度下传到地面,并由操作间的计算机显示器显示出来。使用这套系统,航天器上出现的问题将会被快速地发现并修正。

11.9 热控系统

对于在轨工作的航天器而言,热控系统的质量所占的比重是很小的,但是其在航天器上的覆盖面却是非常大的,如图11.14所示为第五代地球观测卫星(Spot 5)发射前的场景。它看起来像一个被金箔或者银箔包裹起来的巧克力盒子,这个"箔"就是多层绝热瓦。这种"箔"还有其他特性,例如,像镜子一样的表面和漆白的表面,这些都是一个典型的热控系统设计的特征。下面来介绍一下为什么热控系统是这样的。

图 11.14　第五代地球观测卫星(Spot 5)(热控系统决定航天器的外观)

通过表 11.1 可知,热控系统的主要任务是为航天器提供一个合适的热环境,来保证载荷和其他系统正常可靠的工作。

1. 装备可靠性

普通的航天器都配有电子和机械设备用于完成太空任务。大多数装备,尤其是电子装备,都是由民用装备和工业装备开发而来,这些装备设计时主要考虑在地面的使用。换句话说,这些装备继承了地面装备的技术,它们在常温下可以工作地很好。热控系统的一个主要设计目的是为航天器上各种装备提供近似于地面温度的热环境。这和家电类似,例如,如果将电视放进冰箱或者烤箱,那么它们的寿命就会大大缩减。类似地,对于大多数航天器的部件和设备而言,它们需要工作在温度允许范围内以保证正常工作。表 11.9 指明了一些航天器装备工作的适宜温度近似值,这是热控工程的设计人员在设计热控系统的时候需要考虑的(室温的定义实际上是很宽泛的)。

表 11.9　设备运行的适宜温度范围

组件	适宜温度范围/℃
电池	0~25
推进器	10~50
电气设备	−5~40
机械设备	0~45

2. 载荷需求

正如在之前提到的那样,一些特定的载荷需要在严格的温度范围内才能正常工作,这关系到热控系统的设计问题(图 11.1)。为了说明这点,使用一个拥有大型图像设备的航天器作为例子,如对地观测卫星或者太空望远镜。这两种航天器的成像设备都由大量的镜面和镜头组成,它们在工作时捕捉太空中微弱的光线并在数字相机中成像。为了对焦,镜头、镜面和探测器需要相互保持合适的距离。为了达到这个目的,这些光学组件被安装在固定的结构上,通常称之为光学平台。这个结构需要非常稳定,以保证在经过航天器发射过程的巨大冲击之后仍然使光学系统能正常工作。但是其另一个重要的特征就是热控设计。在轨道上,航天器暴露在极端温度下,如果没有热控系统的保护,光学平台将会随着温度变化而产生形变。对于成像质量来说,光学组件之间的小的相对运动的破坏力是巨大的。所以,热控系统的工作在于使载荷与极端温度隔离开来,以此保证它的正常工作。对于大的太空望远镜来说,例如"哈勃"空间望远镜(表11.5),这项工作是极具挑战性的。

3. 轨道热环境

为了保证航天器和其组件的温度保持在要求的范围内,热控设计工程需要考虑加热和冷却航天器的物理因素。工程师们在设计的时候努力保持冷热的平衡,这样航天器就不会过热或者过冷。如果将注意力放在地球轨道的航天器上,那么可以总结出怎样加热航天器(加热的因素)和冷却航天器(冷却的因素)的热环境规律。

4. 热量输入

加热航天器的机械因素如图11.15所示。主要的加热因素来源于太阳热辐射,即太阳电磁辐射。太阳热辐射的热功率约为$1.4kW/m^2$,此外,航天器还会吸收地球表面反射回来的太阳热辐射。大约1/3照射到地球上的太阳辐射会被地球反射回太空,反射地点大多数位于云层和海洋。这被称为地球辐射反照率,也会加热航天器。另外一个被称为地球热辐射的热源是地球产生的红外线,因为地球本身也是一个产热体。有的时候,人们能感受到热辐射,例如,当人们坐在燃烧的火炉旁边的时候,人们能感受到热量辐射到人们的脸上。然而,这样产生的热辐射依赖于热源的温度。当热源的温度高于热力学零度(0K)的时候,上面的情形就会发生。在摄氏温度中,热力学零度是-273℃,这样说是因为这是物理世界能达到的最低温度。在-273℃,所有与的物理过程都将停止。

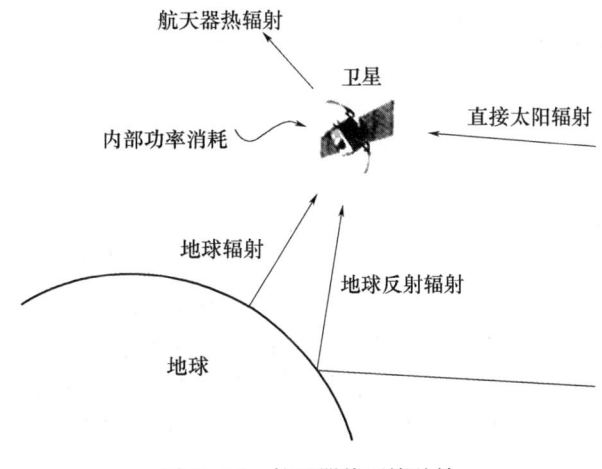

图11.15 航天器热环境总结

像地球,人体等物体产生热辐射是因为它们的温度高于0K。地球的温度大约是20℃(平均),它产生的热辐射场会轻微加热航天器。地球热效应和地球反射效应都给航天器提供了热量输入,这种热量输入随着轨道高度的增加而以二次方的速度降低。最终,给予航天器系统加热的最主要因素不是外部热源,而是内部热源,称其为内部能量耗散。通常,航天器由电子和电器设备包裹,电子电器设备的电能利用并不是特别有效率,约有10%~50%的电量以热能的形式释放出来。这不仅仅是航天器的设备特征,地面设备也是这样。举例来说,打开一台电视机,几个小时后,当将手放在电视机后面的散热孔处,会感觉到电视机所使用的电能不仅用于产生声音和图像,还用于产生热量。内部产生的耗散热是航天器内部加热的一个主要热源。

5. 热量输出

除非有一些排热的方法,否则航天器将会越来越热,表11.9所列的温度允许范围终将会被超越。然而,作为一个产热体,航天器本身也会产生热辐射,辐射强度将会随着航天器温度的增加而增加。这种航天器热辐射输出是航天器降温唯一的有效的手段。

6. 热平衡

通过上面对热环境的讨论,可以知道,在某个特定的温度下,热量输出和热量输入会达到平衡,这时航天器的温度就会接近稳定,称这个稳定的温度为平衡温度。热控设计的主要工作就是使得航天器达到热平衡的时候,平衡温度在室温左右。如果能达到这个目的,那么航天器携带的设备就可以稳定地以设计寿命工作。

7. 热控设计

热控工程如何达到这个目标呢?首先,需要讨论材料的热特征,那就是为什么有的材料在太阳照射下会变得非常热,而有的材料则会保持冷却。如果你在夏天温度很高的一天赤脚在海滩上走,那些沙子和沥青就非常热并且会灼伤你的脚,而走在另一些材料上,例如木头,就会觉得很舒服。

某人曾经是一个航天器热控设计工程师,他有一个邻居拥有一个巨大的摩托艇。这个邻居一直有一个很困扰问题:摩托艇的甲板是不锈钢材料的,当在太阳下暴晒一段时间以后,甲板的温度会高得让人不能忍受。这个朋友做了一个简单的计算,并估计出不锈钢甲板的最高温度几乎能达到100℃。解决这个问题其实很简单,工程师建议将艇容易晒太阳的部分表面漆成白色。这是由于,白色漆面不利于吸收太阳热量,但是利于释放热量。结果,甲板表面的温度降到了室温,摩托艇的主人非常高兴。显然,游艇制造商可以从航天工程师那学到一些东西。

航天器的一些表面有利于吸收太阳产生的热量,但是不利于散热。例如,铝制的表面非常有利于吸收热量但是非常不利于耗散热量。暴露在太阳辐射下的地球轨道航天器的铝制表面温度可以达到300~400℃。另一方面,一些表面又不利于吸收热量,但是利于耗散热量,例如漆白的表面,这样的表面在太阳直接照射下都能保持冷却。如果在铝制表面的外面覆盖一层漆白的绝热层,那这个表面的温度将会降至20℃左右。很明显,精确地数据取决于航天器所在的轨道,因为这决定了航天器处于日照状态的时间和航天器处于地球阴影的时间。这些称为表面材料热属性的特征被热控系统用来调节热量输入和输出的平衡,使得平衡温度对航天器而言能保持在室温。这也是为什么航天器能如所见的那样工作,因为有各种各样的材料被用来保持热平衡。

如图11.13所示,可以看到一个漆白的通信锅盖来保证它在面对太阳的时候保持低温。然而,这种情形下的热控设计的主要特征还是大量使用绝热毯来将航天器和太阳辐射隔离开来。这就使得航天器表面看起来像是被金箔或者银箔包裹着一样。绝热毯,有时被称为多层绝热材料(MLI),是由多层薄塑料膜以及铝丝膜或者银丝膜或者金丝膜组成的。每一层独立的膜都类似于在终点递给马拉松运动员的毛巾来保持体温一样。MLI材料的每一层都和下一层保持独立,中间由尼龙纱隔开,这样绝热毯的隔热效应就能最大化。

然而,如果将航天器用多层绝热材料完全包裹住,那么电气设备产生的热量就很难耗散掉,那么航天器内部就会变得非常热。所以,图11.14中所示部分的MLI材料被剪掉了,这里用一种表面覆盖材料,这有利于反射阳光,耗散热量,而不利于吸收热量。结果是,这个部分会一直保持冷却,甚至直射阳光的时候也是一样,并且这一部分有利于内部热量的耗散。通常,产热最多的电子设备被安装在这些散热器的内表面来保证它们温度不会太高。

与航天工程的很多方面类似,这样的布局来自于大自然给予人类的启发,例如,热控系统的布局就和北极熊管理自身热量的结构非常类似。与一个航天器类似,一头北极熊需要在恶劣的低温环境中生存(图11.16)。为了在寒冷的极地区域保持体温,它需要很好地利用它毛皮大衣的绝热性能。另一方面,它也确实需要一些有效的散热表面来保证身体在进行运动或者夏天来临的时候不会过热。因此,它同样拥有散热面,例如,它脚上的掌垫,它闪亮的鼻子以及它的舌头,这些部分能将身体内的热量耗散掉。同航天器类似,在环境变冷的时候,它需要足够好的绝热措施来保持热量,而在环境变热的时候,需要足够多的散热面积来给自己降温。

图11.16 热控系统的启示——北极熊

11.10 结构子系统

航天器结构系统的功能是为航天器提供一个刚性的内部空间框架,这些空间可以用来装载各种各样的载荷和各种子系统构件。通过表11.1可知,这种框架的功能在于为所有的载荷和子系统硬件提供结构上的支持,这种支持需要适应各种环境(尤其是发射时候的严苛环境)。这里,最重要的就是"适应各种环境"。当在工程中进行一个新的航天器的结构子系统设计的时候,首先要考察航天器面临的最恶劣的工作环境——发射阶段

251

的工作环境。这种恶劣的工作环境包含大的加速度、强振动、冲击作用和噪音。发射机构为航天器入轨过程中的所有这些方面的问题提供了细致的信息,结构设计的主要工作就在于保证航天器从发射到入轨过程中的安全。

1. 设计需求

结构子系统需要考虑的如下重要因素,其中许多方面都和发射过程的需求相关。

(1) 减小航天器的质量。尽管结构强度对航天器来说很重要,但是设计人员仍然会千方百计降低航天器本身的质量。正如前面所述的那样,航天器的发射成本会随着质量的增加而陡增,因此,限制航天器本身的总质量是航天器设计中最重要的问题。

(2) 结构的刚性和强度。结构强度和刚性必须要足够抵抗发射和在轨的各种恶劣环境的冲击,否则一些对指向精度要求较高的设备,如相机和望远镜,或者通信天线等就会无法正常工作。

(3) 环境保护。航天器的结构需要为设备提供一个比较合适的工作环境,这就需要隔离一些外界环境的不利因素影响,这些因素包括太空辐射、空间碎片和微流星的撞击。

(4) 运载工具接口。航天器和运载工具的连接接口也影响着航天器的整体设计。连接接口需要保证航天器和运载工具连接稳固,并且可以安全可靠地将航天器释放入轨。接口的位置也影响着载荷在航天器中的分布设计。

2. 材料

哪种材料能够既满足结构强度的要求,同时也能满足小质量的要求呢? 最常用在航天器结构上的材料是铝蜂窝板。它是用一片类似蜂巢结构的铝制薄片,在上下表面覆盖上铝制表皮而组成,结构如图 11.17 所示。这种蜂窝结构类似于蜜蜂的蜂巢,只不过是铝材料制成的。

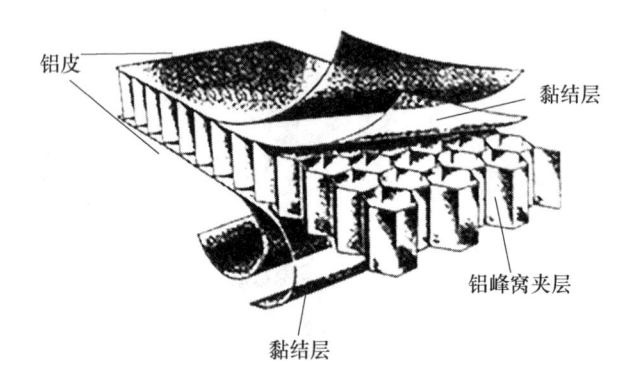

图 11.17 铝制蜂窝板的机构

一片这样的蜂窝板看上去很脆弱也很柔软,甚至用镊子就能将其破坏。然而,一旦将铝皮粘在蜂窝板的两个表面,让其成为一个蜂窝板"三明治",那这个蜂窝板就会又轻又坚硬,为航天器的机构提供理想的材料。

这种材料的应用实例如图 11.18 所示,它描述了一颗通信卫星中央类似于盒子的基本结构。其中心的喷气锥是航天器的主推进系统,也是和运载工具的接口位置所在。这个部位在发射至入轨的过程中承载了最多的载荷。

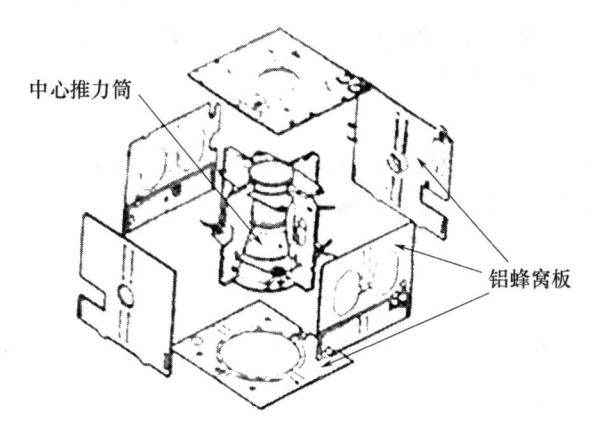

图 11.18 航天器结构系统示意图

图 11.19 是一个航天器各个子系统的分解图,这些子系统都是本书讨论过的,这幅图为本章所讨论内容提供了一个简明的总结。另外还有姿态控制系统、电源子系统、推进子系统、热控系统。

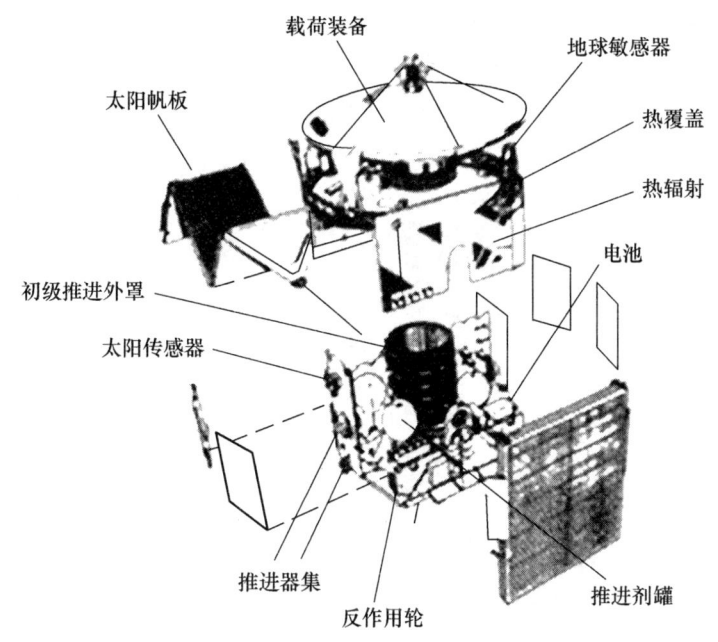

图 11.19 航天器各个子系统的分解图(本例是一个通信卫星,因此其载荷为通信子系统)

思 考 题

1. 在设计航天器时都有哪些步骤?
2. 简述航天器子系统的分类和功能。
3. 简述航天器设计的过程。
4. 航天器推进系统的作用是什么?
5. 航天器推进系统有几类?分别是什么?它们有什么区别?

6. 航天器上使用的主电源有哪些类型？简述它们的用途和原理。
7. 通信子系统的任务是什么？
8. 星上数据管理系统由哪几部分组成？
9. 航天器上各设备运行的适宜温度是多少？航天器的主要热量来源是什么？
10. 在设计结构子系统时需要考虑哪些因素？

第 12 章　航天器姿态控制

在这一章中讨论航天器控制系统,航天器控制系统有两个任务,一个是轨道控制,另一个是姿态控制。本章主要讨论航天器姿态控制系统(Attitude Control System,ACS),它是航天器各个子系统中最复杂子系统,也是对航天器外形起最决定性作用的子系统。

12.1　ACS 的主要任务及功能

ACS 的主要任务是控制航天器的指向。由于大部分在轨运行的航天器都需要有一个稳定的指向。

(1) 一颗通信卫星必须将星载天线指向地面的接收机。

(2) 一颗对地观测卫星,需要将它携带的相机指向地面。

(3) 一颗天文卫星,需要将它携带的望远镜指向空间一个特定星体。

所以,ACS 的主要功能是确定指向和控制指向,或者说姿态确定和姿态控制(通俗来讲就是控制航天器的旋转,如图 12.1 所示)。

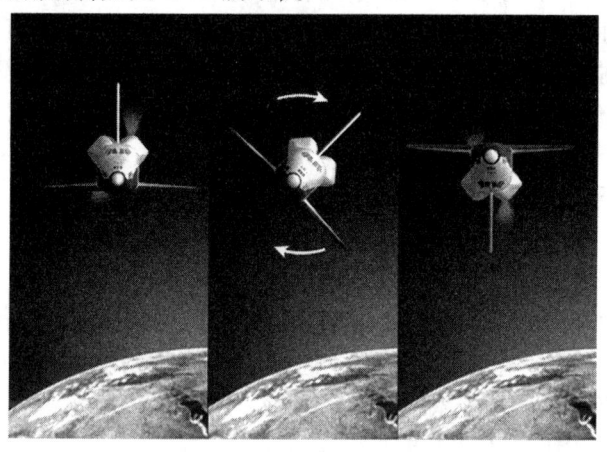

图 12.1　航天器的姿态控制过程示意图

在前面章节中,对轨道方面进行了很多讨论,主要关注于航天器的重心怎样绕轨道运动。在本章里,关于 ACS 的讨论,不再关注航天器绕轨道运行的动作细节,而是关注航天器绕自身重心的旋转问题,如图 12.1 所示。可以想象在航天器运行的轨道上,就在航天器几米之外观察其响应指令后做自转运动来调整姿态,指向载荷仪器。

"姿态"这个词语描述了航天器在旋转状态中位置的信息和形态的改变。什么导致了航天器的旋转(或者停止旋转)呢?在中学的课本里,可以知道力的作用会改变物体的运动轨道。类似地,在太空中,是力矩引起了航天器绕其重心的旋转。

在中学期间学习过力矩的概念,力矩是旋转力。就像修理仪器时,用力推扳手的尾部,通过扳手旋转从而拆卸仪器盖子上的螺钉。力矩的大小不仅与力的大小有关,也和扳手的长度有关。扳手越长,则力臂越大,力矩就越大,也就越省力。力矩的大小与力臂、力的大小成正比,以 N·m 为单位。关于这方面的理解,请读者对照图 12.2 进行领悟。

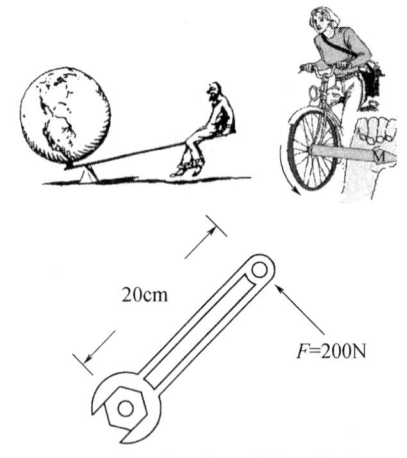

图 12.2 关于力矩的应用概念

ACS 的主要工作就是通过力矩控制器的机载设备提供力矩来指挥航天器的旋转,得以控制航天器的旋转状态。最显著的控制力矩的方式是推进器喷火来产生回转(图 12.1)。后面讨论航天器推进子系统时,再对推进器进行讨论。但是在本质上,它们都是小的火箭发动机(小到你一个手掌就可以拿住)每个发动机都产生几牛顿的推力(1N 大约是一个小苹果的质量)。它们被安装在航天器的周围,可以成对点火(图 12.1)来产生力矩,这样就可以让航天器旋转。其他控制力矩的方式稍后再做讨论。下面先对 ACS 的主要功能做以简要介绍,阐述设计 ACS 的几个因素。

1. 满足载荷要求的指向

就通讯卫星而言,它通常要求天线指向地面基站的精度精确到 0.1°,而一个太空天文台,如"哈勃"空间望远镜,需要指向观察目标的精度不低于 1 角秒。角秒又称弧秒,是量度角度的单位,即角分的 1/60,符号为"″"。在不会引起混淆时,可简称为秒。"角秒"二字只限用于描述角度,不能可以与其他以"秒"作单位的情况共同使用(如时间)。

2. 为了满足航天器其他子系统的指向要求

(1) 为了获得太阳能,太阳帆板必须指向太阳。
(2) 为了传输载荷的数据到地面,航天器必须指向地面站。
(3) 为了散热器有利于散热,热辐射面必须背向太阳,指向冷的一面。
(4) 为了变轨,在变轨前,火箭发动机必须指向一个正确的发射方向。

综上所述,管理航天器的旋转状态,就是管理航天器重心的力矩。

12.2 ACS 的工作原理

影响 ACS 设计的另一个方面是 ACS 如何工作来实现上述功能。图 12.3 给出了一个典型的 ACS 运行示意图,并介绍了包含 ACS 在内的主要硬件组件。从图 12.3 的顶部看起,力矩作用于航天器并使它旋转。力矩分为两种类型。第一种是通过使用 ACS 系统以控制卫星旋转的力矩,这些力矩是由控制力矩器产生的。第二种称为干扰力矩,这种力矩通过航天器与环境的相互作用产生。由于航天器在轨道上运行时,会受到轨道摄动力的影响,从而产生的等效旋转。例如,图 12.4 显示了一个干扰力矩是如何通过航天器与大气的相互作用产生的。尽管大气阻力随轨道高度增加而降低,但它同样可以产生一个扰动力矩,从而引起卫星的不必要旋转,这就需要 ACS 来进行校正。

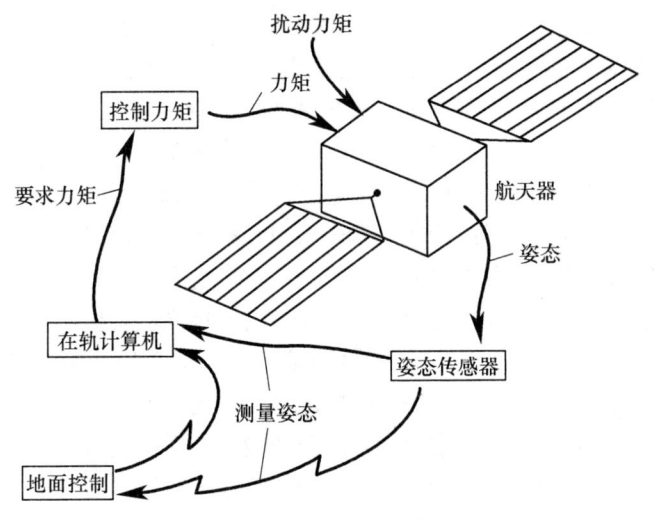

图 12.3 航天器姿态控制系统组成

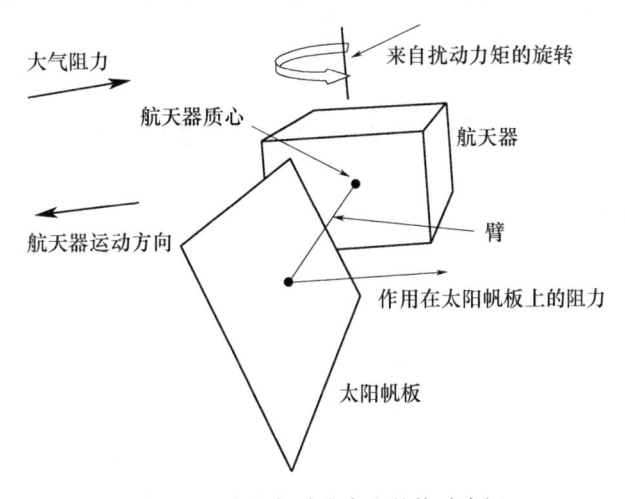

图 12.4 由空气动力产生的扰动力矩

扭矩力作用于航天器并引起它运动形态的改变,也就是说引起其旋转。在图 12.3 中,卫星旋转通过姿态敏感器来测量,这是 ACS 的硬件组件,通常利用光学传感器测量卫星的参考物体,如太阳、星星。要理解 ACS 是如何工作的,可以想象一个带有窗户的飞机。想象坐在夜晚航班的一个靠窗座位上,如果机舱灯关闭,就很容易看到外面的星星,如果此时飞机没有转动(旋转),星星看起来好像是固定在窗口中的。然而,一旦飞机开始转动,它们似乎划过窗口而移动。类似地,星载传感器通过感知参照对象的运动,如星星,就可以测量卫星的旋转。

卫星的姿态敏感器的测量值传递给星载计算机,它本身作为 ACS 的另一个硬件。测量数据通过控制软件进行处理,这种软件对卫星运行姿态的数学化处理极为擅长。将估算得到的飞行姿态与完成指定任务所需的飞行姿态进行比较。如果不同,计算机的控制软件将计算出纠正卫星姿态的所需力矩(图 12.3),然后输出指令,采用所需的力矩使卫星回归期望的飞行姿态。

例如,卫星的指定任务可能是将一个通信卫星的天线指向一个地面站,以方便洲际电话呼叫。如果该卫星受到干扰,天线指向地面站的方向将会产生偏移,但是这种偏移会由 ACS 的姿态敏感器测量到。然后计算机将处理这些测量数据,并控制卫星力矩装置来校正指向误差,从而保持通信正常。关于图 12.3 所示的 ACS 工作示意图,需要注意的一点是:它处于闭环工作状态,并且在大多数卫星上它将自动执行此操作,因此可以连续不断地持续测量、修正。这种闭环式操作被 ACS 工程师称为"反馈控制"。

在图 12.3 的底部可以看到在这个过程中,有一个地面干预程序。例如,操作空间望远镜,地面上的天文学家需要控制望远镜观测一个特定的星系。他们可以将该星系的位置信息输入电脑,然后此信息将传送至航天器并被星载计算机处理以产生相应的力矩要求,然后由力矩装置执行旋转航天器,将望远镜对准指定星空方向。ACS 的主要功能是帮助其他子系统的操作(例如将太阳能电池板指向太阳以帮助能源子系统完成它的工作)。相似地,观察图 12.3 所示的 ACS 典型运行图,我们可以看到,其他子系统也有助于 ACS 进行它的工作(如传感器、计算机和扭矩装置需要从电源子系统中获取电能进行工作)。因此,在设计过程中,ACS 的工程师得与许多其他子系统工程师一起工作,所以航天器设计是一个交互的设计过程。

12.3 姿态控制的技术手段

航天器的姿态控制方式很多,按照控制力矩来源分类,一般被动式、主动式、混合式等三种类型(图 12.5)。

图 12.5 航天器姿态稳定控制的案例
(a) 自旋稳定;(b) 双自旋稳定;(c) 混合稳定;(d) 轴稳定。

12.3.1 被动式

被动姿态控制系统是用自然环境力矩源或物理力矩源,如自旋、重力梯度、地磁场、太阳辐射力矩或气动力矩等,以及它们之间的组合来控制航天器的姿态。这种系统不需要能源,也不需要姿态敏感器和控制逻辑线路。被动控制系统的主要类型和应用叙述如下。

自旋稳定是被动控制中最简单的方法。它的原理是利用航天器绕自旋轴旋转所获得的陀螺定轴性,使航天器的自旋轴方向在惯性空间定向,但是它不具有控制自旋速度及再定向或使自旋轴进动的能力。总之,从理论上说,这种稳定系统在星箭分离后(起旋)就不需要另加控制,但是由于干扰将造成自旋轴的进动与动量矩矢量的漂移,如果不加以校正,则会造成定向精度下降从而不适用于长期任务。自旋稳定系统的进一步发展,是双自旋稳定系统,即用一个自旋体携带一个消旋体,使得自旋稳定航天器在应用上具有三轴稳定航天器的优点。

环境力矩稳定是另一类重要的航天器被动控制方式。气动力、重力梯度力、磁力和太阳辐射压力对航天器的影响,都是潜在的控制力矩源。选择适当的轨道高度,设计一定的结构形状,使得作为控制力矩的环境力矩的值远大于其余的环境力矩的值,则可组成相应的姿态稳定系统。根据环境力矩的性质可组成对地球定向的重力梯度稳定系统,对轨道速度定向的气动力稳定系统,对太阳定向的太阳辐射压力稳定系统,对地磁场定向的地磁稳定系统。

这类系统,由于控制力矩小、响应速度慢、精度低,且由于力矩的大小与方向由环境的固有规律所确定,因此不具有机动性。但是环境力矩是取之不尽用之不竭的控制力矩源,一旦发射成功,其工作寿命将是无限的。

12.3.2 主动式

航天器主动式姿态控制系统的控制力矩来自于航天器上的能源,它属于闭环控制系统。这类姿态控制系统主要有三种。

(1) 以飞轮执行机构为主的三轴姿态控制系统:它利用各种飞轮储存动量矩,通过动量交换实现航天器的姿态控制,所以也称为动量矩控制。

(2) 喷气三轴姿态控制:利用各种推力器(喷气执行机构)为执行机构,从航天器本体向外喷射质量,产生控制力矩。在本体坐标系三个轴方向上均安装推力器,就可以实现对航天器三个轴的姿态控制。

(3) 磁力矩器控制系统:它是根据载流线圈在地球磁场作用下产生偏转力矩的原理来设计的。如果在航天器的三个主轴上都安装有这样的线圈,则可以通过控制各线圈上的电流来获得所需要的控制力矩的大小与方向。

在航天器的主动姿态控制系统中,除了需要上述的执行机构外,还需要相应的姿态敏感器、测量信息的处理、控制指令综合和分配等重要环节。

12.3.3 混合式

首先讨论一下自旋稳定和三轴稳定的区别。姿态控制方式若就航天器在运行中是否旋转,可分为自旋稳定和三轴稳定两大类。自旋航天器在外形上要求较严格,指向精度也较低;三轴稳定则突破了对航天器外形的限制,因为星体不旋转,可以安装大型的附件,如太阳能电池帆板和多副天线。三轴稳定航天器由于采用了星上计算机和高精度的姿态敏感器,提高了指向精度,但它的动量矩比自旋稳定航天器小,受到干扰力矩时,容易发生姿态偏转。很多时候,会将自旋稳定方式和三轴稳定方式混合使用。

混合稳定,是一个有趣的方法,卫星通过在体内安装动量轮来获得自旋稳定。在这种情况下,自旋稳定是借助于快速旋转的一个小物体,一个典型的例子是以每秒几千转的速度旋转,轮的质量通常是几千克。尽管轮子是安装在卫星内部,但其自旋稳定可以转移到整个卫星上。因此星体有了内在的稳定性,同时允许卫星外表面安装载荷和太阳帆板,如图12.5(c)所示的GPS卫星,就使用了这种类型稳定方式。

双自旋稳定,是一种半主动姿态控制,也可以看成混合稳定方式,多用于通信卫星。双自旋稳定卫星由转子和消旋平台两部分组成,两者通过轴和轴承连接起来。卫星中的大部分辅助系统都放在转子中,转子的质量比平台的质量大得多。转子恒速自旋使卫星自旋轴的姿态保持稳定。装在转子上的电动机使平台作反方向旋转。当平台相对于转子的转速与转子的转速相等时,平台即实现了消旋。这时平台上的有效载荷(如探测仪器、通信天线等)将稳定地对地定向。随着卫星应用技术的发展,卫星需要获得更多的太阳能,因而要求扩大装有太阳电池片的圆筒形转子的表面积。转子的直径受到运载火箭外形尺寸的限制,因而只能增加圆筒的高度,使转子呈细长形。这时转子的自旋轴成为最小主惯量轴,它不再具有陀螺定轴性。在这种情况下,保持自旋轴稳定的最简单有效的方法是在消旋平台上安装高效率的章动阻尼器。当卫星出现章动时,阻尼器内部可动工质(工作介质)的运动对卫星产生反作用力矩。由于平台不跟随转子旋转,所以此反作用力矩就能消除卫星的横向角速率,使整个平台对双自旋卫星自旋轴的定向起稳定作用。

12.3.4 三轴稳定

在这种情况下没有明显的旋转部件,因此与其他的部分没有相关的内在联系,ACS必须努力实现指向任务。缺乏稳定因素看似乎是一个劣势,但对于一些特殊应用的卫星这是明智的选择。例如太空天文台,"哈勃"空间望远镜(图11.4),为了实现其不同指向目标任务,ACS必须具备一种自由指向目标的能力。如果卫星有自旋稳定轴,将会僵硬地指向那个自旋轴方向;另外,如果在天文望远镜中,依靠自旋轴旋转的稳定,会不断抖动或移动,这将使卫星变得毫无意义。

值得注意的是,不同类型的稳定会影响航天器的整体形状或配置,这就是控制工程师说,ACS是航天器的的心脏的原因。

12.4 姿态控制系统的部件

12.4.1 力矩控制闭环回路

前面已经简要提到了力矩控制回路,如图12.3所示。这些ACS的硬件,本质上就像ACS的肌肉,计算机产生的命令,命令力矩执行器,旋转卫星。

12.4.2 推进器

产生控制力矩的方式是让两个推进器在相反的方向工作,如图12.6(a)所示。小型火箭引擎被成群的建立在卫星上,称为推进器集群,位于卫星表面的不同位置以确保可以有效地进行姿态和轨道进行控制。通过触发推进器以及使用不同的集群,就可以在任何方向旋转卫星,如图12.6(b)所示。

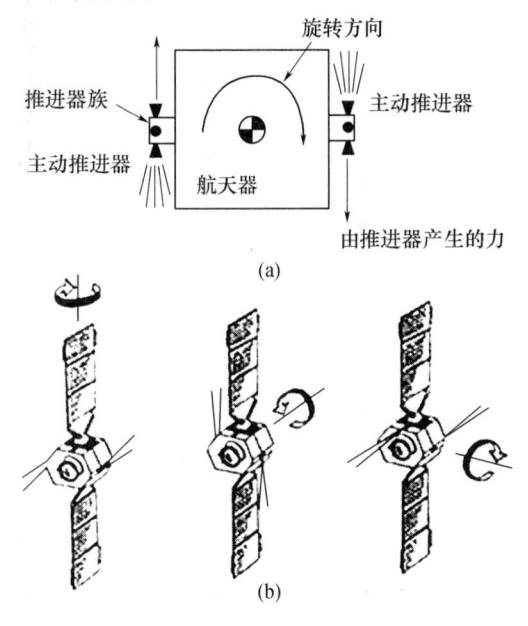

图12.6 利用推进器集群控制卫星姿态
(a)力矩的产生方式;(b)卫星表面的推进器集群。

12.4.3 磁力矩器

有这样一个小试验,用一个6cm长钉子、铜线、电池做了一个电磁铁。将铜线缠绕在钉子上,并将两端连接电池,神奇的电路使钉子变成了一个磁铁;中学期间也做过通过电路的通断来控制电磁铁的打开和关闭的试验。同样的,如果考虑用这种简单电磁铁控制力矩,这就是另一种形式的控制航天器稳定设备,也称为磁力矩器。真实磁力矩器当然通过了更精确地设计,钉子被大一点的金属棒的取代,通常是一个铁合金,根据航天器的大小,它的范围可以从0.5~2m,相当长度的铜线绕在这个铁棒上,然后做成一个可以通过电流命令控制的电磁铁。

磁力矩器是怎样旋转航天器的呢?例如,罗盘指针通常是一块磁铁,若让它自由地旋转,则它将指向北面。这是因为作为一个磁铁,它总是试图使自己与地球南北指向的磁力线重合。同样,如果将电流通过磁力矩器,磁力矩器将变成一块磁铁,通过旋转使自身与当地磁场在其轨道位置重合,如图12.7(a)所示。又因为磁力矩器与飞行器固定在一起(图12.7(b)),航天器也会随之转动。那么,如果已知航天器在轨道上的位置,以及这个位置地磁场的状况,就可以很容易通过给磁棒绕线通入一定强度的电流去产生可控力矩,进而控制飞行器的旋转。这个想法听起来十分简单,但对ACS工程师们来说实施起来确实相当复杂。尽管如此,磁力矩器在航天器上被广泛应用。例如,在"哈勃"空间望远镜上就配备了这类磁力矩器。因为它的最大优点是清洁,不像喷气推进器,每次使用都会喷出推进剂,这会对"哈勃"空间望远镜这类精密仪器产生光污染。

261

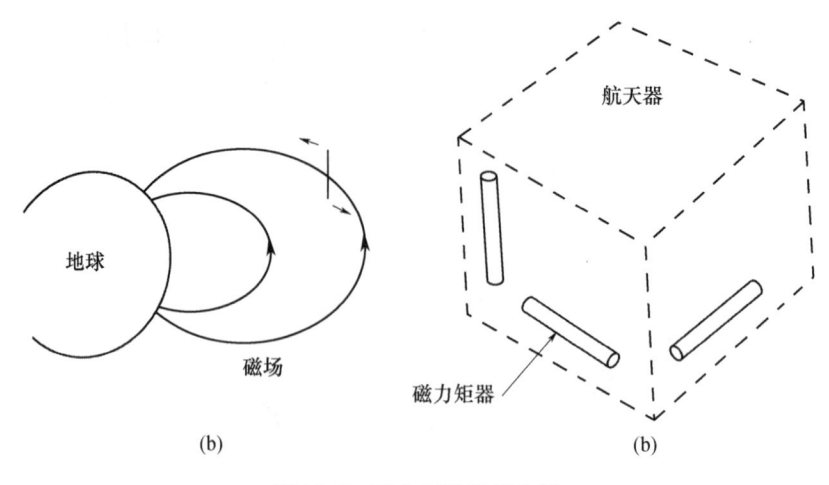

图 12.7 磁力矩器及其应用
(a) 磁力矩器的旋转；(b) 磁力矩器的安装。

12.4.4 反作用轮

另一种广泛应用用来控制力矩的是反作用轮。它的直径为 15～30cm，质量为几千克。它的规格取决于被安装的飞行器和与飞行器转动到所需状态的速度。为确保可以沿任意方向旋转飞行器，三个轮子的转轴之间必须以正确的角度装配，如图 12.8(a) 所示。但是 ACS 工程师通常会在与三轴都倾斜的方向设置一个备用轮，以便在这三个轮子发生故障时继续控制飞行器。图 12.8(b) 为一种调节轮的外观。

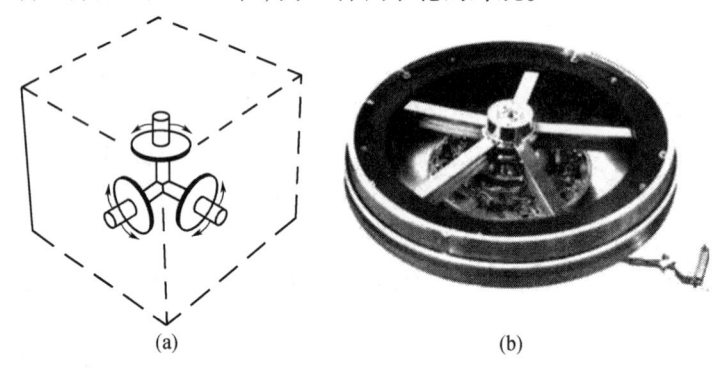

图 12.8 反作用轮
(a) 反作用轮的安装；(b) 调节轮的外观。

了解反作用轮控制航天器旋转的机理，只需了解一个轮子的工作原理。这个轮子与一个固定在航天器上的力矩马达连接在一起，力矩马达是一种用来转动轮子的简单电动马达，就像家用电钻里的马达一样，打开马达开关，会有电流通过马达，带动轮子转动。为了理解反作用轮如何引起飞行器转动，可以以电钻为例。打开电钻时，钻头和手柄会朝相反方向转动（这也是宇航员们在太空中行走时使用电器所遇到的麻烦），他们会随工具一起转动，因此他们必须与航天器紧固在一起。同样道理，轮子的转动也会导致航天器朝反方向的转动。总的来说，为了使航天器与轮子之间产生相对转动，需给马达中通入电流，轮子转动使马达产生了一个相反方向的转动,由于马达与航天器固定在一起,这个转动又由马达传到了航天器,使航天器相对轮子转动。运用了牛顿第三定律:作用力与反作用力大小相等方向相反,从而使航天器与反作用轮相对稳定。

但如何使航天器停下来？在太空中,一旦开始转动,就会永远转下去,因为太空中没有其他作用力使它停下来。为了使航天器停止转动,要使反作用轮停下来,因为减慢轮子转动的速度会在相反方向减慢航天器的转动。

反作用轮有以下几个优点：

(1) 反作用轮可以实行线性控制,因此控制精度较高。

(2) 适合于克服周期性扰动,所需能量可以不断地从太阳电池获得,因此适合于长寿命工作。

(3) 没有喷气对光学仪器的污染问题。

反作用轮的执行机构是动量交换式的,其中的关键部件是轴承和电机。轴承有动压油膜润滑轴承、液体润滑滚珠轴承和磁悬浮轴承三种方式。磁悬浮轴承对于长寿命高精度航天器尤为适合。

12.5 小　　结

卫星姿态稳定控制系统对卫星外观形状有很大影响,同时它的设计还受其他子系统的影响。在硬件方面,ACS 由传感器、控制执行机构和微处理器组成。但还有一个问题,本章中尚未讨论,就是安装在卫星上的计算机里的姿态控制算法。设计 ACS 子系统的控制工程师不仅要精通硬件方面知识,还应该在某种程度上是一个合格的数学家。

思 考 题

1. 航天器姿态控制系统的主要任务是什么？它有哪些功能？
2. 在设计航天器姿态控制系统时需要考虑的因素有哪些？
3. 简述航天器姿态控制系统的工作原理。
4. 航天器姿态控制方式的分类有哪些？
5. 不同的航天器姿态控制方式分别有哪些特点？
6. 试解释磁力矩器的工作原理。
7. 简述反作用轮的工作原理。
8. 反作用轮有哪些优点？

第13章 航天测控网

航天测控网是完成火箭、航天器跟踪测轨、遥测信号接收与处理、遥控信号发送任务的综合电子系统。由于地球曲率的影响，以无线电微波传播为基础的测控系统，采用一个地点的地面站不可能实现对运载火箭、航天器进行全航程观测，需要用分布在不同地点的多个地面站"接力"连接才能完成测控任务。航天测控网由多个测控站、测控中心和通信系统构成。

13.1 概 述

航天测控网是"航天测量控制与数据采集网"的简称，由航天测控中心和分布在全国或全球的若干个航天测控站组成，其任务是对航天器进行跟踪测量，控制航天器的运行并保证它功能正常。

中国航天测控网从1967年开始建设，已建成包括北京、西安、酒泉测控中心、多个地面测量站以及海上测量船队在内的、功能完善的测控系统，如图13.1和图13.2所示，先后完成了我国多种卫星和十余次"神舟"飞船的测控任务，还为多颗商用卫星提供了测控支持。

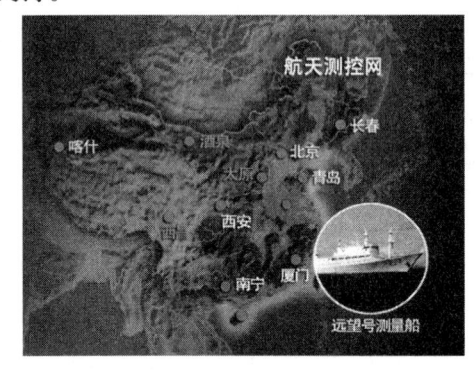

图 13.1 我国航天测控网主要站点　　图 13.2 西安测控中心用于卫星测控的设备

我国航天测控网立足本国国情，通过优化测控站、船的布局，确保航天器在上升段、变轨段、返回制动段、分离段等关键飞行段落的测控支持，规模适当、布局合理。

航天测控网工作内容主要包括：

（1）跟踪测量航天器、确定其运行轨道。

（2）接收、处理航天器的遥测数据（含平台和有效载荷遥测、图像信息等），监视其工作状况。

（3）依据航天器的工作状态和任务，控制航天器的姿态、运行轨道。

（4）接收和分发有效载荷数据；实时提供航天器的遥测信息、运行轨道和姿态等数据，接收故障仿真数据，并形成故障处理对策。

（5）与载人航天器上的航天员进行通信联络。

航天测控网的主要技术指标包括：测量精度；测控覆盖率；天地数据传输速率；多任务支持能力。

13.2 航天测控网的组成

航天测控网是指对运行中的航天器（运载火箭、人造地球卫星、宇宙飞船和其他空间飞行器）进行跟踪、测量和控制的大型电子系统。

航天测控网包括以下几个方面：

（1）跟踪测量系统：跟踪航天器，测定其弹道或轨道。

（2）遥测系统：测量和传送航天器内部的工程参数和用敏感器测得的空间物理参数。

（3）遥控系统：通过无线电对航天器的姿态、轨道和其他状态进行控制。

（4）计算系统：用于弹道、轨道和姿态的确定和实时控制中的计算。

（5）时间统一系统：为整个测控系统提供标准时刻和时标。

（6）显示记录系统：显示航天器遥测、弹道、轨道和其他参数及其变化情况，必要时予以打印记录；

（7）通信、数据传输系统：作为各种电子设备和通信网络的中间设备，沟通各个系统之间的信息，以实现指挥调度。各种地面系统分别安装在适当地理位置的若干测控站（包括必要的测量船和测控飞机）和一个测控中心内，通过通信网络相互联接而构成整体的航天测控系统。

13.3 航天测控网的分类及系统特点

13.3.1 航天测控网的分类

航天测控网依照测控对象，大体上可以分为三类。

（1）卫星测控网：为各种应用卫星和科学实验卫星服务。

（2）载人飞船测控网：为载人航天器服务，配有与航天员通话和传递电视图像的设备。

（3）深空测控网：为探测月球和其他天体的探测器服务。要对深空目标进行跟踪测量，要在全球按经度均匀分布三个测控站。

下面再介绍几个与测控系统相关技术与概念。

（1）甚长基线干涉天文测量网。由多个相距遥远的射电望远镜组成的一个观测网，每两个射电望远镜之间距离长达几千千米，乃至上万千米。

（2）中国甚长基线干涉天文测量网。由位于上海天文台佘山站的 25m 口径射电望远镜，国家天文台乌鲁木齐天文站的 25m 口径射电望远镜，国家天文台密云站的 50m 口径射电望远镜，国家天文台云南天文台的 40m 口径射电望远镜和位于上海天文台相关处

265

理中心组成。

13.3.2 航天测控网的特点

航天测控网的鲜明特色是规模适当、布局合理、及以较少的投入获得较大的效益。

为满足航天的基本要求,航天测控网建立了网络管理中心,对测控网进行集中监控,并负责测控资源的动态优化配置,实现了对陆上、海上所有13个测控站的联网和统一管理调度。

航天测控网不仅轨道测算精度高,而且具备天地话音、电视图像和高速数据传输等能力。测控中心的专家组可根据各测控站传来的信息,研究决策并直接向航天器发送指令,实现了对航天器的"透明"控制,大大强化了监控能力,特别是提高了在应急情况下的测控能力。能充分利用有限的国土跨度和其他资源,通过优化测控站、船布局,确保航天器在上升段、变轨段、返回制动段、分离段等关键飞行段落的测控支持。

13.4 工 作 原 理

航天测控网一般采用统一测控系统,所谓统一测控系统,就是利用公共射频信道,将航天器的跟踪测轨、遥测、遥控和天地通信等功能合成一体的无线电测控系统。

统一 S 波段(USB)航天测控网是指使用 S 波段的微波统一测控系统。这里的微波统一测控系统是指利用公共射频信道,将航天器的跟踪测轨、遥测、遥控和天地通信等功能合成一体的无线电测控系统。

微波统一系统的基本工作原理是:将各种信息先分别调制在不同频率的副载波上,然后相加共同调制到一个载波上发出;在接收端先对载波解调,然后用不同频率的滤波器将各副载波分开;解调各副载波信号使得到发送时的原始信息。微波统一测控系统一般由天线跟踪/角测量系统、发射系统、接收系统、遥测终端、遥控终端、测距/测速终端、时/频终端、监控系统、远程监控或数据传输设备以及其他附属设备组成。

统一 S 波段航天测控网最早是20世纪60年代美国在执行"阿波罗"计划时首先使用的。60年代初,美国在执行"水星"号和"双子星"号载人航天任务时,由于使用了多种频段的设备分别进行不同的工作,结果飞船上天线多、质量大、可靠性差,而且地球上也相应设置了十分复杂的设备。为了改变这种情况,美国国家航空航天局提出采用统一 S 波段(2000~4000MHz)系统作为"阿波罗"登月计划的地面保障系统,并在60年代中期建成了以统一 S 波段为主体的跟踪测控网,从而使航天测控从单一功能分散体制改进为综合多功能体制。

13.5 测控网的节点

航天测控网的节点是测控站设备,按照测控站设备部署在不同地方,可以分为多种测控方式。

13.5.1 陆地测控

航天测控的基本组成是遍布全球的陆地测控站,如图 13.3 所示为位于北京的海事卫星地面站。为确保对航天器轨道的有效覆盖并获得足够的测量精度,通常利用在地理上合理分布的若干航天测控站组成航天测控网。因此根据测控区域的要求,陆地测控站分布范围很广,航天测控网可以建在本国境内,也可以建在全球任何适于测控的地方。

图 13.3 位于北京的海事卫星地面站

地面测控是一件非常重要、非常精细和非常复杂的工作。卫星的地面测控由测控中心和分布在各地的测控台、站(测量船和飞机)进行。在卫星与火箭分离的一刹那,测控中心要根据各台站实时测得的数据,算出卫星的位置、速度和姿态参数,判断卫星是否入轨。入轨后,测控中心要立即算出其初轨根(参)数,并根据各测控台站发来的遥测数据,判断卫星上各种仪器工作是否正常,以便采取对策。这些工作必须在几分钟内完成。卫星在工作过程中,测控中心和各测控台站有许多繁重的工作要参与。一是不断地对卫星速度姿态参数进行跟踪测量,不断地精化卫星的轨道根数;二是对星上仪器的工作状态进行测量、分析和处理;三是接收卫星发回的科学探测数据;四是由于受大气阻力、地球形状和日月等天体的影响,卫星轨道会发生振动而离开设计的轨道,因此要不断地对卫星实施轨道修正和管理。对于返回式卫星,在返回的前一圈,测控中心必须计算出是否符合返回条件。如果符合,还必须精确地计算出落地的时间及落点的经纬度。这些计算难度很大,精度要求很高,因为失之毫厘,将差之千里。返回决定作出后,测控中心应立即作出返回控制方案,包括向卫星发送各种控制指令的时间、条件等。卫星进入返回圈后,测控中心命令有关测控台站发送调整姿态、反推火箭点火、抛掉仪器舱等一系列遥控指令。在返回的过程中,各测控台站仍需对其进行跟踪测量,并将数据送至测控中心。

由此可见,为使卫星正常地工作,必须有一个庞大的地面测控系统日以继夜地紧张工作。卫星测控中心是这个系统的核心。计算大厅是测控中心的主要建筑之一,那里聚集着众多的大型计算机。除了看得见的硬件外,还有许多看不见的软件,即对卫星进行管理的程序系统,包括管理程序、信息收发程序、数据处理程序、轨道计算程序、遥测遥控程序和模拟程序等。这些硬件和软件,既有计算功能,又有控制功能,它们是测控系统的大脑。测控中心还有它的神经网络,即通信系统,它通过大量的载波电路、专向无线电线路、各向都开通的高速率数据传输设备,把卫星发射场、回收场以及各测控台站等四面八方联系起来。

航天测控站的任务是直接对航天器进行跟踪测量、遥测、遥控和通信等,它将接收到的测量、遥测信息传送给航天控制中心,根据航空控制中心的指示与航天器通信,并配合控制中心完成对航天器的控制。陆地测控站通常由跟踪测量设备、遥测设备、遥控设备、计算机、通信设备、监控显示设备和时间统一设备组成。随着无线电技术的发展,测控设备也在不断发展,独立的跟踪测量设备、遥测设备和遥控设备已逐步被共用一路载波信道的统一测控系统所代替。由于数据处理和控制指令生成主要由航天控制中心完成,故航天测控站的计算机以小型或微型计算机为主,履行数据录取、信息交换和测控设备的自动化监控等任务。选择陆地测控站站址的要求是:遮蔽角小,电磁环境良好,通信和交通方便。美国在全球各地有数十个固定和机动的测控站。俄罗斯的测控站也非常多,主要分布在原苏联境内,其中拜科努尔发射场就有4个测控站,其他地方的太空跟踪系统和测控站也不下20个。目前,陆地测控站正在向高功能、国际联网测控和综合利用方向发展。但由于受到地理、经济、政治等条件的限制,一个国家不可能通过在全球各地建立测控站的方式来满足所有的航天测控需求,即使目前最大的陆地测控网,也只能覆盖大约15%的测控范围。为此,各国发展了其他的测控方式,以弥补陆地测控站无力触及的测控盲区。

13.5.2 海洋测控

世界上第一艘航天远洋测量船是美国的"阿诺德将军"号,1962年下水。第二年,不甘落后的苏联也造出了"德斯纳"号。海上测量船是对航天器及运载火箭进行跟踪测量和控制的专用船。它是航天测控网的海上机动测量站,可以根据航天器及运载火箭的飞行轨道和测控要求配置在适当海域位置。其任务是在航天控制中心的指挥下跟踪测量航天器的运行轨迹,接收遥测信息,发送遥控指令,与航天员通信以及营救返回降落在海上的航天员;还可用来跟踪测量试验弹道导弹的飞行轨迹,接收弹头遥测信息,测量弹头海上落点坐标,打捞数据舱等。航天测量船可按需要建成设备完善、功能较全的综合测量船和设备较少、功能单一的遥测船。它们除具有船舶结构,以及控制、导航、动力等系统外,还装有相应的测控系统。综合测量船测控系统一般由无线电测量跟踪系统、光线测量跟踪系统、遥测系统、遥控系统等组成。

观测系统、声纳系统、数据处理系统、指挥控制中心、船位船姿测量系统、通信系统、时间统一系统、电磁辐射报警系统和辅助设备等组成。

目前,美国现役的测量船有"红石"号、"靶场哨兵"号和"观察岛"号3艘;俄罗斯现役的测量船有"加加林"号、"柯玛洛夫"号、"克雷若夫"号等21艘。中国是继美、俄、法之后第四个拥有航天远洋测量船的国家,"远望"一号和"远望"二号都是在1977年下水的。虽然时间上比其他三个国家晚了十几年,但在测量和控制的技术水平上却毫不逊色。1990年,中国首次为国外公司发射了"亚洲"一号卫星,当时,休斯公司要求中方必须在卫星发射后半小时内向美方专家提供卫星的初轨根数。结果,"远望"号只用了8min就完成了发现、锁定目标并发出初轨根数的一系列工作,而且,测出的初轨精度比休斯公司所要求的准确了好几倍。在测量精度上,"远望"号航天远洋测量船完全可以和国外的陆上航天测量站相媲美。

图 13.4 中国"远望"号测量船

13.5.3 飞机测控

测量飞机是航天测控网中的空中机动测控站,可部署在适宜的空域,配合和补充陆上测控站和海上测量船的工作,加强测控能力。测量机上装载天线,遥测接收、记录、时统、通信、数据处理等设备及控制台;有的在靠近机头的外侧有专用舱,以安装光学跟踪系统。测量飞机的作用灵活而多样,具体来说在弹道式导弹和运载火箭的主动段,可接收、记录和转发遥测数据,弥补地面遥测站因火焰衰减收不到某些关键数据的缺陷;装备光学跟踪和摄影系统的飞机可对多级火箭进行跟踪和拍摄各级间分离的照片;在航天器再入段,可有效地接收遥测数据并经通信卫星转发;装备紫外光、可见光和红外光谱测量仪的飞机可测量导弹再入体的光辐射特性;在载人航天器的入轨段和再入段,可保障天地间的双向话音通信,接收和记录遥测数据,并实时转发给地面接收站,必要时给航天器发送遥控指令。测量飞机的发展趋势是选用更高性能的运输飞机,并用相控阵天线取代抛物面天线,对多目标进行跟踪和数据采集,提高其测控能力。

图 13.5 空中预警和控制机

13.5.4 天基测控

天基测控卫星主要是利用通信卫星和跟踪与数据中继卫星系统,跟踪与数据中继卫星系统是一种可跟踪地球轨道飞行器并将数据传回地面站的空间中继站,该系统主要用于实时中继传输各类低轨航天器用户的信息。卫星在太空中"站的高、看的远",具有其他测控方式无可比拟的优势,天基测控卫星的使用大大拓展了航天测控网的覆盖范围。工作在地球静止轨道上的通信卫星和跟踪与数据中继卫星组成星座,便可覆盖地球上除南、北极点附近盲区以外的全球所有区域;如果与极地轨道的卫星相配合,即可实现全球覆盖。美国的第一代天基测控网由 7 颗跟踪与数据中继卫星组成,可同时覆盖 25 颗中、低轨道卫星,数据传输速率可达 300Mb/s,可为 12 种航天器提供服务。目前正在部署的第二代天基测控网功能更加先进,一颗跟踪与数据中继卫星可同时接收 5 个航天器传来的信号,并同时向一个对象发送信号,可以实时传输各类航天器的数据信息,传输速率将增至 1.2~2Gb/s,实现对中、低轨道的全部覆盖。

目前,美国、欧盟和日本都在发展新一代跟踪与数据中继卫星系统,数据传输码速率越来越高,通信频段正向着 Ka 频段和光学频段发展。随着新一代测控卫星陆续投入使用和性能的提高,天基测控将成为未来航天测控的重要发展方向。

图 13.6　中国的"天链一号"数据中继卫星

13.6　中国航天测控能力已经延伸至月球

卫星轨道的确定和控制能力是航天测控的核心技术，也是评判一个国家航天测控技术水平的重要依据。近年来，随着航天技术迅猛发展，各国发射卫星的数量与型号急剧增加，卫星运行状态开始从单星、星座向卫星群发展，卫星运行轨道也从近地、同步等地球轨道开始向绕月、外星探测等深空轨道发展。

中国测控网络由酒泉卫星发射中心、北京飞行控制中心和西安卫星测控中心对分布在国内外的 13 个测控站实施管理和调度，这 13 个测控站包括分布在三大洋上的 4 艘远望号远洋测量船、国内陆上的 5 个固定测控站和一个活动测量站以及三个国外测控站。这些中心和测控站共同组成了统一的测控通信网，它是我国航天史上规模最庞大、系统最复杂、技术最先进、可靠性最高的测控系统。该测控网不仅能满足载人航天任务的需要，还能同时为 20 多颗以上的卫星提供测控支持。

随着探月工程的实施，测控通信系统又一次成为集成创新的典范工程。绕月探测工程属于"远程"测控，"嫦娥"卫星的测控工作给我国当时的测控技术带来了极大的挑战，面临着无线电波传输时间的延迟、无线电信号的急剧衰减、信息传输速率受到极大限制、实现高精度导航困难、测控覆盖范围受局限和轨道控制可靠性要求高等六大困难。

面对这些难题,利用"USB(S频段航天测控网)+VLBI(甚长基线干涉测量技术的简称)"联合测定轨的方法,通过大口径天线,改善了以往用于地球卫星天线的信道余量,提高了测量精度,增强了系统可靠性,使地面站作用距离从地球范围延伸到月球范围。

月球的"玉兔照片"传输到地球,中国有四项关键技术取得了重大的突破,这4项关键技术是:地月转移轨道控制技术、月球卫星精密定轨技术、大时延多模态下的卫星状态监视与控制技术、多体制联合测控技术。

至今,人类已先后将5000多颗卫星、飞船和空间站等航天器送入太空。然而,太空并未因此变得杂乱无序,一个神奇的力量引导着这些航天器始终按照自己的轨道飞行,偶尔偏离轨道,也能很快"迷途知返";一旦发生了故障,就能得到及时抢救和精心照料;即使意外失控陨落,人们也能及早预知,防患于未然。这个神奇的力量,来自于庞大的航天测控网。

思 考 题

1. 什么是航天测控网?
2. 我国的航天测控网主要有哪些站点?
3. 航天测控网的工作内容是什么?
4. 航天测控网的主要指标是什么?
5. 航天测控网由哪些系统组成?
6. 按照测控对象,航天测控网可分为哪几类?
7. 航天测控网具有哪些特点?
8. 简述航天测控网的工作原理。

第14章 航天飞机

14.1 美国航天飞机简介

14.1.1 美国航天飞机机队

美国一共研制并生产了7架航天飞机,其中,"开拓者号"(也称"进取"号)和"企业"号,只用于测试,一直未进入轨道飞行和执行太空任务,所以,这两架不同于其他5架。其余5架航天飞机如下:

"哥伦比亚"号,重约为71900kg,首航时间为1981年4月12日;

"挑战者"号,重为70552kg,首航时间为1983年4月4日;

"发现者"号,重为68744kg,首航时间为1984年8月30日;

"亚特兰蒂斯"号,重为68635kg,首航时间为1985年10月3日;

"奋进"号,重为68585kg,首航时间为1992年5月7日,接替"挑战者"号;

14.1.2 "企业"号(Enterprise)航天飞机

"企业"号航天飞机(Space Shuttle Enterprise,NASA 内部编号 OV-101),或又常译为"进取"号,是 NASA 建造的第一架航天飞机。实际上它是一个纯粹的测试平台,没有发动机与相关设备,也没有执行太空任务的功能。本来"企业"号是准备被建为"哥伦比亚"号之后的第二架航天飞机的,但是后来 NASA 发觉改装测试平台 STA-099 更划算,再加上考虑后期建造出来的"奋进"号,"企业"号也就再也没有上天的机会了。

最初这架航天飞机被命名为"宪法"号(Constitution)以纪念美国建国200周年,但后来以著名的电视连续剧《星际旅行(Star Trek)》中的星际联邦"企业"号星舰(USS Enterprise,有时又可译为"勇往"号或"进取"号)命名,该虚构的星际战舰的命名则是源自美国海军的核动力航空母舰企业号(USS Enterprise CVN-65)。

14.1.3 "哥伦比亚"号(Columbia)航天飞机

"哥伦比亚"号航天飞机(STS Columbia OV-102,STS 是太空运输系统 Space Transportation System 的缩写,是美国官方对于这种设备的正式称呼)是美国国家航空航天局(NASA)肯尼迪太空中心旗下拥有的航天飞机之一。"哥伦比亚"号是美国航天飞机机队中第一架正式服役的航天飞机,它在1981年4月12日首次执行代号 STS-1 的任务,正式开启了 NASA 的太空运输系统计划(Space Transportation System program,STS)的序章。

然而很不幸的是,"哥伦比亚"号在2003年2月1日,在代号STS-107的第28次任务重返大气层的阶段中与控制中心失去联系,不久后,在德克萨斯州上空爆炸解体,机上7名太空人全部遇难。

"哥伦比亚"号名字的由来,是为纪念第一艘环绕世界航行一圈的美籍船只,即由哥伦比亚河命名的18世纪帆船"哥伦比亚"号。

14.1.4 "挑战者"号(Challenger)航天飞机

"挑战者"号航天飞机(STS Challenger)是NASA正式使用的第二架航天飞机。开发初期原本是作为高拟真结构测试体(high-fidelity Structural Test Article,因此初期机身代号为STA-099),但在"挑战者"号完成了初期的测试任务后,被改装成正式的轨道载具(Orbiter Vehicle,因此代号改为OV-099),并于1983年4月4日正式进行首航任务。然而很不幸,"挑战者"号在1986年1月28日进行代号STS-51-L的第10次太空任务时,因为右侧固态火箭推进器(Solid Rocket Booster,SRB)上面的一个"O"形环失效,导致一连串的连锁反应,在升空后73s爆炸解体坠毁。包括太空舱本体与当时机上的7名航天员(包括一名女教师),全部在这次意外中丧生。

14.1.5 "发现"号(Discovery)航天飞机

"发现"号航天飞机(STS Discovery OV-103)是美国国家航空航天局(NASA)肯尼迪太空中心(KSC)的第三架实际执行太空飞行任务的航天飞机。首次飞行是在1984年8月30日,负责进行各种科学研究与作为国际空间站计划的支援。其于2011年3月9日执行完STS-133任务后退役。

"发现"号的建造与在它之前的MPTA-098、STA-099(后来的"挑战者"号)、OV-101(后来放弃改装的"企业"号)及OV-102("哥伦比亚"号)不一样,它属于NASA建造的航天飞机中第二期的产品。因此,"发现"号在设计组装的过程中撷取了许多来自"企业"号、"哥伦比亚"号与"挑战者"号的实际测试与飞行数据以及经验,设计上较为成熟。

14.1.6 "亚特兰蒂斯"号(Atlantis)航天飞机

"亚特兰蒂斯"号航天飞机(STS Atlantis OV-104)是NASA肯尼迪太空中心(KSC)的第四架实际执行太空飞行任务的航天飞机。它与"发现"号是姊妹机,属于NASA第二批制造的航天飞机,由于"发现"号与"阿特兰蒂斯"号制造的过程中同时生产了一批备用零件,NASA决定利用这些多余的零件,进而组装成第五架航天飞机——"奋进"号。

"亚特兰蒂斯"号于1985年10月3日首次飞行,进行代号为STS-51-J的任务,该任务主要来自美国国防部的委托,因此任务内容是美国的国防机密,没有对外公开。

在美国东部时间2011年7月8日11时30分(北京时间23时30分),"亚特兰蒂斯"号航天飞机从美国佛罗里达州肯尼迪航天中心升空。这将是美国30年历史的航天飞机项目所执行的第135次飞行任务,也是美国航天飞机的最后一次飞行任务。

这次"亚特兰蒂斯"号的任务共历时12天。参与本次飞行的共有4名宇航员,他们本次需完成两项试验任务,一项是确定能否使用机器人为现有的航天器加油,另一项是在微重力状态下测试名叫"正渗透"的处理技术,以探寻再次利用废水的新方法。

7月10日,"亚特兰蒂斯"号与国际太空站成功对接,为驻守空间站的宇航员们送去了足够他们消耗1年的补给品,重约4t,包括食物、衣物、备用零件以及科学仪器设备等。该航天飞机在国际空间站的建设和运行上发挥了很大的作用。

亚特兰蒂斯号航天飞机于美国东部时间21日晨5时57分(北京时间21日17时57分)在佛罗里达州肯尼迪航天中心安全着陆,结束其"谢幕之旅",这寓意着美国30年航天飞机时代宣告终结。

14.1.7 "奋进"号(Endeavour)航天飞机

"奋进"号航天飞机(STS Endeavour OV-105)是NASA肯尼迪太空中心(KSC)的第五架实际执行太空飞行任务的航天飞机,它也是最新的一架航天飞机。它于1992年5月7日开始首次飞行,进行代号为STS-49的任务,其负责的任务中有较大比例是支援国际太空站计划。

2011年5月16日,"奋进"号航天飞机在肯尼迪航天中心成功发射升空,开始其19年职业生涯的最后一次太空使命,同时也是美国航天局30年航天飞机发射计划的倒数第二次飞行。2012年9月21日,"奋进"号航天飞机抵达加利福尼亚州洛杉矶国际机场,完成了它的最后一次空中飞行。

14.1.8 美国航天飞机和俄罗斯的"暴风雪"号航天飞机的比较

天地往返运输能力不足是苏联"和平"号空间站存在的一个致命弱点,光用一次性使用的飞船难以承担百吨级空间站的运输要求。为此,苏联曾考虑在"和平"号扩建之后用可重复使用的航天飞机作为其运输系统,因为其往返运输能力可达30t(而飞船只可运2t货物或2~3人和350kg货物)。

1988年11月15日苏联第1架不载人航天飞机"暴风雪"号由"能源"号运载火箭发射成功,经过3h绕地飞行2圈后,航天飞机安全返航。"暴风雪"号航天飞机外形与美国航天飞机酷似(图14.1),而且它们在尺寸、内部分系统及其布局、防热系统等方面也都差不多。对此,苏联的解释是,外形相同是由于空气动力要求的结果,况且科学无国界。

它们之间的最大区别是苏联"暴风雪"号航天飞机本身没装备主发动机,因而只是航天器,不是运输器,需借助"能源"号火箭才能送上太空。这样做既有利,也有弊,因为没

图 14.1　美国的航天飞机和俄罗斯的暴风雪号航天飞机

有主发动机,所以"暴风雪"号可携带更多的有效载荷,但发射它的能源号是一次性使用运载火箭,故主发动机不能重复使用,这似乎不太经济。当然,"能源"号火箭还可以发射别的航天器,因而用途广。

"暴风雪"号航天飞机上虽没有主发动机,但由于安装了两台小型发动机,所以着陆时如果第一次着陆失败,还可以拉起来进行再次着陆,安全系数较高。美国航天飞机只能靠无动力滑翔着陆。

鉴于美国"挑战者"号惨痛事故,苏联"暴风雪"号航天飞机增设了逃逸系统并决定先进行无人飞行。而美国与其反之。

美苏航天飞机均装有机械臂,不过美国的机械臂可回收轨道上的卫星和释放卫星进入空间,苏联的则不行,因为其机械臂仅能用于把"和平"号空间站的一个对接口上的专用试验舱移到另一个对接口上。

"暴风雪"号航天飞机一开始就设有与空间站对接的装置,原计划在第二次飞行时就与"和平"号空间站对接。而在 1995 年以前,美国无空间站,故其航天飞机没有安装对接装置,在此期间均是独自飞行执行各种任务。后来,为了与俄罗斯"和平"号空间站对接,才增设了对接装置。

美国航天飞机的着陆速度为 213～226km/h(使用减速伞);苏联航天飞机的着陆速度为 310～340km/h,不难看出,在此方面美国优于苏联。但美国只有卡纳维拉尔角的一座发射台能发射航天飞机,而苏联在拜科努尔建有三座能发射航天飞机的发射台,即当一座发射台出现故障时并不影响航天飞机的发射。

尽管美苏航天飞机各有千秋,但美国航天飞机早就投入实用,而苏联航天飞机只进行一次无人试验飞行,后因苏联解体和俄罗斯经济实力下降等多方面原因航飞机的研发计划于 1993 年被取消。

14.2 航天飞机概述

　　航天飞机是一种垂直起飞、水平降落的载人航天器，它以火箭发动机为动力发射到太空，是能在轨道上运行、可以往返于地球表面和太空轨道之间、可重复使用的航天器。

　　1980年美国建成了世界上第一架航天飞机。1981年4月12日，在卡纳维拉尔角肯尼迪航天中心聚集着上百万人，参观第一架航天飞机哥伦比亚号航天飞机发射。

航天飞机能够带5~7个人，在太空中连续停留两周时间。在最近的一次任务中，航天飞机已经在太空中飞行了30天。

　　众所周知，航天飞机同时具备火箭、卫星和飞机的功能，它能像火箭那样垂直发射进入空间轨道，又能像卫星那样在太空轨道围绕着地球旋转，还能像飞机那样再入大气层滑翔着陆，是一种新型的多功能航天飞行器。

　　航天飞机除可在天地间飞行之外，也就是除在空间站与地球之间运载人员和货物之外，还能在太空中做很多的科学实验和空间研究工作。有时，它也会把人造卫星从地球表面带到太空去释放，或在太空中，对失效的或毁坏的卫星进行维修。

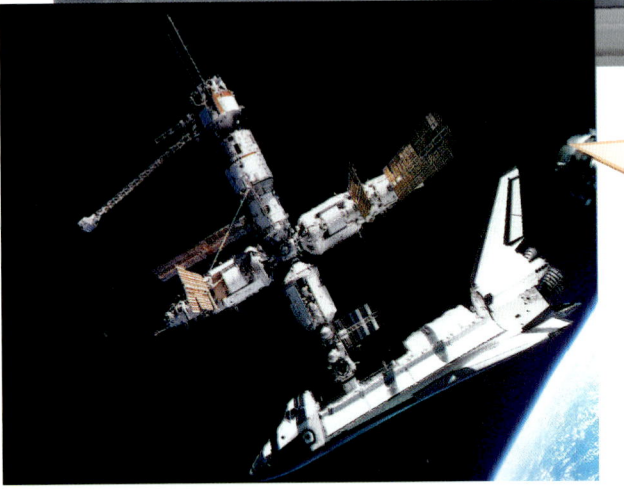

航天飞机是一种可重复使用的飞行器，可以像飞机一样的着陆，允许多次使用。

航天飞机承担地面和空间站之间的运输任务。运输货物、宇航员和科学家到空间站上去。

宇航员操纵航天飞机之前，需要进行大量的培训和训练。海底是培训航天员最好的地方，因为海底可以模拟太空失重。

14.3 航天飞机的组成

外贮箱

固体火箭助推器

轨道器

目前，美国的整个航天飞机系统由一个轨道器、一个外挂燃料箱(外贮箱)和两个固体火箭助推器组成，通常所说的航天飞机就是指轨道器。当前的航天飞机是一种部分可重复使用的第一代空间运输工具。

轨道器是航天飞机最具代表性的部分，长 37.24m，高 17.27m，翼展 29.79m。轨道器可以重复使用 100 次。

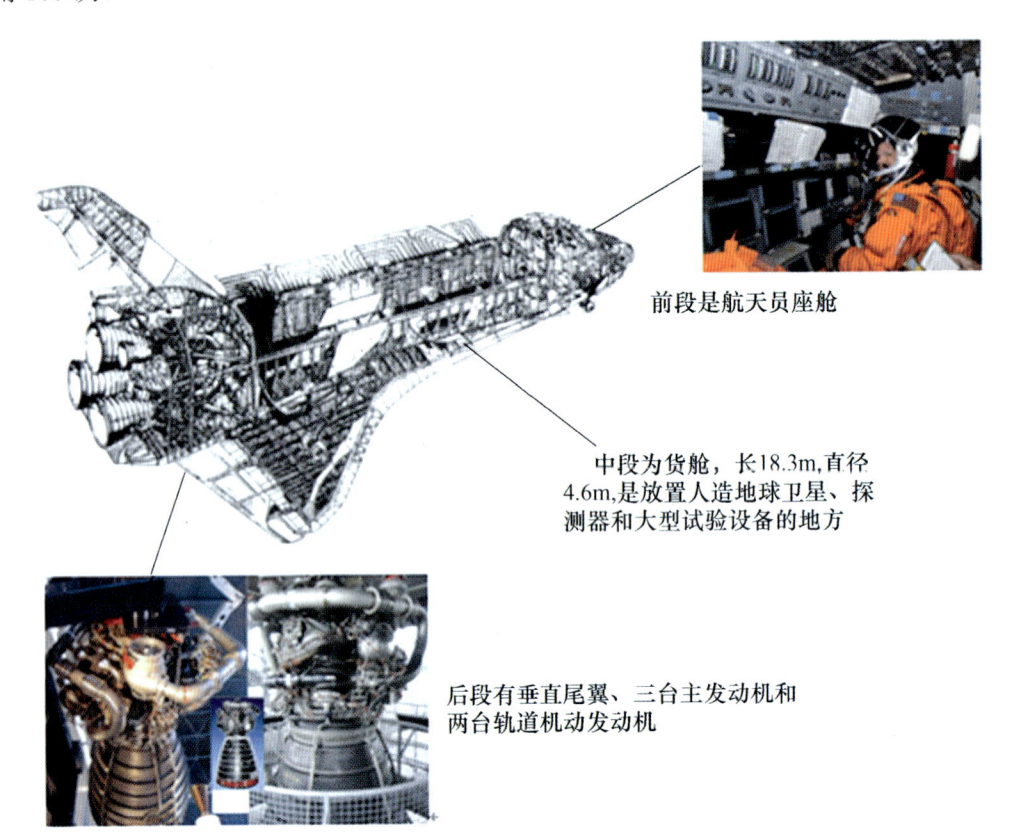

前段是航天员座舱

中段为货舱，长18.3m,直径4.6m,是放置人造地球卫星、探测器和大型试验设备的地方

后段有垂直尾翼、三台主发动机和两台轨道机动发动机

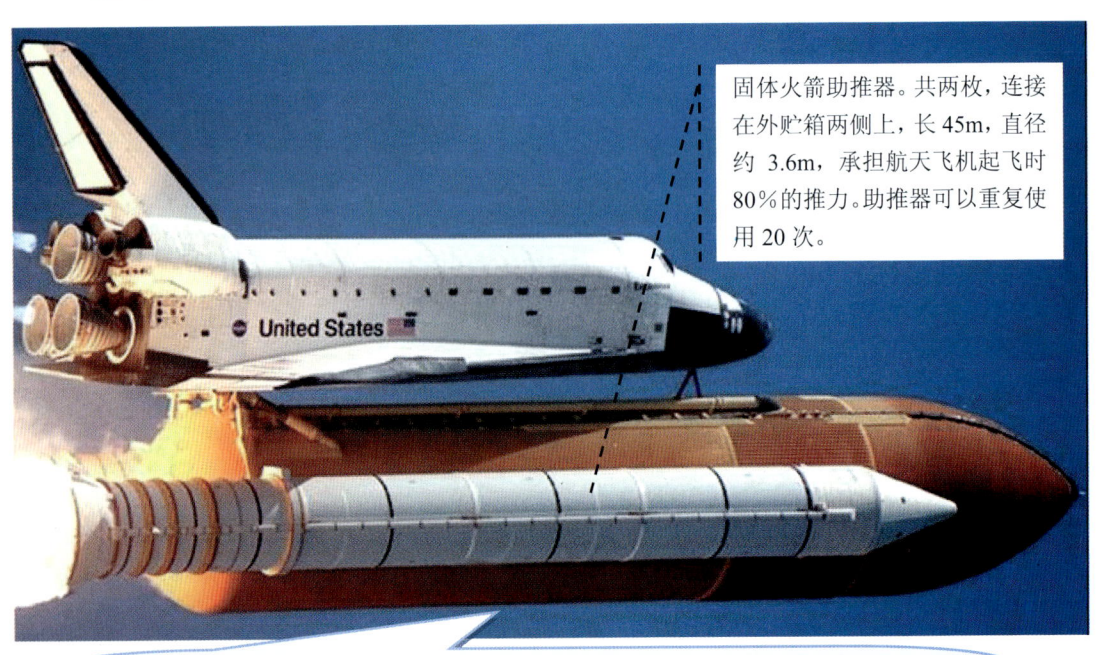

固体火箭助推器。共两枚，连接在外贮箱两侧上，长45m，直径约 3.6m，承担航天飞机起飞时80%的推力。助推器可以重复使用 20 次。

外挂燃料箱简称外贮箱，长 46.2m，直径 8.25m，能装 70t 以上的液氢液氧推进剂。航天飞机每飞行一次就要扔掉一个外贮箱。

14.4 在太空飞行的航天飞机

在太空里，宇航员基本是在轨道器中的前段工作，即航天员座舱，座舱分上、中、下共3层。上层为主舱，有飞行控制室、卧室、洗浴室、厨房、健身房兼贮物室，可容纳8人；中层为中舱，也是供航天员工作和休息的地方；下层为底舱，是设置冷气管道、风扇、水泵、油泵和存放废弃物等的地方。中段为货舱，是放置实验设备的地方，可装载24t物品进入太空，可载19.5t物资从太空返回地面。货舱的上部可以像蚌壳一样张开。它的后段有垂直尾翼、三台主发动机和两台轨道机动发动机。主发动机在起飞时工作，它使用外挂燃料箱中的推进剂。每台可产生1668kN的推力。

在太空飞行时，航天飞机的有效载荷设备舱门是敞开的，这样可以帮助调节航天飞机载荷舱的温度。

14.5 在太空中生活

太空是个充满魅力的神奇世界,在太空的生活更是个充满魅力、令人好奇的神奇话题。

太空环境与地球环境大不相同,那里没有空气,没有重力,充满危险的太空辐射。

如果用地球上的方式去太空生活,那肯定会闹出很多大笑话。比如吃饭,你端着一碗米饭,那饭会一粒粒飘满你的座舱,你张着嘴可能一粒也吃不着;而你闭上嘴时,饭粒却可能飘进你的鼻孔呛你个半死。你想躺在床上睡个舒服觉,可是你会发现太空中找不到上下的界限,"躺"和"站"几乎没有什么区别。那么宇航员们是如何在太空中吃饭与睡眠的呢?

在太空中,轨道器内部的温度为20℃,而在轨道器外部,白天温度为120℃,而夜间为-150℃。

轨道器内,有足够的空气供你呼吸,良好的航天器屏蔽材料可以有效地挡住太空辐射,只是"失重"会给生活带来一些麻烦。

14.6 外挂燃料箱

外挂燃料箱也称外贮蓄箱,它是航天飞机体积最大的组成部分,用于存贮液氢(燃料)和液氧(氧化剂)。航天飞机发射升空期间,由外贮箱为轨道器中的三台航天飞机主发动机提供加压氧化剂和燃料。

外贮箱由洛克希德·马丁公司承包,从路易斯安那州船运到肯尼迪航天中心。

外贮箱是由轻金属制造的,它长 46.9m,直径 8.5m。外贮箱的整个壳体重 33t,加满燃料后重 800t。轨道器的三个主发动机每秒耗燃料 4164L,如果这些燃料是汽油,一台轿车可以用来围绕地球转 2 圈多。

外贮箱在主发动机停机 10s 后分离,再入大气层。与航天飞机固体助推器不同,外贮箱是一次性设备。

外贮箱的燃料仅仅可供发动机使用 8min。在第 8min 时,发动机关闭,外贮箱与轨道器分离。分离后,外贮箱开始下落,在进入大气层前,外贮箱就已碎裂,不会影响航线。

当进入大气层后,外贮箱开始烧失。大约发射一个小时左右,外贮箱的烧失残余部分就会落入印度洋。

14.7　固体火箭推进器

固体火箭推进器是最大的固体燃料火箭,也是第一次采用可重用设计的固体火箭。助推器高 45m,直径 3.7m。在发射台上,每台助推器重 589550 kg,两台助推器占全部起飞质量的 60%。而每台助推器中填充的推进剂重约 498850 kg。

两台可重用的固体火箭推进器提供航天飞机离地时的主要推力,工作到约 45km 的高空。在发射台上,固体火箭推进器承担了外贮箱和轨道器的全部重量,并将之转移给移动发射台。发射时每台助推器产生约 1245t 的推力,

随后迅速增加到 1379 t 推力。三台主发动机点火推力达到预设水平后，固体火箭推进器点火。固体火箭推进器分离 75s 后到达 67 km 的最高点，随后降落伞打开，降落在离发射场约 226km 的海面上并得到回收。

> 固体火箭助推器是成对安装在航天飞机上的，所以，为了保证它们运行和性能的匹配，两个助推器必须同时加注燃料。

固体火箭推进器的基本元件有发动机（含壳体、推进剂、点火器和喷管）、主结构体、分离系统、飞行控制仪器、火工设备、减速系统、推力矢量控制器、回收系统、安全自毁系统。

每台助推器都通过尾部的两个横向支杆和斜向连接杆与外贮箱相接，并且助推器前裙部与外贮箱前端相接。每台助推器尾部还通过 4 颗脆性螺母与发射台相接，起飞时螺母断开。

每台助推器有两套液压万向伺服传动机：一套用于翻滚，一套用于倾斜。每台助推器有两个速率陀螺仪集成(RGA)，每个 RGA 含有一个倾斜和一个偏航陀螺仪。它们与轨道器的翻转陀螺仪一同为轨道器计算机，制导导航系统和控制系统提供数据。

固体助推器分为七个部分，由不同厂商制造，然后在厂房中成对组装，通过铁路运到肯尼迪航天中心完成最后总装。各段通过环形夹、挂钩、牵引钩联结销紧加固，再用三个"O"形环进行密封，最后涂上耐热腻子。

14.8 装配与运输过程

为了把航天飞机发送到太空，NASA 需要在佛罗里达组装厂房里将航天飞机各个分系统集成，然后运往肯尼迪发射场中心。组装厂房距离发射场 4.8km，运输用巨大的运载履带车。

在装配厂房

吊装轨道器

外贮箱吊起并直立

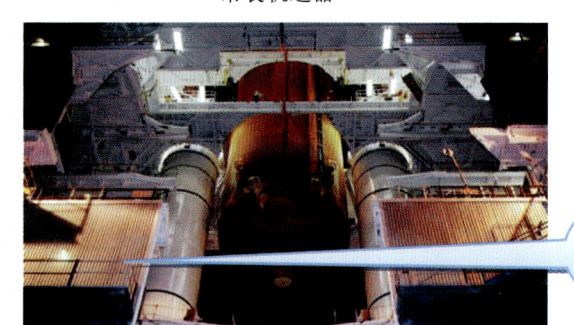

将两枚火箭安装在运载器两侧。

轨道器成功搭载到外贮箱和推进器上。

装配完毕的吊装过程

放置设备到轨道器的仪器舱

一旦装配完成，将用巨大的运载履带车运送到发射架

14.9 倒计时起飞

航天飞机安装到发射架后，还需要大约三周时间（21 天左右时间）的准备工作。

在三周时间里，需要完成电性能测试、外挂贮箱的燃料加注、载荷安放等任务。

在这三周时间里，需要完成计算机软件初始化和数据更新、电子系统的测试等任务。

在发射当天，有两个检察组，一个组首先登上发射架，对航天飞机做最后一次检测。另一个组负责检测是否按照要求准备就绪。

确保一切准备就绪后，宇航员开始进入轨道器。进入轨道器之后，宇航员首先检测通信设备，确认是否与地面指控中心设备联络正常。

所有准备工作就绪后，进入开始倒计时发射准备。在倒计时为 6 时，轨道器的三个主发动机点火，计算机检测发射程序是否正常。当倒计时为 0 时，固体火箭助推器点火，航天飞机起飞离开地面。

14.10　航天飞机的用途

航天飞机最初是美国军方提出的运载火箭的替代产品，它的用途除了载人、运送卫星外，还能往返可重复使用，所以，航天飞机为人类自由进出外层空间提供了很好的运载工具。

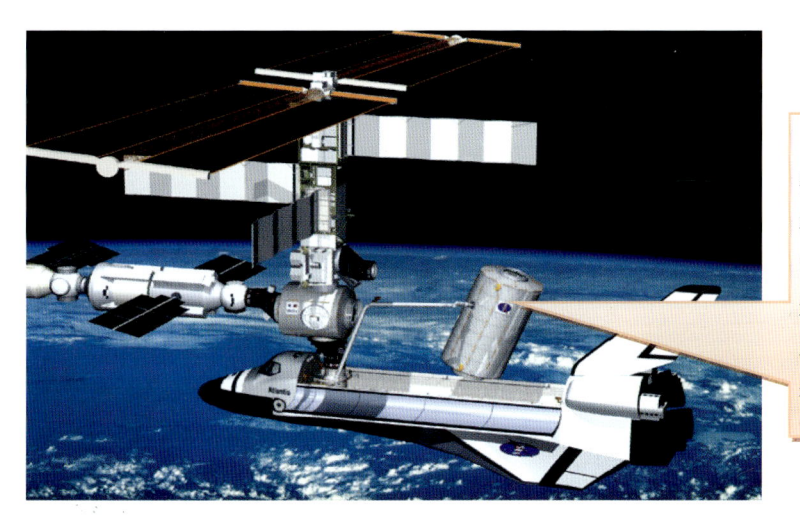

在过去，航天飞机被用来做太空试验，现在这些试验工作被空间站取代，近年来其在地球与空间站的货物和宇航员的运输中起着重要的作用。

航天飞机在军事上也有着重要的用途。它可在空间发射和布放通信卫星、导航卫星、侦察卫星和反卫星卫星；可维修和回收卫星；攻击或捕获敌方卫星；实施空间救生和支援；进行空间作战、指挥和发射轨道武器等。

14.11　航天飞机上的机器臂

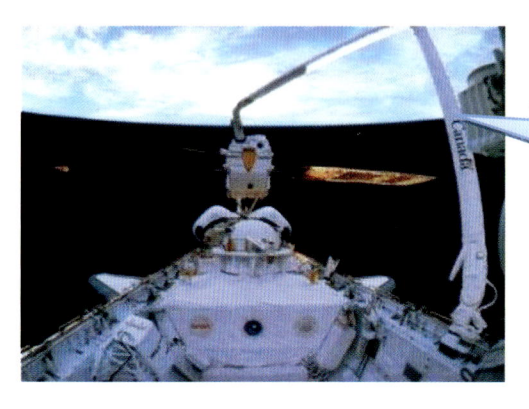

加拿大已经为航天飞机研制了目前世界上最先进的机器臂。

携带卫星和其他设备到太空是航天飞机的主要任务，为了把货物卸载到空间站上，遥控机器臂是航天飞机重要的装备，航天飞机上的遥控机器臂臂长15m，重45kg，它的手臂可以举起超过266000kg重的货物。

> 最近研制的新型机器臂，已经安装在国际空间站上，被称为移动服务系统。
>
> 该机器臂的设计原理与航天飞机的机器臂相似，将担负组装及维护职责，而且还可以提升重达100t的巨型货物。该机器臂将计划用 3 次太空物资运输行动，运往国际空间站并加以组装。

航天飞机上的机器臂像人的手臂，可以伸展到空间站内部，航天飞机的机体相当于它的肩膀，宇航员坐在航天飞机内部通过遥控指令操纵机器臂。

> 宇航员在轨道舱内操纵外面的遥控系统和机器人手臂

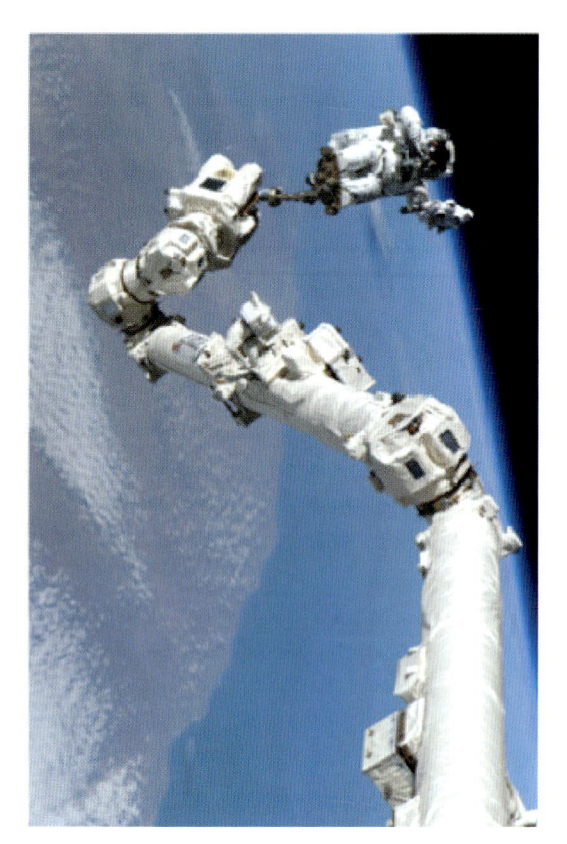

多用途后勤舱与加拿大的机器人操纵臂

宇航员脚部固定在遥控操纵臂上执行舱外任务

14.12 航天飞机的飞行过程

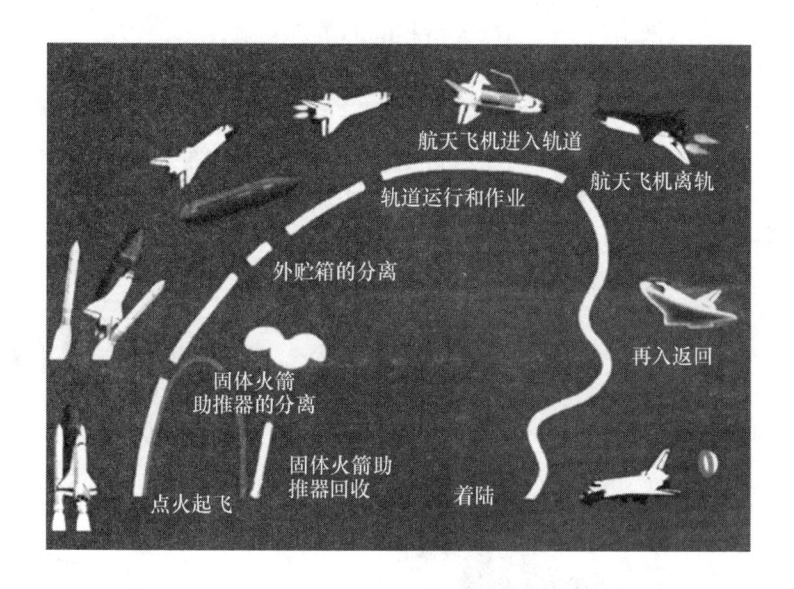

图中标注：
- 航天飞机进入轨道
- 轨道运行和作业
- 航天飞机离轨
- 外贮箱的分离
- 再入返回
- 固体火箭助推器的分离
- 固体火箭助推器回收
- 点火起飞
- 着陆

航天飞机每次飞行所执行的任务是各不相同的，所携带的有效载荷也是多种多样的。但是，无论执行什么任务，携带哪些有效载荷，航天飞机的基本飞行过程都是相同的，可分为5个主要阶段，即上升段、入轨段、轨道段、离轨段和再入着陆段。

相应的具体过程有发射前的准备和点火起飞(liftoff)、固体火箭助推器分离(SRB separation)和回收(SRB splashdown)、外储箱的分离(ET separation)、航天飞机进入轨道(orbit insertion)、轨道运行和作业(on-obit operations)、航天飞机离轨(deorbit)和再入返回(re-entry)以及着陆等飞行(landing)的全过程。

飞行过程在地面监视之中

293

14.12.1 航天飞机上升阶段

航天飞机之所以采用与普通运载火箭相同的垂直发射方法,是为了尽快通过大气层,以减少航天飞机的气动加热时间。当倒计时 0s 时,点燃三台主发动机,3~4s 后两台固体火箭助推器开始点火。先点燃主发动机的目的一方面是为了使推力达到预定水平,另一方面是为了稳定航天飞机姿态。由于三台主发动机的起飞总推力为 5100kN,真空总推力为 6300kN,小于整个航天飞机系统的总起飞质量 2000t,所以要借助于两台固体火箭助推器提供辅助推力,航天飞机才能离开发射台升空。由于每台固体火箭助推器的起飞推力为 13150kN,因此航天飞机整个推进系统的起飞推力可达 31400kN,产生约 0.5g 的初始加速度。

在航天飞机起飞阶段,如遇到应急情况,要使航天飞机紧急着陆时,两台固体火箭助推器和外贮箱可立即予以炸离,航天飞机作必要的机动操纵,可像飞机一样滑翔返回并在发射场的跑道上降落。

固体火箭助推器分离后,三台主发动机推动着航天飞机继续上升。在点火起飞约 8min 之后,航天飞机达到约 110km 的高空,速度达 7.8km/s,即将进入地球轨道。这时外贮箱推进剂基本耗尽,停止输送推进剂,主发动机关机。经过 18s 后,外贮箱与轨道器分离。轨道器与外贮箱分离后开始滑行,此时机上自动驾驶仪发出指令,使朝下喷管点火,产生 1.2m/s 的垂直速度增量,轨道器与外贮箱之间距离加大,然后外贮箱沿一条相隔较远的轨道以亚轨道速度沿弹道轨道陨落到大气层,并在大气层中焚毁,剩下的碎片坠落在远离发射场约 150km 的海面上。

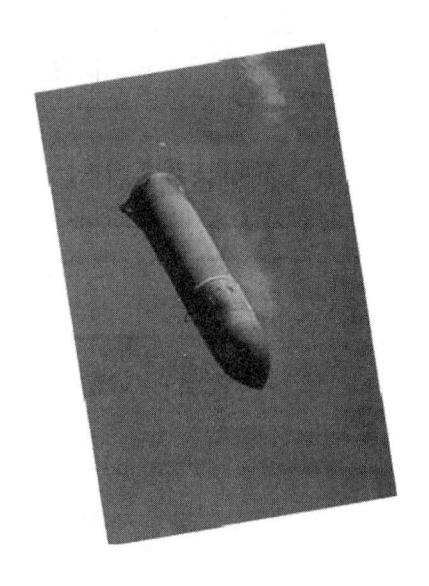

航天飞机在上升段开始时是三台主发动机和两台助推器一起工作的，后期只有三台主发动机工作，或者三台主发动机中的任意两台工作。航天飞机控制系统可以利用每台发动机和助推器尾喷管所具有的两轴摆动能力组合成滚动、俯仰、偏航三轴姿态控制。

14.12.2　航天飞机入轨阶段

在主发动机关机后,航天飞机已基本达到了入轨速度,可以依靠轨道机动发动机提供推力完成最后的入轨飞行。

当主发动机关机后 2min 时,启动两台轨道机动发动机,人工控制提高轨道远地点和近地点高度。

根据任务对轨道的要求,约几分钟后通过第二次人工控制来提高轨道远地点和近地点的高度。经过上述轨道机动后,轨道器入轨。

14.12.3 轨道运行阶段

航天飞机进入轨道以后,做无动力飞行。根据飞行任务的需要,可在 185~1100km 的高度上飞行 7~30 天,速度为 7.68km/s。

在轨道运行过程中,航天飞机可按需要完成各项操纵飞行。轨道机动系统和反作用控制系统是轨道运行阶段的执行机构。利用轨道机动系统,能够完成轨道机动、修正和保持;利用反作用控制系统,航天飞机在轨道上可以采用任何所希望的飞行姿态并加以保持,可以使它的敏感器固定轴指向某一地面目标或空间目标,以满足有效载荷的要求。其定向精度可达 ±0.5°。如果有效载荷的特殊试验需要更精确的定向和稳定精度,必须自备稳定和控制系统设备,如三轴试验定向平台等。此时,航天飞机的姿态控制和轨道控制与卫星、飞船等其他航天器控制的基本原理都是一致的。

航天飞机最有意义的一项活动是能够在轨道上回收并检修卫星,而后再重新施放到空间轨道。航天飞机在轨道平面内具有一定的机动飞行能力,它可以同失效的卫星交会并用机械手将其收回,然后由航天员在货舱内进行检修,拆换陈旧或失效的系统和部件,安装新的敏感器或试验件,补充卫星上的消耗物品,如给气瓶充气、加注燃料等。

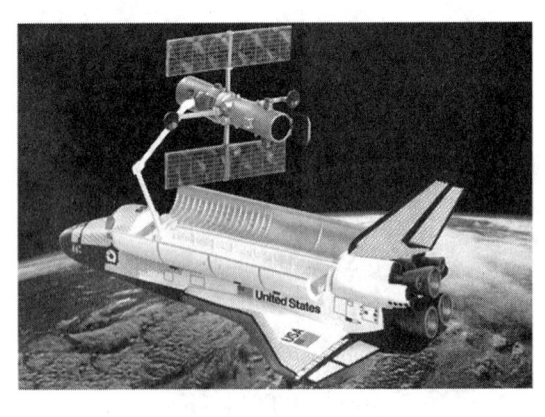

14.12.4 离轨阶段

在轨道器完成预定飞行任务后,准备离开轨道。首先由反作用控制系统对轨道器进行姿态调整和控制,一般是把轨道器掉转,让轨道机动发动机喷管朝向飞行前方。然后通过航天飞机星载控制计算机系统发出离轨指令,点燃轨道机动发动机,对轨道器实行制动减速。在离轨制动点火瞬间,反作用控制系统要确保轨道器处于精确的返回姿态。制动点火10min后,轨道器已降到最有利于再入大气层的高度,此时约为122km,速度7.9km/s,通常此点称为再入点,由此航天飞机进入再入阶段。在制动点火的同时,反作用控制系统也与轨道机动系统一同工作,保证轨道器以约-1°的再入角和34°的攻角通过再入点进入大气层。

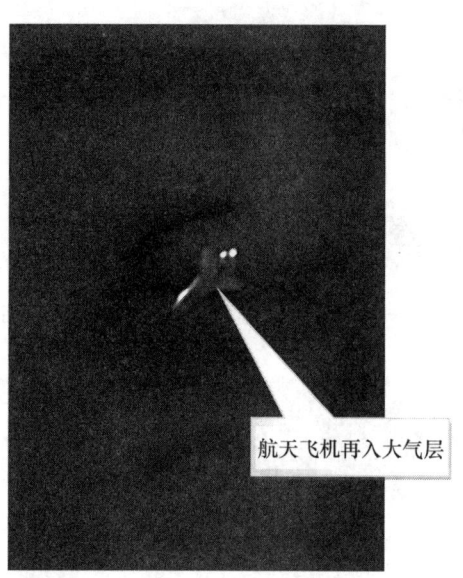

航天飞机再入大气层

14.12.5 再入与着陆阶段

再入与着陆阶段是航天飞机飞行的最后过程,也是控制与操纵最复杂的过程。

这阶段分为再入、末端能量管理和着陆三个过程。再入过程的轨道高度为122~21km。再入开始时采用反作用控制系统进行姿态控制以达到制动和降低轨道高度的目的。当再入8min后,航天飞机高度降到76.84km,速度为7.79km/s。由于此时气动压力已达1.02Pa,所以对航天飞机进行俯仰和滚动两个方向的姿态

控制可以不用反作用控制系统,而改用气动面控制。此时,航天飞机飞行控制系统靠调整攻角来消除距离误差,并靠调整偏转角来保持动压与速度的关系。再入后30min30s,航天飞机降到25km高度,速度为731m/s。此后航天飞机反作用控制系统完全停止工作,下一步的下降控制改用气动控制方法,机翼成为决定性的操纵部件,从此开始了无动力飞行。再入后31min33s,航天飞机降到21km的高度,再入过程结束,开始转入末端能量管理过程。

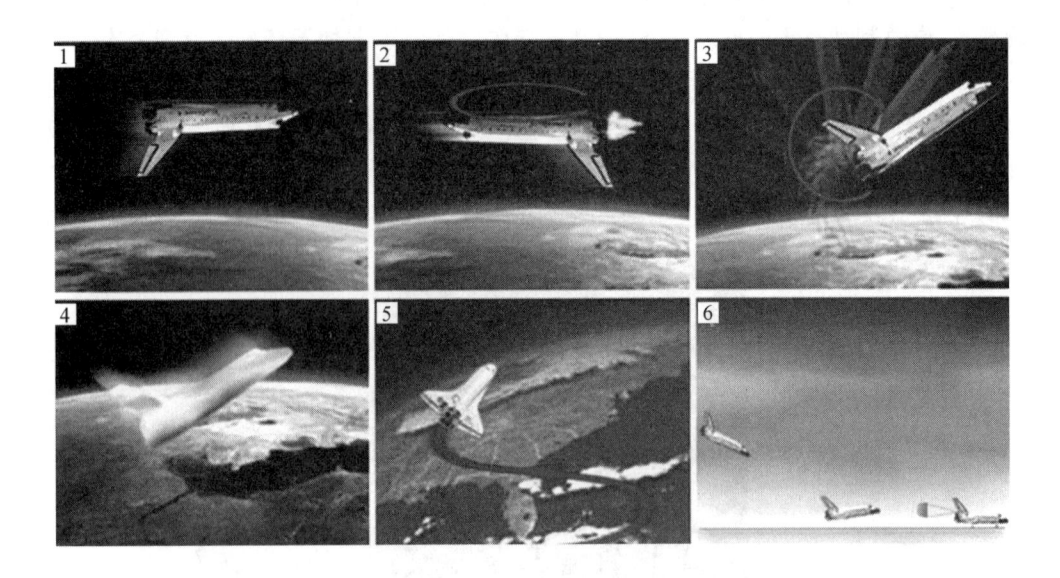

14.13　航天飞机与载人飞船的区别

　　载人飞船和航天飞机统称"载人航天器"，它们主要的作用就是运输。它们或在太空自由翱翔，或来往于地面和空间站之间，运送航天员和货物。目前，正在建造的"国际空间站"就是用它们作为运输工具，接送了一批又一批航天员、各种舱段和仪器设备以及补给用品。所以这俩"兄弟"又称为天地往返运输器，即相当于太空交通车，可以说它们是载人航天的大动脉。

298

载人飞船和航天飞机有明显的不同就是前者无"翅膀",后者有"翅膀",因而它们在功能上有很大不同,各有千秋。

由于载人飞船没有机翼,因而无升力或升力很小,只能以弹道式或半弹道式方法返回。其结果是气动力过载和落地误差都较大,返回时采用在海面降落或在荒原上径直着陆的方式。

这种着陆方式对航天员的要求很高,需要长期训练才行。正是由于没有"翅膀",所以飞船的结构相对简单,无需复杂的空气动力控制面,也没有着陆机构及相关装置,从而可靠性和安全性较高。

航天飞机外形极其复杂,而且要携带可重复使用的发动机,所以载人飞船无论在技术上和成本方面都比航天飞机简单和小得多,很适于长期停靠在空间站上用作救生艇。若用昂贵的航天飞机作救生艇长期停留在空间站上,使用效率太低,还大大增加空间站姿态控制和保持轨道高度方面的费用。

航天飞机可以运送7人外加将近30t的货物到近地轨道上去,既能独自飞行10~20多天,又可满足大型空间站的需求。载人飞船最多能运送3人外加几百千克的货物在太空独自飞行数天到10天左右,为中小型空间站提供服务。

思考题

1. 什么是航天飞机?
2. 美国共有多少架航天飞机?分别是什么?
3. 航天飞机由哪几部分组成?分别简述这些部分的功能。
4. 航天员座舱分为哪几个部分?各部分分别有哪些设施?

5. 航天员如何在太空中吃饭和睡眠?
6. 航天飞机从安装到发射架至起飞前,还需进行哪些准备工作?
7. 航天飞机具有哪些用途?
8. 简述航天飞机的飞行过程。
9. 航天飞机与载人飞船相比有哪些区别?
10. 试分析美国为何要退役全部航天飞机?

第15章 空间碎片

自从1957年苏联发射世界上第一颗人造地球卫星以来,人类的空间技术在近60年的时间里取得了飞速的发展和巨大的成就。但是与此同时,人类的空间活动也制造了大量的空间碎片,俗称太空垃圾(图15.1),即是指在轨运行或再入大气的已经失去功能的人造物体及其残块和组件,包括在轨爆炸或碰撞的解体碎块、火箭发动机的排放物、航天任务过程中产生的废弃物等。

空间碎片的数量对空间安全的危害已经发展到了严峻的程度,特别是在近地轨道,若碎片数量达到饱和状态,则意味着其与卫星相撞概率大大增加,甚至有可能由于碰撞而发生连锁反应,使得轨道资源成为废墟。为此,当今世界应同心协力采取有效措施来解决这一问题。

图15.1 空间碎片示意图

15.1 空间碎片的来源

目前空间碎片总数有数千万,直径1cm碎片超过20万片,直径大于10cm的碎片超过1.7万片。其中解体碎片数量最多,占比超过43%。

空间碎片数量逐年增加。如图15.2所示,截至2014年3月,美国公布的直径大于10cm在轨空间物体数量已达到16898个,而在2007年该数目只有1万。数量的剧增源于空间物体之间的相互碰撞解体,这也是在轨碎片的最大来源。

具体分析产生空间碎片的来源,大致可以概括如下几类:

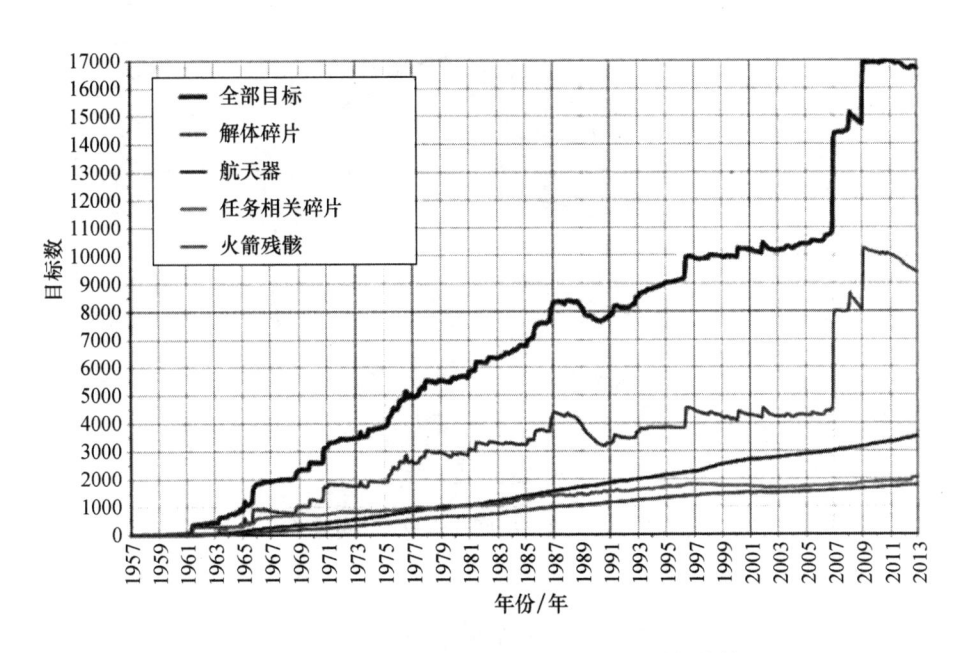

图15.2 直径大于10cm在轨空间碎片的增长趋势

（1）在轨道发生碰撞所产生的碎片。这是目前占空间碎片比例最大部分。例如，在2009年美国"铱星"33号与俄罗斯的失控卫星"宇宙"2251号相撞，产生碎片2100多个，其中"铱星"碎片900多个，"宇宙"2251号产生碎片1200多个。

（2）入轨后火箭剩余燃料、卫星高压气瓶剩余气体、未用完的电池等，都可能因偶然因素爆炸，产生难以估量的碎片。

（3）固体火箭燃料中添加铝粉，燃烧产生的氧化铝向空间喷射，形成空间"沙尘暴"。

（4）飞船和空间站的航天员产生的生活垃圾（如"和平号"空间站曾经向太空抛出大小垃圾200多包）。

（5）受到空间碎片的影响，航天器表面的漆块和防护层加速剥落成新的空间碎片。

（6）航天员在空间行走时遗弃的东西（如扳手、各种工具、手套、摄像机灯器等物品也会成为空间碎片）。

（7）寿命终止后的卫星或者发射故障的卫星均会成为大型空间碎片。

（8）携带卫星入轨后的末级火箭，留在太空中成为空间碎片。

（9）核动力卫星及其产生的放射性碎片。空间碎片来源中最使人担心的，就是俄罗斯和美国先后发射的核动力卫星及其产生的放射性碎片。在2000年统计表明这种碎片大约有3t。这些碎片如果进入大气层或者最终坠入地球表面，其放射性物质对人类健康及生存环境都会产生巨大危害。

（10）还有其他一些碎片的来源，目前暂时没有分类。

如图15.3所示，大致可以了解到在轨空间物体数量的比例。

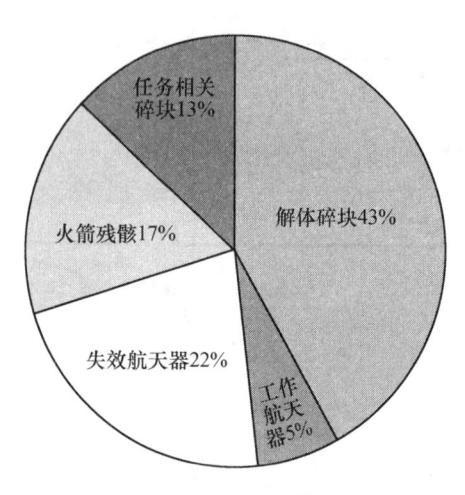

图15.3 在轨空间物体数量百分比

15.2 空间碎片的分布

空间碎片是航天活动的产物，分布在航天器所及的各个区域(图15.4)。在可由观测设备跟踪的空间物体中，工作的航天器数量仅占5%，其余都是碎片。空间碎片的密集分布区域有3个：2000km以下的低地球轨道区域、36000km的地球同步轨道区域和20000km的中轨道区域。由于太阳同步轨道是通信、测绘、气象、侦察等各类应用卫星集中的一类轨道，卫星之间的碰撞解体也多发生在此类轨道区域，因此800～1000km的高空是空间碎片最密集的区域。

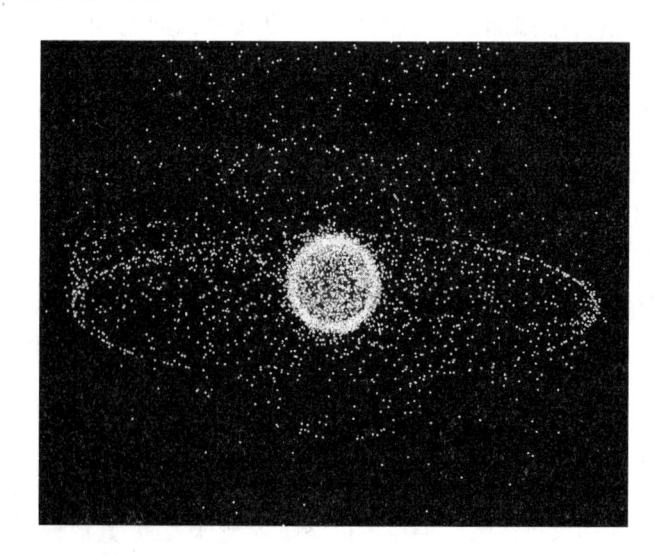

图15.4 空间碎片分布直观图

如图15.5所示，直径大于10cm的空间碎片在轨道的分布如下：
(1) 近地轨道(轨道高度低于2000km)。空间碎片约13500个，占总数的80%；工作航天器约600个;非工作航天器(废弃或故障)约2500个;与任务有关的碎片约1500个;火箭残骸约1500个;分裂碎片约8000个。

（2）地球中高轨道(轨道高度2000~10000km)。空间碎片约2200个,占总数的13%。

（3）地球同步轨道(轨道高度36000km)。空间碎片约1200个,占总数的7%。

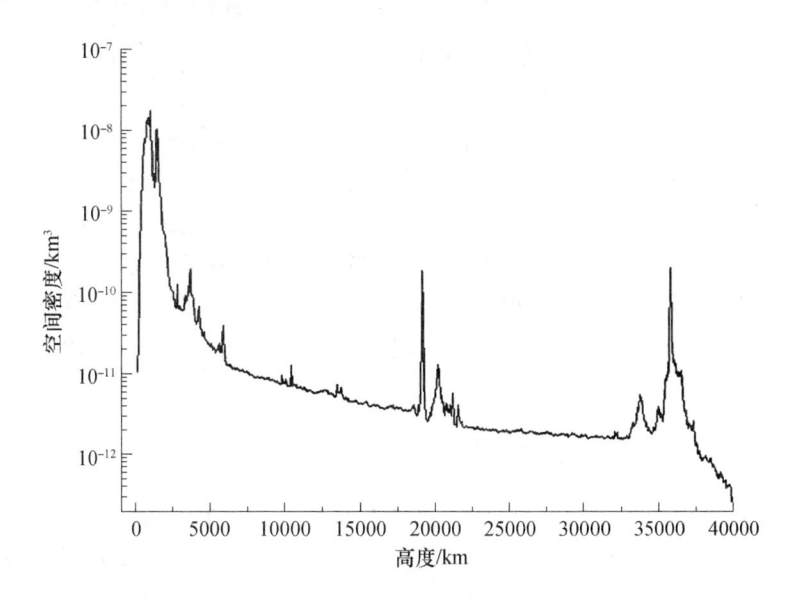

图15.5 空间碎片密度曲线图

从空间碎片质量的分布来看,直径大于10cm的空间碎片质量约占全部碎片的99%以上,约3000t。人类在50多年内发射入轨航天器6000t以上,而目前留在轨道上的碎片质量接近其质量的1/2。其中绝大多数空间碎片处于高度低于2000km的近地轨道,约有2500t,它们绕地球旋转的速度通常为7~8km/s,一旦与在轨任务航天器发生碰撞,会对航天器产生巨大破坏。在地球同步轨道分布的空间碎片近十几年来一直在增加。虽然有的空间碎片会离开轨道,但是每年进入该轨道的空间碎片数量比离开的多约1倍。

空间碎片数量在近几年相比之前的增长速度更为迅速。其主要原因是空间碰撞产生数量巨大的碎片;次要原因是近几年卫星发射数量和空间碎片累计数量增加,导致一般性碰撞或载荷老化产生碎片的概率也有所增加;此外还要考虑近十几年来,小卫星、微小卫星、纳星、立方体星等发射数量增加的影响。

空间碎片的在轨寿命与其轨道高度有直接的关系:

（1）轨道高度大于2000km,需要几百到上千年才会降落到大气层烧毁。

（2）轨道高度2000~1000km,碎片会停留在轨道100年或者更长时间。

（3）轨道高度1000~800km,碎片在轨寿命会有数十年。

（4）轨道高度800~600km,碎片在轨寿命为十几年。

由于空间碎片数量随时间推移一直在增加,若不及时采取措施,对人类的空间探索和利用会造成难以接受的不利影响。

15.3 空间碎片的危害

15.3.1 空间碎片的分类

要想研究空间碎片的危害,首先我们需要将空间碎片按照尺寸进行一个分类。空间碎片的尺寸大小差别极大,小的直径只有微米量级,大的直径可达数十米。按其尺寸大小大致可以分为三类。

(1) 大空间碎片,直径大于10cm的空间碎片,目前地基监测网可以测量其轨道的碎片,航天器一旦被它撞击将彻底损坏,只有躲开它的撞击才能保证航天器的安全。

(2) 小空间碎片,直径小于1mm的空间碎片,通过天基直接探测,或者分析回收物的表面获得它的信息,数量巨大,需要通过采取适当的防护措施来提高航天器的抗御能力。

(3) 危险碎片,介乎大、小空间碎片之间的碎片,目前尚无有效的探测方法,对航天器的损坏能力比小空间碎片大,防护困难;数量比大空间碎片多,航天器躲避困难,是十分危险的碎片。

15.3.2 空间碎片对航天器的危害

空间碎片对航天器造成的危害,概括起来主要有以下几个方面:

(1) 改变航天器表面性质。微小空间碎片(直径为微米量级、质量为微克量级),由于其数量众多,空间密度大,与航天器撞击的频率非常高,能严重改变航天器的性能,称为"沙蚀"。光学镜头表面会被微小空间碎片"磨砂"而无法成像。对热控表面的撞击会改变其辐射、吸收特性,导致航天器热控失衡,造成航天器温度的改变。

(2) 在航天器表面造成撞击坑。稍大的空间碎片会损坏航天器表面材料,对表面期间造成损伤,太阳能电池供电线路断路。二次撞击和深入航天器内部的撞击作用,会造成航天器的内损伤。

(3) 等离子体云效应。在太空环境,超高速撞击的空间碎片本身及被撞击的航天器表面材料会发生气化,形成等离子体云,在失重的条件下等离子体云将依附在航天器表面四处游荡,并可能进入航天器的内部,造成供电失常,形成航天器故障。

(4) 动量传递。大的空间碎片与航天器高速撞击,将巨大的动能传递给航天器,使航天器的姿态改变,甚至可能改变航天器的轨道。

(5) 表面穿孔。空间碎片的能量足够大时,将穿透航天器表面,打坏置于航天器内部的控制系统或有效载荷。击穿盛有气体或液体的容器舱壁时,气体或液体将泄露。

(6) 容器爆炸、破裂。空间碎片撞击可以使航天器表面强度降低,甚至出现裂纹,若舱壁有应力集中的现象,或高压容器的舱壁受损,可能会发生爆炸。

(7) 结构碎裂。大的空间碎片撞击航天器桁架结构时,可能将整个结构打散。

如图15.6所示为航天飞机表面受到空间碎片撞击的产生的损坏。

另外,空间碎片再入大气层时,会对地面的生命财产安全构成严重的威胁,以核能为动力的航天器陨落时,由于放射性物质的大面积扩散,对环境的化学和放射性污染后果特别严重,尤其受到关注。

图 15.6　航天飞机表面受到空间碎片撞击产生损坏

15.4　空间碎片的观测

全世界对空间碎片监视和观测的系统有许多处。

（1）美国空间监视网（SSN）。SSN 从 20 世纪 6。年代初开始组建，是最早且最大的观测系统。可以观测到近地轨道上直径大于 10cm 和地球同步轨道上直径大于 1m 的空间碎片。

为了达到连续跟踪空间碎片运行轨迹，SSN 在全世界分别组建了 25 个观测站，可以连续跟踪观测在轨道高度 600km 以上的空间碎片。

SSN 观测设备采用陆基跟踪无线电雷达。雷达可观测碎片的直径大小与采用的无线电频率有关。频率越高，可观测碎片的直径越小（分辨率越高）。

（2）德国跟踪和成像雷达系统（Tracking and Imaging Rader，TIRA），现已开始工作，可观测直径大于 2cm 的碎片，为区域性观测。

（3）法国国防部格雷夫斯（GRAVES）双基地雷达。2009 年投入工作，可观测直径大于 1m 的空间碎片，为区域性观测。

15.5　空间碎片的清理

清理空间碎片的原则和要求可分为两个阶段：第一阶段是对现有空间碎片进行清理；第二阶段则对以后要发射入轨的新卫星提出要求。同时在这两阶段期间还需要设置一段过渡时期（设过渡时期为几年时间，最终规定要求何时开始执行）。

15.5.1　清理现有空间碎片的原则和要求

1. 根据空间碎片现状分别采用不同的原则和要求

（1）尽快清理近地轨道碎片。这些碎片直径大于 10cm，数量为 1.5 万多个，且在某些轨道段上非常拥挤，对空间安全的影响最为严重。

（2）在一定时间内清理地球同步轨道碎片。在这一区域,碎片与航天器碰撞仅有一定的概率,清理时间可适当放宽。

（3）中轨道(轨道高度2000~25000km)区域碎片暂可不清理。因为工作卫星与碎片的总和数量到目前为止还处在安全状态。

2. 近地轨道碎片的清理要求及方法

（1）碎片直径大于1m,质量约在几百千克到1吨之间的碎片,在近地轨道估计占该区域碎片总数量10%以上,这个数值是变化的,当发生卫星碰撞时,其比例会增加,必须尽快采用主动清理碎片的方法。

（2）碎片直径为0.1~1m,可以被实时观测到,数量约为10000~12000个,目前处在比较危险的程度。应在规定时间内采用主、被动清理方法。紧急情况下,可以暂时采用规避轨道机动方法,但是需要耗费航天器的燃料。

（3）碎片直径为1~10cm,这是目前最难处理的碎片,质量一般小于几千克,有的仅有几十克。由于无法跟踪观测,数量又很大(约十几万个),其危害程度不尽相同。可分别采用可展开/贮存金属网捕获碎片方法或被动清理碎片的方法;对直径在10cm左右的碎片,采用喷射方法清理也是一个较好的措施。

（4）碎片直径小于1cm,质量低于十几克,其数量极大,但相对危害性较小,一般可以忽略。在必要时,对卫星关键部位和易损表面加装防撞设备。也可以在必要时,喷射出一些物质附着在碎片上面,使其变成较大的球状物,以加其大气动阻力,使碎片提早离轨。

3. 地球同步轨道碎片的清理原则和要求

目前在该区域碎片估计在几百个以上,但直径较大,地面上能观测到,目前发生碰撞概率较小。但是地球同步轨道,倾角为0°,在这条狭带内,一旦发生碰撞,经济损失会很大,同时对全球军用和民用通信影响更为严重。为此应该在规定时间内逐步清理。清理碎片采用主动方式比较合适,特别是采用自主式有控推力的方法。若不能采用自主式时,可用机器人抓捕,然后把碎片推至弃置轨道。

15.5.2 对将来发射卫星的碎片清理原则和要求

在条件成熟时,应规定所有发射入轨的卫星必须具备清理自身碎片的能力,或者由他人帮助清理(如"轨道服务公司"),清理费用由卫星所有者支付。"轨道服务公司"必须要有严格的组织和完善的国际监督,例如在联合国有关组织管理监督下经营。根据卫星大小和轨道高低,对其清理碎片的能力分别有如下要求:

1. 近地轨道

（1）大、中型卫星(大于1000kg),要有自备离轨(进入大气层)能力,采用推力主动离轨方法,最理想的是具备固体小火箭,其次为预留液体燃料。

（2）小卫星(小于1000kg),采用被动系留离轨、机器抓捕等主动清理方法。

（3）微卫星和纳卫星(小于100kg),卫星应装有微型/轻型离轨终端器或冲气设备(加大气动阻力等),采用被动离轨方法。

2. 地球同步轨道

由于这里大部分都是大、中型卫星。可采用自备推力离轨方法,把碎片推至弃置轨道。还可采用机器人抓捕,集中一定碎片数量后,送入弃置轨道。废弃卫星和故障卫星在规定时间内不能离轨时,可由轨道服务公司清理。

3. 其他地球轨道

均应具备"碎片轨道清理服务"功能,清理发生故障或碰撞所产生有危害的碎片。

采取以上清理措施之后,现有空间碎片数量经过若干年,会逐渐减少,最后处在一个安全的水平上。同时新发射卫星又有自备清理碎片能力。这样,在达到上述两项要求以后,就可保持一个安全清洁的空间环境,宝贵的空间资源将得以长久被使用。

15.5.3 清理空间碎片的方法

清理空间碎片方法比较多,下面讨论的各种空间碎片清理方法都是针对上文所述情况,根据轨道高低,碎片大小和数量等不同的因素,分别采用不同方法。清理空间碎片的方法可分为三种:①被动清理方法。不消耗能源,仅依靠外界自然因素来清理碎片,使碎片提早离轨。②主动清理方法。需要消耗能源。③混合清理方法。主、被动两者相结合。这些清理方法,有一部分还处在研究设计阶段,离实际应用有一定距离,随着技术发展,今后将有较大应用价值。

每种清理方法还包括自主和非自主方式。自主方式是指依靠碎片对象本身具备的能力来清理,非自主方式是通过外力施加于碎片对象,达到清理的目的。为此主动或被动清理方法都有自主和非自主方式。

1. 被动清理空间碎片的方法

(1) 电动系绳离轨终端器。空间系绳于1970年由意大利人发明。美国的TUI系绳公司经过十几年研制,最后提出了称为"电动系绳"的离轨终端器,其结构原理如图15.7所示。图中下端有一个小盒,存放导电带,长度根据需求来决定,一般几十米到几千米。卫星工作时导电带储存在小盒里,卫星寿命终止后,小盒自动(或地面站指令)打开,伸出的导电带有电流产生,与地磁力相互作用产生电动阻力,导电带与卫星形成重力梯度稳定姿态结构,同时也产生气动阻力,迫使卫星提早离轨,最终进入大气层烧毁。该公司根据卫星质量大小和轨道高低(一般都在近地轨道)可生产多种电动系绳离轨终端器。

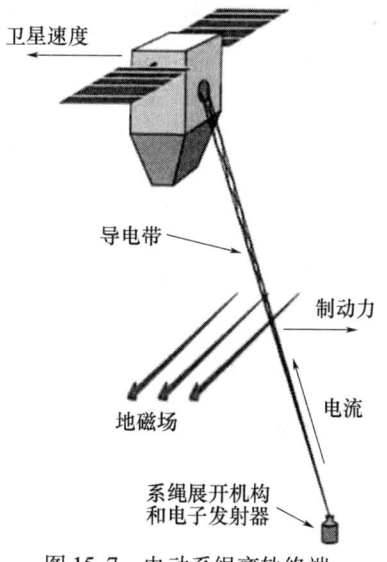

图 15.7 电动系绳离轨终端

(2) 气动阻力离轨装置。使用冲气装置形成气球或抛物面形状,提高气动阻力,迫使卫星提早离轨。如图15.8所示为表示美国贝尔公司在2004年研制的"冲气加固拖曳结构"(Towed Rigidizable Inflatable Structure,TRIS)。图中有三条支架(由系绳构成)连接一个大面积的抛物面天线,平时收缩在小盒里。当卫星工作寿命终止后,打开伸展支架,冲气成为抛物面。近地轨道质量在500~1000kg的卫星,所需TRIS离轨装置的质量、体积和成本如表15.1所列。离轨装置一般约占卫星总质量的1%~1.5%。对500~600km圆轨道卫星来说,其离轨时间大约在0.5~1年之间。

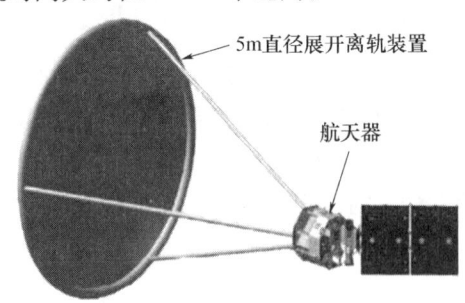

图15.8 气动阻力离轨装置

表15.1 TRIS离轨装置的质量、体积和成本

卫星质量/kg	抛物面直径/m	质量/kg	贮存体积/m³	成本/万美元
小于500	5	5.33	0.0026	7.2
500~1000	10	13.35	0.011	8
1000~1500	15	23.99	0.024	10.5

另一种结构为冲气气球的气动阻力离轨装置如图15.9(a)所示。卫星工作寿命终止后,释放出压缩氦气形成气球。如卫星质量1200kg、轨道高度为830km,冲气成气球直径为37m,1年时间离轨,进入大气层烧毁。若没有此装置,卫星将在轨道上停留30~40年。气动阻力离轨装置还有一种四方形结构,如图15.9(b)所示。

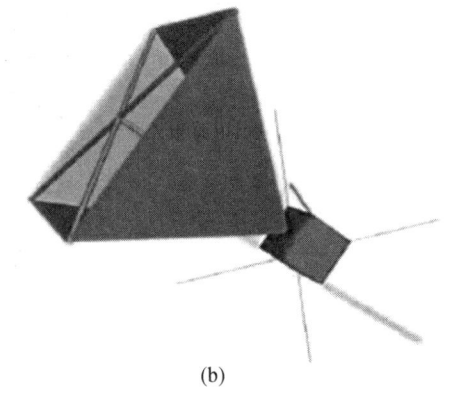

图15.9 气动阻力离轨装置示意图
(a)气球结构;(b)四方形结构。

（3）太阳辐射压力离轨方法。在地球同步轨道利用大型太阳帆指向太阳，产生辐射压力，经过连续不断工作，卫星轨道高度将产生变化，最终迫使卫星离开地球同步轨道。这种操作一般都由地面站执行，产生足够辐射压力需要较长操作时间。由于在地球同步轨道上太阳辐射压力是卫星的最主要摄动力，因此该方法适用于地球同步轨道，特别是当卫星推力器发生故障时，使用这方法作备份，非常有效。

（4）制动帆离轨方法。在卫星上通过支架伸展薄膜形成各种形状的帆，从而产生制动阻力，迫使卫星提早离轨。可为各种卫星研制大小不同的制动帆，一般帆面积为几平方米到几十平方米，如图15.10所示。这种装置质量轻结构简单、成本低，特别适用于近地轨道的微小卫星。

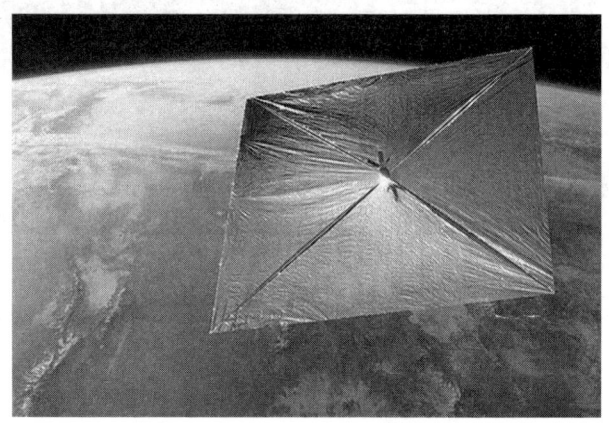

图15.10 轻型制动帆离轨装置

2. 主动清理空间碎片的方法

（1）推力离轨方法。采用各种推力器，迫使卫星离轨，这种方法特点是作用效果明显、离轨时间短、燃耗较大、成本高。2002年欧空局研究对比了不同种类卫星采用的推力离轨方法，表15.2列出比较结果，表中使用阿拉伯数字1~6分别表示其效果从最佳到最差的6个等级（指表15.2中具体轨道比较结果，若改变轨道，比较结果可作参考，可能会有一些小变化）。

表15.2 各种推力器对不同卫星离轨比较结果

卫星类型	质量/kg	轨道/km	冷气	固体推进	单组元	双组元	电弧推进	离子推进
小纳星	小于5	大椭圆轨道	3	1	2	4	不适用	不适用
纳星	5~20	不大于700/1000	3	1	2	4	不适用	不适用
微卫星	20~100	不大于830/850	4	1	2	3	不适用	不适用
微小卫星	100~500	不大于600	6	1	2	3	4	5
中卫星	500~1500	不大于800(倾角98°)	6	1	1	3	4	5
大卫星	1500~2500	不大于600	6	1	2	2	4	5

由表15.2可知，固体推进器适用于各种卫星，其次广泛适用的是单组元推进器，电推力器对微卫星和纳卫星均不适用，冷气推力器对一般卫星不太适合，可考虑用于纳星和微

卫星。

采用推力离轨方法不仅需要耗费较多燃料,而且控制精度的要求较高,若只有推力但无精确控制的能力,则离轨时间会比较长。

(2) 空间机器人方法。采用具有轨道机动能力的空间机器人,对选定的空间碎片进行抓捕,并集中起来处理。采用和发展这种方法往往与军事用途有关。该技术有两个难点,一是如何把抓捕到的碎片集中起来;二是如何清理这些碎片,又不影响到空间环境。还有一种方法是在具有机动能力的微小卫星上安装机械臂,作用效果和空间机器人类似。如图15.11 所示为这两种空间机器人抓捕碎片的外观图。

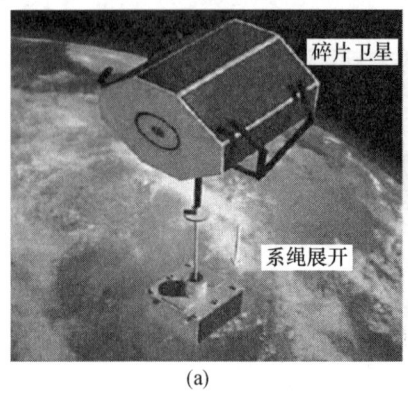

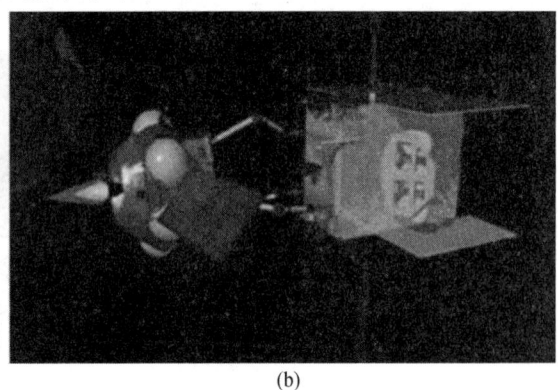

图 15.11 空间机器人抓捕碎片
(a) 具有轨道机动能力的空间机器人;(b) 安装机械臂的微小卫星。

(3) 膨胀泡沫方法。利用卫星向空间碎片喷射泡沫,从而增加碎片的面积质量比,提高其气动阻力,最终导致碎片提早离轨,坠入大气层烧毁。这种方法比较适用于近地轨道的各种碎片。碎片经过泡沫包装后,质量密度一般为 $0.5 \sim 1 kg/m^3$。

碎片离轨时间和泡沫直径大小有关,可根据所选定空间碎片的大小和质量,确定应该喷射泡沫的直径。

喷射泡沫装置可安装在近地轨道的卫星或飞船上,"喷射泡沫机构"由泡沫贮存箱、可控机械手和喷管等组成;地面的空间碎片观测系统选定具体碎片目标,设定喷射条件,针对性强,不会产生其他负作用。

3. 混合清理空间碎片方法

该方法同时具有主动和被动相结合的清理碎片功能。

(1) 制动帆和电动系绳混合方法。立方体卫星由欧洲航天局出资组织,英国萨瑞卫星技术公司承担研制。2011年上半年已经完成初步研制工作。立方体卫星帆的存储和展开结构如图 15.12 所示。

柔性制动帆存储在双立方体单元上端部件中,下端部件为控制电子设备。当需要时展开成正方形帆,一般面积为 $4 \sim 25 m^2$,然后展开的帆和一定长度系绳连接在一起,成为一套完整的混合清理碎片装置,最后通过空间对接,把混合装置固连在碎片卫星上,其结构原理如图 15.13 所示。

这种混合清理碎片装置同时具有帆制动和电动系绳两种作用的离轨功能,离轨时间更短。此方法特别适用于不具备离轨功能的卫星。目前的技术难点,是如何把混合

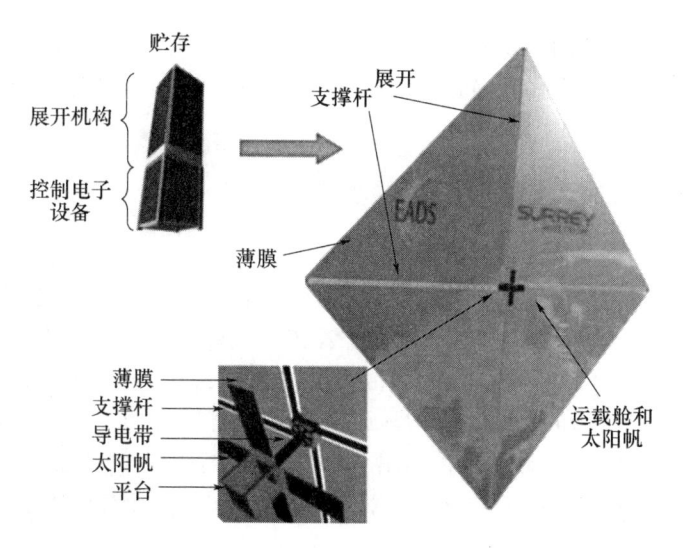

图 15.12 立方体卫星帆贮存和展开结构图

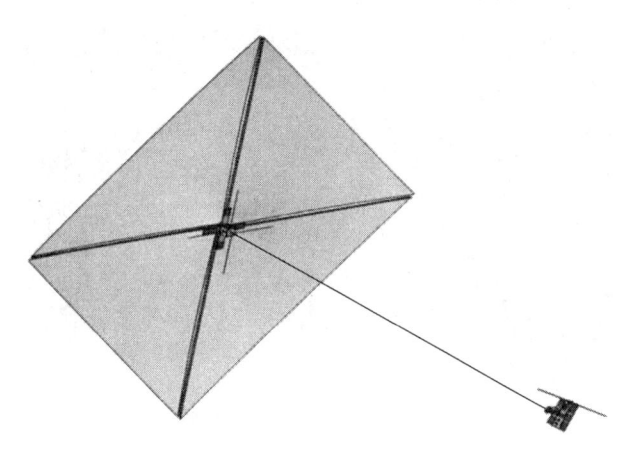

图 15.13 制动帆和电动系绳混合系统展开结构图

装置可靠地与碎片卫星对接并固连,虽然空间交会对接技术目前发展比较成熟,但是对非合作目标(例如空间碎片)的对接,仍然存在一定的技术难度。

(2)可展开/存储金属网捕获碎片方法。用金属丝制成巨型捕获网,直径可达几百米到几千米,当卫星飞行任务完成后,根据地面站指令打开卫星上的金属网,开始捕获碎片。该方法较适合捕获近地轨道上直径小于 10cm 的碎片。完成碎片捕获任务后,卫星向金属网通电,从而与地磁场相互作用,产生制动力,使卫星离轨。该方法在地面站控制下,一般不会捕获不该捕获的物体。

15.6 各国空间碎片清理方案实例

认识到空间碎片问题的严重性后,国际航天发达国家不仅热衷于为太空建章立制,借以提高外空活动的门槛,同时各国都积极从管理上和技术上多层次减少空间碎片产生。突出表现在四个方面:制定空间碎片政策和监管制度,约束航天工业界活动;提高空间态势感知能力,应对空间碎片威胁;加强空间碎片碰撞信息通报,避免太空事故发生;加强国际合作,提高对空间碎片的应对能力。

同时,各国也都积极的对空间碎片进行清理工作,下面将介绍其中的一些方案和试验。

15.6.1 瑞士:"清洁太空"一号

瑞士,这个人口只有 800 多万的小国,在清扫空间碎片的行动中却名列前茅。瑞士空间中心在发射航天器时,遵守的原则是:"谁污染,谁清理",他们认为"如果每个人都能把自家门口打扫干净,太空也就会很干净了"。2009 年,瑞士空间中心的第一颗卫星"瑞士立方体"放入太空,任务是观察一种"大气辉光"。目前,任务已经完成,该卫星就需要被清理掉。2012 年,瑞士空间中心启动了一项"清洁太空"一号的项目,这颗预计造价 1100 万美元的打扫卫星(图 15.14),将于 2016 年投入使用,最迟不晚于 2017 年,有可能成为世界上第一颗空间碎片扫除卫星。它的第一个任务是回收两枚分别于 2009 年及 2010 年发射的瑞士卫星。

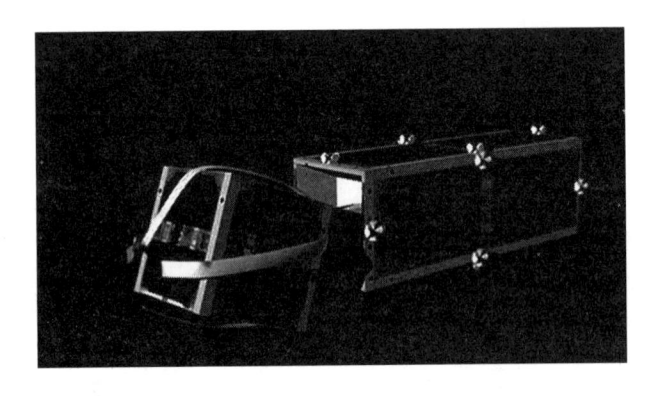

图 15.14 "清洁太空一号"捕捉到废弃卫星

研制"清洁太空"一号卫星要解决三个关键的技术问题:①研制小型发动机,将清理卫星准确地送到垃圾运行的轨道上;②研制抓紧及稳定高速转动的空间碎片的装置;③找出把废物引导至地球大气层焚烧的方法。

现在的卫星都是使用笨重而昂贵的发动机进行机动,发射成本很高。微型卫星的成本远低于大体积卫星,又具有大型卫星所不具备的功能,是现在各国卫星研发的重点。但是,目前缺少用于这种卫星的高效推进系统。瑞士科学家正在研制一种微型卫星推进器,在设计上,这种微型发动机并非用于将卫星送入轨道,而是帮助卫星在太空中机动。这种迷你发动机只有几百克重,使用离子化合物作为燃料,利用电喷射离子产生推进力,使卫星在以 10km/s 绕轨道飞行时改变方向。根据计算,一颗采用这种发动机的 1kg 重纳星进入月球轨道需要大约 6 个月,仅消耗 100mg 燃料。按照计划,这种发动机将安装在"清洁太空"一号卫星上,它可以随时改变卫星的轨道和前进方向,使它追上自己的"猎物"。

"清洁太空"一号的第二个技术难点是要在卫星追上自己的"猎物"后,需要一种可以将"猎物"紧紧抓住的装置。科学家们从章鱼捕食过程中受到启发。于是,科学家们在"清洁太空一号"的"肚子"里,安装了有 4 个爪子的装置,当遇到空间碎片时,它们伸出爪子,将"猎物"紧紧地抱住,送到自己的"肚子"里,如图 15.15 所示。

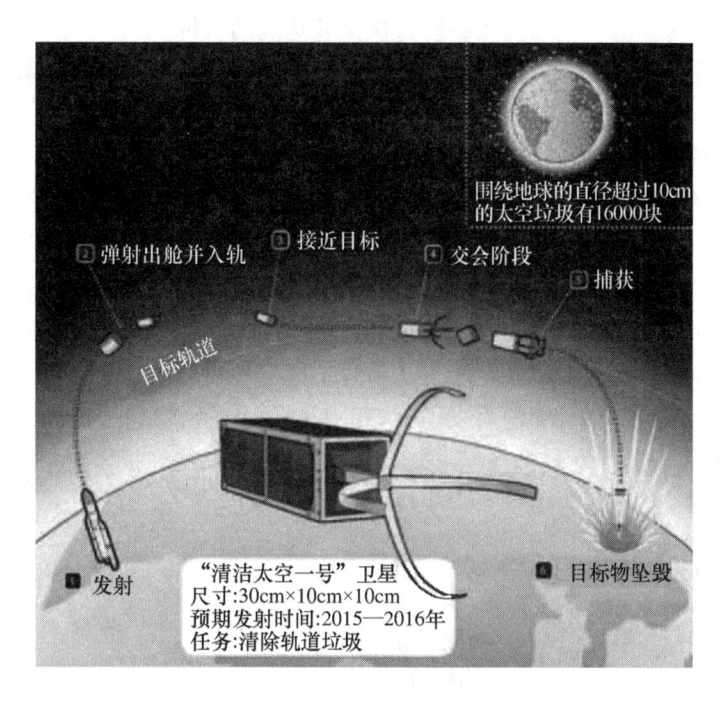

图 15.15 "清洁太空"一号捕捉空间碎片示意图

至于第三个技术难关,销毁空间碎片的方法,瑞士太空中心发言人格罗斯表示,目前正考虑两个方案。一是用打扫装置收集空间碎片,然后整个装置连同吸入的残骸在地球大气层中自行烧毁;二是把装置保留在地球轨道,把吸入的碎片排放到地球大气层中。

15.6.2 日本:太空渔网

日本是航天大国之一,良好的太空环境对其十分重要,所以,它也是清除空间碎片的积极分子。目前,日本宇宙探索局和一家名为"日东制网"的公司共同合作,计划两年内织就一张直径达数千米的巨大的"太空渔网",用于"打捞"漂浮在地球轨道中的空间碎片。研究人员的设想是首先由火箭将装有"太空渔网"的卫星发射到一定轨道上。进入太空后,当卫星达到指定位置后,卫星的机器臂把这种长数千米的金属网展开,然后松开"太空渔网"的收集长绳。"太空渔网"沿地球轨道运行,一路上清扫所遇到的空间碎片。由于空间碎片外面的金属网状器材在绕地球运行的过程中会被逐渐充电,在地球磁场的影响下,被网住的空间碎片就会缓缓降低轨道,最终金属网和它收集的空间碎片都将在坠入地球高层大气时被焚毁。这种系统由于在网住空间碎片后可以利用磁力让其自然掉入大气层,具有操作简便、费用相对低廉等优点。研究人员也希望用这种方法能够将空间碎片"一网打尽"。

这种空间碎片清除系统的材料主要是铝线和不锈钢纤维,研究人员将这两种材料相互缠绕成直径约1mm的银色的细丝,其不但导电性能良好,而且十分轻巧柔软。整个系统是由3根这样的细丝编制而成的网状结构,这样在具体操作过程中即使有一根断掉,也不影响整个系统的结构强度。

研究人员计划最近进行这种设想的第一次太空试验,届时,一枚火箭将运载一颗由日本香川大学研发的人造卫星飞向太空。这次试验达到的目标有两个：第一是把一根300m长的绳索带到轨道上；第二是观察其中电流的传导。真正要把轨道垃圾卷绕出去，则是未来试验的目标。

"太空渔网"的设想很好，但是是否能够达到预期的效果，令人怀疑。首先，太空十分广阔，空间碎片的分布还是相对稀疏的，尽管网伸展开直径可达数千米，但转一圈能兜住多少垃圾还是个未知数，只有不断地变轨来打扫多条轨道，才能罩住更多碎片，这个实施起来并不容易。此外，在网住空间碎片时，有可能使得空间碎片与网之间的超高速碰撞，撞击出更多碎片，这也是必须面对和解决的问题。总的来说，因为太空碎片是高速运动着的，很难精确测定其轨道，所以用这种方法清理空间碎片难度依然很高。

此外，日本还计划2019年前后发射"清扫卫星"，该卫星将利用摄像机寻找并接近空间碎片，然后使用机器臂安装金属绳。安装有数条金属绳、能捕捉多个空间碎片的专用卫星将于2023年前后发射。

15.6.3 美国：五花八门的手段

在近地轨道的空间碎片中，美国制造的空间碎片位居第二。美国宇航局对清除空间碎片的研究十分重视，甚至向社会招标征求清理空间碎片的方法。他们曾考虑过多种选项，提出的方案可谓五花八门，下面是几种认为有可能实现的方法。

1. 电动系绳

这是一种采用"自杀"来处理空间碎片的方法。电动系绳是一条藏在卫星内部长达5000m的细导线，在卫星正常运行期间，这根导线被绕成一个线圈放置在卫星内部。当卫星完成使命时，地面指挥中心下达"卫星报废"指令，电动系绳便会自动打开。在电离层和地球磁场的共同作用下，这条绵延达5000m的导线上可产生持续的电流，形成电离层。这样，电离层与地球磁场相互作用，形成面向地球的拉力，牵动卫星慢慢下落。经过几个星期或几个月，这种拉力会使卫星处于更低的轨道平面，直到它在大气中自行燃烧。

这种方法不仅简便、非常廉价，而且可以大大加快卫星从轨道上脱离的速度。例如，它可以将原来大约需要100年时间才会坠入大气层的垃圾卫星，在18天内就使它"命丧黄泉"故此计划得到了美国航宇局和五角大楼的多笔资金支持，目前已成功进行了数次失重条件下的试验，预计这项技术在今后几年内即可投入使用。

2. 激光扫帚

美国航宇局设想从地面发出一束中等能级激的光束，击中空间碎片并借助激光光子施加的微弱推力让空间碎片逐渐减速坠落。其原理是：激光照射所产生的热量将蒸发掉这些空间碎片表面的小部分外壳物质，这些被蒸发的物质将在这些空间碎片后部产生微弱的等离子喷流，从而减缓这些太空碎片的运行速度，最终导致它们脱轨，坠入地球大气层焚毁。

这种"激光扫帚"只能"扫除太空中的小垃圾，对那些危险性大的较大垃圾则无能为力。其研究者设想如果采用更加高能的激光器，如150千瓦级的激光器，将能对任何尺寸的空间碎片有效。使用地面激光器如果能解决问题，那就省去了向太空发射清理卫星的必要，可以节省大量经费。因为要发射卫星，将耗费数亿美元，而采用激光扫帚，每一片小型垃圾的销毁费用约为数百美元,大型的垃圾销毁费用大约为100万美元。这个办法曾计划在2003年进行试验,后因哥伦比亚号航天飞机失事而推迟。

但是,使用这种技术时,需要非常谨慎,如果不小心,照射到卫星的错误部位,会让报废卫星受热过度,引发爆炸。科研人员认为解决这个问题比较简单,只需一台专门设计的10m口径望远镜,便能担负起追踪这些空间碎片、精确确定照射位置和确定照射方案的任务。目前,建造这样一台大型望远镜的技术已成熟。对于这一方案的最大批评意见是来自国际社会,因为他们会担心这样威力强悍的激光武器有可能用于战争中去摧毁敌方的卫星。

3. 气流脉冲扫帚

用气流脉冲将空间碎片"冲"下来,是美国清除空间碎片许多新奇方案之一。其原理是:采用一些方法将空气喷射到地球轨道上,然后引发空气爆炸,空间碎片在进入这个爆炸区时,飞行阻力增加,飞行轨道降低,迫使它们早日进入自己的"墓穴"。

这项方案实施起来比较容易,一个火箭发射平台或者一架高空飞机就能够胜任这项工作,气流脉冲即可以改变大块碎片,也可以改变小块碎片的飞行轨道。它的另一个优点是:大气脉冲本身将回到大气当中,不会在轨道中留下痕迹来影响近地轨道卫星,也不会因为故障形成新的垃圾。

4. 空间碎片收集箱

发射一颗由12只空间"垃圾箱"组成的航天器,它将在地球同步轨道上运行。当太空中的废弃卫星或碎片飞过时,通过电脑控制,航天器的机械臂会伸出来,轻而易举地抓住目标,并放进"垃圾箱",然后将其分割切碎,使其坠入地球大气层里燃烧自毁。目前,此方法还处于开发阶段,其各种功能还处于实验室测试阶段。面临的最大的挑战就是在进行操作或垃圾切割的过程中,要精确地控制住垃圾碎片。

思 考 题

1. 什么是空间碎片?
2. 空间碎片主要有哪些来源?
3. 空间碎片主要分布在哪些区域?
4. 空间碎片在轨寿命和轨道高度有什么关系?
5. 空间碎片根据尺寸可分为哪几类?
6. 空间碎片具有哪些危害?
7. 清理现有空间碎片有哪些原则?
8. 对将来发射的卫星的碎片清理有哪些要求?
9. 清理空间碎片常用的方法有哪些?
10. 你对空间碎片的清理有没有什么好的建议?

第 16 章 空间望远镜

16.1 望远镜的历史

望远镜的问世,延长了人们的视线,开阔了眼界。随着科学技术的发展,特别是近年来望远镜与电子技术、X 射线技术、γ 射线技术、计算机技术的紧密结合,使望远镜的聚光能力、分辨率、观测距离、放大能力大大的增加,极大地提高了望远镜的观测水准。同时根据不同的需要,出现了大地望远镜、测量望远镜、军事望远镜、观赏望远镜、天文望远镜等。望远镜已成为人们从事科学研究和经济建设的有力助手,广泛应用于天文、导航、科学考察等领域,成为一项高科技产品,尤其天文望远镜已是反映一个国家经济实力和高科技水平的重要指标。

16.1.1 折射式望远镜

1608 年荷兰人汉斯·利波塞(Hans Lippershey)(图 16.1)设计了第一架单筒望远镜,并首次制造成功。当时,望远镜的目镜是一块凹透镜,物镜是一块凸透镜,为了适应双眼观察,后改制成双筒望远镜。1610 年,经过伽利略多次改进(图 16.2),并把望远镜指向天空,发现了木星的卫星以及观察到月球和木星表面有山谷等重要事实,为哥白尼的日心说提供了有力证据,这也是望远镜在科学研究中第一次很有的价值的应用,因而被称为"伽利略望远镜"。伽利略望远镜具有光能损失少、结构紧凑和对物体成正像的特点,但它无中间成像而不能作瞄准和定位,视场受物镜孔径尺寸限制,只能有较小的放大能力(一般不超过 6 倍)。所以伽利略望远镜只作为一种简易的观察工具,应用于军事领域和近太空的天体观察。

图 16.1　汉斯·利波塞　　　　图 16.2　伽利略制造的第一架望远镜

发明望远镜的消息很快传遍了欧洲,激起开普勒对其进一步的研究。他把作为目镜的凹透镜改为凸透镜,1611年,制成用两块凸透镜构成的开普勒望远镜(图16.3)。这种望远镜中间有实像平面,又有明显的视场边界,能用于瞄准、定位和测量。1897年,在耶凯天文台美国建成并安装了这种天文望远镜,直径为101.6cm,重2130kg,是当时最大的折射式望远镜。

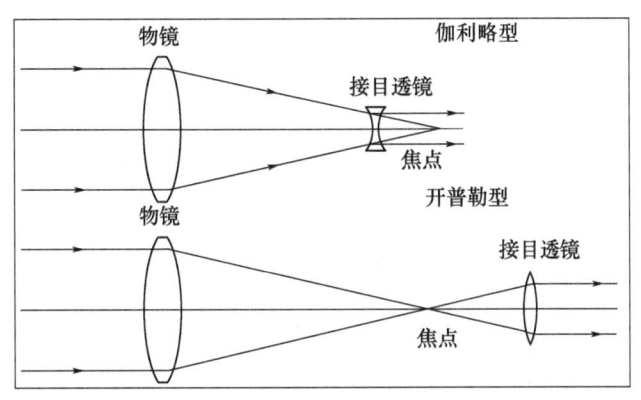

图16.3 伽利略望远镜和开普勒望远镜原理对比

16.1.2 反射式望远镜

折射式望远镜色差较为明显,口径不宜太大,若口径增大,则透镜的质量增大,而且容易变形,从而难以保证质量,这就影响了望远镜的性能。为了克服这些问题,1668年,牛顿曾亲自设计了第一架反射式望远镜(图16.4和图16.5),目镜是一个凹透镜,物镜是球面反射镜,它的放大能力为30~40倍。反射式望远镜比折射式望远镜具有许多实用的优点,如色差小、镜筒较短,可在宽光谱的范围内工作,制造时对玻璃材料要求不高,甚至也可以用金属镜,最主要的优点是它的物镜口径可以做得很大。目前,世界上最大的光学望远镜都是反射式的,从17世纪至今,科学家们对天文望远镜研究主要着眼于增大口径,在一定的意义上,天文望远镜的发展史就是不断增大物镜口径的历史。

图16.4 牛顿反射式望远镜复制品

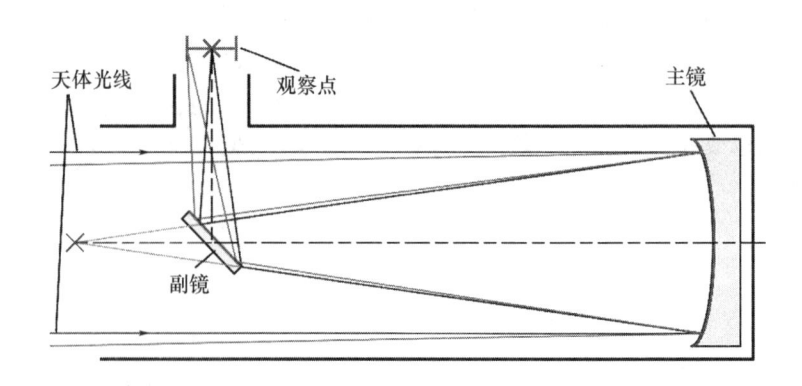

图 16.5 牛顿反射式望远镜原理图

1908年,在美国威尔逊山上启用了口径为1.53m的反射式望远镜,又经过数年改进,1917年11月又在威尔逊山上启用口径为2.54m的反射式望远镜,重90t。1923年,美国现代巨型望远镜的奠基者海尔决定在威尔逊东南150km的帕洛玛山建成口径为5.08m的反射式望远镜(图16.6),经过20多年的努力,于1948年6月3日落成。磨料用了310t,反射镜重16.5t,镜筒140t,总重530t,采用了赤道马蹄式的安装方式,使望远镜性能大大提高。1976年,在克服了浇铸、磨制和安装方面一系列技术困难之后,当今世界最大的,口径为6m的单镜面反射式望远镜安装在苏联高加索的天体物理天文台内。这架望远镜采用地平式装置,它的一根旋转轴是直立的,望远镜处于良好的平衡和稳定状态,这么一来把过去赤道式装置所碰到的麻烦问题都解决了。

图 16.6 帕洛玛山天文台的海尔望远镜

单镜面集光能力高、分辨率高,适用于红外观测,具有操作简单可靠的优点。天文学家们一直希望能建造一台真正超大型单镜面望远镜,以便观察遥远的星体。但经验证明,口径增大1倍,造价要增加8倍,按当时传统方法建造25m口径的单镜面望远镜,工期需要 50 年,造价约需 20 亿美元,质量达 1800t,这是不现实的。所以他们就转到另一种设计方案上,就是采用多镜面的新方法,即化整为零。这样,镜面的厚度和质量大大地减小,支撑和跟踪装置也大大地减轻和缩小。1979 年建成了具有划时代意义的望远镜,该望远镜由 6 个直径各 1.8m 的镜面组装而成,各镜面反射的星光都集中于同一焦点,其作用相当于口径 4.5m 的单镜面望远镜,而造价大致与口径 3m 的单镜面望远镜相当。1989 年,美国开始建造直径为 10m 的凯克反射望远镜,重 500t,由 36 块独立控制的六边形镜面组成,坐落在夏威夷的莫纳克亚山顶。1993 年,"凯克"1 号望远镜建成。1996 年,"凯克"2 号望远镜建成(图 16.7)。

图 16.7 "凯克"1 号望远镜和"凯克"2 号望远镜

为了使望远镜更加灵活,又出现了组合望远镜。1999 年 5 月,世界上最大的望远镜在智利巴拉那尔山上落成,这里海拔 2635m,一年中有 350 个晴天,是理想的天体观察场所。该望远镜由比利时、丹麦、法国、意大利、德国等国出资 6 亿美元建成,每个镜面直径为 8.2m,厚 18cm,重 22t,均可独立作业,观测效果相当于一台直径为 16m 的望远镜,可观察几十亿光年外天体发出的光。2000 年,法国、德国、意大利联合在欧洲南部建成由四个直径为 8m 的反射望远镜组成的组合望远镜,相当于直径 16m 的望远镜所能达到的效果,同时,四个反射望远镜又可以独立工作。天文学家正通过这种方式研究制作口径 25m 的反射式望远镜,以获得更加遥远的星体信息。

16.1.3 射电望远镜

随着电子技术与光谱理论的发展,天文学家们不满足可见光波段内的观察,而扩展到波长较长的射频波段和更短的 X 射线、γ 射线波段内进行观察。例如,人们研制出一种新型的射电望远镜(图 16.8 和图 16.9)。1931 年—1933 年,美国无线电工程师发现了太空无线电波。射电的发现大大拓宽了人类观察宇宙的窗口,并引起了 20 世纪天文学革命。现在,射电望远镜分成可移动式和固定式两类。射电望远镜是一种非光学系统,只能接收无线电波,对观察和跟踪星体却无能为力。

图 16.8　位于上海的亚洲最大射电望远镜

图 16.9　位于贵州的在建中的世界最大射电望远镜

16.1.4　空间望远镜

各种巨型望远镜固然能测到上百亿光年之遥的星空,但它毕竟在屏障般大气层的重重包围之中,大气层对光的吸收、扰动以及温度反复无常的变化使其功能受到限制和影响。当时,科学家们就提出了一个大胆的设想:要进一步提高望远镜的性能,只有摆脱大气层的包围,离开地球成为空间望远镜才有可能。因此一些科技强国纷纷研制和发射形形色色的太空望远镜,美国发射的"哈勃"空间望远镜(图 16.10)就是其中的代表。早在 20 世纪 60 年代初,NASA 就提出将一个直径 2m 以上的天文望远镜送入太空进行观测的想法,但直到 1977 年才得到批准,确定由美国宇航局与欧洲空间局联合研制。经过十几年的研制,耗费 21 亿美元,终于在 1990 年 4 月由"发现"号航天飞机将直径 2.21m,重 11t,配有摄像机、摄谱仪等各种仪器的反射式"哈勃"空间望远镜送入太空,开始行使其使命。由于它处于外层空间,不受地球大气衍射、散射、吸收的影响,分辨度极高。它上面的广角行星照相机可拍摄上百个恒星的照片,其清晰度是地面天文望远镜的 10 倍以上,简单来说,就是 1.6 万千米远的一只萤火虫都难逃它的"法眼"。它创造了一个个太空观测奇迹,包括发现黑洞存在的证据,探测到恒星和星系的早期形成的过程,观测到迄今为止人类已发现的最遥远、距离地球 130 亿光年的古老星系。"哈勃"望远镜是有史以来最大、最精确的天文望远镜,它是天文技术发展史上的一个里程碑。

图 16.10 美国的"哈勃"空间望远镜

16.2 "哈勃"空间望远镜简介

1990 年 4 月,一架主镜 2.4m 的光学望远镜被航天飞机送入了太空。此镜以美国天文学家哈勃(Edwin P. Hubble,1889 年—1953 年)的姓氏命名,称为"哈勃"空间望远镜。25 年来,"哈勃"空间望远镜的观测对天文学做出了莫大的贡献。

1923 年,德国火箭专家奥伯特曾在一篇文章中提及将望远镜置于地球轨道上的想法。1946 年,天文学家斯皮策写出专门报告,论述将望远镜置于太空中的优越性。1962 年,美国国家科学院推荐"大型空间望远镜"作为国家级的优先项目。1976 年,NASA 和欧洲空间局(ESA)共同提案,1977 年美国国会批准"大型空间望远镜计划"拨款。1978 年,美国开始为执行空间望远镜任务训练宇航员。1979 年,空间望远镜口径 2.4m 的主镜(图 16.11)着手研制。

图 16.11 研制中的"哈勃"空间望远镜主镜

1981 年,美国的空间望远镜研究所正式成立,研究所位于巴尔的摩市的约翰斯·霍普金斯大学内。1983 年,"大型空间望远镜"更名为"哈勃"空间望远镜。1984 年,欧洲的空间望远镜合作机构在德国开始工作。1985 年,望远镜的研制大功告成。"哈勃"空间望远镜上天,可谓已经万事俱备。

然而天有不测风云,1986年"挑战者号"航天飞机失事,所有航天飞机的任务全部搁浅,"哈勃"空间望远镜甚至濒临取消发射的绝境。好在结局顺利,1990年4月24日,"发现号"航天飞机携带"哈勃"空间望远镜升空(图16.12)。4月25日,航天飞机机组将"哈勃"空间望远镜释放到轨道上。"哈勃"空间望远镜的设计工作寿命是15年,每3年维修一次,同时更换一些辅助设施。

图16.12 携带"哈勃"空间望远镜的"发现号"航天飞机发射

在地球上,天文学家急切地等待着"哈勃"空间望远镜的首次观测结果。但是,1990年6月传回的首批"哈勃"空间望远镜图像相当模糊。结果查明,"哈勃"空间望远镜的主镜存在球差。这件事情非常棘手,当时考虑了三种补救办法。第一种方案是用航天飞机把"哈勃"拉回地面,重新换一个主镜,但这样做时间太长,要到1996年才能重返太空;第二种方案是让宇航员上天,在望远镜的光路中插入一个改正镜,就像给"哈勃"空间望远镜戴上一副眼镜以纠正它的视力,但是"哈勃"空间望远镜的设计并未预留"戴眼镜"的空间。真正实施的是下述的第三种方案。

问题的根源在于"哈勃"空间望远镜制造过程中,测试阶段的光学系统装配有误。而幸运的是,整套测试系统在实验室中一直保持原状,技术人员能够据此重现如何出错的细节,这正是"哈勃"空间望远镜最终能够臻于完美的关键。在接下来的两年里,科学家和工程师们协力研制了一套光学改正系统,称为"矫正光学空间望远镜中轴置换"(简称COSTAR,如图16.13所示),这是由5对光学反射镜组成的复杂部件,可以纠正"哈勃"空间望远镜主镜的球差。

1993年12月2日,"奋进"号航天飞机载着7名宇航员和8t器材,进入太空抓住"哈勃"空间望远镜,对它进行首次维修。其中的关键是拆除原有的高速光度计,换上能够矫正"哈勃"空间望远镜视力的COSTAR。同时,自带光学改正部件的广角行星照相机2(WFPC2)取代了广角行星照相机1(WFPC1)。12月9日,宇航员轻按电钮,将"哈勃"空间望远镜重新释放到它的运行轨道上。修复后的"哈勃"空间望远镜不负众望,源源不断地向地面送回极佳的图像数据。此事显示了美国宇航员在太空中从事高难度操作的能力,为日后兴建空间站积累了宝贵的经验。

图 16.13　陈列在美国国家航空航天博物馆的 COSTAR

"哈勃"空间望远镜的研制耗资逾 20 亿美元,先后有上万人参与。维修后,它不但消除了像差,分辨率也比原先设计的更高,达到了 0.1″。后来,"哈勃"空间望远镜又于 1997 年 2 月(第 2 次)、1999 年 12 月(第 3A 次)、2002 年 3 月(第 3B 次)成功地进行了太空维修。2009 年 5 月"哈勃"空间望远镜完成了最后一次维修,并服役至今。

16.3　"哈勃"空间望远镜的组成

"哈勃"空间望远镜(Hubble Space Telescope,HSP)是 NASA 研制的最昂贵和技术最复杂的一颗科学卫星。这颗卫星由马歇尔中心、洛克希德公司和帕金·埃尔曼公司组成的承包小组负责研制。欧空局和几家欧洲公司也参与了研制工作,并负担了其中 15% 的费用,用以研制太阳电池翼和暗弱天体照相机两个部件。作为交换,NASA 保证欧洲科学家获得 15% 的观测资料。

"哈勃"空间望远镜运行的轨道为高度约 543km 的圆形轨道,轨道周期为 96min,轨道倾角为 28.5°。

"哈勃"卫星由三大部分组成:光学部件、科学仪器、保障系统。卫星重 2.5t,主结构尺寸为 13.2m × 4.2m,太阳电池翼全部展开后,宽度可增加到 13.7m(图 16.14)。

16.3.1　光学部件

光学部件指的是卡塞格伦式光学望远镜,由埃尔曼公司制造。入射光由舱门(宽约 3m)进入,射到主镜(直径 2.4m),再反射到在它前方 4.88m 处的副镜(直径 0.3m),副镜将光线聚焦后,重新返回到主镜,从主镜中央小孔穿过到达焦平面。

为了减轻镜子质量,美国柯宁玻璃厂采用超低膨胀系数的玻璃制造镜坯。镜坯是由两个 2.5cm 厚的玻璃片,中间夹有 30.5cm 的玻璃蜂窝制成,这样主镜质量只有 816kg。镜子的聚焦误差不超过氦激光波长的 1/20。镜子表面镀覆约 0.6nm(1nm = 1 × 10^{-9}m)厚的铝,铝膜表面再镀覆约 0.6nm 厚的氟化镁。

两面镜子用 140 根杆组成的桁架支撑。支撑杆由波音公司制造,采用环氧石墨材料。为了托住这两面镜子,并使它们在一条直线上,既要修正地面安装时重力的影响,又要经受住发射时的力学环境和轨道 300℃ 的温度变化,在主镜背后装有 24 个作动器,在副镜

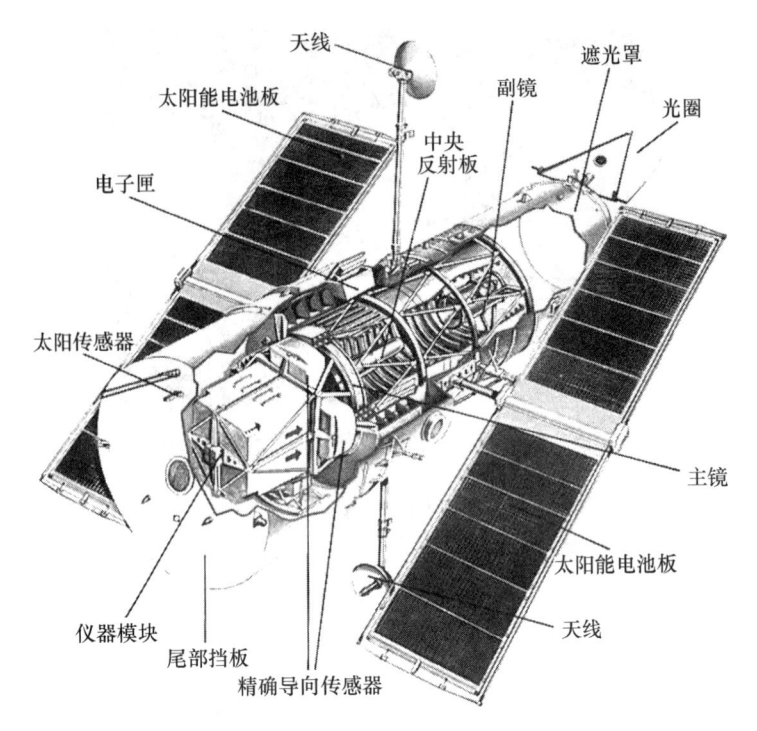

图 16.14 "哈勃"空间望远镜结构示意图

背后装有 6 个作动器。一旦镜子变形,由作动器调节,使聚焦光线能到达焦平面。

16.3.2 保障系统

"哈勃"空间望远镜上的姿态控制系统由洛克希德公司负责研制,设计中要求它的指向精度为 1.9×10^{-6},而且能保持 10h 以上。整个姿态控制系统包括太阳敏感器、固定式恒星跟踪器、磁敏感器、6 个姿态陀螺仪、4 个反作用飞轮和 3 个精确制导敏感器。飞轮直径约 0.6m,转速约 3000rad/min。

望远镜筒体上对称地装有两付高增益天线,它们装在 4.8m 长可伸展的杆上。探测数据以 1Mb/s 的速率通过数据中继卫星传到地面。在伯尔第莫的空间望远镜研究所里有 380 人接收和处理这些数据。

望远镜筒体两侧是太阳电池翼收藏盒,盒长 4.8m。每个太阳电池翼全部展开后有 12m。

望远镜上的计算机内贮存了一个有 1500 万颗恒星数据的星表。该星表是天文学家花了 5 年时间建立起来的,它以数字形式将恒星的亮度和位置数据贮存在计算机内,将作为姿控系统瞄准某颗恒星时的参考。

望远镜上的其他部件有,发射机、指令接收机、自动循环检测装置、和轨道器连接的供电电缆,在窄筒段有 2 个机械臂抓捕装置。

在推迟发射的几年中,"哈勃"空间望远镜又作了下列改进:

(1) 采用不易老化的新太阳电池翼,比原来的太阳电池翼多供电 40%。
(2) 用长寿命的镍氢蓄电池代替镍镉蓄电池。
(3) 改进安全系统,保障望远镜的自身生存能力。

（4）由于推迟发射，许多电子部件已装在卫星上有 7～10 年时间，为了保证可靠性和长寿命，更换了一些电子部件。

（5）增加了轨道替换单元，将来可由航天飞机宇航员在轨道上更换这些部件。

16.3.3　科学仪器

"哈勃"空间望远镜上有 5 个科学仪器，分别提供可见光、红外线和紫外线波段的数据。

（1）广角/行星照相机（WF/PC）由喷气推进实验室制造，重约 270kg。它的广角镜可拍摄几十个到上百个星系的照片，其清晰度是地基望远镜的 10 倍；行星部分用窄角镜头拍摄，可提供火星、木星、土星、天王星和海王星的气象资料。和其他仪器不同之处是，它在望远镜的焦平面上聚焦，有 4 个棱镜将光线集中到焦平面的 CCD 阵上。

（2）暗弱天体照相机（FOC）由欧洲道尼尔、马特拉和英国航宇 3 家公司制造，重约 320kg。它有三级电子星象增强器，能将目标天体亮度放大 10 万倍，可观测到比地基望远镜观测远 5～7 倍距离的天体。它有极高的灵敏度，甚至能探测到单个光子。

（3）暗弱天体摄谱仪（FOS）由马丽埃塔公司制造，重约 310kg。它能拍摄到暗弱天体，特别是星系喷发；测量深空天体的化学组分；研究类星体的特征。它的掩星装置能帮助 FOC 研究明亮天体附近的暗弱天体，如红巨星——比太阳大许多倍的非常古老的恒星。

（4）戈达德高分辨摄谱仪（GHRS）由 Ball 航宇系统部制造，重约 320kg。它是卫星的主要紫外线测量仪器，提供恒星天体的组分、温度和密度数据，也能研究银河系冕和其他星系冕。

（5）高速尤度计（HSP）由威斯康星州的大学设计，重约 270kg。它测量天体目标从紫外线到可见光的亮度及随时间的变化；观测爆发变星、快速脉冲星和双星。它有 5 个电子敏感光源探测器。

卫星上还装有精确制导敏感器，它可测出卫星到目标天体的距离。测量精度是地基望远镜的 10 倍。

16.4　"哈勃"空间望远镜的成就

从"哈勃"空间望远镜升空至 2015 年 4 月，"哈勃"空间望远镜在地球轨道上运行了接近 13 万 7 千圈，累计 54 亿 km，执行了 120 多万次观测任务，观察了超过 3.8 万个天体。平均每个月，"哈勃"都会产生 892GB 的观测数据，累计已超过 100T。

原计划"哈勃"空间望远镜要解决三个主要问题：测量宇宙膨胀的速度；弄清楚星系是如何演化的；以及探测星系间弥漫气体云的结构（星际介质）。然而，它已成功地在这些方面展现出了意想不到的洞察力。

从暗能量到外星系行星再到黑洞，"哈勃"空间望远镜正在帮助天文学家解开宇宙中最大的奥秘。"哈勃"空间望远镜的图像和数据对于天文学，甚至全人类来说都是一个无与伦比的宝库。本节所介绍的内容仅仅是"哈勃"空间望远镜成就的冰山一角，一如管中窥豹。

我们首先先来一起了解下"哈勃"空间望远镜的五大最杰出的科学成就。

16.4.1　黑洞的存在

当"哈勃"空间望远镜发射时，天文学家们只在双星系统中证实了黑洞的存在。在这一系统中一颗恒星爆炸，其核心会坍缩成具有几个太阳质量的黑洞。但是，天文学家怀疑，质量远大得多的黑洞必定是更强大的"引力引擎"，驱动着由近及远的一系列超高能现象，如赛弗特星系、耀变体和类星体。

但是，为了"称量"黑洞，探测隐藏着的或"不发光"的物质是不是超出了恒星所能达到的极限，就需要精密的分光观测。当空间望远镜成像光谱仪（STIS）在 1997 年投入运转时，天文学家迅速将其对准了最近的迷你类星体——室女座巨型椭圆星系 M87 星云（图 16.15）明亮的核心。和更遥远的类星体一样，M87 也有一条从它的核心高速射出的喷流，而喷流通常都与黑洞有关。

"哈勃"空间望远镜测得 M87 核心的质量高达 30 亿个太阳质量。这一结果完全得益于 STIS 对 M87 核心周围做轨道运动的高温气体的测量。这些气体的速度表明核心处的质量要远高于仅有恒星聚集所能达到的程度，证实了黑洞的存在。

图 16.15　M87 星云

1997 年对 27 个近距星系的研究发现，在它们的中心都存在超大质量的黑洞。这使得天文学家得出结论，超大质量黑洞极为普遍，每个大型星系中都有一个。

更重要的是，"哈勃"空间望远镜发现中央黑洞的质量和星系中心由恒星所构成的核球的质量直接相关：核球的质量越大，黑洞的质量就越大。这说明有某种未知的反馈机制将星系的演化和黑洞的生长联系了起来。目前，有 6 种理论试图来解释这一现象。但这同时也意味着，没有人确切知道星系和黑洞之间究竟是什么样的纽带使其联系在一起。

16.4.2　星系的演化

1990 年，天文学家只能探测到红移最高为 0.7 的正常星系，这个数值在宇宙中所对应的距离相当于 70 亿光年，而宇宙是它的两倍大。多年来天文学家一直猜想，如果宇宙是从大爆炸的火球冷却而来的，那么星系必定是演化而来的。地面观测无法确定哪几个相互竞争的理论能最好地描述星系在早期宇宙中的形成和演化。

1985年,一个由顶级天文学家所组成的委员会得出结论,如果"哈勃"空间望远镜花200个轨道周期的时间来对宇宙进行"深度曝光",那将会是徒劳的。他们假定,从当时已知的宇宙外推,远距离宇宙的空间几何会打散正常星系所发出的光,使它们过于弥散而无法被"哈勃"空间望远镜观测到。

幸运的是,大自然非常地配合。即便在1993年光学系统修复之前,"哈勃"的早期观测就发现了打破当时纪录的红移为1.5的星系,它所对应的距离超过了90亿光年。这些星系看上去似乎较现在的更紧凑,因此所发出的光都集中到一个较小的领域中——得以让"哈勃"空间望远镜能够探测到它。天文学家注意到了许多形状怪异的"病态"星系。而正常星系中由恒星形成产生的亮点则清晰可见。

这些发现鼓舞了当时空间望远镜研究所的所长罗伯特·威廉姆斯(Robert Williams),他花了大量观测时间进行了一次长达数百万秒的最深曝光。它的极限星等达到了前所未有的28等——比肉眼所能看到的最暗弱天体还要暗上10亿倍。

2002年随着"哈勃"空间望远镜的高新巡天相机安装到位,空间望远镜研究所的下一任所长史蒂夫·贝克威思(Steve Beckwith)又把它向前推进了一步,拍摄了哈勃超深空区(HUDF)的照片。这确认了天文学家并非是因为偶然才只看到了紧密天体而错失了更大的星系。HUDF达到了29等的极限星等,但仍然只发现了发育中的不完整星系。

2009年5月安装到"哈勃"空间望远镜上的大广角照相机3最近在近红外波段上再一次推进了这一观测深度。由此也发现了红移高达9的天体,它们所对应的时间相当于宇宙诞生之后仅6亿年。

就像一帧一帧地来观看一部电影,哈勃深空巡天揭示出了婴儿期宇宙中结构的出现和随后星系演化的动态步骤。在"哈勃"空间望远镜之前,近距离的星系碰撞只是有趣的个别现象。但是,这些深空图像却显示(图16.16),在早期宇宙中星系的碰撞和合并是家常便饭的事情。这为宇宙随着时间在不断发生变化提供了令人信服且直观的证据。

图 16.16 "哈勃"空间望远镜超深空区的照片展现了星系碰撞的细节

16.4.3 暗能量的存在

"哈勃"空间望远镜曾经的一个重点项目是确定宇宙正在以多快的速度减速。因为在大爆炸之后引力必然会对空间膨胀施加阻力,这就像在斜面上自下而上运动的一个小球,它的速度最终会减小。

持续了几十年的一个问题是,宇宙是否拥有足够的引力来完全阻止其自身的膨胀。"哈勃"空间望远镜可以看到遥远的 Ia 型超新星并准确测量它们的亮度,这使得天文学家可以回溯宇宙更久远的过去进而测量它的膨胀速率。

1998 年,美国约翰·霍普金斯大学、美国空间望远镜研究所的天文学家亚当·里斯(Adam Riess)利用他的团队所收集的超新星巡天数据,写了一个计算机程序来计算宇宙的减速率。奇怪的是,这个程序不断给出一个具有负质量的宇宙。起先里斯认为这只是一个程序中的错误。但后来他意识到,计算机程序其实是想给出一个"荒谬"的结论:真空会产生排斥能!

在美国加州,另一个由美国劳伦斯伯克利国家实验室的索尔·珀尔马特(Saul Perlmutter)领导的小组也独立地发现了类似的宇宙加速膨胀。他的研究小组发现,遥远的超新星比预期的要更为暗弱。这意味着,和宇宙正在减速或者甚至"滑行"相比,在我们和超新星之间有着更多的空间(距离更大)。因此,宇宙现在必定正在以比早先更快的速度膨胀。

这两个组偶然间发现了爱因斯坦所预言的一个幽灵般的能令宇宙保持静止的制衡力,被称为宇宙学常数。由于天体物理学家还不清楚它的行为是否严格地如宇宙学常数所述,因此这一现象现在只是被称为"暗能量"。

"哈勃"空间望远镜后来又观测到了一颗 100 亿年前的超新星,进一步支持了宇宙中有暗能量存在的事实。这颗超新星异常的明亮,说明在很久以前宇宙确实是在减速,但此后宇宙的膨胀便开始了加速并一直持续到现在。这一转变大约发生在 70 亿年前。

从那以后,天文学家们进行了更多的观测期望能更好地确定暗能量的特性,并确认它的行为是否真的像爱因斯坦的宇宙学常数那样。天文学家们就此为下一代望远镜提出了一些新的研究方法,其中包括了观测更多的超新星以及测量天空中由宇宙大爆炸原始等离子体中的作用力所引发的重子声学振荡。

16.4.4 精确测定宇宙的膨胀速度

由于地质学证据以及达尔文的进化论,19 世纪后期的科学家都认为地球极为古老。即使是伟大的爱因斯坦也认为,宇宙必须是静态的,也许因此也是永恒的。然而,按照他的广义相对论,宇宙却要么会膨胀,要么会坍缩。

1929 年,埃德温·哈勃(Edwin Hubble)为宇宙有着一个有限的年龄提供了第一个观测上的证据。他发现,距离越远的星系,它离开我们的速度越快,其比值由哈勃常数给出。这意味着空间在往各个方向上膨胀。事实上,这里经常所提到的观测到的光线红移并不是星系退行的速度所造成的,即并非是多普勒效应,而是空间本身的膨胀拉伸光的波长的结果。

通过精确地测定宇宙膨胀的速度,科学家就可以倒转宇宙时钟,计算出宇宙的年龄。但是,由此估计出的宇宙年龄的精度会受制于精度较低的距离测量结果。而哈勃常数的精确值则是校准其他宇宙参数的关键。

由于空间望远镜可以比地面上的望远镜分辨出更多、更远的造父变星——一类可用做近距宇宙中距离标尺的恒星,因此精确测定哈勃常数成为了"哈勃"早期的重点项目。

在"哈勃"空间望远镜发射时,宇宙膨胀的速度存在着巨大的不确定性。"哈勃"常数的预估范围的差距非常大。这意味着,宇宙的年龄可以年轻到只有 80 亿年或者老到 160 亿年。

1994 年,"哈勃"空间望远镜河外距离尺度重点项目的温迪·弗里德曼(Wendy Freedman)宣布他们测得的"哈勃"常数值为 80km·s^{-1}/ms 差距,这意味着我们生活在一个相对较年轻的宇宙中。但令人费解的是,由此得出的宇宙年龄为 80~120 亿年,比最古老的恒星年龄还要小。这看起来似乎是恒星演化模型还存在问题。

到 20 世纪 90 年代后期,哈勃常数的值已经精确到了只有大约 10% 的误差。2009 年,亚当·里斯及其合作者使用了遥远星系中的造父变星来细化和完善了宇宙的"距离阶梯"。这使得天文学家能够精确把宇宙膨胀的速度定在 74.3km·s^{-1}ms 差距,其不确定性不超过 5%。

回想起来,这几乎是预料之中的,天文学家最终确定的值恰好在先前 50km·s^{-1}ms 差距和 100km·s^{-1}ms 差距的正中间。考虑到暗能量的作用,由此得出的宇宙年龄为 137 亿年——足以能容纳宇宙中测量到的最古老的恒星。

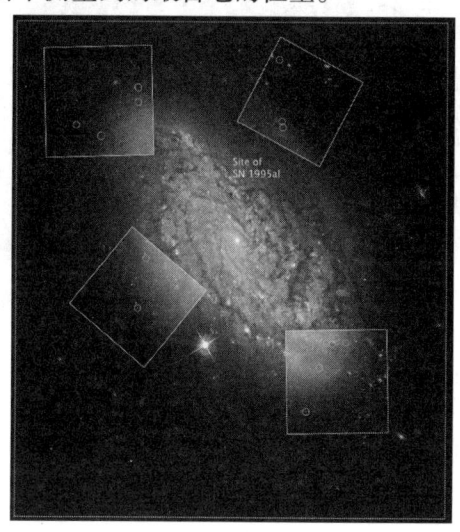

图 16.17 "哈勃"空间望远镜拍摄的包含 Ia 型超新星和造父变星的旋涡星系 NGC 3021

16.4.5 太阳系外行星采样

直到"哈勃"空间望远镜发射升空 5 年之后,天文学家才在另一颗普通恒星的周围发现了第一颗太阳系外行星。对于当时的地面望远镜而言,外星行星过于暗弱无法被直接观测到,但它们会造成其宿主恒星规律地摆动,由此泄露了天机。这一现象唯一能提供的信息就是外星行星的轨道周期以及它的粗略质量。

然而,到了 20 世纪 90 年代后期,天文学家已经可以观测到太阳系外行星的凌星(从其宿主恒星前方通过)。由于可以在其宿主恒星的映衬下来观测外星行星,这为探测它们的特性提供了可能。天文学家很快就把"哈勃"空间望远镜的独特能力用到了它们身上。

"哈勃"空间望远镜对太阳系外行星的大气进行了首次测量。在这一具有里程碑意义的观测中,美国哈佛大学的戴维·夏博诺(David Charbonneau)对穿过外星行星大气的宿主恒星星光进行了分光观测,发现外星行星 HD 209458b 的大气中存在钠。

在后续的观测中,"哈勃"还发现了凌星行星大气中的二氧化碳、氧和水蒸气。热类木星(指其公转轨道极为接近其宿主恒星的类木行星,这类行星在其他星系可以找到)无疑是没有生命的,但"哈勃"空间望远镜能对其大气进行分析证明了将这一方法用于外星类地行星大气来寻找生命示踪物质的可行性。

尽管取得了这些进展,但对外星行星直接成像仍十分困难,甚至对于"哈勃"空间望远镜也是如此。直到 2008 年,"哈勃"空间望远镜才第一次在可见光波段下拍摄到了围绕北落师门(图 16.18)的一颗年轻气态巨行星。

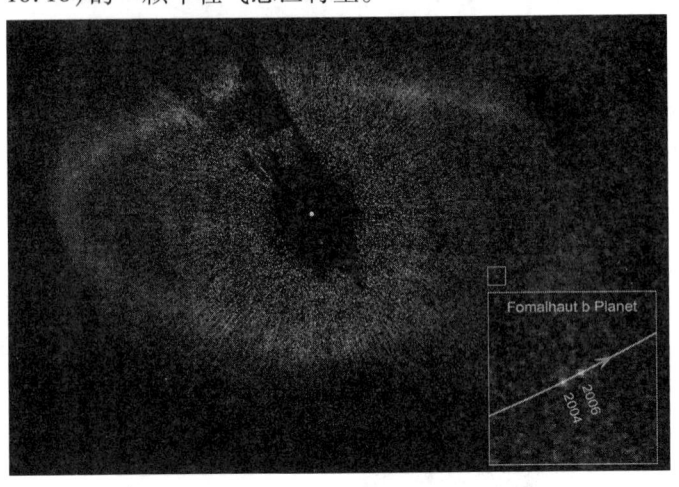

图 16.18 "哈勃"空间望远镜拍摄到的北落师门及其尘埃云

16.4.6 其他各项成就

经过了 5 次进化的"哈勃"空间望远镜的功能不断增强。如今的"哈勃"空间望远镜和 1990 年发射时相比强大了 100 倍。一些重点项目仍能从"哈勃"空间望远镜身上获得巨大的学术成果。

1. 哈勃深空视场

建造"哈勃"空间望远镜的主要科学目标之一是测量宇宙的大小和年龄,以及检验宇宙起源的理论。哈勃深场(哈勃深空视场)使天文学家首次得以清晰地回望星系形成时期。

2012 年—2014 年,哈勃获得了两个新的深场,即哈勃极深场(XDF)和哈勃超深场(HUDF)。哈勃极深场拍摄的是迄今最深的宇宙图像,累积观测时间长达 100 万 s。2014 年公布的紫外波段最新哈勃超深场,可供天文学家研究距离我们 5~10 光年远的恒星形成。

2. 恒星的一生

恒星也有生老病死。将研究大量单个恒星的诞生、成长,直至死亡与恒星演化理论相结合,"哈勃"空间望远镜的作用远较其他任何天文设备更为重要。特别是,"哈勃"空间望远镜能够探测河外星系中的恒星,这有助于科学家研究不同环境对于恒星一生的影响。

"哈勃"空间望远镜的红外设备能够看透环绕在新生恒星周围的尘埃云。窥透围绕在银河系中心四周的尘埃云,使天文学家发现,早先认为毫无生气的这个区域,其实有着许许多多聚集在星团中的大质量新生恒星。

恒星一生的最后阶段,也比原先想象的更加复杂。太阳型恒星临终时抛出的行星状星云,可谓千姿百态,美不胜收。

3. 太阳系天体

"哈勃"空间望远镜拍摄的高分辨率太阳系天体图像,只有飞临这些天体的探测器实地拍摄的照片方能更胜一筹。例如,它发现了冥王星的几个新卫星,发现了比冥王星更遥远的矮行星阋神星以及其他重要的柯伊伯带天体。"哈勃"空间望远镜还观测到一颗彗星进入内太阳系时的分裂,观测到小行星的碰撞,并观测到一颗神秘解体的小行星。

4. 尘埃云中的恒星形成

15幅"哈勃"空间望远镜图像拼接后清晰显示了猎户座大星云(图16.19)的中部。这是有史以来一个恒星形成区的最为详尽的图像。大广角照相机3在可见光波段拍摄的船底座星云(图16.20)图像,显示出一片稠密的尘埃——气体云。但在红外波段拍摄的同一区域的图像上,尘埃褪去,云内正在形成的年轻恒星赫然现身。

图16.19 "哈勃"空间望远镜拍摄的猎户座星云

图16.20 "哈勃"空间望远镜拍摄的船底座星云

5. 引力透镜

爱因斯坦的广义相对论预言,在引力场的作用下光线行进方向会发生偏折。引力透镜现象即由光线的引力偏折所致:如果从观测者到遥远光源的视线方向上,中途有一个大质量的居间天体——例如有一个黑洞,那么这个居间天体的引力场造成的遥远光源的光线偏折,效果就会与透镜使光线聚焦相类似。不过,倘若居间天体的物质分布延展得很广,那么成像就会相当复杂。如果居间天体又非严格处在从观测者到被成像天体的连线方向上,而是多少有些偏离,那么成像情况就会更加复杂。例如,同一个遥远天体有可能形成两个甚至多个像,或者所成的像具有很奇特的形状。"哈勃"空间望远镜得天独厚的高灵敏度和高分辨率,使它在引力透镜观测方面硕果累累。

6. 宇宙的组成成分

宇宙中存在着大量不可见的暗物质。哈勃在试图确定暗物质的位置和数量方面,扮演了重要的角色。它对引力透镜的敏锐观测,为在此领域的进步研究铺设了宝贵的阶石。"哈勃"空间望远镜在此领域的重大突破之一,是发现当星系团互相碰撞时暗物质会有何

333

种行为。研究表明,暗物质的分布并不与热气体的分布相吻合。星系团碰撞时,热气体互相撞击,且因压力变大而减速。暗物质则不然,它们不经历这种摩擦,而是在碰撞中安然通过。2015年3月27日美国《科学》杂志发表了基于"哈勃"空间望远镜和钱德拉X射线天文台的一项研究结果,表明暗物质自身的相互作用甚至比先前想象的更加微弱。

16.5 "哈勃"空间望远镜的五次太空维修

由于"哈勃"空间望远镜是第一台发射到太空工作的大型探测器,不仅在设计制造上存在一些缺陷,而且在太空环境下工作也出现了一些故障,因此需要在它运行期间航天飞机定期上天进行修理和改进,使它能真正成为洞察宇宙深处的"千里眼",不断传回过去人们难以发现的天文现象和宇宙奇迹。

"哈勃"空间望远镜望远镜从升空25年至今已经5次专门派航天员乘航天飞机上天进行维修,排除故障,更新设备使它保持观测能力,提高观测效果。至目前为止,"哈勃"空间望远镜望远镜在地球轨道上运行了接近13万7千圈,累计54亿千米,执行了120多万次观测任务,观察了超过3.8万个天体,获得了包括证实黑洞存在等的重大成就。

16.5.1 第一次维修:矫正近视

"哈勃"空间望远镜升空入轨后不久就拍摄到首张星团照片,但却发现它的一个镜片存在"球面象差",聚焦不准,不能正常工作。原来设计的镜测精度为0.1角秒,是地基望远镜的10倍,而现在"哈勃"空间望远镜的精度仅为0.7角秒。问题出在设计制造之前,一个透镜参照系统的参数算错,制造出来后只注意检查了镜片的表面粗糙度,而没有想到检查它的形状,而形状上的误差是其表面粗糙度误差的250倍,从而造成了严重的质量问题。"哈勃"空间望远镜主镜仅有头发丝厚度1/50的误差,致使它无法正确聚焦。这个缺陷只能待航天员上天去安装一个校正透镜系统来弥补。

1993年12月2日美国发射"奋进"号航天飞机,专门派7名航天员到太空进行修复工作。第三天,当"奋进"号在轨道上与"哈勃"空间望远镜会合后,机上航天员又发现一块太阳能电池板严重变形,边缘部分弯曲达90°,支撑结构也变成了弓形,这同样需要维修才行。航天员用机械臂把"哈勃"空间望远镜抓回,固定在航天飞机敞开的货舱上,先后进行5次太空行走,由4名航天员分两组轮流开展修复工作。

12月5日,先由航天员马斯格雷夫和霍夫曼实施太空行走,爬上由瑞士航天员尼科拉尔操纵的长15m机械臂顶端,在"哈勃"空间望远镜的侧面更换了一个陀螺仪。陀螺仪安装完毕后,"哈勃"空间望远镜的侧壁舱门无法关闭,这一意外情况使航天员在舱外多停留了1h54min,最后解决了舱门关闭的问题。随后,航天员又安装了陀螺仪电工控制装置和8个熔断器,并拆除了已经变形的太阳能电池板。12月6日,由艾克斯和女航天员桑顿实施6.5h的太空行走,成功地更换了两块太阳能电池板。12月7日,马斯格雷夫和霍夫曼在敞开的货舱中进行6h40min的第三次太空行走,一人用系绳与航天飞机连接,一人被固定在机械臂的顶端,相互配合,成功地用自带光学改正部件的"广角行星照相机2"取代了"广角行星照相机1"(图16.21),完成了为"哈勃"空间望远镜矫正"近视"的重要步骤。12月8日,艾克斯和桑顿带上矫正透镜的最后一个器件,先从"哈勃"空间望远镜中拆除了一台 220kg 的高速光度计,然后安装了一个只有分币大小的"光学矫正替换箱",箱中除矫正透镜及其驱动装置外,还包含一台拍摄类星体和其他遥远天体的暗弱天体照相机、一台暗弱天体紫外波段摄谱仪、一台探测爆炸星系的摄谱仪,从而使"哈勃"空间望远镜的探测范围从 40 亿光年扩展到 140 亿光年。12 月 9 日,马斯格雷夫与霍夫曼进行最后一次太空行走,他们一起站在长 15m 的机械臂顶端,把新安装的太阳能电池板展开,然后更换了驱动太阳能电池板的电子装置,先为紫外线波段摄谱仪安装了新的供电线路,接着又为两台磁强计盖上了防护罩。这次修复"哈勃"空间望远镜,两组航天员太空行走累计时间达 35h28min,完美地完成了一次艰巨的太空任务。

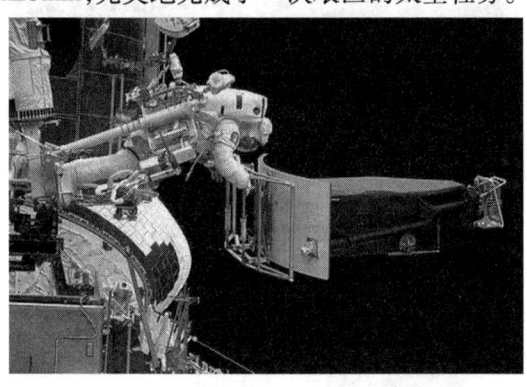

图 16.21　航天员为"哈勃"空间望远镜更换广角行星照相机

12 月 10 日航天员把焕然一新的"哈勃"空间望远镜重新放回到轨道上去。一个月后,"哈勃"空间望远镜就传回清晰的图像,分辨率提高了 50%,所看到的亮度极弱的恒星相当于从华盛顿看到东京一只萤火虫的光影。

16.5.2　第二次维修:更新设备

到 1997 年"哈勃"空间望远镜在太空飞行近 16 亿 km,进行了 11 万次观测,取得了在宇宙星系中可能存在黑洞等重大成就。但它在太空的寿命已近半老,其表面的绝缘层已留下许多裂缝,太阳能电池板上被微流星体撞出许多空洞,许多设备老化,因此按计划要开始第二次维修工作。

1997 年 2 月 11 日,美国"发现"号航天飞机载 7 名航天员升空。2 月 13 日,当发现号在轨道上与"哈勃"空间望远镜会合后,航天员操纵机上的机械臂把"哈勃"空间望远镜抓住放置到机上货舱的平台上,航天员分两组通过 5 次太空行走为"哈勃"空间望远镜安装两台新仪器,更换 8 个组件。

2 月 13 日深夜航天员史密斯和马克·李穿上充气宇航服飘出密封舱(图 16.22),史密斯站到机械臂顶端,先小心地从"哈勃"空间望远镜上把戈达德高分辨率光谱仪取下(图 16.23),然后在马克·李的引导下,将重 315kg 的一台图像光谱仪安装到"哈勃"空间望远镜上。更换第二台设备时,右边的太阳能电池板突然大幅度摆动起来,这是由减压舱排出的气流造成的,在减压舱中等候的两名航天员通知航天飞机上的航天员缓缓降低减压舱中的压力,使之不再排出气流,"哈勃"空间望远镜的太阳能电池板很快恢复了稳定。这样,史密斯和马克·李在减压舱内待了 2h 后再次出舱,将"哈勃"空间望远镜上的暗物体分光仪取下,换上重343kg的近红外照相机和多目标分光仪,使之在红外范围内视力更好,看得更深更远。

图16.22 航天员史密斯和马克·李维修任务中的太空照

图16.23 航天员移除高分辨率光谱仪

2月15日航天员进行第二次太空行走,哈博和坦纳两人提前1h飘进敞开的货舱中,坦纳站到机械臂顶端,在漂浮于附近的哈博的引导下,靠着头盔上的灯光照明,慢慢地把旧的导向传感器取下,把一个新传感器换到"哈勃"空间望远镜上。随后两人又将一套新的传感器电子线路和一个新的数据记录器安装到"哈勃"空间望远镜上。这次太空行走用了3h。

2月16日,发现号航天飞机携带"哈勃"空间望远镜把轨道提高4km,否则会迎面撞上一块20cm大的美国"飞马座"火箭碎片,后果不堪设想。航天飞机轨道提升数小时后,机上航天员史密斯和马克·李又飘进货舱,为"哈勃"安装了一个新的计算机指令传输设备、一个数字记录器和一个帮助"哈勃"机动的反应轮。

2月17日哈博和坦纳进行第4次太空行走,更换了一个控制太阳能电池板的电子线路箱和磁力传感器的外罩,并对"哈勃"空间望远镜表面上一层断裂和剥离的绝缘层进行初步修补,缝上了一层特弗隆材料。

2月18日,再由史密斯和马克·李作第5次太空行走完成对绝缘层破损表面的修复工作。2月19日更新设备后的"哈勃"空间望远镜被重新释放到616km高的轨道上,去继续执行探测宇宙的任务。

在这次为"哈勃"空间望远镜更换设备的维修中,4名航天员连续5次太空行走时间共33h11min。重返太空的"哈勃"空间望远镜大大提高了探测能力,拍摄到的天文照片揭示了恒星形成和衰亡的细节。

16.5.3 第三次维修:休眠复苏

1999年2月,"哈勃"空间望远镜上的6台陀螺仪有3台损坏,到11月又一台出现故障,于是这个大型空间望远镜自动进入"休眠"状态,中断了观测活动。

同年12月16日,"发现"号航天飞机再度启程,航天员到太空进行4次太空行走,3次执行对"哈勃"空间望远镜的修复任务。12月18日,由两名航天员实施第一次太空行走,更换了6个导致"哈勃"空间望远镜失灵的陀螺仪,为防止望远镜上的6个电池过热受损安装了电压调谐器。这次太空行走达8h15min。

12月21日,两名航天员进行第二次太空行走。他们拆除了一台旧计算机,更换了一台速度提高20倍、存储空间增加6倍的新计算机。12月24日,两名航天员在第三次太空行走中,为"哈勃"空间望远镜安装了新的无线电收发机、一个数据记录器、一个大型钢质护罩。经过修复的"哈勃"空间望远镜望远镜于12月25日放入太空,从"休眠"中复苏的"哈勃"空间望远镜又恢复了它的"千里眼"功能。

16.5.4 第四次维修:心脏手术

"哈勃"空间望远镜的电力控制装置工作12年之后,已无法提供足够能量给将要更换的先进测绘照相机等设备工作。美国航空航天局决定为"哈勃"空间望远镜做"心脏移植手术",即更换一台供应望远镜全部能源的电力控制装置,这被认为是最冒险、最具挑战性的太空维修工作。

2002年3月2日,"哥伦比亚号"航天飞机升空飞行。3月4日,曾于1999年参加过"哈勃"空间望远镜维修的航天员格伦斯菲尔德和第一次参加太空飞行的利纳汉负责这次"心脏手术"。但在两名航天员开始太空行走前25min,格伦斯菲尔德的宇航服制冷系统突然漏水,在无重力的太空中液体随意流动,清理起来十分麻烦,最后只好另换一套宇航服,任务因此推迟了2h。

如图6.24所示,由于手术活动空间狭小行动不便而且电缆如麻,仅接头就有36个之多,使更换工作复杂,不亚于做一次心脏手术。为了防止航天员被电击,在整个"手术"期间"哈勃"空间望远镜全部断电,如果不在10h内重新恢复电力供应,一些设备将被冻坏,很像人的心脏暂时停止跳动的情况一样。利纳汉首先切断连接"哈勃"空间望远镜各个系统的30多条线路,他戴着手套,用一柄长抹刀和一把特别设计的扳钳工作,实际操作起来很困难。格伦斯菲尔德则安装新系统,并连接上线路。他们两人一组和纽曼、马西米诺一组轮流进行了4次太空行走,使"哈勃"恢复了"心跳",新装设备一切正常。利纳汉后来说:"虽然这只是光辉事业中微不足道的一小部分,但我却能在年华老去时骄傲地说,是的,我到过"哈勃"空间望远镜,我就是那个为"哈勃"空间望远镜更换电力系统的人。虽然我只是做了些木匠活一样简单的工作,但能够与"哈勃"空间望远镜一起载入科学史册,仍然令我感到无比光荣。"

图16.24 "哈勃"空间望远镜被固定到"哥伦比亚"号航天飞机上

随后,航天员又进行了最后一次太空行走,为"哈勃"空间望远镜装上一个新的高新巡天相机(图16.25),更换了一台冷却系统,使一台已经3年没有工作的红外摄像机重新服役。在这次维修中,4名航天员5次太空行走共用35h55min,创造了航天飞机一次飞行太空行走总时间最长的新纪录。

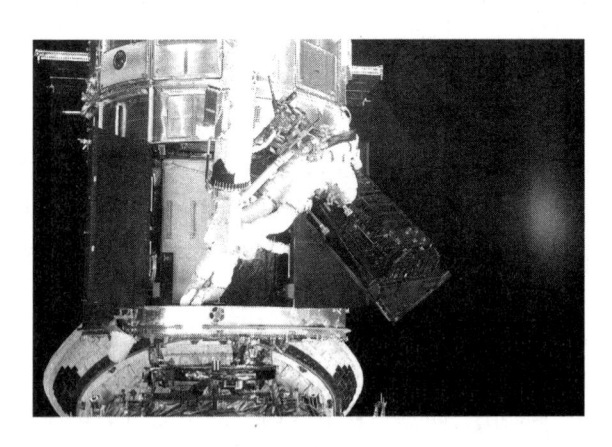

图16.25 航天员为"哈勃"空间望远镜更换高新巡天相机

第四次修复后,"哈勃"空间望远镜的动力供应更加稳定和高效,使它的观测能力提高了10倍,可发回更多、更清晰的照片,"哈勃"空间望远镜也因此焕发出了新的生命。

16.5.5 第五次维修:最后一次

2009年5月11日,"亚特兰蒂斯"号航天飞机载着7名机组成员升空。他们通过5次太空行走,完成了对"哈勃"空间望远镜的最后一次维修,于美国东部时间19日8时57

分(北京时间20时57分)将"哈勃"空间望远镜重新送入轨道。5次太空行走的概况如下。

5月14日,两名宇航员进行了第一次太空行走,为"哈勃"空间望远镜安装了价值1.32亿美元的广角照相机3。不料固定旧相机的一颗螺钉卡牢在望远镜上,地面控制中心要求宇航员使出最大力气将其取出。倘若螺钉断裂,旧相机就将固定在望远镜上,新相机也将无法安装。所幸最后还是成功了,但原定6.5h的太空行走延长到了7h20min。天文学家希望利用这架相机观测宇宙诞生后5亿年至6亿年时的情景。随后,宇航员们为"哈勃"空间望远镜更换了数据处理装置,并安装了一个对接环。日后"哈勃"空间望远镜退役返回地球时,NASA的飞船可以借助对接环将"哈勃"空间望远镜引导至太平洋上空。

5月15日,两名宇航员通过第二次太空行走,为"哈勃"空间望远镜安装了6个新的陀螺仪,这是此次维修的首要任务。由于第三对新陀螺仪安装不上,宇航员只好将"亚特兰蒂斯"号的一对备用陀螺仪转用于"哈勃"空间望远镜。原定6h的太空行走进行了约8h。

5月16日,两名宇航员为"哈勃"空间望远镜安装宇宙起源光谱仪(图16.26)。这是此行难度最高的任务,但进展非常顺利,6.5h即宣告结束。宇宙起源光谱是迄今太空中灵敏度最高的光谱仪,它使"哈勃"空间望远镜得以向地面科学家提供宇宙中遥远天体的温度、密度及速度等精确数据。

图16.26 实验室中的宇宙起源光谱仪

5月17日,两名宇航员修复已停止工作的空间望远镜成像光谱仪,为它更换了低压电源板,使其成功恢复正常功能。工作持续了8h。空间望远镜成像光谱仪是重要的成像设备,曾帮助"哈勃"空间望远镜证实星系中心普遍存在黑洞,但2004年电力故障之后一直处于休眠模式。

5月18日,两名宇航员为"哈勃"空间望远镜更换了三块电池、1个恒星追踪传感器和热屏蔽罩,共耗时7h2min,完成了对"哈勃"空间望远镜的大修。最大的意外是更换绝缘材料时(图16.27),旧材料未能回收,而在太空中飘走了。好在这些材料不会对航天飞机造成太大危害。精确导向传感器可以提供定点信息,还能探测恒星的相对位置及移动。美国的航天飞机现在已经退役,新的航天交通工具比较小,而且没有捕获"哈勃"空间望远镜的机械臂,因此不能再执行维修"哈勃"空间望远镜的任务了。

图16.27 宇航员为"哈勃"空间望远镜更换绝缘材料

此次大修总耗资约10亿美元。大修后"哈勃"空间望远镜的能力比它刚上天时强大了上百倍,它从头到脚的器官几乎已经换遍。NASA的一位"哈勃"空间望远镜项目主管说,"哈勃"空间望远镜身上还有一些最初上天时的部件,但"从很多方面来说,它已经是一台新的观测设备。"

"哈勃"空间望远镜原设计寿命15年,经过5次大的维修之后,使其一直服役至今,已超过25年。

"哈勃"空间望远镜在25年的历程中,以其一系列的突破性发现,使人们对宇宙的认识有了深刻的变化。如今,它的接班人已经确定:美国、加拿大已与欧洲空间局共同计划于2018年发射一架新一代的空间望远镜,即詹姆斯·韦伯空间望远镜(James Webb Space Telescope,JWST,如图16.28所示)。"韦伯"空间望远镜比"哈勃"空间望远镜更先进而且廉价,其灵敏度将为"哈勃"空间望远镜的7倍,主要在红外波段工作,因而通常被认为是一架空间红外望远镜。

图16.28 "詹姆斯·韦伯"空间望远镜模型

思 考 题

1. 望远镜的发展经历了哪几个阶段?
2. 开普勒在伽利略的基础上,对折射式望远镜进行了哪些改进,有什么优点?

3. 试解释牛顿反射式望远镜的工作原理。
4. 空间望远镜对比传统望远镜,有哪些主要的优势?
5. "哈勃"空间望远镜由哪几部分组成?简述各部分的功能。
6. 简述"哈勃"空间望远镜的主要贡献。
7. "哈勃"空间望远镜共进行了几次维修?分别是在哪一年?
8. 用来接替"哈勃"空间望远镜的下一代空间望远镜是什么?

第17章 新概念航天器

17.1 机器航天员

17.1.1 简介

北京时间2011年2月25日,"发现"号航天飞机开启该系统的谢幕之旅。这次飞行还有一个值得人们关注和期待的亮点,那就是它把人类载人航天史上首位"机器航天员(Robonaut2,R2)"送入"国际空间站",与航天员一起职守空间站,为人类探索太空活动做出了贡献,如图17.1所示。另外,R2走进国际空间站,还标志着"机器航天员时代的到来"。

图17.1 "机器航天员"与航天员

R2由美国宇航局和通用公司联合研制,主要用于空间站维护,并完成一系列空间站的测试工作,同时也是为将来的机器航天员承担更为繁重的任务铺路。

R2由铝和镀镍碳纤维材料制成,躯干呈白色,头戴金色头盔。从腰部到头的高度为1m,肩宽为0.82m,整体质量为150kg,行动速度大于2.1m/s,其外形组成如图17.2所示。

R2还有1个"双肩背包",这是它的电源系统;电源系统上面的接口与空间站电源接口连接,就可以实现自动充电;如果它在小行星或火星上执行任务时,这个背包内将装载尽可能多的电池。

R2的前辈是R1(Robonaut1,R1),它们都是通过可视软件来实现控制的,但与R1不同,R2的结构更紧凑,行动更敏捷,能够操作各种各样的工具(除能够使用与宇航员相同的工具,也能使用只适用于机器人的特殊工具),运行速度是R1的4倍,并且具有更深更广的感知能力。

另外,R2与其他机器人的不同点,在于它的使用群体不仅仅是机器人研究者,还包括训练有素的宇航员。再者,即使R2没有完整的躯干和双脚,也能凭借仅有的一条腿,让自己固定和移动到不同的位置。在工作期间,R2内部的计算机系统还会产生和记录有关它与航天员共事的性能数据。

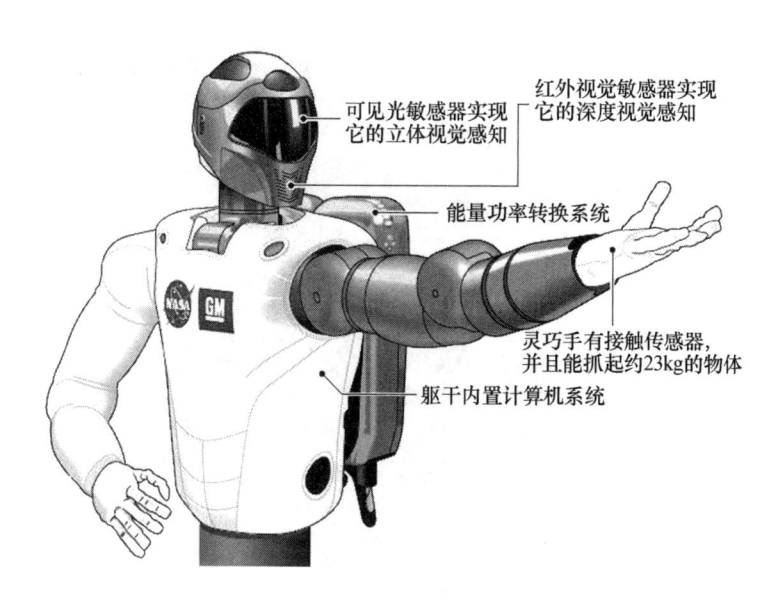

图 17.2　R2 的组成

17.1.2　机器航天员的先进性

R2 系统是一个先进技术的集合体,具体包括:双臂的最佳交叠方式实现其灵巧的工作模式、系列弹性关节技术的应用、手指与拇指的配合运动、以及小型化的 6 轴载荷单元等。

1. R2 的自由度分布

为了达到类似于人类的工作能力,R2 的除了全身配有超过 350 个传感器、38 个控制器和 54 个伺服电机外,还包括两只 7 个自由度的手臂(共 14 个自由度),两只 12 个自由度的手(共 24 个自由度),3 个自由度的脖颈和 1 个自由度的腰。显然 R2 之所以被称为世界上第一台"机器人宇航员",是因为它有 42 个自由度关节在发挥作用,其设置部位如图 17.3 所示。

2. R2 的灵巧手臂和触摸传感器的配置

R2 的手与臂尺寸几乎和人类的一样,并与宇航员的臂力和手所能触及的范围相匹配。但 R2 的手臂不同于宇航员的手臂,具有极强的耐热能力,可以完成长达 8h 的舱外活动。此外,R2 手臂还拥有良好的动作协调性、高带宽的动态响应、冗余度和安全性,并能够代替宇航员,去完成一系列宇航员所不能够完成的运动。

从手臂的结构上看,R2 类似于它的前辈 R1,使用了无刷直流电机、谐波齿轮传动减速器和电磁制动机。但不同于 R1,R2 使用了系列弹性执行器,有效地改善了冲击耐力,提高了储能容量,当然这也是精确和稳定地控制"手臂"的一种方法。在结构上,R2 手的设计使其能够灵活地使用的工具。

R2 的手臂提供了感知反馈的多束源。系列弹性执行器通过其扭曲程度可以估算结点力的大小,每只手臂上装有两个 6 轴压力传感器,其中一个在肩膀上,一个在上臂上。这些设置使对力与力矩的测量达到一个相当精确的水平,使 R2 安全工作。

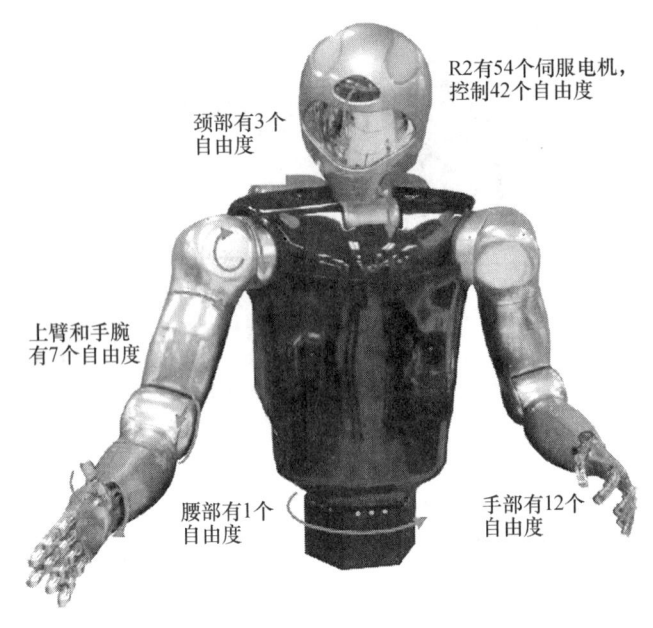

图 17.3　R2 的自由度分布

R2 的每只手都有 12 个自由度,其中 4 个自由度在拇指上,食指与中指各有 3 个自由度,而无名指与小指各有一个自由度。每一根手指都有约 2.3kg 的抓力。手指的功能主要有两方面作用,一方面是实现牢固的抓取功能,这一功能的实现是由 3 个自由度手指和 2 个自由度拇指相互配合来完成的动作;另一方面是正反向的灵活运动功能,这一功能是实现由 1 个自由度的手掌配合 2 个手指来完成的动作,如图 17.4 所示。5 个手指通过一种特殊的结构和机构设计,精巧地安装在手掌上。另外,R2 的手利用了"触觉识别"的技术,其触觉传感器和手指定位传感器采用传统的 C/C++ 代码来实现触摸物体的识别和与深度测量。除了具有柔软的皮肤外(填充了非金属材料),R2 的"手"还具有非敌意性,可以安全地与人接触。

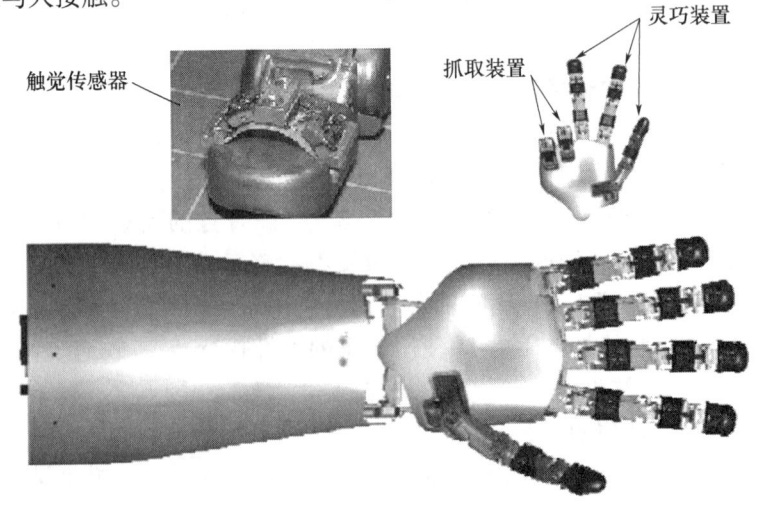

图 17.4　R2 的手指手掌的连接和手指的功能

3. R2 的灵活颈部和立体视觉

R2 的颈部有 3 个自由度,另外,受人体的启发,它的设计采用双关节结构,以便增强观察能力。R2 的颈部类似于人类的脖子,不仅可以前、后、左、右旋转运动,也可以沿着各个角度进行上下和俯仰运动(图 17.5)。

所以 R2 的颈部和视觉组合系统称得上是具有赘力感知、超高速接合控制、极限的脖颈运动能力、高分辨率的摄像机和红外辐射系统的综合系统。

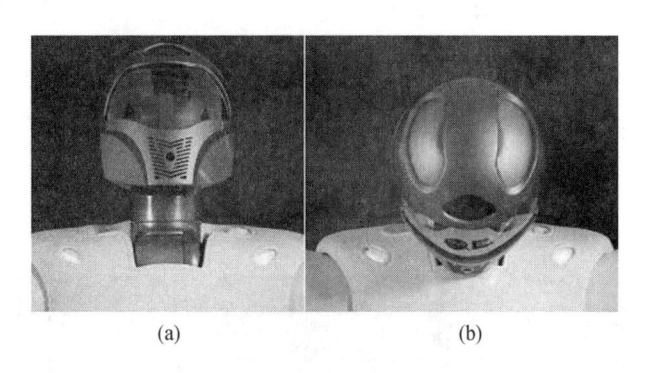

图 17.5　R2 进行上下俯仰的演示

另外,R2 的头部是一个由 5 台摄像机所组合成的视觉装置。R2 通过这个特殊视觉装置,来观察世界。R2 的眼睛由 4 台可见光摄像机组成,其中两台用于立体识别,另外两台用于备份,藏于金色头盔中。它的嘴里装有一台红外摄像机,用于辨别物体的温度差异,如图 17.6 所示。

强大的物体识别功能需要使用多种类的传感器,从环境当中测量复杂的图案。因此常常会因为全部场景的图案太过复杂而造成算法障碍。R2 对这一问题的解决方法是将复杂图案转化为一些小块区域再进行分析,而颜色、亮度和纹理就是分割这些区域的标准。

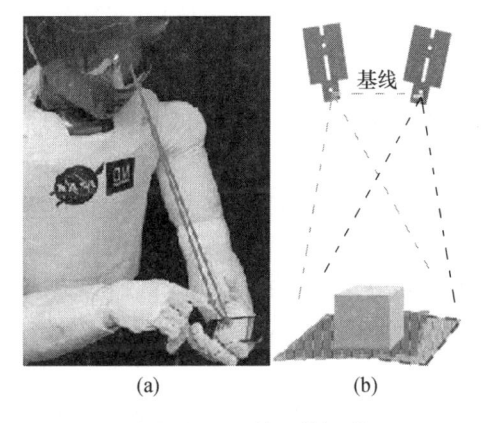

图 17.6　R2 的立体视觉

4. R2 的拟人思维能力

R2 的"思维器官"不在头部,而在腹部(图 17.2)。不仅 R2 的机械结构,R2 的思维软件也为了按照与人类能够配合工作的目的而进行设计。从 R2 自身的控制策略看,基本可以猜测出其编程的流程图。例如,针对具体化的智能行为,机器人如何运动?低水平控制系统是如何对环境中的力作出反应并且进行运动的?如何利用算法使 R2 成为既实用又可靠的助手?等等问题,都可借鉴传统机器人的思维模式进行编程设计。

另外,R2 独特的"半结构"方式,在软件编程时,既要考虑系统的具体化,又要兼顾其应用的可塑性,允许增加适当的设备去提高性能并增强机器人的功能。

17.1.3 机器航天员的初期试验

美国宇航局和通用汽车公司联手研制出的第二代机器宇航员(R2),以其双手灵巧和臂力惊人而闻名世界。自 2011 年 2 月,R2 进入国际空间站以后,已经进行了几个方面的性能测试和演示试验。

2011 年 8 月,地面测控人员第一次将电能传送给 R2,首次实现激活状态。随后,为了提醒宇航员勿将它的手臂作为操作柄,它手腕上被系上了红色标志带(图 17.7)。

图 17.7 摄于国际空间站的"命运"实验室

2011 年 10 月,在失重环境下,R2 成功地执行了手臂的移动动作指令。其手臂的运动是在地面测控人员、试验队长 Mike Fossum 和 R2 交互作用下实现的。2011 年 12 月,R2 再次投入测试,工程人员在失重环境下,测试了它在一个固定支架上身体的运行情况。R2 的运行情况由安装在国际空间站上的广角电子摄像机实时监视,并通过遥测链路发射到地面测控站。

2012 年 2 月,地面控制人员激活了 R2 的内置计算机程序,使其能够伸展开右臂,并能转动手指。随后国际空间站指令长 Daniel Burbank 与 R2 第一次在太空相互握手(图 17.8)。

2012 年 3 月,R2 演示了它的语言能力。在测试中,它采用美式手语表达方式,传递了一个传统问候语:"世界,您好!",如图 17.9 所示。此前,它曾经用"吱吱"的声音通过微薄账户@AstroRobonaut 发出过"世界,您好!"的问候。

数日之后,为更好地实现散热,在国际空间站的"命运"实验室里,工程师更换了 R2 手臂上的散热片(图 17.10),进而可以延长它的工作时间。

图 17.8　Daniel Burbank 与 R2 第一次在太空相互握手

图 17.9　R2 正在表达"世界,您好!"

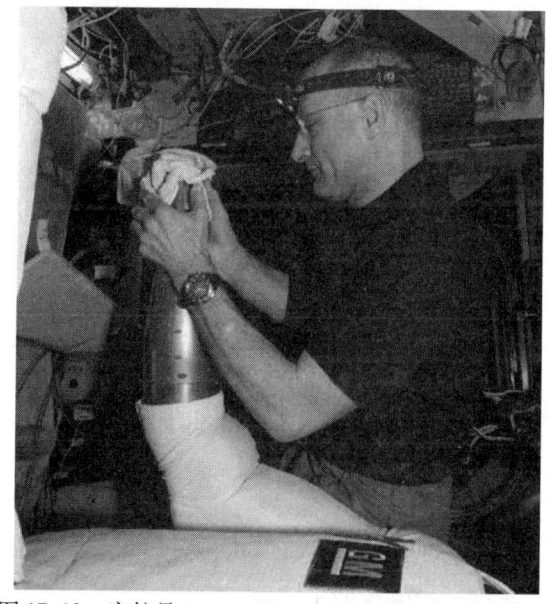

图 17.10　宇航员 Don Pettit 正在更换 R2 的手指散热片

在空间站里，R2 的手套，或称为抓握辅助装置（图17.11），也已经完成了测试工作。该手套自重约2.4kg，采用阵列传感器、执行器和模拟筋骨材料制成。该手套可以增强R2的抓握能力。例如，宇航员可能需要约7~9kg的力量去操纵一个特定的工具，然而，使用机器人手套就仅仅需要约2.3~4.5kg的力量。另外，这种手套不仅可以使机器人更好地完成工作，而且还能减少重复性接触磨损和冲击性损伤的危害。

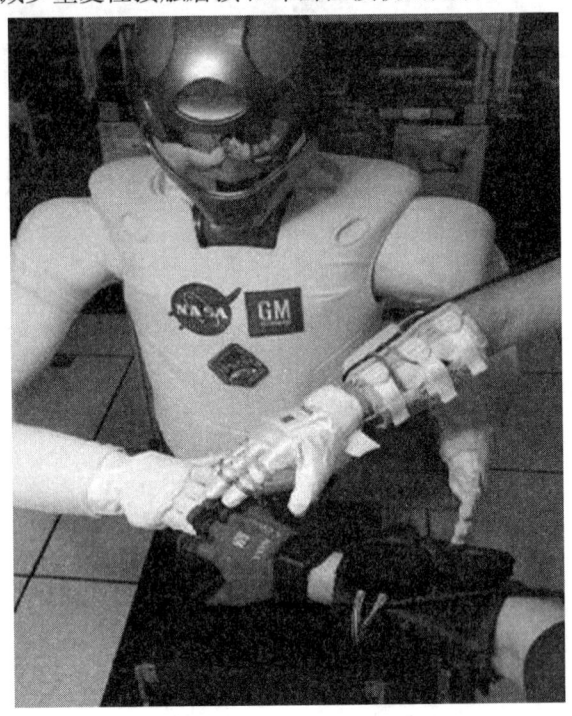

图17.11 R2 的手套（抓握辅助装置）

NSAS 专家认为，目前进行的测试与试验，对于机器人制造来说，虽然只迈出了一小步，但在国际空间领域，对于建设机器宇航员的探索工作，却是一个巨大的飞跃。

17.1.4 R2 的应用模式与未来

目前，R2 机器人仅有上半身；至于下半身，宇航员会根据任务需要予以添加，如双轮车型、四轮车型、双腿型和机器手型等，如图17.12所示。在空间站里，R2 的组装式身体部件能够根据任务需要进行拆卸，宇航员可以不费力地按照不同任务，像搭积木一样，将不同应用模式的R2组装出来。

未来，人类利用太空的前景无限美好，但恶劣的空间环境给人类航天活动带来了巨大的威胁。要使人类在太空中工作，需要有庞大而复杂的环控生保系统、物质补给系统、救生系统等，这些系统的耗资十分巨大。在未来的空间活动中，将有大量的空间加工、空间生产、空间装配、空间科学实验和空间维修等工作要做，这样大量的工作是不可能仅仅只靠宇航员去完成的，还必须充分利用空间机器人。NASA 正在计划改进 R2 机器人，以使它更加适应空间环境，并能有效地配合宇航员执行更多、更艰巨的太空任务。但就目前R2来看，机器宇航员仍有许多挑战性的难题需要解决。

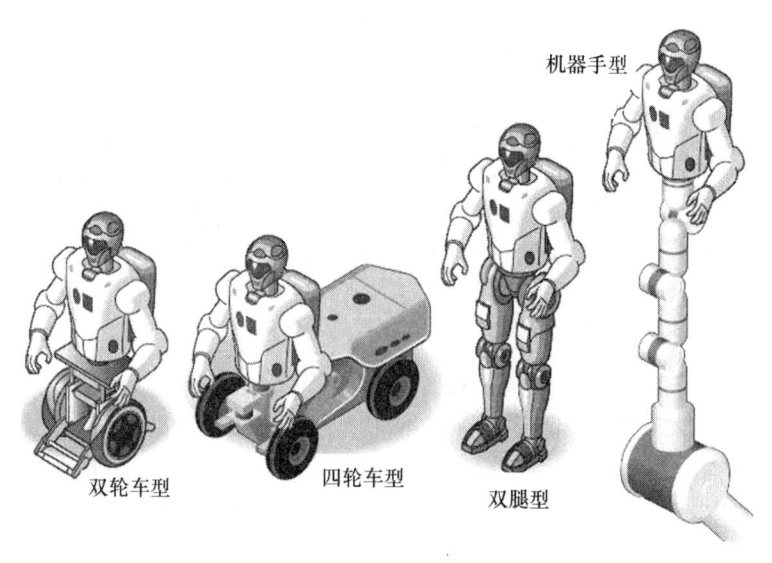

图 17.12　R2 的组合应用场景

（1）虽然 R2 已经上天，但 R2 的活动仍将被限制在空间站的"命运"实验室里。不过，在未来的技术增强和改进下，有可能使 R2 获得出站行动的许可。

（2）设计 R2 时，还要考虑空间站内的辐射和电磁干扰的影响。

（3）R2 的振动、真空以及辐射测试，以及程序测试仍在考核过程中。

R2 是实现自主机器人与人类共同和谐工作的一个阶梯。目前，由于受恶劣的空间环境限制，R2 仅仅能在空间站内部运行。

为了让 R2 更自由地出入空间站，甚至接触更复杂的舱外世界，NASA 和通用公司目前正围绕着 R2 的原形系统，进行着一系列改进设计与试验，如振动试验、热真空试验和电磁辐射试验等。

NASA 的专家称，未来还将研制更高端的机器人宇航员，它们不仅可在空间站里自由走动，还能跟宇航员一起进行太空行走，并独立完成对人类来说非常危险的舱外活动。

不难想象，在未来，宇航员和机器宇航员的合作所产生的效益可实现 1+1>2 的效能。R2 系列机器宇航员的参与可以使得航天器能够飞得更远，甚至超越航天科学家们的想象极限，人类将拭目以待。

另外，目前日本也在朝这个方向努力，正研制"会说话和值班"的机器女宇航员，打算向国际空间站长期"派驻"一名机器女航天员，以帮助宇航员"解闷"。

除了航天领域，R2 技术也可应用于其他领域，例如汽车系统和高度自动化的工厂中。R2 在控制、遥感和影像技术方面的成果可用于先进的汽车系统，即可直接应用到豪华车上，也可用于产品生产线和流水线中。

今后，美国将开发更先进的太空机器航天员，以便替代人类前往小行星、火星或更远的星球去执行探测任务，为人类最终进入太空深处探路。在未来，宇航员和太空机器人的合作所产生的效益可以实现 1+1>2 的效能。太空机器航天员的参与可以使得航天器能够飞得更远，甚至超越航天科学家们的想象极限。

17.2 小卫星及其编队飞行

随着科学技术的发展,现代小卫星的优势越来越明显,一方面,以美国、欧盟为首的航天大国已经将现代小卫星技术列为航天技术发展中的重点领域之一;另一方面,随着军事航天的发展,航天装备正在加速转型,即由原来的空间支援与力量增强,转为空间控制与力量运用。所以,现代小卫星已经成为军事强国发展的战略重点。

17.2.1 现代小卫星的分类及发展模式

从 1957 年开始升空的世界上第一批人造卫星均属于小卫星;后来进入 20 世纪 70 年代以后,随着卫星应用需求的扩大,大型卫星成为航天领域发展的主流。但由于大型卫星技术复杂、研制周期长、成本高和风险大等缺点,同时随着微电子、微机电、计算机和新材料等技术的飞速发展,导致了航天领域在研制大卫星的同时,又开始了重视卫星的小型化工作;20 世纪 90 年代以后,出现了大、小卫星技术共同发展的局面。

但是,目前新一代的小卫星并不是早期小卫星的简单回归,而是一个质的飞跃。新一代小卫星亦称现代小卫星,它是按照 NASA 提出的"更好、更省、更快"的原则发展起来的,是在新技术基础和新生产力水平上涌现出来的产物,其技术密集程度和功能密度都大大提高,并正在促使航天领域发生深刻的变革。

现代小卫星包括小卫星、微小卫星、纳星和皮星,其划分标志是它们的湿质量,即"自身质量"+"燃料质量";按照它的湿质量分类,现代小卫星可划分成四类,如表 17.1 所列。另外,纵观现代小卫星技术的"过去、现在和未来",可概括为两种发展模式和三个发展阶段,具体内容分别如表 17.2 和表 17.3 所列。

表 17.1 卫星的分类

卫星	湿质量/kg	造价/万美元
传统大卫星	大于 1000	大于 5000
传统小卫星	500~1000	2000~5000
小卫星	100~500	400~2000
微小卫星	10~100	100~400
纳卫星	1~10	小于 100
皮卫星	0.1~1	小于 20

表 17.2 现代小卫星的两种发展模式

发展模式	内容
以美国为代表的模式	(1) 军方与商业公司之间相互配合、彼此牵动、共同发展; (2) 强调具有创新技术的试验型卫星,以期跳跃式地提高小卫星的智能化和功能密度; (3) 商业公司瞄准星座的开发应用
以欧空局、日本、英国等为代表的模式	(1) 充分利用成熟的先进技术; (2) 利用自身微型系统技术方面的能力; (3) 采用商品化部件

表17.3 现代小卫星发展的三个阶段

阶段	年份/年	表现形式
第一阶段 探索研究阶段	1985—1990	采用微电子学、高速计算机等方面的经验,扩大了现代小卫星的应用范围
第二阶段 初步形成规模阶段	1990—2000	采用高新技术成果,成为名副其实的性能高、成本低、研制周期短的现代小卫星
第三阶段 发展应用阶段	2000—	采用最新科技成果、全新设计概念和先进的管理方式,实现现代小卫星的快速发展,科学高效的管理机制,包括矩阵式管理模式

17.2.2 现代小卫星发展的若干问题分析

1. 现代小卫星发展的原因

现代科技是现代小卫星发展的技术前提,社会需求是现代小卫星发展的动力。从目前发展趋势看,支持现代小卫星发展的具体原因可归结为五个方面。

(1) 先进的微电子技术、数据处理与存储技术、遥感技术和智能计算等技术的发展。

(2) 小型火箭、改进的洲际导弹和其他的中程导弹进入发射市场,以及一箭多星发射技术。

(3) 现代小卫星发展最有诱惑力的地方是成本减少,但性能不降低。

(4) 很多没有航天基础设施的国家,如测控网和大型发射场,无需其他航天大国的帮助,利用小卫星独立进入空间,实现对地观测、导航和通信能力等。

(5) 对发展反卫星武器、提高防御及抗毁性,具有极大的潜力;特别是星群的配合对未来信息化战争的联合作战能力。

2. 现代小卫星与传统的大卫星的关系

现代小卫星不仅具有体积小、质量轻、技术含量高和研制周期短等一系列优点,而且还可以采用标准化星体及模块化设计技术,能够在流水线上批量生产并储存,便于机动发射。例如,现代小卫星,从立项研制到发射,一般仅需要1年左右时间,而通常传统大卫星从研制到发射至少需要5~8年左右,经常出现卫星采用的技术落后于当前流行的技术的情况,而且大卫星发射一般要三个月左右时间的准备工作。

另外,由于现代小卫星相对于传统的大卫星,有着诸多的技术和成本优势,因此,现代小卫星对传统大卫星所产生冲击是不可避免的。在现代小卫星出现的早期,有些专家早期曾预言,"伴随着小卫星设计与制造技术的发展成熟,小卫星最终将有可能完全取代大卫星,并成为空间任务的具体承担者。"但纵观航天领域的过去和现在的情况看,现代小卫星和传统大卫星之间的关系应该是功能上的相互补充,而不是竞争。

尽管现代小卫星具有的优点是传统大卫星无法相比,但也存在一些固有的问题,如表17.4所列;针对具体航天任务,将现代小卫星作为传统大卫星的补充,二者并行发展,才能充分利用大、小卫星各自的技术优势,合理组合,不仅有利于降低成本,而且又不至于使得应用与管理过于复杂。

表 17.4　现代小卫星的优缺点

优点	缺点
研制或制造成本低	寿命短
发射成本低	轨道衰减快
容易批量生产	输出功率低
研制或制造时间短	载荷能力低
采用先进技术	资源有限
失败时损失小	产生空间碎片

3. 现代小卫星改变了卫星制造的格局

随着卫星的应用前景越来越好,特别是移动卫星通信和卫星广播电视的巨大应用价值,很多国家看好了这个领域;但由于财政经济压力,同时又面临着国防发展和民用市场需求,所以很多国家开始形成了一个联盟,积极参与现代小卫星的开发、研究、制造和发射过程。

另外,在过去,卫星技术是极为特殊的领域,卫星制造基本是由在一些技术实力强的国家和比较大的宇航公司承担,但近些年来,很多大学和发展中国家也开始研制卫星。目前,微小卫星、纳星和皮星等航天器大部分采用民用器件,研制过程中所获得知识和经验也被直接转化到其他应用领域;所以,现代小卫星不仅带动了其他学科领域的发展,同时也为验证新技术在航天系统中的应用发挥了相当大的作用。

再有,在深空探测、太阳系外飞行和星群编队领域,很多大学正在积极探索。美国、加拿大、欧洲、中国和韩国等许多国家,正在通过大学的小卫星演示项目,获取航天工程经验。

最后,航天子系统的故障模式还没有有效的地面验证手段,首次飞行试验就算是最好的验证方式,从这一点看,现代小卫星将承担这个重任。

4. 现代小卫星面临的技术挑战

从卫星研制和组成来看,它的分系统质量占整个卫星质量比例的依次顺序为电源分系统、结构分系统和姿轨控系统,但从制造成本看,其顺序正好相反(表 17.5)。由此可见,质量大和投资多的分系统是现代小卫星研制过程中必须解决的问题。从降低质量和提高功能密度来说,姿轨控分系统、结构分系统和电源分系统可挖掘的潜力很大。

表 17.5　一般卫星分系统的质量和成本

分系统名称	质量占总质量百分比/%	成本占总成本百分比/%
电源分系统	37	10
结构分系统	26	13
姿态轨道控制分系统	21	15

人们一直有一种倾向,认为现代小卫星是实现廉价空间任务的最好途径。实际上,空间任务成本与任务需求有直接关系,但大部分国际空间组织,并不希望为了减少装备成本

而降低性能,由此给现代小卫星的研发带来很大的挑战。

首先,现代小卫星由于质量要求,进而限制了太阳能电池阵列的大小,因此提供的能量也有限。另外,能源的可用性,又限制了微处理器运算能力和天线通信能力。例如,对于 RF 的功率,微小卫星为 12W,纳型卫星为 0.5W。此外,现代小卫星使用的各种通信系统,包括 VHF、VHU 和微波测距为 30b~1Mb,所以,纳型卫星不得不采用没有增益的全向天线(这些天线不需要跟踪)。

其次,现代小卫星与地面站的联系,完全依赖于轨道模型预报,有时一周通信一次。有限的通信机会、有限的带宽、有限的监测能力等现实问题,要求现代小卫星具有自主能力,而自主能力又很难在有限的资源下完成。另外,冗余设计也必须有选择性,因为资源的限制,因此现代小卫星不得不按照最小的冗余备份设计。

最后,小卫星高的成本效益必须由新技术的支持,因此小卫星领域关键的问题是风险管理。

17.2.3 星群飞行的技术特征与模式

编队飞行、自重构星座以及模块化卫星等,是现代小卫星应用的亮点,如 NASA 的 X-星座,欧空局的 Darwin 任务。它们编队飞行,就好像鸟群飞行一样,只不过现代小卫星是绕着地球轨道飞行。从工程定义的观点来看,不同的群星模式,具有不同的技术特征,如表 17.6 所列。

表 17.6 星群飞行的典型模式

模式	队形描述	应用实例
主从编队	(1) 多颗卫星在同一轨道上; (2) 卫星之间具有等级关系; (3) 卫星移动可以从不同的时间观测目标; (4) 相互协作完成任务; (5) 星上部分资源可以共享; (6) 星群飞行涉及到卫星间的相对距离和几何形状,而使其相互协调需要人为控制	Landsat 7 EO-1 CALIPSO CloudSat Terra with Aqua 3
星族	(1) 在轨道上的卫星是随机分布的; (2) 卫星之间的运行是协作和相互依赖的; (3) 卫星移动可以从不同的角度、时间和距离观测目标; (4) 不需要推进系统维持其相对位置; (5) 星上部分资源可以共享	TechSat-21 Constellation-X Darwin F6

(续)

模式	队形描述	应用实例
星座	(1) 一组类似的卫星,同步运行; (2) 它们可以交叉覆盖和补充,而不会干涉其他卫星; (3) 相互协作地对地覆盖; (4) 星间的轨道位置需要保持	GPS Globalstar Iridium Glonass Orbcomm DMC RapidEye Galileo

现代小卫星可根据需要,在单轨道或多轨道平面上构建起应急的星群体系,完成传统卫星不能完成的重任。星群对有些任务是有益的,如利用微型卫星和纳卫星的优化重构星座获得全球覆盖能力。但是,不是在任何任务中小卫星系统都比大卫星系统成本低,有时也要集中载荷才能圆满完成任务,如大的光学侦察系统、大功率通信广播系统。表17.7结合星群飞行应用,给出了星群飞行的优缺点。

表17.7 星群飞行的优缺点

优点	缺点
多任务具有在轨重构能力,在任务期间,可以集成一些新技术和柔性设计	每个星族都有一个核心系统,所以维持它们的日常经费,要比一颗大卫星多
本身固有的自适应性,具有增加一些新的和更换一些老的小卫星的能力	发射后,要考虑编队初始化和位置保持,特别是编队卫星被分散发射时,给问题带来了复杂性
由于编队卫星可以批量生产,所以可以减少设计成本和研制时间	增加了地面测控的复杂性
由于编队协作运行,所以可以减少单颗卫星的体积和质量	如果不用于商业目的,小卫星的成本比大卫星要高,因为小卫星对载荷要求更苛刻
整个编队具有高冗余性,增强了容错能力,将故障损失最小化;更新和维护单个卫星的工作不影响整个编队系统	
由于可以从不同角度和不同时间观察目标,增大了测量视野,所以任务得到改善	对于某些卫星队列,由于卫星载荷不是在同一个平台上,如遥感相机等,可能要产生安装误差
由于质量和体积减小,所以可减小发射成本和增加发射的灵活性	在编队卫星寿命结束时,增加了轨道碎片,由此引出了一些贵重而复杂的定轨系统
分布式载荷,在没有增加成本的基础上,完成复杂的任务,而且风险仅仅在一个单颗卫星上	

17.2.4 未来展望

综上所述，NASA 的关于现代小卫星的理念是"faster（更快）、better（更好）、cheaper（更省）"，从国际上对现代小卫星的研究和应用状况看，未来的发展将从以下几个方面开展研究工作：①在性能不变的情况下，尽可能地降低空间任务的成本，即用低成本去完成传统的空间任务。②通过简单的设计获得高可靠性产品。③引入人工智能等新技术成果，用智能星群完成更复杂的任务，甚至完成大卫星不能完成的任务。

17.3 捕获小行星的航天器

2013 年年初，NASA 向美国白宫提交了一份"捕捉小行星"的项目方案，随后得到了奥巴马的支持。该项目计划发射一艘特制的小行星捕获航天器，该航天器在接近目标小行星时释放一个直径约为 15m 的袋子，用其套住小行星，随后该航天器启动推进系统，将小行星推离原固有的轨道，进入近月轨道，如图 17.13 所示。如果这个项目成功，将是人类第一次"移动"自然天体。就航天器设计而言，这标志着人类从研制人造航天器到迈向改变自然天体运动规律的重大变革。

图 17.13　NASA 捕获小行星的方案

17.3.1　项目背景概述

人类一直抱有探索自然天体的欲望，John Lewis 撰写的"Mining the Sky"一书是近代科幻小说的鼻祖，揭示了人类对于太空的向往与幻想，后来其科幻场景中不断地被演化。近 100 年来，随着人类科技水平的不断发展，人类探索宇宙、利用自然天体的步伐正在一步步地朝前迈进，现今科学技术的进步，可以在一定程度上满足人类探索太空的愿望。

2010 年，NASA 正式开始启动近地小行星捕获计划，该项目最初的任务是在 2025 年之前捕获一颗直径为 2m 左右，质量为 10000kg 左右的小行星。

2011 年，KISS 实验室在 NASA 的支持下进行了更加深入的研究，经过详细分析与评估，最后确定将于 2026 年之前捕获返回一颗直径为 7m 左右，质量为 500000kg 左右的小行星,这颗小行星是与国际空间站质量相当的自然天体,捕获之后,将小行星送到近月轨道。该方案具有两个优势。

(1) 对于推进系统而言,将行星轨道重置到近月轨道,比绕地球运行的轨道所消耗的能量少,因为不会受到地球大气和地球重力的影响。

(2) 目标小行星的直径和质量大,有利于搜索与观测,也有利于了解小行星的相关特性。

另外,选取近月轨道,还有如下四个原因。

(1) 一旦出现任何问题,小行星最悲观的情况就是撞击月球,对地球的安全不造成任何危险。

(2) 月球是地球最大的卫星,距离地球很近,后期人类对该目标天体的研究相对而言将会更加便捷。

(3) 根据该目标小行星的大小与质量测算,即使进入地球空间,也会在大气层中被烧毁。

(4) 该目标小行星是碳质小行星,这种材料很难抵抗地球大气层的作用,最终会被分解。

17.3.2 捕获小行星的任务规划

捕获小行星完整的任务规划,如图 17.14 所示。首先航天器搭载美国的 Atlas 551 号火箭进入地球轨道,然后航天器在 40kW 的太阳能电推进器作用下,并借助月球引力,接近目标小行星;当航天器接近目标小行星之后,其任务分为两个阶段,第一阶段,航天器要近距离探测目标小行星,对目标小行星的大小、旋转、表面特性进行观测;第二阶段,航天器执行捕获目标任务,并对目标小行星进行减速或消旋。为了完成第二阶段任务,航天器需要测量目标小行星的姿态,并通过捕获机构将其捕获。捕获之后,航天器启动推进分系统,携带着目标小行星离开原来轨道,再次借助月球的引力,进入近月轨道;到达近月轨道之后,航天器继续保持在这个轨道上,辅助后期的人类探索任务。

航天器净重 5.5t,可以携带高达 13t 的推进剂,借助月球引力的辅助减少燃料的损耗,航天器脱离地月引力的过程大约需要 1.7 年,2 年之后可以接近目标小行星,然后在小行星轨道工作 90 天左右,最后返回近月轨道需要约 2~6 年时间。

17.3.3 目标小行星

对于这项捕获任务,首先是目标小行星的材质问题。最合适的材料是碳质 C 型小行星。这一类小行星具有丰富的组成成分,它们是由不稳定的复杂有机分子、岩石和金属等物质组合而成。这类小行星占已知各类小行星中的 20%。不过,碳质小行星的材料很容易切割与破坏,它们的机械强度并不高,不稳定挥发物可达 40%,金属元素达 30%。

除了目标小行星的材质之外,这个项目要求目标小行星具有直径约 7m,能在 2030 年左右回归地球,与地球之间的距离尽可能的小,而且回归周期在 10 年左右。由此可见,这项任务的前提是找到合适的目标小行星,并对目标小行星有较详细的了解。

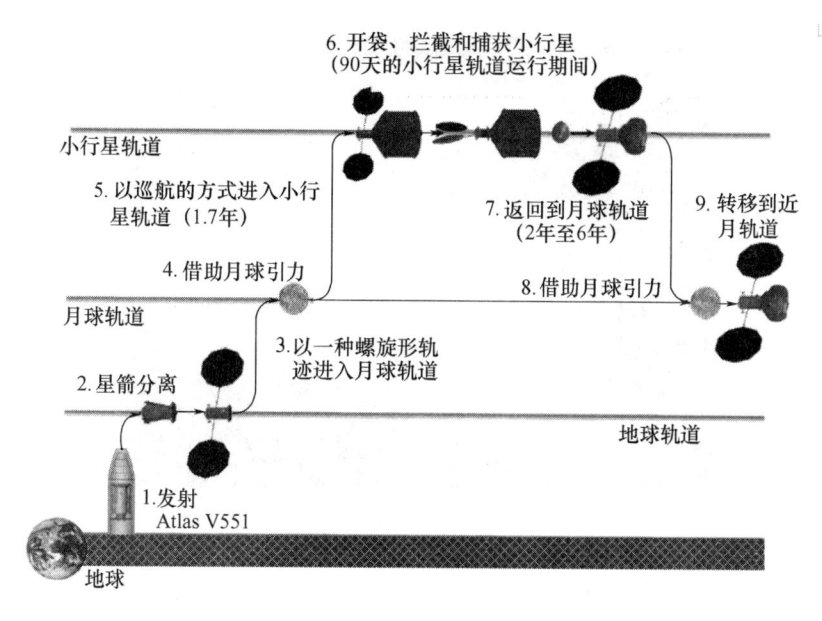

图 17.14 捕获航天器的飞行任务规划图

为了能够顺利捕获目标,对备选小行星需要进行一个周期以上的监视与跟踪,以确定其准确的运行轨道、形状、大小、质量、旋转速度等,为航天器系统设计提供详细参数。

从目前的情况来看,国际天文学家们预估直径为 7m 的近地小行星约有 100 万颗以上,但目前只有很少一部分是被人类所了解,在这当中,具有稳定运行轨道的小行星就更少了。因此,为了项目的开展,NASA 需要大量的时间去跟踪并确定一个候选目标小行星。

另外,在具有稳定运行轨道的小行星中,选择合适的小行星,关键的问题就是找到一个大小恰当,既可以在地面准确观测,又便于航天器完成捕获的小行星。

目前,已经有一个备选的目标小行星 2008HU4,如图 17.15 所示。这颗小行星直径大约为 8m,将于 2016 年访问近地空间,其运行周期为 10 年,也就是说再下一次距离地球最近的时间是 2026 年,通过 2016 年的检测与分析,在 2026 年返回时进行捕获是完全可行的,符合项目要求。

17.3.4 航天器总体设计方案

航天器外形结构如图 17.16 所示,它由两块可以产生大于 40kW 的太阳电池翼、推进系统和一个大的可展开式的捕获袋组成。每块太阳能板的面积为 $90m^2$,两块共同工作,可以产生 40kW 的能量用于推进系统,1200W 用于航天器的其他需求。从总体角度看,航天器由电推进分系统、反馈控制分系统、电源分系统和捕获机构等几大部分组成。

推进分系统包括 5 个 10kW 的霍尔推进器和功率处理单元,每次工作可以同时触发 4 个推进器。每个霍尔推进器包括 Xe 推进剂存储罐、推进剂管理装置和平衡环,每个推进器的质量约 19kg,Xe 推进器的存储罐是无缝铝管的复合材料压力容器,这种设计可以提

图 17.15 目标小行星 2008HU4

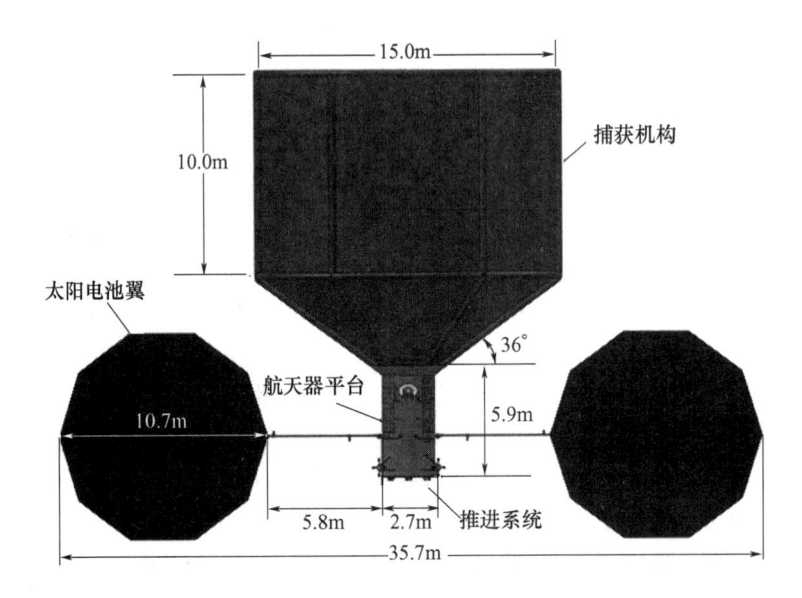

图 17.16 航天器的系统结构

高燃料5%的使用效率。平衡环的功能是控制姿态,航天器具有俯仰、偏航、滚转任意方向的姿态调节能力。但是这只用于机动的情况下,在非机动情况下使用反馈控制系统进行姿态控制。

反馈控制分系统是一个独立的双组元推进剂子系统,它使用单甲基肼与四氧化二氮这两种推进器。一共有4个这样的推进器,每个推进器可以提供200N的力,响应时间可以持续287s。

电源分系统要求输出电压为120V,输出功率为41.2kW。在捕获过程中,太阳帆板可能无法垂直于太阳光线,但要保证此时至少提供3.6kW的电能。辅助电源是锂离子电池,可以提供峰值1954W的电能,常规情况下提供392W。

捕获机构包括可充气展开臂、高强度捕获袋和电缆。充气夹紧时,多个臂由两个或更多个膨胀的圆周箍连接提供的压缩强度,保持袋子被打开状态。这种捕获机制可容纳不同形状和不确定性的小行星。捕获袋组件采用被动温度技术,以保证在不高于标称温度下捕获小行星。

17.3.5 小结

人类开发与利用小行星是人类100多年前的梦想,但直到今天,随着科学技术的进步,这一梦想才有可能成为现实。NASA在近月轨道放置一颗近地小行星,只是大型项目的一部分,该项目是为人类开采小行星矿石和前往火星开辟途径和奠定基础。另外,通过捕获小行星项目的实施,能够为国际空间合作创造新的可能,特别是还将为人类的太空探索提供一种全新的独特体验。

17.4 模块化分离卫星

模块化分离卫星是军事航天和科学技术发展的结合产物,模块化分离卫星是指将卫星拆解成若干个不同功能的模块,将诸功能模块送入各自的空间轨道,构成星群,每个模块执行自己的功能,模块之间通过无线接口相互配合,共同完成的任务。模块化分离卫星的概念一经提出,就得到了美国军方的高度关注,DARPA(美国国防高级研究计划局)为了验证这种理念,于2007年推出F6计划,并将其作为"作战快速响应计划的一个核心组成部分"。

17.4.1 模块化分离卫星的产生和目的

1. 模块化分离卫星的概念

模块化分离卫星系统是将卫星分解成若干个不同功能的模块,将诸功能模块送入各自的空间轨道,构成星群,每个模块执行自己的功能,模块之间通过无线接口相互配合,实现信息共享和能量传输,各模块通过在轨编队飞行构成虚拟大卫星。

F6是验证模块化分离卫星概念的重大项目,"F6"英文全称为"Future, Fast, Flexible, Fractionated, Free - Flying Spacecraft united by information exchange",直译为"利用信息交换链接手段的未来、快速、机动灵活、分离模块、自由飞行卫星"。英文的6个单词开头字母都为"F",因此简称为"F6"。

2. 模块化分离卫星的目的

模块化分离式卫星的构想是围绕任务使命,把一个卫星的任务载荷、能源、通信、导航、计算处理等功能单元优化分解为多个模块,而不是机械地拆分卫星的分系统。每个分离模块从本质上说仍然是一颗卫星,携带与航天任务相关的不同功能和资源,采用物理分离、星群自由飞行、无线信息交换和无线能量交换方式,功能协同,资源共享,构成一颗虚拟大卫星来完成特定的任务,如图17.17所示,甚至发展成为支持多样化空间任务的天基基础保障设施。

图 17.17 模块化分离卫星形成一个虚拟大卫星

3. 模块化分离卫星概念的发展历程

1981年,法国和英国宇航公司的研究人员以静止轨道通信卫星为参照,比较了分离模块概念与传统概念的技术性能和成本优势。后来由于技术条件,没有得到广泛的重视。

2001年,美国国防部转型办公室提出空间飞行器的联合作战概念,后演变成"快速响应空间(ORS)"计划。与此同时,美国国家太空安全管理组织指出美国太空设施存在很大的脆弱性,极易遭受攻击,并且认为必须加快发展"机动"太空装备。

2005年9月MIT大学在美军快速响应思想的影响下,对模块化分离概念展开了研究,提出了模块化分离研究项目。随后,DARPA和空军实验室又分别开展了一系列相关概念的研究。

2006年,DARPA在加利福尼亚召开了分离模块卫星研讨会,针对概念和关键技术进行了广泛调研和深入研究。

2007年,DARPA将模块化分离概念遴选为正式研究项目,提出模块化分离卫星概念,命名为"F6系统",予以投资发展,此举表明模块化分离卫星概念是可行的,同时也认识到模块化分离卫星对军事航天具有广泛的应用前景。

17.4.2 模块化分离卫星的研制计划和技术特征分析

1. 研制计划

模块化分离卫星的概念一经提出,就得到了美国军方的高度关注。DARPA以关键技术的研制和飞行演示验证的试验为目标,对F6项目制定了跨度4年的实施,分四个阶段实施。第一与第二个阶段主要开展概念研究,进行设计评估和关键技术攻关,第三阶段完成地面集成试验;第四阶段发射分离模块化卫星,进行在轨演示验证。其中每个阶段的具体内容如下。

第一阶段(F6概念和F6系统设计阶段,相当于方案论证阶段)进行系统概念设计,完成轨道动力学研究,设计系统体系结构,进行相关软件仿真。

第二阶段(方案详细设计和部件试验阶段,相当于初样研制阶段)进行系统详细设计,完成关键设计评审。

第三阶段(系统集成和地面测试阶段,相当于正样研制阶段)进行分离模块卫星硬件制造、系统集成和地面试验。

第四阶段(发射试验阶段)发射并在轨演示验证模块化分离卫星概念。

2. 关键技术

目前,以F6项目为代表的模块化分离卫星系统包括六大特征:自动发现、自动配置、故障自动愈合的自组织网络技术;安全、可靠、抗干扰的无线通信技术;开放、可扩充性、自适应性、容错的分布式计算技术;高效、可靠、无干扰的无线能量传输技术;自主、碰撞规避、星群分散重聚的星群导航控制技术;分布式有效载荷技术。

模块化分离卫星的研究面临着许多新技术的挑战,欲使其能付诸工程实施,必须研究开发一系列关键技术。

(1) 卫星功能模块的分解与无线接口技术,包括功能模块的自适应技术。

(2) 模块间无线传输技术,包括模块间电能传输技术和模块间信息传输技术。

(3) 整星编队飞行控制技术,包括功能模块的位置与姿态的保持与控制。

(4) 数据网络和信息处理技术,包括功能模块间统一的标准化数据IP、软硬件接口标准和在轨数据处理技术。

(5) 模块化分离式卫星的地面环境模拟试验与演示验证技术。

其中,无线能量传输技术的成熟度最低,它包括近场的电磁感应传输技术和远场传输的微波、激光和聚光传输技术。

3. 先进性分析

模块分离卫星是科学技术发展和空间安全需求的产物,其先进性和实用性主要体现如下:①有利于用以较小的代价实现大型、巨型卫星的建造和运营;②模块卫星有利于推进卫星的设计标准化、技术通用化和产品现货化;③模块卫星有利于卫星快速生产、快速发射和快速运营,以满足军事应用的作战快速响应要求;④模块卫星有利于使用中、小型运载器发射模块,分散发射风险,降低发射成本;⑤模块卫星有利于提高卫星生存能力,当卫星受到人为攻击或自然因素破坏时,一般只有个别模块受损,不会导致"全军覆没",整星可靠性高;⑥模块卫星有利于卫星受损或失效后快速重构,只需要发射失效模块的替代模块,不涉及其他功能模块;⑦模块卫星有利于卫星改变用途或功能升级,只需用不同的有效载荷模块或先进的功能模块取代原来的有效载荷模块或相应功能的模块即可。

4. 系统的方案

模块化分离式卫星系统方案一:系统中每个模块是一颗典型的卫星,带有包括热控、姿控、推进、电源、测控和数管等分系统,这个方案不强调卫星平台分系统的拆分,而仅仅对有效载荷及其相关功能和资源进行分解。

模块化分离式卫星系统方案二:将传统大卫星拆解成若干个不同功能的模块(如有效载荷模块、电源模块、控制模块、推进模块、测控模块和数管模块等),将诸功能模块送入各自的空间轨道,构成编队或星座,每个模块执行自己的功能,模块之间通过无线接口相互配合,共同完成整星的任务。

5. 分离模块化卫星与过去编队卫星概念的区别

模块化分离卫星的概念与过去的分布式卫星的概念有共同之处,也有本质上的差别。

共同之处是它们都以在轨"编队飞行"方式,它们都是星群组成的虚拟大卫星,如图17.18所示。

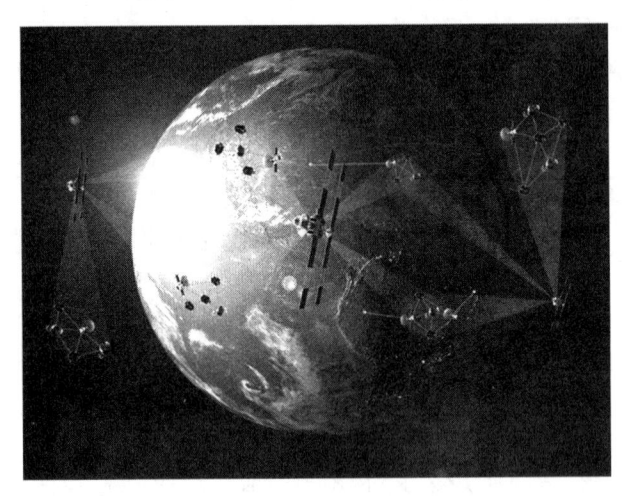

图17.18 模块化分离卫星系统的"编队飞行"方式

分离式卫星与分布式卫星的本质区别有两点:一是星群中的成员不是完整的卫星,而是卫星的一部分,也即"功能模块",它们只有特定的单项功能(如供电、控制、推进、数管或测控等),卫星的任务由所有的功能模块联合完成。二是功能模块都是标准化、通用化的产品,且易于扩展或升级。

另外,分离式卫星系统的每个模块卫星是自由飞行,所以模块卫星的配置可以不同,模块卫星间不必保持严格编队构型,模块卫星间的测量精度要求不必很高,只要满足无线信息和能量传输就可以,以便实现模块卫星的资源共享。

17.5 未来NASA的群卫星系统分析与展望

群智能是一种新兴的演化计算技术,它与人工生命,特别是进化策略以及遗传算法有着极为特殊的联系,已成为越来越多应用领域的关注焦点。美国NASA正利用群智能的最新成果,研制未来的自主纳型航天器系统(ANTS)。

17.5.1 群智能技术

群智能是一种仿生自然界动物昆虫觅食筑巢行为的新兴演化计算技术,群智能是通过模拟自然界生物群体行为来实现人工智能的一种方法。群居性生物通过协作表现出的宏观智能行为特征被称为群智能,如蜜蜂筑巢和蚂蚁捕食等行为(图17.19)。一只蜜蜂或蚂蚁的行为能力非常有限,几乎很难独立存在于自然世界中;而多个蜜蜂或蚂蚁形成的群则具有非常强的生存能力,且这种能力不是多个个体之间的能力通过简单叠加所获得的。社会性动物群体所拥有的这种特性能帮助个体很好地适应环境,个体所能获得的信息远比通过它自身感觉器官所取得的多,其根本原因在于个体之间存在着信息交互能力。信息的交互过程不仅仅在群体内传播了信息,而且群内个体还能处理信息,并根据所获得的信息(包括环境信息和附近其他个体的信息)改变自身的一些行为模式和规范,这样就使得群体涌现出一些单个个体所不具备的能力和特性,尤其是对环境的适应能力。这种对环境变化所具有的适应能力可以被认为是一种智能,也就是说动物个体通过聚集成群而涌现出了一定的智能化的特点。

图 17.19　蜜蜂筑巢和蚂蚁捕食的群智能行为

17.5.2　群卫星系统

美国 NASA 受昆虫社会行为的启发,计划于 2020 年—2030 年启动群卫星系统探索小行星带,该计划暂命名为 Autonomous Nanotechnology Satellite（ANTS）。实际上,群卫星系统比传统大卫星具有较强的适应性和较大的应用范围,但群卫星系统的任务规划确是一项非常困难的工作,而群智能技术将会给这项工作带来光明。

1. ANTS 系统的空间环境

ANTS 系统由 1000 颗皮星组成,其任务是利用群智能技术,探索和勘测小行星带的小行星。ANTS 系统运行在小行星带内,在小行星带里,空间环境十分恶劣,传统的大卫星是不能生存的。小行星带(Asteroid Belt)在太阳系内介于火星和木星轨道之间,在这里估计有 50 万颗小行星,具体位置如图 17.20 所示。

图 17.20　小行星带的位置

2. 群卫星系统的组成

ANTS 系统的主要任务就是想利用价格低廉的皮卫星群完成小行星带的勘探。为了克服任务规划工作带来的挑战,NASA 在系统设计时模仿昆虫的"无智能或简单智能的主体通过任何形式的聚集协作而表现出智能行为的特性",ANTS 系统按照不同等级进行管理,群卫星体系结构的等级划分包括"队"和"群","群"还包括"子群"等(图 17.21),不同卫星装载的仪器是不同的,所以需要协同工作和共享信息才能很好地完成任务。

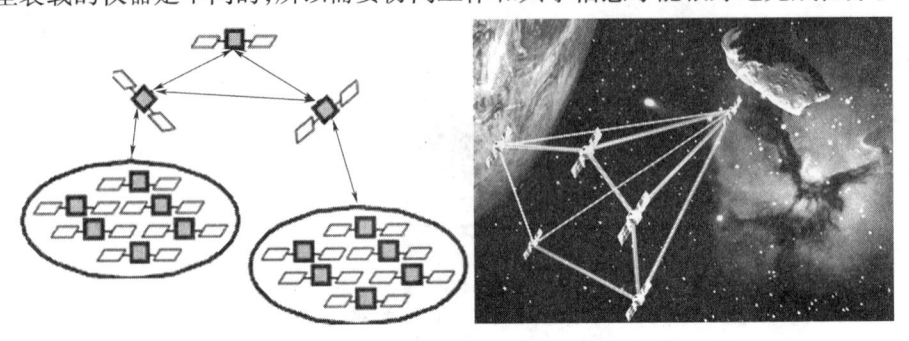

图 17.21 群卫星系统的等级划分

在这个群卫星系统里,有几种不同类型的卫星,第一类称为"Worker",它们载有不同的载荷和仪器,如磁强计、X射线仪、质谱仪和可见光和红外相机等,每个"Worker"只能获取一种特定的数据;第二类称为"Ruler",它们起统治作用,协调各个"Worker"工作,并确定勘测目标;还第三类称"Messenger",仅仅起通信作用,它们是地球、"Worker"和"Ruler"之间的信使,如图17.22所示。每个"Worker"都会主动勘测所遇到的小行星,然后把信息发送给"Ruler","Ruler"评估这些数据,形成一个总勘测报告。

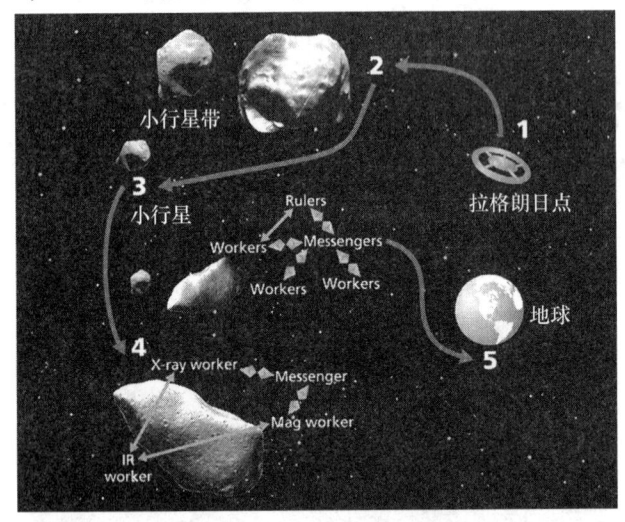

图 17.22 ANTS任务的总体概念

3. 群卫星系统的工作过程

首先"Ruler"制定一个任务模型,然后把这个任务模型通过"Messenger"发送给"Worker","Worker"用它们的仪器探测目标,直到探测到与"Ruler"发送的目标匹配。

然后"Worker"把探测到的目标数据通过"Messenger"发送给"Ruler";如果这些数据能够匹配目标小行星的轮廓,"成像卫星群"将被派出,确定的小行星的准确位置,同时形成一个小行星的基本模型,以便其他的群围绕这个小行星机动旋转而勘测。

另外,ANTS系统的皮卫星是依靠一艘飞船运载到小行星带附近的拉各朗日点,然后释放。在ANTS系统中,80%的皮卫星是"Worker",当"Worker"收集到数据时,它们首先把数据发给"Messenger",同时这些数据也可以判断"Worker"是否被毁坏,大约70%的

"Worker"穿过小行星带时被毁坏。这就要求它们有足够的队伍重构能力,同时还要有很好的自恢复能力。

17.5.3 ANTS 系统的载荷配置及体系结构

ANTS 系统飞越小行星时,需要完成许多工作,如图 17.23 所示。它们首先要确定小行星的大小、旋转轴、小行星的卫星/月亮、轨道和盘旋点等。随着获取小行星数据量的增大,ANTS 还会派更多的子群,参与协作搜集更详细和更全面的小行星数据。

为了实现高度的自主性计划,基于社会结构的推理方法必须运用先进的人工智能技术,如神经网络、模糊逻辑和遗传算法等。为了辅助和维持高水平的自主性,更重要的任务还要考虑自主运行的修正能力,以便适应环境变化、远距离操控和低带宽通讯等问题。

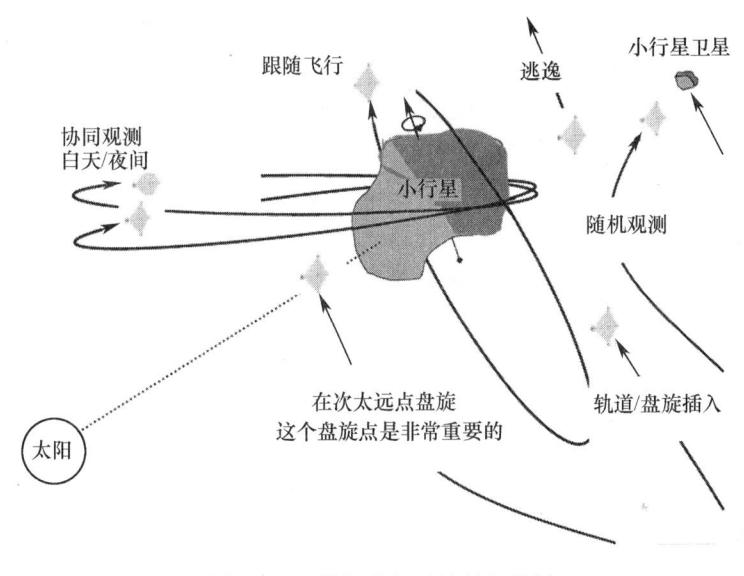

图 17.23 勘探小行星的任务规划

为了协同勘测目标小行星,各个群的功能和配置如下。

(1)"立体测绘群"是由载有成像光谱仪和增强无线电仪器等群卫星组成,主要任务是测量小行星的一些动态特性,如旋转、密度和质量分布等。

(2)"岩石群"是由载有 X 射线、γ 射线、红外成像仪和宽视场成像仪等群卫星组成,主要任务是测量元素、矿物质和岩石。

(3)"摄影地质群"是由载有窄视场成像仪、宽视场成像仪和测高仪等群卫星组成,主要任务是测量小行星自然和地质分布,基于纹理、反射率、颜色和底层中的岩石组分。

(4)"探勘群"是由载有高度计、磁强计、近红外仪和远红外仪、X 射线光谱仪等群卫星组成,主要测量小行星的资源分布。

上面这些群卫星,协同工作,信息共享,最后形成一个目标小行星模型。

17.5.4 小结

群卫星系统展示了一种大量皮卫星之间协同工作的新概念,这种新概念主要来源于对社会昆虫的观察。根据作者所知,群的概念早已引起国内外航天器设计和导弹应用领域的高度重视,如多弹拦截、智能灰尘和小卫星编队等,最近美国的分布式模块化卫星系统(F6计划)也含有群智能技术的成分。迄今为止,在群智能理论探索方面,自组织聚集、自组织分散、连接运动、协同传输、模式构成和自组织建设仍然是研究的热点问题。

思 考 题

1. 机器航天员具有哪些先进性?
2. R2共有多少个自由度? 分别是哪里?
3. 简述机器航天员研究初期所经历的性能测试和演示试验。
4. 小卫星分为哪几类? 它们是以什么标准划分的?
5. 小卫星与传统大卫星相比有哪些优缺点? 它们有又什么联系?
6. 什么是星群? 具有哪些优点和缺点?
7. 在捕获小行星时,选取近月轨道的原因有哪些?
8. 简述捕获小行星的任务过程。
9. 什么是模块化分离卫星? 其目的是什么? 简述模块化分离卫星的发展历程。
10. 模块化分离卫星具有哪些特征? 其先进性和实用性体现在哪些方面?
11. 模块化分离卫星与编队卫星的区别和联系是什么?
12. 什么是群智能技术?
13. 群卫星系统由什么组成? 简述其工作过程。

参 考 文 献

[1] 贾玉红. 航空航天概论[M]. 3版. 北京:北京航空航天大学出版社,2013.
[2] 宋笔锋. 航空航天技术概论[M]. 北京:国防工业出版社,2006.
[3] 昂海松,等. 航空航天概论[M]. 北京:科学出版社,2008.
[4] 闻新,丁一桐. 从流行文化看——文化艺术与人类航天[J]. 太空探索,2014,12:52-55.
[5] 闻新,王嘉轶. 从公众热情看人类航天与人文艺术[J]. 太空探索,2015,05:50-53.
[6] 李怡勇,沈怀荣,李智. 空间碎片环境危害及其对策[J]. 导弹与航天运载技术,2008,06:31-35.
[7] 刘静. 如何应对空间碎片的威胁?[J]. 太空探索,2014,05:28-30.
[8] 沈羡云. 打扫"天庭"有高招[J]. 太空探索,2014,05:31-35.
[9] 林来兴. 空间碎片现状与清理[J]. 航天器工程,2012,03:1-10.
[10] 沈人杰. 哈勃空间望远镜[J]. 国外空间动态,1990,08:15-17.
[11] 刘登锐. 哈勃望远镜太空四次维修[J]. 质量与可靠性,2003,05:38-40.
[12] 卞毓麟. 巨眼凌霄:哈勃空间望远镜的25年[J]. 科学,2015,03:55-59.
[13] 徐红,李树春. 天文望远镜史话[J]. 现代物理知识,2005,05:56-58.